食品辐照技术的
概念、应用与成果

[葡]伊莎贝尔·C. F. R. 费雷拉

阿米尔卡·L. 安东尼奥　主编

桑德拉·卡波·沃德

槟榔郭　郭丽莉　译

吴丽丽　审校

電子工業出版社

Publishing House of Electronics Industry

北京·BEIJING

内 容 简 介

辐照保藏食品技术比其他加工工艺（如收获后的化学熏蒸）更有利于环境，与加热或蒸汽等热消毒灭菌技术相比，它对热敏感化合物的影响更小，更容易获得，使用成本更低。随着技术和经济可行性，以及消费者接受程度的提高，辐照保藏食品领域一直在快速发展。

这是第一本关于食品辐照控制和结构分析的书，由领域内的顶尖专家撰写。本书内容包括γ射线、电子束和 X 射线食品辐照方面，也包括对食品基质和微生物的影响、立法和市场方面，还涉及食品辐射加工技术商业应用的最新信息，并阐述了当前全球的最佳实践。这本综合性的专著是食品技术人员、分析化学家和食品加工专业人员的参考书，也适合核技术领域的科研院所研究人员、大专院校师生及相关领域的技术与管理人员阅读。

Food Irradiation Technologies: Concepts, Applications and Outcomes
Isabel C.F.R.Ferreira, Amilcar L.Antonio, Sandra Cabo Verde
ISBN-13：978-1782627081

版权贸易合同登记号 图字：01-2022-3718

图书在版编目（CIP）数据

食品辐照技术的概念、应用与成果 /（葡）伊莎贝尔 • C.F.R.费雷拉，（葡）阿米尔卡 • L.安东尼奥，（葡）桑德拉 • 卡波 • 沃德主编；槟榔郭等译. —北京：电子工业出版社，2022.8

书名原文: Food Irradiation Technologies: Concepts, Applications and Outcomes

ISBN 978-7-121-43948-3

Ⅰ. ①食… Ⅱ. ①伊… ②阿… ③桑… ④槟… Ⅲ. ①食品加工－食品辐照 Ⅳ. ①TS205.9

中国版本图书馆 CIP 数据核字（2022）第 119263 号

责任编辑：秦　聪
印　　刷：北京七彩京通数码快印有限公司
装　　订：北京七彩京通数码快印有限公司
出版发行：电子工业出版社
　　　　　北京市海淀区万寿路 173 信箱　邮编 100036
开　　本：787×1 092　1/16　印张：22.25　字数：498.4 千字
版　　次：2022 年 8 月第 1 版
印　　次：2023 年 7 月第 2 次印刷
定　　价：98.00 元

凡所购买电子工业出版社图书有缺损问题，请向购买书店调换。若书店售缺，请与本社发行部联系，联系及邮购电话：（010）88254888，88258888。

质量投诉请发邮件至 zlts@phei.com.cn，盗版侵权举报请发邮件至 dbqq@phei.com.cn。

本书咨询联系方式：（010）88254568，qincong@phei.com.cn。

译 者 序

在中国同位素与辐射行业协会的具体安排下，我们将这部英文专著翻译成中文出版，愿通过这项工作，为粮食减损及食品工业和辐射加工领域了解世界先进科学技术、了解同行、了解当前的全球最佳实践尽一份绵薄之力。

本书是英国皇家化学学会出版的 *Food Chemistry, Function and Analysis* 系列丛书之四——*Food Irradiation Technologies: Concepts,Applications and Outcomes*，由槟榔郭、郭丽莉翻译，吴丽丽审校。为便于读者对照阅读原著，本书的符号表示、标准名和正斜体等形式尽量遵从原著。

感谢中广核达胜加速器技术有限公司、北京机械工业自动化研究所有限公司和中国同辐股份有限公司对本书出版提供的支持；中国同位素与辐射行业协会秘书部的工作人员为本书的出版做出了宝贵的贡献；负责本书出版编加的秦聪等编辑对成书做了具体的工作。在此对所有参与和支持本书翻译出版工作的专家、老师和公司表示衷心的感谢。

由于时间仓促、水平有限，书中翻译不当或错误之处，恳请专家学者和读者不吝赐教，如有建议或问题可发送到 ciraoffice@126.com。

译　者

2022 年 6 月

序 言

包括联合国粮食及农业组织（FAO）、国际原子能机构（IAEA）和世界卫生组织（WHO）在内的国际组织，已经与其他组织协调合作，制定规范，并审查辐照食品的安全性和有效性。国际标准是商业和贸易协定的基础。食品辐照和辐照食品的标准和操作规程均可在食品法典委员会的一般标准和操作规范中找到，也可以在《国际植物保护公约》的植物检疫措施标准中找到。FAO/IAEA 粮食和农业核技术联合司多年来一直向各国提供技术援助，并对粮食辐照进行协调研究。因此，写这篇序言给我带来了极大的快乐。

亲爱的读者们，我向你们推荐这一涵盖了食品辐照技术的历史、立法、技术和经济等方面的内容，甚至触及了社会科学（在考虑消费者的接受度时）的专业书籍。然而，它的重点是介绍食品辐照技术的重要概念、应用和成果，达成的共识是辐照食品是安全的。与所有食品加工技术一样，需要注意的是，食品最终的质量取决于工艺的正确应用。因此，请在阅读有关食品辐照技术章节的同时，也要特别注意食品剂量学、资格鉴定和认证等方面的内容。

食品辐照是指以可控的方式将食品暴露于电离辐射中。正如您将在第 2 章中看到的那样，国际标准中允许的辐射类型，以及立法中的辐射类型，是指来自钴 60 或铯 137 同位素产生的 γ 射线，以及加速器产生的电子束或 X 射线。

第 3 章和第 4 章讨论了 γ 辐照装置、电子束和 X 射线设备。每种辐照方法都有其技术上的优缺点，对食品进行电离辐射的好处有以下几个方面：通过破坏病原体来降低食源性疾病的风险；降低食品腐败的速度，因为造成腐烂的生物也会被破坏；不会显著提高食品温度（例如，香料保留了它们的挥发性气味）；避免使用熏蒸剂或其他化学品，因此避免了化学残留；因为辐照会延缓成熟或抑制发芽（如大蒜、洋葱和马铃薯），所以避免了食品损失；作为有效的植物检疫处理方法，可以杀灭危害植物或植物产品的有害生物。

在导言中您会看到，使用电离辐射来保持食品质量的概念已有一百多年的历史了；它是在 19 世纪 90 年代末发现 X 射线和放射性之后不久出现的。这项技术仍在花费时间进行开发。它最早用于商业是在 1957 年——德国斯图加特的一家香料企业开始通过电子束辐照改善其产品的卫生质量。商业规模的 γ 辐照装置也在这个时候开始使用。例如，美国陆军于 20 世纪 60 年代早期在一个加工和包装工厂中同时使用了 γ 射线和电子束辐照，该工厂开发了辐照食品来代替罐装或冷冻的军用食品。关于 X 射线，第一家商业装置于 2000 年在夏威夷的希洛市开始运行，利用 X 射线照射新鲜的水果和蔬菜，以满足严格的植物检疫要求，旨在防止昆虫类害虫被转运到美国本土。

在商业上，辐照主要用于预防食源性疾病（第10章）或作为植物检疫辐照处理（第9章）。通常情况下，延长食品的保存期或保持其质量是额外的好处。FAO估计，全球每年粮食产量中有多达三分之一的量遭受损失或浪费[1]。WHO估计，2010年，全球范围内有4.2亿～9.6亿起食源性疾病，约有42万人死亡[2]。据估计，全球每年因昆虫入侵而造成的最低损失为700亿美元[3]。然而，尽管有这些统计数据，食品辐照仍然是一项未得到充分利用的技术，其大多数商业用途都涉及高价值的食品，如干香草和香料、热带国家的水果和蔬菜、发酵生猪肉和发酵鸡爪等民族美食。然而，辐照食品越来越多，并逐渐得到更多的青睐，特别是在美洲、亚洲和大洋洲（第20章）。

在过去的十年里，食品辐照在植物检疫中的应用迅速增加。昆虫正在对不断变化的气候条件做出反应，有些昆虫现在可以在它们以前无法生存的地区繁衍生息。事实证明，通过辐照防治害虫繁殖或发育成熟是一种可行的商业方法，它既能使新鲜产品的贸易得以进行，又能防止有害生物“搭顺风车”到新的地方。

我认为辐照技术是众多食品加工技术中的一种，随着技术专家、化学家、加工专业人员和当局努力应对食品安全[1]方面的挑战，这种技术将在未来得到更广泛的应用。这里的中长期挑战包括气候变化带来的额外压力、人口数量增长加快、城市化进程加快，以及食品贸易全球化带来的多样化食品供应链。食品辐照并不是灵丹妙药，并不适用于所有的食品，也不能解决所有的食品安全和植物检疫问题。但在未来，食品辐照在确保食品安全和质量、防止入侵物种扩散和促进贸易方面可能会发挥越来越重要的作用。

卡尔·布莱克本
国际原子能机构（IAEA）核科学与应用司

参考文献

[1] J. Gustavsson, C. Cederberg, U. Sonesson, R. van Otterdijk, A. Meybeck, *Global Food Losses and Food Waste - Extent, Causes and Prevention*, ed. FAO, Viale delle Terme di Caracalla, Rome, Italy, 2011,3,4.

[2] World Health Organization, *WHO Estimates of the Global Burden of Foodborne Diseases: Foodborne Disease Burden Epidemiology Reference Group 2007–2015*, ed. WHO, 20 Avenue Appia, 1211 Geneva 27,Switzerland, 2015, Executive Summary, x.

[3] C. J. A. Bradshaw *et al.*, *Nat. Commun.*, 2016, 7, 12986.

1. 食品安全（Food Security）是所有人在任何时候都能够获得充足、安全和营养的食品以维持健康和积极生活的能力。

前言

如今，食品的保藏对保证食品的安全和质量至关重要，同时能保持或创造营养价值、质地和风味，增加饮食的多样性。所有这些都可以通过使用几种不同的技术来实现，这取决于它们的用途、技术和经济可行性，以及消费者对它们的接受程度。在这些加工过程中，食品辐照作为一种有效的食品保藏技术的势头越来越强，因为它比目前的其他加工方式更环保，如收获后的化学熏蒸，而且对热敏化合物的影响比热技术要小。电离辐射如γ射线、电子束和X射线的工业应用，受到国际组织［欧盟（EU）、欧洲食品安全局（EFSA）、国际原子能机构（IAEA）、世界粮食及农业组织（FAO）和世界卫生组织（WHO）］的监管和授权，电离辐射的用途包括医疗器械消毒灭菌、材料改性、遗产保护和食品加工等。然而，公众对食品辐照存在不信任，因为他们误认为辐照会造成产品的放射性。因此，必须克服这些障碍，以促进食品辐照作为电离辐射的一个安全和有用的应用。对安全和健康食品日益增长的需求是另一个有助于促进这项技术应用的因素。

本书旨在介绍最新的食品辐照技术、国际立法，以及辐照对一些食品的化学、生物和微生物参数的影响，最后介绍消费者的接受程度和市场前景。

为了这本书的出版，来自世界各地的几位前沿专家功不可没。为此，我们特别感谢所有付出宝贵时间分享他们知识的作者。

我们还要感谢皇家化学学会的工作人员，他们总是能够随时回应我们的要求，总是能提供支持和帮助，并为本书的出版做出了宝贵的贡献。

伊莎贝尔·C. F. R. 费雷拉、阿米尔卡·L. 安东尼奥和桑德拉·卡波·沃德

目　录

第1章　导言

阿米尔卡·L. 安东尼奥[1]，桑德拉·卡波·沃德[2]，
伊莎贝尔·C.F.R. 费雷拉[1]

1.1　食品辐照的起源

对于新来者来说，食品辐照是一项很有前途的创新食品加工技术。但是，自 20 世纪 50 年代首次进行工业应用以来，一直在该领域工作的人们可能会认为部署都已完成。事实上，电离辐射在食品保藏方面的应用于电离辐射被发现之后就开始了。1895 年，伦琴观察到不可见的辐射存在，正如他借助妻子之手，拍下著名的世界上第一张 X 射线照片所揭示的那样，可以清晰地辨别出套着婚戒的手部骨骼。第二年，贝克勒尔发现了原子的放射性，并于 1905 年申请了电离辐射用于食品保藏的首个专利。

关于电离辐射的实验一直持续到今天。20 世纪 60 年代以后，它在工业上的应用迅速扩大。在美国，电离辐射技术先是应用于开发无菌肉制品，用于替代罐装和冷冻的军用食品。

自 1972 年以来，美国宇航员一直在食用辐照食品。同样在 1972 年，日本政府允许对马铃薯进行辐照以抑制发芽。随着技术的进步，一些国家开始授权其以更高剂量使用并应用于其他食品，从而促进了这项技术的市场营销（第 17 章）。

γ 射线、加速器产生的电子束或 X 射线已成功地用于食品加工、杀虫（第 9 章）、微生物消毒（第 10 章），或是延长食品的货架期（第 12 章）。它们的使用都是受约束的（第 2 章），这三种辐射源的辐射加工（第 3 章和第 4 章）都有足够的能量电离原子在不干扰原子核的情况下破坏分子，因此，不会在食品中产生放射性，这是普通消费者关心的主要问题（第 17 章和第 20 章）。

与此同时，对包装食品进行辐照（第 8 章）是这项技术的主要优势之一，通过对几种包装材料进行的测试显示，辐照有助于保证食品符合安全和质量的高标准，

---

1. 布拉干萨理工大学圣阿波罗尼亚校区，山地研究中心（CIMO），ESA，5300-253，布拉干萨，葡萄牙。

2. 里斯本大学高等技术学院核技术中心，E.N 10 ao km 139,7，2695-066，波贝德拉 LRS，葡萄牙。

与辐射加工一起，是预防食源性疾病的一个重要工具。食源性疾病不仅给食品工业带来了无价的成本，有时还会危及人类的生命（第 10 章）。食品辐射加工工业的应用，也应遵循严格的辐照装置资质和认证协议（第 19 章）。

1.2 开放的边界

由于公众对电离辐射的误解和反科学运动，一些国家已经改变或停止了这方面的进展，如欧盟（第 2 章）：欧盟制定了辐照产品的正面清单，其中只有一类产品，即香草和香料。然而，一些欧盟国家有自己的清单，由欧盟授权，允许对几类食品进行辐照，如蔬菜、鱼类或肉类（第 2 章和第 20 章）。目前，辐照对食品加工的潜在贡献还没有被充分挖掘出来，以进一步减少或消除收获后食品加工中的化学品使用，这可能成为该技术的一个驱动力，从而降低某些化学品对环境和人类的明显不利影响。此外，辐照对收获后食品加工（如热水或蒸汽处理）可能是一种可行的替代方法，对食品性能的影响较小。

尽管有一些合格的和经过认证的 γ 射线装置和电子束辐照装置用于食品辐射加工（第 2 章和第 19 章），但仍然存在一些技术限制。并不是所有的食品都能用这种技术进行加工，因为一些食品需要高剂量辐照才能达到预期效果，而高剂量辐照可能会影响食品的品质和保质期，也就是说，高脂肪含量的食品可能被氧化，5kGy 以上的剂量也可能改变水果的某些感官特性（第 11 章）。

1.3 仍在进行中

电离辐射食品保藏应用已有百年的历史，其工业应用也有半个多世纪了。然而，电离辐射（γ 射线、电子束和 X 射线）与天然基质的相互作用是一个复杂的现象，不像与无机和单分子材料的相互作用那样容易解释，而取决于辐照条件（包括剂量率、产品温度和含水量）（第 11 章）。

食品类型（水果、蔬菜、鱼或肉类）、大小（物理尺寸）、状态（固体或液体）、温度（环境温度或冷冻温度）和辐照条件（剂量率或气调包装）都可以被优化，以最小化辐照的影响并改善其应用，达到预期目的。这些参数及包装材料的新趋势（第 8 章）是当前研究的对象，应保持科学界在这一领域的活力和工作，以验证工艺并研究其对几种天然基质以及不同辐照条件和技术的影响，从而有助于对这项新兴技术的安全性的持续关注（第 16 章）。如上所述，由于缺乏了解和/或误解，这项技术没有得到充分的利用和被接受。

1.4 是否大功告成

用于各种目的的剂量范围或多或少已经确定：对于抑制芽孢，剂量范围小于

0.5kGy；杀虫最高可达 0.5kGy；延长货架期为 1～2kGy；用于消毒，最高可达 5kGy；而对于食品灭菌，应超过 5kGy。这样的食品加工已经通过几种方法得到了控制（第 13、14、15 章），并且对技术应用的定义如此明确，那么是否已经完成了一切，大功告成了呢？事实上，并非如此。正如 1.3 节所表达的，电离辐射与天然基质的相互作用是多因素的，其中一些分子可能保护其他分子免受电离辐射的影响，所提到的剂量范围不能被认为普遍适用于所有食品，需要逐一研究。即使在低剂量时，如建议用于新鲜水果或蔬菜保鲜的剂量（约 1kGy 或 2kGy），也观察到了某些不良影响，如感官上的变化，从而影响了这种技术在特殊情况下的使用。辐照与其他技术或工艺的结合可以克服这些副作用，使其可用于食品保藏（第 12 章）。

1.5 未来的工作

为了充分了解电离辐射对存在辐射敏感分子的产品的影响，与能够保护此类产品免受辐射影响和增加具有附加价值的天然化合物的可提取性的分子结合仍然是一个开放的领域。不仅需要研究辐射与天然基质的相互作用，而且食品辐射技术在不断开发中，以使其在经济上更可行（第 18 章）。目前，还有一种测试 X 射线加工的趋势：在一些国家，X 射线加工的能量限制在 5MeV（兆电子伏特）以下，正在进行的研究旨在将 X 射线加工的应用扩展到美国（而非欧盟）授权的更高的能量——7.5MeV。2015 年，国际原子能机构启动了一个涉及 13 个国家的合作研究项目（CRP），旨在开发新的技术解决方案，同时验证它们在不同食品中的应用。在这一领域仍有继续研究的空间，即利用可靠的剂量测量系统（第 5 章），评估其他束流能量，从而降低加工成本，并使用食品生产工厂可用的移动系统（第 3 章和第 4 章）。让我们逐章地看完这本书，将有助于理解和认识这种全球性的技术，通过促成新的市场，确保食品的安全和质量。

第2章　食品辐照的国际标准和法规

伊格纳西奥·卡雷尼[1]

2.1　背景

世界贸易组织（WTO）《实施卫生与动植物检疫措施的协议》（《SPS 协议》）承认的国际标准，特别是联合国粮食及农业组织（FAO）和世界卫生组织（WHO）的《辐照食品通用标准》，以及《国际植物保护公约》（IPPC）的标准都涉及食品辐照。然而，各国关于食品辐照的立法并不总是符合这些国际标准的。本章分析了关于食品辐照的不同法律框架，提出了目前的监管措施授权对某些预先确定的产品类别进行辐照，并设定了剂量上限。这些框架与相关国际公认的标准所采用的方法不完全一致，更侧重于处理的技术目的、实现该目的的最小吸收剂量和最大吸收剂量。总之，不一致造成的结果是辐照食品可能会出现科学上不合理的贸易壁垒。

2.2　食品辐照的国际标准

在食品辐照方面，已经制定了一些国际标准。WTO《SPS 协议》第 3.1 条鼓励 WTO 成员使用食品法典委员会有关食品安全的国际标准、指南和建议，IPPC 有关植物保护和检疫的国际标准、指南和建议，以及国际动物流行病办公室（OIE）有关动物卫生和检疫的国际标准、指南和建议。本节探讨有关辐照食品的国际标准，即相关的食品法典标准和 IPPC 的标准。国际标准化组织（ISO）等也制定了有关辐照的标准[1]。

2.2.1　食品法典标准

食品法典委员会是 FAO 和 WHO 的食品标准制定机构。根据 FAO、国际原子能机构（IAEA）和 WHO 成员组成的食品辐照联合专家委员会（JECFI）的调查结果，WHO 于 1981 年发布了一份题为《辐照食品的健康性》的文件[2]。该文件得出的结

1．弗拉蒂尼·韦尔加诺-欧洲律师事务所，比利时，布鲁塞尔，海恩街 42 号，B-1040。

论是，对总剂量不超过 10kGy 的辐照食品，不需要进行进一步的毒理学或营养学研究。食品法典委员会通过的《辐照食品通用标准》认可了 JECFI 的声明：“超过平均 10kGy 的食品辐照不会产生任何特殊的营养或微生物问题。”该标准的发布对国际食品辐照的进一步发展产生了深远的影响，并成为许多国家立法的基础。食品法典委员会的目的不是促进食品辐照，但它制定了标准和操作规范，以有效地应用辐照技术来提高食品安全，并对辐照食品的标签提供指导。这由各国政府自行决定使用食品辐照的方法[3]。

1997 年，为了满足对平均剂量高于 10kGy 的技术需求，以确保某些食品（特别是肉类和家禽）始终没有病原体，FAO/WHO/IAEA 高剂量辐照研究小组评估了以高于 10kGy 的剂量辐照食品的安全性和营养是否充足。根据所审查的大量科学证据，研究小组在 1999 年得出结论：为达到预期的技术目标，以任何适当剂量辐照的食品都是安全和营养充足的；更进一步的结论是，不需要规定剂量上限，在低于和高于 10kGy 的技术有效剂量范围内，辐照食品被认为是健康的[4]。确定辐照食品的有益健康性的指导原则是：如果食品不构成毒理学或微生物危害，则被认为是安全的；如果食品不构成特殊的营养问题，则被认为是满足食用的[5]。

根据这一结论，并考虑到《辐照食品通用标准》规定吸收的总平均剂量不应超过 10kGy，食品添加剂和污染物法典委员会（CCFAC）达成了一个折中方案，同意根据《辐照食品通用标准》第 2 条，定义一个更实际适用的剂量限制声明，以取消 10kGy 的限制：“对于任何食品的辐照，最小吸收剂量应足以达到技术目的，而最大吸收剂量应小于会损害消费者安全、健康或会对结构完整性、功能特性或感官特性产生不利影响的剂量。除为实现合法的技术目的所必需外，食品的最大吸收剂量不应超过 10kGy。”修订后的标准在 2003 年 7 月举行的食品法典委员会第二十六届会议上获得通过[6]。必须指出的是，欧盟在 CCFAC 第三十三届会议上对删除 10kGy 的特定最大剂量持保留意见[7]。

根据食品法典委员会《辐照食品通用标准》第 2.1 条，可使用下列类型的电离辐射：（a）放射性核素 ^{60}Co 和 ^{137}Cs 的 γ 射线；（b）在 5MeV 或以下能量水平运行的加速器产生的 X 射线；（c）在 10MeV 或以下能量水平运行的加速器产生的电子束。

《辐照食品通用标准》对辐照食品的标签进行了规定[8]。根据其第 5.2.1 款，已经用电离辐射加工过的食品的标签必须附有一份书面声明，表明所述加工措施紧邻食品的名称；使用国际食品辐照符号[9]（Radura 标识）是可选项，但使用时必须非常靠近食品名称。第 5.2.2 款规定，当辐照产品用作另一种食品的配料时，应在配料表中声明。最后，根据第 5.2.3 款，当用经过辐照的原材料制备单一成分的产品时，产品标签应包含表明加工的说明。

食品法典委员会于 2001 年通过了检测辐照食品的一般方法（例如，含脂食品中碳氢化合物的气相色谱分析），并在 2003 年进行了修订[10]。食品法典委员会还发布了一份关于食品辐射加工的国际推荐操作规程[11]。该规程的目的是为用电离辐射加工的食品提供与相关法典标准和卫生规范一致的原则。食品辐照可酌情作为危害分析和关键控制点（HACCP）计划的一部分。但是，对为食品安全以外的目的而加工的食品使用辐射加工，则不需要 HACCP 计划。本规范的规定为辐射加工者应用 HACCP 系统提供了指导，使其在适用于食品安全目的的情况下，对电离辐射加工的食品使用《国际推荐的操作规范—食品卫生法典总则》[12]中推荐的 HACCP 系统："用于进行辐射加工的初级食品应符合食典的卫生通则的规定，以及其他相关的食品法典标准与初级生产和/或收获的操作规范，以确保食品安全和适合人类消费。"

FAO/IAEA 粮食和农业核技术联合司通过其食品和环境保护部门，以及 FAO/IAEA 农业和生物技术实验室，支持和实施与食品法典有关的具体活动及 CCFAC 的工作。这些活动包括：与各种化学残留物和食品污染物的分析和控制有关的活动、食品可追溯性和真实性、与食品有关的辐射标准、对影响食品和农业的核与辐射应急情况的准备和反应，以及食品辐照。

2.2.2 IPPC 标准

为了控制水果和蔬菜等特定物品上的特定害虫，IPPC 规定了某些辐照处理方法。IPPC 是一项关于植物检疫的国际协定，旨在通过防止害虫的传入和扩散来保护栽培的和野生的植物。国际植物检疫措施标准（ISPM）是公认的标准、指南和建议，是 WTO 成员根据《SPS 协议》所采用的植物检疫措施的基础。国际植保公约缔约方通过植物检疫措施委员会（CPM）采用了国际植物检疫措施标准。

ISPM 第 18 号（2003 年）《将辐照作为植物检疫措施的准则》规定了将电离辐射作为受管制害虫或物品的植物检疫处理程序的技术指南。ISPM 第 28 号（2007 年）《受管制害虫的植物检疫处理》[13]建立了提交和评估拟议植物检疫处理功效数据的要求。ISPM 第 28 号出版物的附件介绍了植物检疫措施，并由 CPM 评估和采用，可以用作植物检疫措施。这些处理旨在控制主要在国际贸易中的物品上限定的有害生物。采用的处理方法提供了以规定的功效控制限定的有害生物所需的最低要求。

截至 2011 年年底，ISPM 第 28 号出版物的 14 个附件被采用，涉及对特定害虫的辐照处理。例如，附件 14（2011 年制定）涉及与地中海果蝇相关的辐照处理，并规定"这种处理适用于以 100Gy 最小吸收剂量照射水果和蔬菜，以防止在规定的功效下出现成年果蝇"。IPPC 标准中规定的植物检疫处理的范围既不包括与农药登记有关的问题，也不包括其他国内处理审批要求有关的问题。这些处理方法也没有提供关于对人类健康或食品安全的具体影响的信息，这些问题应在批准处理方法之前利用国内程序解决。此外，在国际上采用处理方法之前，会考虑其对产品质量的潜在影响。然而，评价一种处理方法对商品质量的影响可能需要额外的考虑。IPPC 缔约方没有义务批准、注册或采用在其境内使用的处理方法。2016 年，又通过了两个对特定害虫进行辐照处理的附件[14]。ISPM 第 28 号出版物附件 19 规定，最小吸收剂量为 231Gy，以防止雌性成虫新菠萝灰粉蚧、南洋臀纹粉蚧和大洋臀纹粉蚧的繁殖。

有关用于植物检疫用途的辐照处理的更多信息，请阅读第 9 章的相关内容。

2.3　食品辐照的法规

世界上有 50 多个国家批准了食品辐照，如澳大利亚、巴西、加拿大、中国、印度、印度尼西亚、巴基斯坦、俄罗斯、南非、泰国、乌克兰、美国和越南[15]。这些国家的立法大多以食品辐照的相关法典标准为基础。本节将介绍美国、欧盟及其成员国的监管框架，以及亚洲新兴的食品辐照市场。

2.3.1　北美地区的食品辐照法规

在美国，联邦法规第 21 章（食品和药品）（以下简称 21 CFR）[16]第 179 部分对食品生产、加工和处理中的辐照进行了规范。21 CFR 第 179 部分第 25 条规定了食品辐照的一般规定，并在（b）中规定，“用电离辐射加工的食品应获得达到预期技术效果所合理要求的最小辐射剂量，且不超过适用法规规定的最大辐射剂量”。

21 CFR 第 179 部分第 26 条（b）规定了允许辐照的预期目的和食品类别。对于每一种食品/效果类别，还规定了最大辐射剂量（例如，“不超过 3kGy”以控制鲜壳蛋的沙门氏菌）。21 CFR 第 179 部分第 26 条（c）规定，符合上述条文的辐照食品零售包装标签必须附有“辐射处理”（Treated with radiation）或“辐照处理”（Treated by irradiation）的标签。

美国的法规遵循了食品法典委员会的标准，要求对于任何食品的辐照，最小吸收剂量应足以达到技术目的，而最大吸收剂量应小于会损害消费者安全性、健康性或对结构完整性、功能特性或感官特性产生不利影响的值。根据美国法规，微生物消毒的最大吸收剂量阈值超过 10kGy 的为干香草和香料（30kGy）及仅用于 NASA 太空飞行计划的冷冻、包装肉类的灭菌（44kGy），因为这对于实现所需的技术目的是必要的，此外，这也符合食品法典标准。还应注意，美国现行的水果和蔬菜法规[17]允许使用辐照来处理进口水果，但必须获得美国农业部（USDA）动植物检疫局的特别授权。出口国进入框架等效性工作计划后，可以使用辐照作为一种可选处理。用于辐照的装置，必须在与美国农业部合作之前得到装置所在国家的核管理当局的认证[18]。

2016 年 8 月 8 日，美国通知 WTO 的卫生和植物检疫措施委员会（SPS），美国动物和健康检查局正在修改法规，以允许从越南进口新鲜杧果（俗称“芒果”）进入美国大陆[19]。作为输入的条件，越南新鲜芒果将接受包括果园要求、辐照处理和入境口岸检查在内的系统方法。该决定基于上述的美国水果和蔬菜法规，允许使用辐照来处理要进口到美国的水果。自 2010 年以来，除了越南、印度和泰国，巴基斯坦也向美国出口辐照芒果。其他经辐照后可能从泰国进口到美国的水果包括荔枝、龙眼、山竹、菠萝、红毛丹和火龙果。还允许从澳大利亚（芒果和荔枝）、南非（葡萄和荔枝）、越南（火龙果、荔枝、龙眼和红毛丹）和墨西哥（杨桃、葡萄柚、番石榴、芒果、甜橙、橘柚和甜莱姆）进口辐照商品[20]。

2017 年 2 月 22 日，加拿大卫生部在《加拿大公报》上公布了《食品与药品条例（食品辐照）修订条例》，将新鲜的和冷冻的牛肉馅添加到含有马铃薯、洋葱、香料和小麦面粉等可辐照食品的清单中[21]。

2.3.2 欧盟及其成员国对食品辐照的监管架构

在欧盟，食品辐照受 1999/2/EC 指令监管[22]，该指令涵盖辐照的一般和技术方面、辐照食品的标签和批准辐照食品的条件。此外，1999/3/EC 指令[23]建立了一份欧盟授权处理电离辐射的食品和食品成分清单。到目前为止，这个清单只包含一类食品：干香草、香料和蔬菜调味料。欧盟已在关于向消费者提供食品信息的第 1169/2011 号条例附件六的 A 部分第 3 条中实施了食品法典委员会关于辐照食品的标签规则[24]。

只有在以下情况下，才可批准食品辐照：有合理的技术需要；不会对健康造成危害，并在提议的条件下进行；对消费者有利；不被用作卫生和健康做法或良好制造规范或良好农业实践的替代物[25]。目前，在欧盟消费的食品中，只有非常有限的食品是经过辐照的。自 1999 年通过了框架指令和可能受辐照的食品临时清单以来，欧盟层面的监管没有进一步发展。1999/2/EC 指令规定，欧盟委员会应建立分阶段清单，并在审查了有效的国家授权后，提交一份完成欧盟辐照授权食品正面清单的提案[26]。2000 年，在编制欧盟正面清单的提案之前，欧盟委员会与消费者组织、行业组织和其他利益相关者就制定正面清单的战略展开磋商。磋商研究反映了强烈的观点，或是赞成或是反对，鉴于这一问题的复杂性，欧盟委员会认为在这一阶段进行更广泛的辩论是必要的[27]。虽然欧盟委员会的食品科学委员会（以下简称 SCF）在 1986 年、1992 年和 1998 年在对辐照食品的三份赞成意见[28]中陈述了几个食品类别（水果、蔬菜、谷类、淀粉块茎、香料及调味品、鱼类及贝类、鲜肉、家禽、卡蒙贝尔奶酪、蛙腿、虾、阿拉伯胶、酪蛋白/酪蛋白酸盐、蛋清、谷类薄片、米粉及血液制品）及其各自的辐射安全剂量限值，但最后，该清单还是未能确定。

2.3.2.1 欧盟成员国的立法及食品辐照实践

在将来可能会执行补充的欧盟正面清单之前，现有的欧盟成员国关于食品辐照的国家授权可以根据 1999/2/EC 指令第 4 条第（4）款予以维持，前提是：①有关食品的加工已得到科学基金会的赞成意见；②总平均吸收辐射剂量不超过 SCF 建议的限值；③电离辐射和投放市场的根据是 1999/2/EC 指令（这涉及允许的辐射源和标签要求）。另外，根据 1999/2/EC 指令第 4 条第（7）款，欧盟成员国可在实施该清单之前，继续申请和修改现有的国家限制或禁止食品电离辐射和未列入初始正面名单的辐照食品贸易。

因此，原则上，除香草和香料外，所有受到 SCF 好评的食品均可在欧盟成员国进行辐照。然而，只有 7 个欧盟成员国（比利时、捷克共和国、法国、意大利、荷兰、波兰和英国）已授权对其他产品进行辐照。根据 1999/2/EC 指令第 4 条第（6）款，欧盟公布了一份成员国对可辐射加工食品和食品成分的授权清单，这些食品和食品配料可以在以 kGy 为单位的电离辐射和给定的最大总平均吸收辐射剂量来处理[29]。例如，在比利时、捷克共和国和英国，蔬菜（包括豆类）的最大剂量为 1kGy，而水果（包括菌类、番茄和食用大黄）的最大剂量为 2kGy；在比利时、捷克共和国、法国和荷兰，冷冻蛙腿的最大剂量为 5kGy。

欧盟内各国之间的辐照做法差异很大。28 个欧盟成员国中的 13 个（比利时、保加利亚、捷克共和国、爱沙尼亚、法国、德国、匈牙利、意大利、荷兰、波兰、罗马尼亚、西班牙和英国），共有 25 个获得批准的食品辐照装置[30]。根据 1999/2/EC 指令建立的程序，新辐照装置由欧盟成员国的主管部门批准。每年，欧盟成员国必须将其区域内装置辐照的食品量告知欧盟委员会。此外，他们还必须报告对出售的食品进行的检查及检测结果。

根据 2014 年的报告（2015 年发布）[31]，在批准的欧盟 9 个成员国（比利时、捷克共和国、爱沙尼亚、法国、德国、匈牙利、荷兰、波兰和西班牙）的辐照装置中辐照了 5 543.3t 食品。这表明并非所有批准的装置实际上都在辐照食品。91%的食品是在 3 个欧盟成员国中辐照的：比利时（59%）、荷兰（24%）和法国（8%）。辐照的四种主要食品是蛙腿（55%）、家禽内脏（16.2%）、香草和香料（12.7%）、干蔬菜和水果（12%），其余的食品包括虾和鸡肉。与往年相比，欧盟的辐照产品总量有规律地减少：2014 年为 5 543t，2013 年为 6 876t（2014 年与 2013 年相比，下降 19%），2012 年为 7 972t（2013 年与 2012 年相比，下降 14%）。这些数量和食品类别既包括投放到欧盟市场的食品，也包括出口到第三国的食品。在欧盟从 2000 年至 2006 年的年度报告中，辐照食品量从欧盟范围内的至少 14 300t（2004 年）到最多 19 700t（2002 年）不等[32]。这些数字表明，辐照已在少数欧盟国家（主要是比利时、法国和荷兰）使用，并且涉及的数量非常有限。在允许的这些有限数量的食品中，许多食品往往没有经过实际辐照。例如，虽然英国允许对水果、蔬菜、谷物、鳞茎和块茎、干香草、香料和蔬菜调味料、鱼与贝类及家禽进行辐照，但目前英国只有一个获得许可的辐照装置，该装置获得了辐照各种香草和香料的许可，但 2014 年未进行任何食品辐照。

授权食品辐照的欧盟成员国数（7 个：比利时、捷克共和国、法国、意大利、荷兰、波兰和英国）与批准辐照装置中实际辐照食品的欧盟成员国数（9 个）两者存在差异，不仅因为国家要授权食品辐照（在其立法中），在其领土上销售辐射食品也要被授权（如德国）。还因为并不是所有的欧盟成员国都立法授权辐照，也不是所有的成员国都进行辐照。

因此产生的一个问题是：辐照食品是否可以在欧盟内部市场自由流通。根据相互承认的原则，在一个欧盟成员国合法销售的产品，如果不受欧盟协调的约束（根据欧盟关于辐照的框架指令，允许欧盟成员国在“正面清单”完成之前，保持本国关于食品辐照的规定有效），必须允许在任何其他欧盟成员国销售，即使该产品不完全符合欧盟成员国的技术规则目的地。该原则有一个例外：欧盟成员国目的地国只有在能够证明这一禁令对于保护公共安全、健康或环境等绝对必要的情况下，才可以拒绝产品的销售。因此，如果这些食品是在一个欧盟成员国合法辐照和交易的，其他欧盟成员国必须允许经过辐照的食品在其国家市场上销售。

根据 1999/3/EC 指令第 7 条第（3）款，欧盟成员国必须每年向欧盟委员会提交在食品营销阶段进行的检查结果。2014 年，欧盟 21 个成员国共分析了 5 779 个样品。3 个欧盟成员国的数量占总量的 71.7%（德国为 55.6%、意大利为 9.6%、荷兰为 6.5%）。2014 年，在德国，共分析了 3 214 个样品，其中 22 个样品被检测为不合格（3 个样品属于授权辐照但显示标签不合格，19 个样品属于未授权辐照的类别，主要是食品补充剂、鱼和鱼制品、脱水酱汁和汤）。其他欧盟成员国进行的检测较少或根本没有检测[33]。

2.3.2.2 从非欧盟国家进口辐照食品

从非欧盟国家进口到欧盟的辐照食品必须在欧盟批准的装置上进行辐照。目前有 10 个欧盟以外批准的装置（南非 3 个、土耳其 1 个、瑞士 1 个、泰国 2 个、印度 3 个）。关于批准非欧盟国家食品辐照装置的决定是根据欧盟委员会食品与兽医办公室（FVO）的检查结果做出的。2009 年，FVO 完成了对中国的辐照装置的评估任务，最终发现，被考察的装置都不符合 1999/2/EC 指令中关于食品辐照的要求[35]。因此，在中国辐照的产品不能合法地进口到欧盟。自那时起，FVO 再也没有安排对第三国的辐照装置进行评估。

原产于第三国并在经批准的装置上辐照的食品，只要符合辐照指令的法律条件并在一个欧盟成员国的市场上合法销售，就可以合法地进口到任何欧盟成员国[36]。一个例子是将辐照冷冻蛙腿进口到德国市场[37]。德国立法不允许辐照蛙腿，但是在比利时、法国和荷兰，辐照蛙腿的合法剂量高达 5kGy。由于原产于东南亚并在欧盟委员会批准的装置中辐照的产品在荷兰市场上是合法的，一个进口商获得了向德国市场进口辐照冷冻蛙腿的授权。应该指出的是，这些产品不是首先进口到荷兰，然后自由流通到德国，而是根据《德国食品和饲料法》第 54 章[38]，利用相互承认原则，直接进口到德国。《德国食品和饲料法》第 54 章第（1）条第 2 款相关部分规定：“从欧盟成员国合法的第三国进口的食品，即使不符合德国食品、化妆品或消费品的适用法规，也可以在德国上市。”

2.3.2.3 欧盟食品辐照相关立法的未来修订

欧盟委员会应起草一份提案，以完成经合法授权处理电离辐射的食品和食品成分清单（1999/3/EC 指令的正面清单）。因此，欧盟委员会授权欧洲食品安全局（EFSA）在 2006 年 5 月通过定义食品辐照的类别和应用的最大安全剂量，在 SCF 对该问题发表科学的意见后，提供“关于食品辐照风险的最新和一般性意见”。2003 年 5 月，为委员会提供食品安全科学建议的五个科学委员会成为 EFSA 的一部分。

EFSA 的新任务基本是评估，考虑了科学的不断发展，SCF 以前的意见是否仍然是最新的，并就与食品辐照有关的风险获得最新的一般性意见。EFSA 与欧盟委员会于 2008 年商定了两项不迟于 2009 年 12 月 31 日通过的科学意见（这一最后期限后来延长至 2010 年 12 月 31 日）：一项是关于食品辐照的功效和微生物安全，另一项是关于这一过程的化学安全。

根据欧盟第 178/2002 号法规第 22（2）条制定的食品法典的一般原则和要求[39]，EFSA 必须在对食品和饲料安全有直接或间接影响的所有领域，为欧盟立法和欧盟政策提供科学咨询和技术支持，必须就这些领域内的所有事项提供独立信息，并就风险进行沟通；根据第 22（6）条，EFSA 必须提供科学意见，作为在其任务范围内起草和通过欧盟措施的科学依据。

根据欧盟委员会的上述要求，EFSA 的生物危害（BIOHAZ）小组和 CEF 小组（食品接触材料、酶、调味剂和加工助剂）在 2010 年通过了两项截然不同的科学意见：①2010 年 9 月 22 日通过的 BIOHAZ 小组关于“食品辐照的功效和微生物安全性”的科学意见；②CEF 小组关于“食品辐照的化学安全性”的科学意见，于 2010 年 11 月 25 日通过。2011 年 3 月 29 日，EFSA 发表了两份意见及一份声明，总结了两份对食品辐照安全性的结论和建议，以便对食品辐照安全性进行全面评估[40]。

在给欧盟委员会的建议中，EFSA 的 BIOHAZ 小组分析了辐照的效果（理解为辐照降低食品中食源性病原体的能力），以及该过程的微生物安全性（理解为辐照减少食源性病原体对人类健康造成危害的贡献）。BIOHAZ 小组还考虑了与食品辐照有关的潜在微生物风险，如抗药性的发展，以及辐照可能被用来掩盖不卫生食品生产实践的可能性。总体而言，EFSA 表示，当按照食品法典标准和欧盟法规规定的剂量用于食品辐照时，这些电离辐射的能量水平均不足以在受辐射食品中诱发放射性[41]。EFSA 考虑了受辐射食品的化学安全问题，以及 SCF 在科学文献中发表的新信息，研究了食品辐照产生的几种化学物质可能产生的风险。EFSA 的 BIOHAZ 小组基本得出结论，对于消费者来说，使用食品辐照没有微生物风险。CEF 得出结论认为，关于完全用动物饲料喂养的猫的脑脊髓白质炎，是出版物中指出的辐照食品化学安全性唯一的相反证据，尽管这些动物饲料是在极高剂量下辐照的，但还需要进一步的研究来评估其与人类健康的可能相关性。

关于可以辐照哪些食品类别（和剂量）的问题，EFSA 的小组不仅更新了 SCF 先前的意见，而且彻底改变了应如何进行评估的标准。EFSA 的小组认识到现行分类的缺点[42]，并建议对可以辐照的食品和可能使用的剂量的决定，不应该像现在这样仅仅基于预先确定的食品种类，还应该基于其他因素。影响风险的因素包括涉及的细菌、所需的细菌减少水平、食品新鲜度、冷冻的还是干燥的、食品的脂肪或蛋白质含量。EFSA 的小组还指出，在决定哪些食品可以被辐照时，还应该考虑消费者可以获得的食品种类的多样性，如即食食品、切片肉或奶酪。关于功效和微生物安全，BIOHAZ 小组建议，食品辐照的应用应以风险评估和所需降低的风险程度为基础，而不是以预先确定的食品类别/商品和剂量为基础。为了减少病原体，不应规定剂量上限。

因此，新的 EFSA 的意见不再遵循以前的 SCF 关于辐照多种食品的意见，并确定了食品的类别和辐射剂量。EFSA 的科学专家认为，仅仅更新和完成可能辐照的食品清单，以及各自的最大安全剂量并不是合适的方法。

然而，EFSA 的立场似乎是在确认现行的食品法典委员会标准，该标准规定了一个更适合实际的剂量限制声明，规定最小吸收剂量应足以达到技术目的和最大吸收剂量（不应超过 10kGy，除非为达到合法的技术目的），否则应低于会损害消费者安全性、健康性或对结构完整性、功能特性或感官特性产生不利影响的值。CEF 小组还同意食品法典标准的方法，该标准不再使用总平均剂量的概念[43]。

总之，EFSA 的最新评估似乎承认，欧盟目前对食品辐照的限制性监管框架不符合食品法典标准。2016 年 10 月，欧盟委员会服务部门被问及，在公布 EFSA 的新风险评估报告后，是否正在考虑一项关于食品辐照的立法提案，欧盟委员会迄今尚未提交任何提案。然而，欧盟委员会似乎承认，EFSA 已经发布了一份有利的风险评估报告。特别是，EFSA 的意见从生物学和化学的角度证实了辐照技术对欧盟或国家授权的所有食品类别的有效性和安全性。同时，欧盟委员会各部门强调，任何立法改革都需要一个普通的立法程序，因此，这个问题仍在内部审议中，以决定最佳的解决方案，同时考虑到这项技术的所有方面、敏感性和欧盟内消费者的看法。作为风险管理人，欧盟委员会最终不受其风险评估机构的约束[44]，既不可能遵循 EFSA 的最新意见，也不可能在近期或任何时候相应地修改其现行做法。

2.3.3 亚洲的食品辐照管理

在亚洲，东盟成员国即东南亚国家联盟（文莱、柬埔寨、印度尼西亚、老挝、马来西亚、缅甸、菲律宾、新加坡、泰国和越南），已于 1997 年设立了一个食品辐照问题特设工作组，制定了辐照食品准则。这些准则是基于在美国农业部宣布将辐照作为一种检疫处理方法后，给予工作组在准备进入美国新鲜水果和蔬菜市场的任务。工作组范围被扩大和修订后，还包括东盟间的贸易、从东盟地区进口，以及出口到其他市场，特别是欧盟市场。考虑了正在实施的 WTO 协定，人们认为这样做是及时的。然而，在东盟国家中，还没有采取任何协调一致的方法。在马来西亚，食品进口和生产必须遵守《食品法》（1983 年）及《食品条例》（1985 年），按照自 2013 年 10 月 1 日起生效[46]的《食品辐照条例》（2011 年）[45]的规定，菲律宾通过了两项关于辐照食品安全的条例，即食品和药品管理局的卫生部第 152/2004 号行政命令，关于辐照植物和植物产品的进口、出口和国内流动，以及将辐照作为植物检疫处理的条例[47]。植物工业局作为国家植物保护组织（NPPO）负责评估、采用和使用辐照作为植物检疫措施[48]。菲律宾于 2015 年通过了《辐照卫生实施规范》[49]。泰国公共卫生部实施的《辐照食品》条例，于 2010 年 10 月 19 日生效，规定了用于辐照的初级食品加工、辐照的一般要求、再辐照要求、电离辐射源、食品辐照的吸收剂量、良好辐照规范和辐照食品的标签[50]。在越南，科学技术部与卫生部及其他相关部门合作，起草食品辐照的标准和规定，并根据科学证据起草国际管制框架和准则。为了给辐照装置的运作建立一个充分的法律框架，编制和颁布了各种标准和规章。自 2004 年 10 月 14 日以来，越南卫生部根据 3616/2004/QD-BYT 决定，为 7 种辐照食品的安全和卫生提供了指导准则[46]。

在亚洲其他地区，食品辐照也受到管制。中国食品辐照的基本法律要求是 1996 年卫生部第 47 号令《辐照食品卫生管理办法》（译者注：已废止）和根据食品法典标准制定的 GB/T 18524—2001 标准[35]（译者注：已替代至 2016 版）。孟加拉国的标准和检测机构于 2005 年 6 月采用了“经修订的国际食品法典委员会辐照食品通用标准 106-1983,Rev.1-2003”，适用于根据食品类别或组别制定的辐照规范。孟加拉国议会于 2011 年通过了《植物检疫法》[46]。在印度，食品辐照受《2004 年植物检疫令》《2006 年食品安全和标准法》《2012 年原子能规则》的监管。在印度尼西亚，食品加工辐照受政府关于食品标签和广告的第 69/1999 号条例，关于食品安全、质量和营养的政府法规第 28/2004 号，《食品法》（2012 年第 18 号），卫生部关于食品辐照的第 701/2009 号条例，以及关于辐照食品控制的第 26/2013 号法规监管[46]。在日本，根据植物保护法规《食品卫生法》，辐照作为一种植物检疫措施不用于任何食品，但用于抑制马铃薯发芽的 γ 辐照除外；2012 年 8 月，日本启动了肉类产品辐照处理的研究，以调查辐照对消除致病菌的效果[46]。在韩国，食品辐照受《食品卫生法》《核设施和放射性保护法令》，以及卫生和福利部第 767 号法令监管。来自钴 60 的 γ 辐射源用于 26 个食品组的辐照，而由低于 10MeV 的加速器产生的电子束辐照则于 2012 年 7 月获得授权[46]。巴基斯坦于 1996 年颁布立法，涵盖七类食品，将以不同的辐射剂量进行不同目的的辐照[51]。新鲜、冷冻的食品，以及新鲜水果和蔬菜可作辐射加工，以达到杀灭害虫、延长保质期及消毒的目的。《2013 年植物检疫法》将辐照作为一种《SPS 协议》处理方法纳入其中[51]。斯里兰卡于 2005 年发布了《国家辐照条例》，作为 1980 年第 26 号《食品法》的一部分；2012 年起草了修订版[46]；这些法规适用于斯里兰卡的每个食品辐照装置，为国内使用或出口而生产的所有食品，以及进口食品。

2.4　国际贸易方面

本节涉及与当前食品辐照监管框架的潜在贸易冲突，并讨论了欧盟食品辐照框架可能违反 WTO 规则的情况。2009 年发表的一项研究[52]概述了 2005 年世界食品辐照的状况（基于已发布的数据、问卷调查，以及在几个国家进行的直接访问），并报告了 2005 年全世界辐照食品的总量为 40.5 万 t。在亚洲，商业食品的辐照量显著增加，而在欧盟则有所下降。中国是食品辐照使用的领先国家（14.6 万吨），其次是美国（9.2 万 t）和乌克兰（7 万 t），这三个国家占 2005 年世界辐照食品总量的四分之三。2010 年，亚洲辐照食品数量显示，该数字迅速增加：仅中国就辐照了 20 万 t 以上的食品（大蒜、香料、谷物、肉类和食品添加剂），其次是越南，其辐照了 66 000t 冷冻海鲜和水果，印度尼西亚辐照了 6 923t 可可、冷冻海鲜和香料，日本辐照了 6 246t 马铃薯，印度辐照了 2 100t 香料和干蔬菜，泰国辐照了 1 484t 水果，巴基斯坦辐照了 940t 豆类、香料和水果，马来西亚辐照了 785t 草药和香料[53]。

2.4.1 与现行食品辐照监管框架的潜在贸易冲突

现行的食品辐照监管方法授权对某些产品类别进行辐照并设定剂量上限，并不符合国际公认标准使用的方法，如食品法典标准和 IPPC 标准（以上所述）。其关注加工的技术目的、实现该目的的最小吸收剂量和最大吸收剂量，该剂量应小于危害消费者安全和食品卫生的剂量（不应超过 10kGy，除非为达到合法的技术目的）[54]。

问题是，当前对食品辐照的限制性监管框架是否会对国际贸易产生影响。对因为经过辐照而没有进入某些市场的水果数量，或者因为没有经过辐照而没有市场（由于距离、害虫的存在等）的水果数量进行详细的统计，并不是一项简单的任务。经电离辐射加工的食品，除非它们附有文件，列明进行辐射加工的认可辐照装置的名称和地址，否则不得从第三国进口。

欧盟食品和饲料类快速预警系统（RASFF）所做的快速预警表明，欧盟存在源自亚洲的未经授权的辐照产品贸易，有许多通报和边境拒收与未经许可的辐照产品进口至欧盟有关。例如，2010 年 1 月 1 日至 2016 年 10 月，欧盟各成员国的主管部门发现了 169 种食品中存在未经授权的辐照，特别是中国的产品（如调味亚麻籽大豆、食品添加剂、凉茶、鱿鱼干、人参、仙人掌提取物、藜草提取物、红曲米、面酱、蓝鳕鱼干和盐渍鱼、辣豆腐、辣椒粉、水果提取物），还包括印度尼西亚和越南的冷冻蛙腿，美国的香料，俄罗斯、美国、印度和以色列的食品添加剂，菲律宾的蔬菜菜肴，俄罗斯的茶叶，以及越南和泰国的各种辐照海鲜。RASFF 2010 年度报告[55]指出，在这一年报告了 30 项有关食品辐照的通报，与 2009 年相比，通报的数量增加了一倍，通报的产品大多数来自中国和美国，而这两个国家没有欧盟批准的装置。通报的原因可能是产品类别未经授权、辐照剂量过高，以及/或在未经批准的装置中进行辐照。无论如何，很明显，尽管未经许可，辐照产品仍将出口至欧盟。最近的年度报告不再强调与辐照有关的警报。

如上所述，欧盟成员国已使用 1999/2/EC 指令中的条款，允许保留 1999 年以前对各种食品辐照的授权，特别是比利时、捷克共和国、法国、荷兰和英国。即使在欧盟境内辐照的数量似乎没有增加，但在世界范围内却增加了，而且对于易受辐照影响的产品，如蛙腿、水果和蔬菜、禽肉和虾，欧盟市场还是具有吸引力和商业价值的。中国、印度和东南亚国家已成为欧盟的重要出口国。部分欧盟成员国已批准对所有这些商品进行辐照（比利时、捷克共和国、法国和荷兰的蛙腿；比利时、捷克共和国和英国的水果和蔬菜；比利时、法国、捷克共和国和英国的禽肉；以及荷兰的虾），这些产品如果在欧盟批准的辐照装置中进行了辐照，就可以出口至欧盟。

然而，对第三国辐照装置的批准似乎并不简单，拒绝接受中国有关部门提出的批准四家辐照装置用于出口辐照食品的要求就是一个例子。此外，一些似乎在实践中经过辐照的产品，如预制餐和食品添加剂，目前在任何欧盟成员国都没有得到批准。

2.4.2 WTO 的适用规则和相关性

食品辐照是保证食品安全的另一种手段。WTO 的《SPS 协议》对食品安全和动植物检疫法规的适用进行了规范。《SPS 协议》附件 A 将“卫生或植物检疫措施”进行了定义，例如，为保护成员国境内的人类或动物的生命或健康免受食品、饮料或饲料中的添加剂、污染物、毒素或致病有机体所带来的风险。欧盟食品辐照法规框架的目标（1999/2/EC 号指令，其中包括开展辐射加工的一般和技术方面、辐照食品的标签、批准食品辐照的条件，1999/3/EC 号指令建立了欧盟电离辐射加工的食品和食品成分清单）可以大致描述为旨在保护人类健康免受食品辐照带来的风险。因此，欧盟的食品辐照法规框架似乎属于《SPS 协议》的范围，欧盟 1999/2/EC 号指令可以被视为《SPS 协议》措施。

《SPS 协议》要求在科学证据和风险评估的基础上，或在相关国际标准的基础上制定和维持《SPS 协议》的措施。《SPS 协议》允许各国制定自己的标准，但它也指出，法规必须以科学为基础。规章应仅适用于保护人类、动物或植物的生命或健康所必需的程度，而不应任意或无理的区别对待具有相同或类似条件的国家。特别是，《SPS 协议》第 2.2 条规定，WTO 成员应确保仅在保护人类、动物或植物的生命或健康所需的范围内实施的任何卫生或植物检疫措施，均基于科学原则，如果没有足够的科学证据，则不能维持这种状态，《SPS 协议》第 5.7 条规定的预防措施除外。

《SPS 协议》第 2.2 条和第 5.1 条（合并阅读）要求所有的 SPS 措施重新基于科学证据和风险评估。当前的欧盟食品辐照监管框架，授权对某些预先定义的产品类别进行辐照并设定剂量上限，似乎违反了《SPS 协议》第 2.2 条、第 5.1 条和第 5.2 条（要求在其风险评估中，WTO 成员必须考虑一系列列举的因素，例如，可用的科学证据），因为这种方法似乎不是基于风险评估的或没有足够的科学证据支持。如上所示，它没有得到最新的 SCF 和 EFSA 评估，特别是最新评估的支持。如果没有科学的风险评估来确定辐照食品对人体健康的不利影响，这些法规会造成对辐照食品贸易的限制，那么很可能出现这些法规与《SPS 协议》第 5.1 条和第 5.2 条不一致的情况。

根据《SPS 协议》第 3.1 条，鼓励 WTO 成员采用食品法典标准和 IPPC 的国际标准、准则和建议，如果它们存在的话。然而，根据第 3.3 条，WTO 成员可采用要求更高（更严格）的有科学依据的措施。他们还可以在适当评估风险的基础上制定更高的标准，只要这些方法是一致的，而不是任意的。WTO 成员的 SPS 措施必须基于对所涉实际风险的适当评估（第 5 条）。

此外，欧盟现行的食品辐照监管框架似乎与国际公认标准不一致。例如，食品法典标准与《国际植物保护公约》所采用的方法不一致，前者侧重于最低限度的加工技术目的，达到该目的所需的最小吸收剂量和最大吸收剂量，该最大吸收剂量应小于危害消费者安全和食品卫生的最大吸收剂量（不应超过 10kGy，除非为达到合法的技术目的）。正如 EFSA 最新的评估所表明的那样，它也没有科学的支持，可以说违反了《SPS 协议》第 3.3 条，因为该条例超过了相关国际准则所达到的卫生或植物检疫保护水平，而没有科学依据或风险评估。

随着辐照食品法典通用标准的出现，明确了食品辐照的安全性和有效性，以及在 IPPC 标准中认可辐照作为检疫处理方法，因此 WTO 成员应采用国际标准。除了食品辐照标准所规定的在不损害消费者安全和食品健康的情况下、进行辐射加工的技术目的需要外，似乎没有科学理由采取其他不同的做法。

国际论坛（主要是粮农组织/世界卫生组织食品法典委员会和 WTO）的讨论目前似乎尚未进行，过去有一些与欧盟监管框架有关的问题尚未得到解决。美国在 2001 年 7 月表示，在 1999 年欧盟通过了关于食品辐照的两项指令（仅将干香草、香料和蔬菜调料列入正面清单）之后，美国于 2001 年 1 月就欧盟的一份磋商文件发表了意见，该文件描述了扩大正面清单的策略[56]。美国要求所有获得 SCF 好评的食品都列入正面清单，并要求提供关于如何将更多的食品添加到清单中的信息。早在 1998 年，在 WTO 的 SPS 委员会的一次会议上[57]，在讨论欧盟关于电离辐射加工食品的措施的通知时[58]，美国认为该指令是朝着承认这一技术在确保食品卫生和安全方面可发挥的作用迈出的积极一步。不过，美国强调，在欧盟可以进行辐照的产品清单应该扩大到包括猪肉、牛肉、家禽、水果和蔬菜等其他食品，并要求解释欧盟对辐照装置的审批程序是如何运作的。根据世贸组织成员于 2011 年 3 月 1 日就“具体贸易问题”提出的卫生和植物检疫措施委员会的文件，美国在 1998 年和 2001 年提出的关于欧盟用电离辐射加工食品措施问题的解决方案尚未得到报告[59]。

2.5 结论

辐照食品的安全性和有效性在国际食品法典委员会的认可范围内，WTO 成员在管制这一部门及其对贸易的影响时，应采用明确和商定的国际标准。如果有科学的理由，WTO 成员可以制定更高（更严格）标准的措施，也可以在对所涉风险进行适当评估的基础上制定更高的标准，需要做法一致，而不是任意的。

此外，欧盟及其成员国关于食品辐照的立法授权照射某些预定义的产品类别并设定剂量上限，似乎不符合相关国际公认标准使用的方法。欧盟现行的这些标准侧重于加工的技术目的，最大吸收剂量应小于危害消费者安全和食品卫生的最大吸收剂量（不应超过 10kGy，除非为达到合法的技术目的）。正如 EFSA 最新的评估所表明的那样，它也没有科学的支持。欧盟的立场似乎有些过分，没有得到科学的充分支持。最终，可以提出一个令人信服的论点，即欧盟对食品辐照的监管框架不符合 WTO 的法律。

欧盟目前对食品辐照的限制性监管框架似乎对国际贸易产生了负面影响。辐照食品正被进口到欧盟，但数量相对较少，并遵循复杂且限制性的程序。欧盟的食品辐照监管框架对来自发展中国家、新兴国家和新兴工业化国家的食品贸易机会产生了负面的影响，由于其高度易腐性，这些国家的食品如果作为辐照产品出口，往往只能在欧盟拥有市场。例如，芒果的保质期很短，而且很容易出现瘀伤。芒果的高呼吸率、水分损失和对害虫的易感性，特别是在成熟时，将芒果的保质期限制在几天之内。这种短暂的保质期加剧了收获后的损失，也不利于有效的分销和销售。由于芒果极易腐烂，来自印度、巴基斯坦或越南等地区的芒果很难通过海运出口到欧盟或美国市场。通过空运出口使农产品的价格中增加了大量的运费，往往使其在出口市场上缺乏竞争力。由于试图通过其他方法（如冷藏）延长货架期的尝试显然不太成功，辐照芒果被认为是一种替代方法，过去几年，美国已经在少数几个国家批准了辐照芒果。

欧盟委员会为起草新的欧盟食品辐照立法而要求进行的 EFSA 新的风险评估，得出的结论是，使用辐照食品对消费者没有任何微生物风险。EFSA 的做法似乎与食品法典委员会一致——建议食品辐照的应用应基于风险评估和所需的风险降低程度（如所需的细菌减少），而不是应用于预定的食品类别/商品和剂量。此外，为了减少病原体，不应规定剂量上限。根据 EFSA，关于可辐照食品和辐照剂量的决定还应基于“科学”因素，如食品是新鲜的、冷冻的还是干燥的，以及食品的脂肪或蛋白质含量，同时考虑目前消费者可获得的食品的多样性，如即食食品、肉片或奶酪。这似乎不符合欧盟目前的做法，导致了负面的贸易影响。

如果欧盟监管机构得出结论，由于某种原因，食品辐照存在科学上的不确定性，就会出现适用于预防性原则的措施的问题。根据 WTO 的法律，预防性原则可以与一些明确的保障措施一起使用，而且预防性原则可以在多大程度上暂时允许采取可能对贸易产生不利影响的政策，存在相关的解决争议的判例。但是，这种措施不能建立在纯假设的基础上，只有在采取该措施时，所掌握的科学研究能适当地支持消除这种风险时，才可行[60]。

归根结底，各项措施必须以科学原则和相关的国际标准为基础，并且必须选择现有的对贸易影响最小的措施（确保它们只适用于保护人类、动物，以及植物生命或健康的必要范围）。在欧盟，EFSA 的最新评估似乎同时为从根本上改变监管参数开辟了道路（例如，食品辐照法规需要有科学依据并符合相关的国际标准），并削弱了欧盟对现行食品辐照规则可能阻碍（法律上或事实上）第三国经营者和产品进入欧盟市场的情况所持的立场。

参考文献

[1] ISO Standard 14470:2011.

[2] JECFI Committee Report, Wholesomeness of Irradiated Food, *Technical Report*

Series 659, WHO, Geneva, 1981.

[3] FAQs-Questions about specific Codex work, http://www.fao.org/ fao-who-codexalimentarius/faqs/specific-codex-work/en/ (accessed November 2016).

[4] Report of a Joint FAO/IAEA/WHO Study Group, High Dose Irradiation: Wholesomeness of Food Irradiated with Doses above 10kGy, *Technical Report Series 890*, WHO, Geneva, 1999.

[5] Report of a Joint FAO/IAEA/WHO Study Group, High Dose Irradiation: Wholesomeness of Food Irradiated with Doses above 10kGy, *Technical Report Series 890*, WHO, Geneva, 1999, at p. 3.

[6] Codex General Standard for Irradiated Foods No. 106-1983, Rev 1-2003, http://www.fao.org/fao-who-codexalimentarius/standards/list-of-standards/en/(accessed November 2016).

[7] Common European Community Position for the Codex Alimentarius Commission, 24th session, 2-7 July 2001, Agenda Item 10 b) Consideration of Standards and related Texts at Step 5-Proposed Draft Revision to the Codex General Standard for Irradiated Foods at step 5.

[8] CODEX STAN 1-1985 Adopted 1985. Amended 1991, 1999, 2001, 2003, 2005, 2008 and 2010.

[9] The "Radura" is the international symbol indicating that a food product has been irradiated. It is usually green and resembles a plant in circle.

[10] CODEX STAN 231-2001.

[11] Codex Alimentarius, CAC/RCP 19-1979, Revision 2-2003. Editorial correction 2011.

[12] Codex Alimentarius, CAC/RCP 1-1969, Adopted 1969. Amendment 1999. Revisions 1997 and 2003. Editorial corrections 2011.

[13] Commission on Phytosanitary Measures, 2007. https://www.ippc.int/en/ core-activities/standards-setting/ispms/ (accessed November 2016).

[14] ISPM standard No. 28, 2016, Annexes 15, 16, 17, 18 and 21.

[15] 55 countries have approved the use of irradiation to treat foodstuffs, according to the publication *Atoms for food-a global partnership*, Contributions to Global Food Security by the Joint Division of the Food and Agriculture Organization and the International Atomic Energy Agency, Vienna, Austria 2008. The Institute of Food Science & Technology (IFST) refers to more than 50 countries in June 2015, http://www.ifst.org/ knowledge-centre/information-statements/food-irradiation (accessed November 2016).

[16] USA, Code of Federal Regulations, 21 CFR 179, 2016.

[17] USA, Code of Federal Regulations, CFR, Title 7: Agriculture, Part 305-Phytosanitary treatments; §305.9 Irradiation treatment requirements.

[18] A. K. Thompson, *Fruit and Vegetables: Harvesting, Handling and Storage*, Wiley-Blackwell, 2014.

[19] G/SPS/N/USA/2877, http://agriexchange.apeda.gov.in/sps_measures/doc_files /nusa 2877.doc (accessed November 2016).

[20] USA, APHIS, Plant Protection and Quarantine, Fresh Fruits and Vegetables Import Manual, July 2012, http://www.aphis.usda.gov/import_export/plants/manuals/ ports/downloads /fv.pdf (accessed November 2016).

[21] Canada Gazette, Vol. 151, No. 4-22 February 2017, http://gazette.gc.ca/ rp-pr/ p2/2017/2017-02-22/html/sor-dors16-eng.php (accessed March 2016).

[22] Directive 1999/2/EC, *Off.* J., 1999, **L 66**, 16; last amended by Regulation (EC) No. 1137/2008, *Off.* J., 2008, **L 311, 1**.

[23] Directive 1999/3/EC, *Off.* J., 1999, **L 66,**

[24] EU, *Off.* J., 2011, **L 304**, 18.

[25] Directive 1999/2/EC, Annex I point 1.

[26] Article 4(3) of Directive 99/2/EC, refers to Article 100a of the EU Treaty (*i.e.*, Article 114 of the TFEU).

[27] EU, *Off.* J., 2001, **44(C 241)**, 06.

[28] In a further opinion, Revision of the opinion of the Scientific Committee on Food on the irradiation of food of 4 April 2003 (SCF/CS/NF/IRR/24 Final), the SCF concluded that it is not possible to accept the suggested removal of the upper limit of 10 kGy for the production of safe and wholesome irradiated foods. On the basis of the information presently supplied to it, the Committee argued that it is appropriate to specify a maximum dose for the treatment of certain food products by ionising radiation and that irradiated foodstuffs should continue to be evaluated individually, taking into account the technological need and their safety.

[29] EU, *Off.* J., 2009, **C 283**, 5.

[30] EU, *Off.* J., 2015, **C 51**, 59.

[31] EU, 2015, http://eur-lex.europa.eu/legal-content/en/TXT/?uri=CELEX% 3A52015DC0665 (Accessed November 2016).

[32] EFSA Panel on Food Contact Materials, Enzymes, Flavourings and Processing Aids (CEF), *EFSA J.*, 2011, **9**(4), 1930.

[33] EU, 2015, http://eur-lex.europa.eu/legal-content/en/TXT/?uri=CELEX% 3A52015DC0665 (accessed November 2016).

[34] EU Commission Decision No. 2002/840/EC, OJ L 287, 2002, 40, amended by Commission Implementing Decision No. 2012/277/EU of 21 May 2012, OJ L 134, 24.5.2012, p. 29-30.

[35] Final report of a mission carried out in China in order to evaluate food

irradiation facilities, DG(SANCO)/2009-8144-MR-FINAL. http://ec. europa.eu/food/fvo/act_getPDF.cfm?PDF_ID=7646 (accessed November 2016).

[36] T. Röcke, *Eur. Food Feed Law Rev.*, 2006, 203.

[37] T. Röcke, *Eur. Food Feed Law Rev.*, 2006, 203.

[38] Lebensmittel- und Futtermittelgesetzbuch, 1 September 2005, recast on 3 June 2013 (BGBl. I S. 1426), amended on 18 July 2016 (BGBl. I S. 1666).

[39] EU, *Off. J.*, 2002, **L 31**, 1.

[40] 9:4 *EFSA J.*, 2011 and 2017, 1.

[41] 9:4 *EFSA J.*, 2011 and 2017, 10.

[42] 9:4 *EFSA J.*, 2011, 1930, 3.

[43] Various terms are used for defining radiation dose. Therefore, it is considered that the limits should be expressed in terms of a maximum dose. In order to convert the overall average dose into a maximum dose, the conversion factor should not exceed 1.5, which corresponds to the currently maximum allowed dose uniformity ratio of 3.0. 9:4 *EFSA J.*, 2011, 7.

[44] A. Alemanno, *Eur. Food Feed Law Rev.*, 2008, 2.

[45] Food Irradiation Regulations 2011. Gazettement (P.U. (A) 143/2011) on 21 April 2011.

[46] I. Ihsanullah and A. Rashid, *Food Control*, 2017, **72**(B), 345.

[47] Bureau of Plant Industry, Quarantine AO No. 02, 2008.

[48] Bureau of Plant Industry, Quarantine AO No. 02, 2008.

[49] Philippine National Standard PNS/BAFS 151:2015, ICS 67.020.

[50] USDA GAIN Report Number: TH0172, Country Report-Food and Agricultural Import Regulations and Standards, 2010.

[51] SRO 166(1)96, Gazette Notification 3712/96, 1996.

[52] T.Kume, S. Todoriki, N. Uenoyama and Y. Kobayashi, *Radiat. Phys. Chem.*, 2009, **78**, 222.

[53] T. Kume and S. Todoriki, *Radioisotopes*, 2013, **62**(5), 291.

[54] I. Carrenõ and P. Vergano, *Eur. J. Risk Regul.*, 2012, **3**, 373.

[55] European Commission, http://ec.europa.eu/food/food/rapidalert/index_ en.htm (accessed in November 2016).

[56] WTO, SPS Committee-Specific Trade Concerns-Submission by the United States Regarding G/SPS/GEN/204/Rev.1, G/SPS/GEN/265.

[57] WTO, SPS Committee-Summary of the Meeting, 1998-Note by the Secretariat, document number G/SPS/R/12, 37. See also WTO, SPS Committee-Summary of the Meeting, 2001-Note by the Secretariat, G/SPS/R/22, 127.

[58] WTO, SPS-Notification of Two Common Positions for (a) A Framework

Directive (FD) and; (b) An Implementation Directive (ID), G/SPS/N/ EEC/61.

[59] WTO, SPS Committee-Specific trade concerns-Note by the Secretariat- Issues not considered in 2010-Addendum, G/SPS/GEN/204/Rev.11/ Add.2, at paras. 216 and 217.

[60] Case T-13/99, Pfizer v. Council [2002] ECR p. II-3305, 143. For a review of the jurisprudence of the EU and EFTA courts on the precautionary principle, see; A. Alemanno, The Shaping of the Precautionary Principle by European Courts: From Scientific Uncertainty to Legal Certainty, in *Valori Costituzionali E Nuove Politiche Del Diritto*, ed. L. Cuocolo and L. Luparia, Cahiers Européns, Halley, 2007, p. 143.

第 3 章　γ 辐照装置

艾米莉·克雷文[1]，约翰·施莱赫特[2]，拉塞尔·斯坦克[3]

3.1　引言

γ 射线在辐射加工领域有着悠久而成功的历史。第一套 γ 辐照装置于 20 世纪 60 年代设计建造，用于食品和医疗器械的辐射灭菌。一次性医疗器械的辐射灭菌是γ技术最大的应用，世界上 40%以上的一次性医疗器械都是用γ射线进行灭菌的。

如今，使用 γ 辐照装置进行的食品辐照比其他任何辐射技术都要多。全球有超过 200 家大型 γ 装置在运行，而且这个数字还在不断增加。这些装置大多对各种产品进行辐照，其中可能包括医疗器械和食品。也有一些 γ 辐照装置是专门为食品辐照应用而制造的。

以下各节介绍了γ辐照装置的设计原则，以及食品辐照的具体注意事项。

3.2　γ 辐照装置设计中的物理原则

γ 辐照装置通过将产品暴露于同位素辐射源［最常见的是钴 60（^{60}Co）］中，向产品提供规定剂量的辐射。γ 辐照装置的设计是一个物理学上的挑战，因为这些辐照装置的核心是一个由成千上万的放射性钴“铅笔”（棒）组成的辐射源，每支铅笔都具有独特的活性和位置，与周围许多不同位置的不同产品相互作用。铅笔、产品、结构部件和产品流的安排设计，既需要辐射与物质相互作用的直觉知识，也需要数学工具来预测特定配置的结果。一旦物理设计建立起来，辐照装置的操作就会变得简单和直接了。

1．诺迪安，前进路 447 号，渥太华，安大略省，K2K 1X8，加拿大。
2．施洁，斯普林路 2015 号，橡树溪，IL 60523，美国。
3．GRAY STAR，阿灵顿山谷路 200 号，NJ 07856，美国。

3.2.1 γ 光子通过材料的衰减

当一个钴 60 原子衰变为镍 60 时，它会释放出一个电子和两个比能量为 1.17MeV 和 1.33MeV 的高能光子，电子的能量足够低，以至于沉积在钴铅笔内部。因此，在 γ 辐射中唯一考虑的辐射成分就是光子，这些光子的能量足以使它们与材料分子相互作用之前在物质中长距离传播。当光子穿过物质时，它们会与物质的原子核和电子发生碰撞。与原子核碰撞不会产生核效应或化学效应；然而，与电子的碰撞会产生电离的化学效应。在碰撞过程中，一些光子的能量被吸收（衰减）。光子（现在能量较低）将继续与原子碰撞，直到所有的能量被吸收，然后转化为少量的热能。光子与电子碰撞时，可能会将部分能量传递给这些电子，将它们撞出轨道（电离）。有能量的电子将穿过物质，直到它们与原子核或电子碰撞，这与穿过物质的原始光子具有类似的效应（积聚）。这种情况将一直持续到光子和合成电子的所有能量都转移到物质上。已转移的累积能量称为剂量，剂量的国际单位是“戈瑞”（Gy）。戈瑞的定义是每千克物质吸收一焦耳的能量。剂量沉积的分布由光子的能量、光子传播的距离，以及被辐照材料的特征衰减和积累决定[1,2]。

由于光子在穿过产品时会衰减，且光子强度随着传播距离的增加而减小（平方反比定律），γ 照射几乎总是将给定产品堆码的一侧暴露在辐射源中。对于对称的双面照射，这意味着接收到给定产品堆码的最大剂量始终在体积的外平面上，并且接近均匀产品的最小剂量始终在或接近产品堆码的中心平面（见图 3.1）。

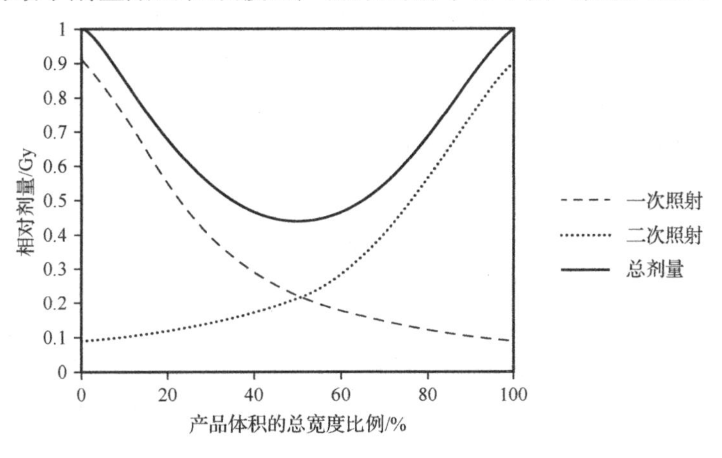

图 3.1 双面 γ 辐照深度剂量分布图

产品堆码接收的最大剂量与最小剂量之比通常称为剂量均匀性比（DUR）。DUR 为 1.0 被认为是理想的，但几乎不可能实现。DUR 可以根据产品暴露于辐射源方向的设计进行改进。例如，较薄的产品堆码会使整体衰减较少，因此外平面上的最大剂量与内平面上的最小剂量之比就会降低（见图 3.2）。

一般来说，对于食品辐射加工，规定了最小剂量，以便为该加工提供所需数量的生物灭活量，无论是减少潜在的致病微生物以保证食品安全，还是减少植物检疫应用中昆虫的生存能力。此外，还有一个特定的最大剂量，它由法规限制或由辐射效应开始对食品或包装的质量产生负面影响的点来定义。食品辐照并不总是要求严格的最小剂量，可能只考虑平均剂量和/或最大剂量。有关食品辐照剂量的更多信息，请参阅第 2 章和第 5 章。

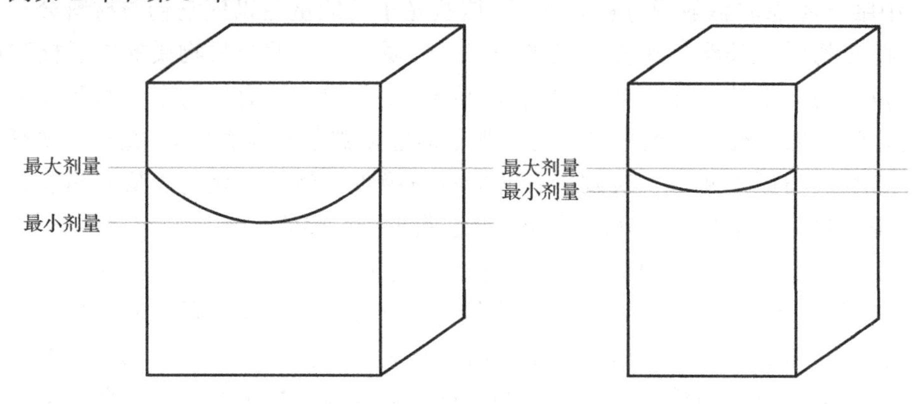

图 3.2　减小产品体积对剂量均匀比（DUR）的影响

3.2.2　源的设计、源架和源布置

工业用钴 60（^{60}Co）是一种由核能反应堆有意生产的同位素。通常，钴 59（^{59}Co）被用作这些反应堆的控制棒元件，通过吸收中子来调节核反应。在 18～30 个月的时间里，大多数 ^{59}Co 转化为 ^{60}Co。^{60}Co 被从反应堆中取出，然后双重封装在工业辐照应用所使用的密封源中。

γ 射线辐照装置中使用的密封源通常是以铅笔状式设计的。钴本身可能是块状、片状、盘状或颗粒球的形状。将钴焊入由不锈钢或锆合金制成的内包壳中，然后将内包壳焊入不锈钢外包壳中。对这些双重封装的源进行序列化，并测量和记录每支源棒的活度。序列号和初始源活度用于跟踪源棒的整个使用寿命。源棒的已知位置和任何运输必须通过监管机构报告[3,4]。

最常见的钴源棒设计基于 Nordion® C-188 包壳，这种功能设计自 50 多年前首次使用以来一直没有明显改变。源棒的长度约 45cm，包括不锈钢端盖。钴分布的长度较短，约 41cm。一支源棒的直径约 1cm。

源支架或模块的设计目的是用实心端盖固定源棒，而不屏蔽产品堆码吸收的辐射源。模块的设计应能提供相对于产品堆码所需的源位置，同时保护源棒的完整性，使其免受机械损伤和可能导致腐蚀的环境影响。这包括确保当源棒从储源水井中升起时，水能从源架中排出，确保沉淀物不堆积在端盖周围，并且确保源棒的排列不会导致温度升高，以免对不锈钢封装造成影响[5]。

图 3.3 是典型的模块和源架设计。模块用于容纳源棒的排列，其中可能包括也可

能不包括假（非放射性）源棒。假源棒作为间隔物，旨在提供与源棒相当的重量和吸收特性。假源棒的存在为整个源提供了一致的重量，也提供了一致的自吸收特性。

如图 3.3 所示的模块包含 42 根源棒或假源棒，并在其两端的通道中支撑源棒。其他类型的模块设计也是可能的，包括：

- 源棒数量更多或更少的类似设计；
- 源棒水平排列而不是垂直排列的模块；
- 每个源棒端有独立支架的模块；
- 模块可以上下和/或前后交错放置源棒；
- 模块可以是圆柱形或半圆柱形。

模块通常排列在一个二维的支架上。根据辐照装置的设计，源架可容纳多行和多列的模块。不同数量的钴被装入机架的每一行和每一列，以获得特定的辐射通量分布。

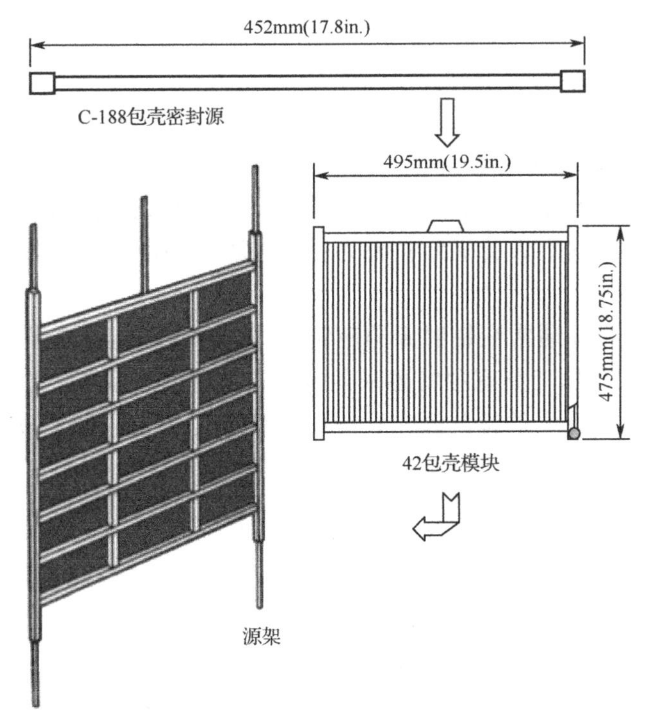

图 3.3 γ 辐射源的组件：密封源、模块和源架

（图片来源：诺迪安）

在源架上放置单个源棒的计划，需要考虑每行和每列所需的活度分布，同时为整个产品堆码提供均匀的剂量分布。辐射源分布的改变可以用来改善产品中辐射吸收的效率、DUR，以及产品堆码内最大剂量和最小剂量的位置。

辐射源分布规划可以采用多种方法完成，从简单尝试匹配现有的配置文件，到复杂预测剂量分布变化的数学模型。通常情况下，时间—源分布规划是一种折中方案，以实现特定产品类型的最佳效果。例如，为医疗器械提供最佳效率和均匀性而优化的辐照装置，对于新鲜农产品的辐照可能不是最有效或最实用的，反之亦然。更多关于辐照装置设计的信息见本章后续各节。

^{60}Co 是一种放射性同位素，半衰期为 5.271 年，这意味着大约每隔五年，^{60}Co 源的活性就会降低到其原始值的一半（衰减）。源架和模块组合的设计可以容纳许多源棒的添加，在几十年的运行中可能会超过 1 000 支源棒。源棒通常每年都会补充一次，这意味着源棒在其使用寿命内不断地被添加和使用。当一支源棒不再有活度时，或者当源架已经装满，或者当有法规要求在规定的时间内移除源时，源棒可以被返回制造商处进行回收或处置。

3.2.3 围绕源的产品配置

γ 辐照装置的设计是尽可能多地吸收辐射源的辐射，同时在产品内提供可接受的吸收剂量分布，这是通过在辐射源周围设计辐照容器中产品的布置或路径来实现的，使产品能够从多个角度吸收辐射。

最有效的辐照装置设计通常是提篮系统，在这种系统中，产品在辐射源周围多圈多层地移动，以最大限度地增加产品吸收的辐射量。最好通过连续照射相似的产品来保持这种效率，以免在产品类型之间进行转换，而这些转换可能需要清空源通道以更改周期时间。这种设计通常被称为“货盖源”，因为产品排列的总体高度比辐射源本身的高度要高。

另外，悬挂式设计通常在辐射源的两侧以单层和单程运输产品。尽管效率较低，但这种类型的设计为加工具有独特要求的各种产品提供了灵活性。这种设计被称为“源盖货”，因为该设计中的辐射源布置得比产品堆码高（见图 3.4）。

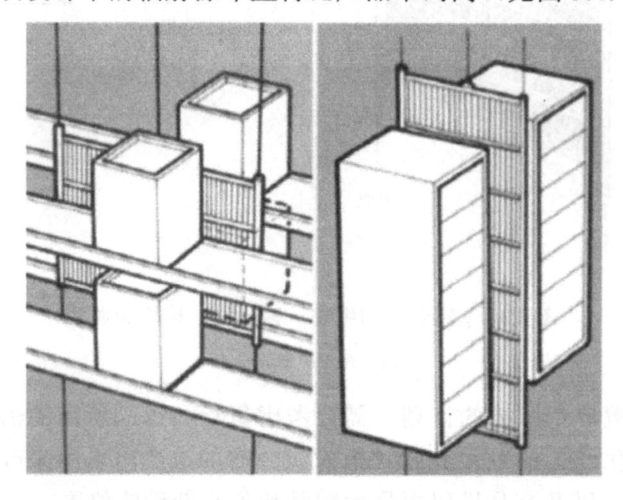

图 3.4 货盖源（左）与源盖货（右）辐照装置设计

（图片来源：诺迪安）

提篮式和悬挂式设计辐照装置均是针对特定堆码尺寸的产品纸箱或容器而设计

的，需要手动或机器装载。另一种设计是使用完整的产品托盘。可以根据应用将产品托盘辐照装置设计为货盖源或源盖货。托盘辐照装置的优点是降低了成本并减少了与产品加工相关的潜在损害；缺点是与托盘相关的较大产品堆码意味着剂量均匀性和操作效率可能不如其他设计。也就是说，托盘式辐照装置已被证明可以产生可接受的结果，并广泛应用于医疗和食品的辐照应用。

3.2.4 数学模型

为了准确预测相对于辐射源的某一位置的某一产品所吸收的剂量，有几种工具可供选择。基于点核和蒙特卡罗方法的软件代码使用已知的物理学原理，通过经验或统计学方法计算基于定义输入的预期剂量。例如，MCNP、Geant4 和 EGSnrc 等程序已经证明了它们在模拟 γ 辐照装置方面的有效性[6]。模型的成功通常更多地取决于建模者的技能，而不是与工具本身的能力有关。一个好的模型可以准确地描述源通道中影响剂量结果的结构，不会增加太多细节而降低程序的计算速度。有时，点核模型比较简单，运行速度相对较快，可以用来反复改进特定的设计，然后使用蒙特卡罗模型对给定配置的辐照装置性能进行微调（有关食品辐照剂量学验证的更多信息，请参阅第 7 章）。

3.3 γ 辐照装置的组成

γ 辐照装置有四种类型[7,8]：

第 I 类——自备式干法贮源 γ 辐照装置；

第 II 类——固定源室式干法贮源 γ 辐照装置；

第III类——自备式湿法贮源 γ 辐照装置；

第IV类——全景式湿法贮源 γ 辐照装置。

第 I 类辐照装置一般是小型研究规模的辐照装置。这些较小的辐照装置在食品应用中也有一定的用途，因为它们经常用于无菌昆虫技术辐照，以减少农作物的虫害，以及诱变育种和研究规模的应用[9,10]。这些辐照装置的规模小，意味着它们不适合大批量的食品辐照应用。

第 II 类、第III类和第IV类辐照装置都用于食品辐照应用。第 II 类和第IV类辐照装置将产品暴露在屏蔽室中的辐射源下；第III类辐照装置的辐射源永久地位于贮源水井的底部，产品在放入水井的特殊容器中保持干燥，并放置在靠近辐射源的地方，以使产品暴露在辐射场中。无论 γ 辐照装置的设计如何，是提篮式、运输车式或托盘式、货盖源或源盖货，第 II 类、第III类或第IV类辐照装置都有一些安全有效的操作所需的通用组件。

3.3.1 生物屏蔽体

生物屏蔽体是一种包含辐射源的结构，它能将任何辐射场衰减到保障屏蔽区外工作人员安全的水平。在第Ⅱ类和第Ⅳ类辐照装置中，生物屏蔽体通常由混凝土建造，有一个包含源的内室（辐照室）和一个或多个过渡区，产品通过过渡区进入辐照室。屏蔽体也可以由钢和/或铅的组合构成，作为混凝土的补充或替代，只要辐照装置运行时，在屏蔽外产生的辐射场符合法规要求即可[8,11]。

第Ⅳ类辐照装置在不使用时，辐射源贮存在辐照室内的水井中。水井必须有足够的深度将室内的辐射水平降低到可接受的值，以便经批准的人员在辐射源区域内和周围进行工作。这个深度取决于源的许可活度、机架的高度，以及此机架内活动的预期分布。第Ⅱ类辐照装置在不使用时将辐射源贮存在屏蔽容器中。对于第Ⅲ类辐照装置，生物屏蔽仅由贮源井提供。

图 3.5 中的生物屏蔽体包括源通道/辐照室区域较厚的墙壁，通过迷道/过渡区的壁厚逐渐减小。辐照室的墙壁必须足够厚，以使在屏蔽体外部的人员免受辐射源的辐射。所需的墙壁厚度取决于许可活度和源的几何形状。在某些情况下，这些墙壁厚度可能会超过 2m。墙壁的厚度计算使用已知混凝土或其他任何屏蔽材料的衰减特性和堆积特性。

无论是产品还是人员，都可以通过如图 3.5 所示的过渡区进入生物屏蔽体的内部辐照室。过渡区的设计迫使辐射在离开屏蔽体之前多次“反弹”。每次辐射与辐照室壁相互作用，散射光子都会通过康普顿散射释放能量，并有一个被称为反照率的反射方向强度曲线，其幅度通常比入射强度低约 100 倍。由于光子的能量随着每次反射而降低，迷道区的屏蔽壁厚度可能小于主辐照室的壁厚。辐射迷道的设计使用基于光子与屏蔽墙相互作用的物理学模型，以确定迷道设计在将辐射场降低到安全水平的有效性。在一些分批式辐照装置中，使用屏蔽门来进入辐照室，这可以减小迷道区的长度。

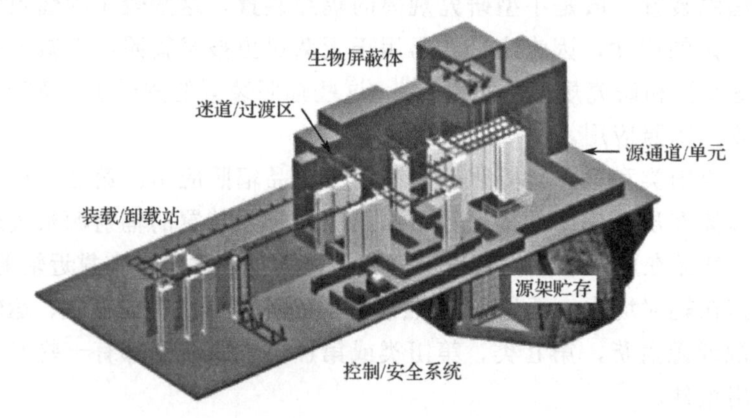

图 3.5 典型的第Ⅳ类全景式湿法贮源 γ 辐照装置的组成

（图片来源：诺迪安）

3.3.2 产品加工系统

产品加工系统是将产品运输到辐照室内，经过辐射源然后再返回的系统。它包括产品装载到辐照容器的位置、产品到辐射源的运输、产品在辐射源通道区域内围绕辐射源架的布置和移动，以及产品从辐照室运输到卸载站的位置。

图 3.5 显示了一个典型的第Ⅳ类悬挂式辐照装置。在这种安排下，辐照容器通过迷道进入屏蔽体内部，产品围绕在源架四周转位，然后回到屏蔽体外面，在那里它们被卸载并准备放行。根据辐照容器的类型，产品可以通过人工、叉车或使用其他自动化设备进行装卸。

产品加工系统的设计必须完成将产品运入辐照屏蔽体和从辐照屏蔽体内运出的要求，同时能够在高辐射环境中运行。典型的部件应尽可能采用全金属，润滑轴承和滚轮必须用石墨而不是油脂。早期的辐照装置设计依靠位于辐射室内部的气动推杆和升降机来移动产品。现代辐照装置使用的是位于辐射区外的驱动装置，一般是电动的，但也可能是液压驱动的。

位于迷道区的产品加工系统部件暴露在较小的辐射场中，电机通常可位于该区，而无须外部驱动。

许多辐照装置设计的类型都被称为停留和步进（Shuffle and Dwell）。在停留和步进设计中，有一系列固定的停留位置，当产品暴露在辐射源下（过源）时，它是静止的。到规定的时间后，将辐射容器移动或步进到下一个停留位置。顺序移动的时间称为循环时间。过源时间主要由停留时间控制。

产品接收到的辐射剂量取决于辐照装置的设计、源的活度、产品的密度和周期时间。

停留和步进系统可以使用“连续运动”系统代替，即类似于电子束和 X 射线辐照系统的传送带式设计（请参见第 4 章）。对于 γ 辐照装置，连续运动是不太常见的，因为所需的速度将非常慢而且可能难以控制，同时那样的设备比传统的停留和步进设备更昂贵。

在某些Ⅱ类辐照装置中，其活度通常低于湿法贮源系统，剂量率也可能很低，因此转台成为产品加工的一种实际的选择。转台允许在一个辐照室中同时对各种产品进行批量辐照。这些系统适用于小批量加工或较小规模的研究型工作。转台也可作为Ⅳ类辐照装置的主要产品加工系统，或作为主要产品加工系统的补充。

3.3.3 辐射源

γ 射线辐照装置的核心是同位素钴 60 源。多支源棒排列在一个源架的已知位置上。通常使用气动吊具将其升起。

源配置主要有两种类型：货盖源或源盖货。

如前所述，货盖源的设计将产品安排在多个层中，其中产品的总排列高度大于源的高度。在这些设计中，源棒的排列通常很简单，钴的活性通常均匀地分布在源架的狭窄区域上。在两层设计中，当产品第一次从一侧通过辐射源时，它可能位于底部，因此产品堆码的上半部分受到的辐射剂量最大。当产品在顶部第二次通过时，产品堆码的下半部分受到的辐射剂量最大。在源的另一侧重复此过程，并通过与工厂设计一样多的移动层。您可以直观地看到钴物的分布高度，产品堆码的高度和辐照容器的平均间隔可能受产品处理系统的设计影响所需的源的分布，以实现最佳和高效的设计。通过更换输送机系统，可以实现货盖源设计效率的显著提高，该输送机系统将使用传统的辊子从下方运输到第二层辐照容器，或者使用悬挂容器的高架系统或将容器直接堆叠在底层的容器上的系统。

源盖货的设计应确保当产品堆码仅在一个水平面过源时，向其提供均匀的剂量分布。为此，辐射源的排列通过在源架的顶部和底部按比例放置更多的活度来模拟辐射源的无限垂直分布。同样，直觉上，这是一个不太有效的整体设计，因为有太多的辐射是在产品实际位置的上方和下方。然而，可以在较少的辐照容器（通常是这些设计中的载体）中容纳大量产品，意味着总加工时间可以比效率更高的货盖源产品设计得更短。这些设计还可以在不同的产品类型之间更快切换，从而提高生产率。

辐照在空气中的一个副产品是臭氧。臭氧对人体呼吸系统有危害，并且与材料有高度的反应性。为了使辐照室内的臭氧水平保持在不会对设备或产品造成损坏的水平，通风系统按规定的速度排出辐照室的空气。在将辐射源降低到安全的贮存位置后，通风系统还会清除臭氧层，以便人员安全地进入辐照室。如果从仓库或其他入口区域流入辐照室的空气比辐照室内的空气冷，通风系统也可用于保持辐照室内的温度。

在第Ⅲ类辐射装置中，暴露在辐射源中的空气量要小得多，产生的臭氧一般不会严重到需要特别管理的程度。

3.3.4 控制和安全系统设计的标准、危害和安全评估

辐照装置的控制系统旨在提供操作和安全功能[11,12]。与十年前生产的辐照装置相比，现今设计的自动化设备的国际标准要求进行更详细的风险分析和风险降低。

作为初始设计过程的一部分，要先对装置进行详细的理论危害评估，而无须考虑防护措施或安全性。该过程可确保识别出真正的危险，而不是装置设计所导致的危险。然后尽可能地根据系统设计将危险排除在外，或者使用安全等级组件开发安全解决方案，以消除或降低可接受等级。需要迭代设计和重新评估过程，以确定是否可以进一步减少或消除危险。

这个“设计安全”过程的输出是多个冗余保障措施，以确保在运行过程中不允许有人进入辐照室，以及围绕产品加工系统的运行健康和安全控制。国际标准可指

导设计者正确实施一个安全等级系统。

现代辐照装置采用安全的可编程逻辑控制器（PLC）平台进行设计。故障和事件被记录在数据库中，并且可以在计算机屏幕上查看，以进行正常操作和故障排除。

精心设计的控制系统不仅可以确保辐照装置安全和可预测的运行，还可以通过辐照装置中的所有位置对产品进行监控，并提供诊断信息，以实现可靠的操作和故障排除。所有的安全功能，包括接入点、源架位置、辐射水平和其他潜在的危险都被持续监测。其他监视点可能包括每个辐照容器的位置，以及这些容器在辐照室的移动。

3.4 食品用辐照装置设计

在本节中，我们讨论辐照装置设计的各个方面及每种设计的优缺点。没有一种设计能满足所有的应用。因此，重要的是要考虑哪些因素对单个食品最重要。下面将讨论其中几个因素。

（1）效率。在辐照装置设计中，效率是指给定源活度可加工的产品数量。从长期来看，更高效的辐照装置可以降低运行成本，因为需要补充的钴源更少。通常，提高效率的代价是初始投资成本、产品停留和/或加工时间。

（2）剂量均匀性比率。在有明确规定的最小剂量且不超过规定的最大剂量的应用中，DUR至关重要。当最小和最大可接受剂量之间的差异很小时，很难达到理想的DUR。对于高密度产品，如食品，低DUR也难以实现，而处理宽大的产品堆码，如托盘等产品时，可能会带来额外的挑战。

（3）加工时间。加工时间也称停留时间，是指产品在辐照中花费的时间。两种辐照装置的总吞吐量可能相似，但产品在辐照室内的时间可能不同。当辐照保质期较短的产品时，抑或冷链管理或其他物流可能是主要问题时，处理时间非常重要。效率有时是加工时间的折中。

（4）产品搬运。大多数食品被认为是商品，辐照过程的成本，即使是每磅几美分，也会对整体价格造成很大的影响。此外，在加工农产品时要尽量减少碰伤，在某些情况下要保持一定的方向，以避免翻转或倾倒食品包装。因此，从最终产品的成本和质量的角度考虑产品搬运是很重要的。减少产品搬运的一种方法是在将食品运往最终目的地或配送中心时，将食品放在相同的盒子或托盘中。许多辐照装置如托盘辐照装置，在设计时就考虑到了这一点。托盘辐照系统或任何设计为处理优化运输形式的产品系统，其缺点是无法呈现最佳的剂量均匀性。但是，在系统效率上的妥协（如将产品堆码移到离辐射源更远的地方）可以提高托盘系统中的DUR。通常，产品会以特殊配置堆码（或重新堆码）在托盘上，以实现所需的DUR。

（5）冷链管理。对于冷冻或冷藏食品，应考虑辐照装置设计的一个方面是冷链管理。对于某些冷冻食品，冷链是通过从冷藏库中取出后的指定时间段内进行辐照来维持的，从而使产品没有时间解冻。一些设计考虑了产品辐照系统使用仓库中的空调和辐照室内空气的再循环来保持低温。由于臭氧是作为辐射与空气相互作用的副产品产生的，因此可以对再循环的空气进行清洗，以去除臭氧，从而使辐照室内的浓度不会积累到可能损害产品或设备的程度，或者对工人有危害的水平。

以下是三种已成功应用于食品辐照的辐照装置的例子。

3.4.1 GRAY STAR 创世纪辐照器

创世纪（Genesis）的辐照器是一种独立的第Ⅲ类水下辐照装置，设计用于加工每个辐照容器中的半短托盘产品（约 122cm×61cm×122cm）。该装置设计有两个停留位置，分别固定在水井底部源架的两侧。

将产品装在车上，然后将一个比产品稍大的无底板长方体外壳或外罩降下来，盖或罩在产品车上并固定。带外罩的产品车降到井底后，将压缩空气强行送入罩中，使产品保持干燥。在规定的时间后，带外罩的产品车从水中升起，然后再次下降到源架的另一侧，接受照射。当带外罩的产品车降入水井中时，它们将水排出，水会流入涌水槽。当带外罩的产品车第二次出水时，通常会在涌水槽上方停留一小段时间，让水从带外罩的产品车的外部和底部完全排出，然后立即卸下外罩，准备装运。该系统使用的外罩有三个。在运行过程中，通常有两个在水井中进行辐照，而第三个则在卸/装。

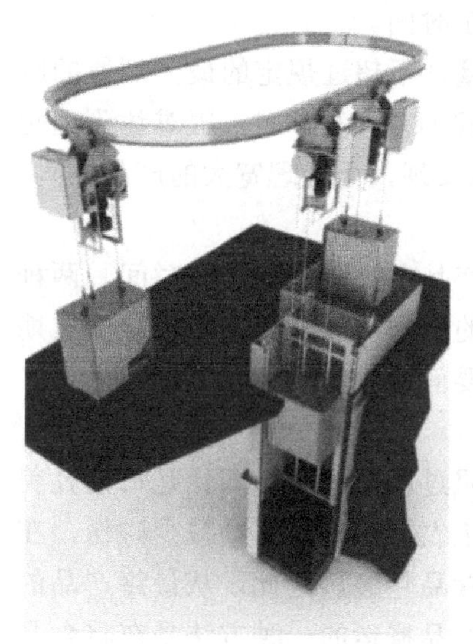

图 3.6　创世纪第Ⅲ类辐照装置

（图片来源：GRAY STAR）

由于多种原因，产品温度在辐照期间不会发生明显变化。总的加工时间通常为几分钟，这不能为获得明显的热量提供足够的时间。另外，由于在产品和壁之间的空气间隙很小，因此外罩还起到了绝缘体的作用，从而使通过对流进行的热传递最小化。

当产品在停留周期之间从辐照区域移出时，产品停留的源的两侧彼此完全独立。这使辐照器可以同时加工具有独立于加工要求的产品。如果存在一个延迟，使辐照器的一侧为空，即一个循环在另一个循环之前完成，则未利用的容积很小，并且延迟数分钟，从而最大限度地减少了从一种产品转换为另一种产品之间的时间损失（见图 3.6）。

这种用于食品辐照的辐照器的优点如下：

- 安装的初始成本低。现场施工和安装时间最短，不需要与地面生物屏蔽相关的费用和房地产，它可以安装在现有建筑物内或邻近区域。
- 最小的产品加工要求。手推车的设计以适应半托盘、成堆的箱子、桶等。
- 整体加工时间短。这意味着温度变化的时间不多，冷链可以更容易的保持。从一种产品切换到另一种产品和/或小批量的生产损失是最小的。

这种设计的主要缺点是效率和容量比典型的第Ⅳ类辐照装置低。尽管如此，创世纪公司在美国大陆和夏威夷用于食品的辐照，主要是农产品、肉类和海鲜。创世纪辐照器提高了物流效率，使其在易腐食品和/或现场应用中更加经济。

3.4.2　诺迪安二通道托盘辐照装置

诺迪安多年来生产了几种托盘辐照装置，每种都是根据特定辐照装置的具体要求定制的。诺迪安专门设计了一种二通道托盘辐照装置，用于植物的辐射灭菌，已成功用于美国的植物检疫。辐照装置接受最大产品堆码尺寸为 120cm×100cm× 220cm 的托盘。为了有效加工产品，辐照装置使用货盖源方式。托盘进入源通道，并在底部围绕源行走一圈。然后，电梯将托盘上升到顶层，并逆时针方向转动。在源通道中共有 18 个停留位置。产品从它进入的同一过渡区返回，保持其高度，直到使用电梯降低到产品卸货区（见图 3.7）。

图 3.7　二通道托盘辐照装置

（图片来源：诺迪安）

该辐照装置可选择在自动模式下运行，产品可连续地输送到辐照室和从辐照室输出。该辐照装置还可选择批量模式运行，其中 18 个托盘运输进入辐照室，源架在水井贮存位置；接着源架被提升，而产品在源通道周围循环，直到它们停在每个停留位置。最后降下源架，产品移出。如果没有足够的产品始终填充辐照装置的时间，则分批模式是有利的，这允许一次对少量产品进行辐照，而不必分阶段使用空托盘或模拟材料，这会影响剂量特性。

该辐照装置用于辐照托盘上的农产品。因此，为了达到所需的剂量均匀性，与标准设计相比，产品堆码离辐射源的距离更远。与其他大型托盘式辐照装置相比，这种增加的间距降低了辐照装置的效率，但达到了设计时的要求。

这种用于食品辐照的辐照装置的优点如下：

- 大容量的高体积加工；
- 大多数产品的搬运可以通过叉车进行；
- 能够满足植物检疫 DUR 对全托盘宽度的要求；
- 合理的加工时间。

与第Ⅲ类系统相比，这种辐照装置的缺点是需要更大的投资成本和占地面积。此外，源通道中的所有产品必须能够在相同的周期时间内进行加工。在自动模式下，需要用空托盘或装有模拟材料的托盘在不同的周期之间进行转换，从而降低了整体产量。

3.4.3 施洁四通道托盘辐照装置

施洁（Sterigenics）的四通道托盘辐照装置是为加工散装食品而设计的，如调味品等，这些食品没有严格的剂量限制。在北美有两台这样的辐照装置在运行。

这种托盘辐照装置采用源盖货方式设计。托盘上的产品进入源通道，并在源架两侧通过四个通道移动，有 12 个独立的停留位置。辐照装置的设计使具有不同停留时间要求的产品可以同时加工，这意味着有时产品堆码之间存在间隙。在这种情况下，需要格外注意的是，根据产品的位置和间隙，确保传递剂量在规定范围之内。

源架两侧的额外通道使产品堆码有效地吸收更多的辐射，以提高效率。此外，在这种情况下，由于剂量均匀性不太值得关注，源到产品的间距因此可以比专门用于植物检疫设计得要小。这种辐照装置可选择在所有四个通道、仅内部通道，或仅外部通道上加工产品。仅使用内部通道时意味着有较少的产品停留，但效率低于所有四个通道的。仅使用外部通道的模式效率非常低，但对具有更严格 DUR 约束的产品来说，会产生更好的剂量均匀性（见图 3.8）。该食品辐照装置设计的优点如下：

- 大容量大体积加工；
- 可通过叉车搬运产品；
- 外部通道有效利用钴源；
- 加工选项的灵活性。

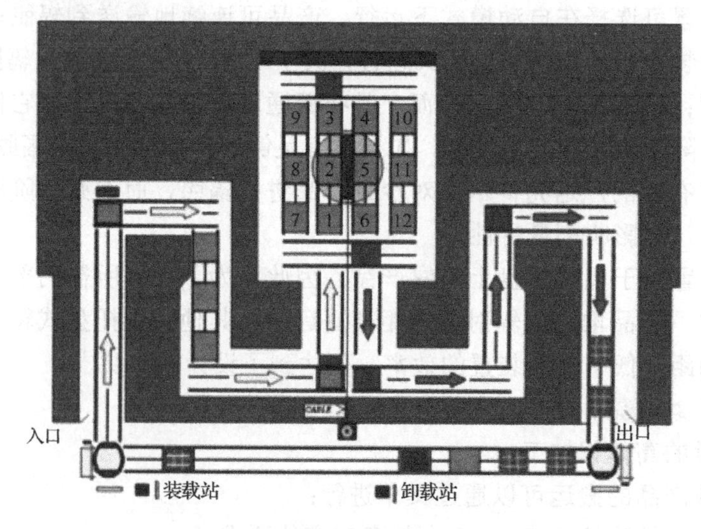

图 3.8 四通道托盘辐射装置的布局

（图片来源：施洁）

该系统的缺点为资金投入大、占地面积大、在标准操作下DUR特性差（这在香料辐照时并不重要，剂量要求可达3～30kGy）。

3.5 γ射线辐照食品的经济问题

食品辐照的经济性是由多种因素驱动的，这些因素包括传统的投资和每种技术可产生的运营成本，还取决于市场的承受能力。与医疗器械灭菌行业不同，医疗器械灭菌行业对无菌有监管要求，可以通过辐射工艺来满足，在大多数情况下，选择食品辐照是为了增加产品的价值。在一定数量的加工和特定应用中，一种基于辐射的技术可能比另一种便宜，但是如果这种价格给已经是商品的产品增加了太多成本，而消费者不愿支付额外的费用，那么没有一种技术是可行的。

当然，好消息是γ辐照工厂已成功用于食品辐照，并且被辐照的食品数量还在不断增加。对于季节性收获的农产品来说，专门的辐照装置的成本可能是不合理的，因为γ辐照系统在连续运行时最经济。但是，如果可以在同一装置中辐照不同生长季节的几种农作物，那将变得更有意义。对于其他产品，例如，可以全年生产和/或进口到特定分销中心进行加工的香料或肉类，可以提供足够的产品数量或价值来证明投资的合理性。

以下部分描述了在建立和运行食品辐照装置时要考虑的一些经济因素。

3.5.1 投资总额

新建辐照装置项目的投资包括以下内容。

（1）土地。土地成本变化很大，取决于国家和相对于交通基础设施和当地社区的位置。在购买任何土地之前，还应该调查当地的法规要求。在全尺寸托盘辐照装置的情况下，需要有足够的面积来容纳生物屏蔽体，以及所有方案所需要的仓储和办公室空间。

（2）建筑物。建筑物的设计需要考虑运输和收货，以及贮存条件，以便对食品进行辐照。对于调味品来说，这可能是直接的，但对于一些农产品和冷冻或冷藏食品来说，空调和/或冷藏贮存可能是一项要求，会大大增加建筑成本。

（3）生物屏蔽体。托盘辐照装置的生物屏蔽体可能很昂贵。与使用其他材料（如钢或铅）或使用预制或现成的高密度混凝土砌块的劳动密集型建筑相比，浇筑混凝土结构是最常见的，通常是最便宜的选择。对于像创世纪这样的第Ⅲ类辐照装置，不需要这笔费用。

（4）辐照器部件。辐照装置本身通常是按照与制造商商定的价格提供的，价格取决于产品加工、控制系统和源机制的复杂程度。根据本章所介绍的设计，第Ⅳ类辐照装置的成本与之相似，而第Ⅲ类辐照装置的初始投资则少得多。

（5）钴60。钴60辐射源所需的资金将取决于所需辐照装置的容量。钴源的定价取决于许多因素，包括运输成本和所需的总活度。钴源最常以200kCi的增量出售，因为这是大多数普通运输集装箱的许可容量。低于这个数量的运输成本都是固定的。

（6）辅助设备。可能会有与辅助设备相关的费用，如叉车、贮源水井水处理设备、所需的气动装置、剂量测量设备，以及与产品搬运和贮存相关的其他项目。

3.5.2 运营费用

运行γ辐照工厂将产生持续性的费用，包括但不限于以下各项。

（1）人工成本。运行辐照装置所需的人力成本取决于轮班次数和生产活动。通常情况下，γ射线辐照装置每周7天、每天运行24小时，以最大限度地利用钴源。一般来说，工厂需要有能够操作辐照装置、传输产品、执行质量控制功能（如剂量测量）、与客户沟通、管理操作，以及履行辐射安全官员职责的员工。一些职能，如销售和管理可能由一名或两名专职员工负责，通常需要有一名以上的员工接受过操作辐照装置的培训。所有其他职能部门可酌情配备若干员工，以满足工厂的生产要求，其中一名员工可以担任多个角色，也可以对多名员工进行同一职能的培训。

（2）公用事业。γ辐照工厂的公用事业成本适中，与其他轻工业相当。除了基本的照明和建筑要求，公用事业的费用将与任何空调或制冷的要求、辐照装置中产品加工的复杂程度，以及高源活度（高于0.5MCi）的贮源水井的水冷却要求成正比。

（3）钴源补充。由于钴60的半衰期为5.271年，为了保持生产速度，需要定期补充钴源。一般来说，每年都要进行补充，但对于食品辐照装置，由于其放射性活度可能低于1MCi，为了充分利用海运集装箱的容量，从长远来看可以降低运输成本，补充的频率可能低一些。

（4）维修和维护。γ辐照装置的维护很简单，因为辐照装置是使用标准工业自动化组件制造的。

（5）其他材料和供应品。其他材料和供应品可能包括辐照装置和辅助设备的备件、剂量计和包装材料。

（6）增加运输成本。在几乎所有情况下，食品都需要从生产地运到配送或加工地，然后再运到消费地，这意味着运输基础设施已经到位。如果γ辐照工厂位于这些运输通道内，则可避免与往返辐照工厂的运输相关的额外费用。如果食品需要运输到不在正常销售渠道内的集中辐照工厂，那么运输费用包括按要求冷藏运输，可能会使辐照的成本显得微不足道。

3.5.3 运营范围

食品辐照的应用范围太广，不能说某种类型的辐照装置、γ辐照装置或其他方式理想地适合任何一种应用或一组应用。之所以有这么多不同的辐照装置设计可供选择并取得成功，是因为最佳解决方案通常是根据给定辐照操作的特定需求定制的。

在考虑对不同技术进行经济性比较时，最重要的是考虑预期的结果，然后查看与实现该结果相关的成本。这将是资本成本、运营成本和运营范围的组合。当设计一个辐照装置时，对给定产品的吞吐量要求应该同时考虑一年、五年或更长时间。从长远来看，如果以后需要扩建，那么对效率较低的设计的前期投资可能会更昂贵。

各种辐照装置的工作范围有助于指导不同情况下的最佳选择。例如，可在任何一种辐照装置中加工的任何产品的最大量取决于输送系统的最大运行速度，而与钴源活度无关。在 GRAY STAR 创世纪辐照器中，一个产品车和外罩至少需要 6min 才能穿过辐照装置中的三个位置；诺迪安二通道托盘辐照装置的最小循环时间为 50s；施洁四通道托盘辐照装置的最小循环时间约 40s。在处理与植物检疫辐照有关的低剂量时，工作速度通常只是一个限制。对于用于减少肉类和香料中病原体的更高剂量，工作范围则取决于钴源的活度。在这种情况下，限制是每个辐照装置的许可容量。对于创世纪辐照装置来说，最大容量为 1MCi，但对于其他全方位设计，在建造新装置时，可根据预期的总钴源需求定制屏蔽体和源架，通常为 3～5MCi。

在对食品辐照解决方案做出经济决策时，可使用以下一组问题来评估最佳技术。

（1）现在和将来，每种食品的辐照剂量和体积要求是什么？

（2）对于要辐照的食品，是否有特殊的处理或冷链要求？

（3）加工这些食品以确保达到剂量和加工时间的操作要求是什么？

（4）哪些辐照装置可以执行要求的辐照规范？

（5）需要多少居里的钴源才能满足加工要求？

（6）就资本投资、现有或所需的基础设施、产品搬运装卸、运输和潜在的食品变质而言，辐照装置的最佳位置在哪？

（7）该辐照装置场地的许可要求和其他相关的进出口法规（如适用）是什么？

（8）与这种辐照装置相关的运行费用是多少？

（9）根据上述评估，与辐照相关的每单位成本是多少？

3.6 结论

在设计用于食品辐照的 γ 辐照工厂时要考虑许多因素。屏蔽体、产品搬运、源设计和控制系统的共同要求可以根据特定应用定制。成功的 γ 辐照工厂设计的标志是可靠性和简单的操作。这些 γ 辐照系统的悠久历史和广泛适用性证明了 γ 辐照在食品和其他辐照应用方面的效用。

参考文献

[1] J. H. Hubbell and S. M. Seltzer, 2004, *Tables of X-Ray Mass Attenuation Coeffcients and Mass Energy-Absorption Coeffcients* (version 1.4). Available: http://physics.nist.gov/xaamdi, National Institute of Standards and Technology, Gaithersburg,

MD. Originally published as NISTIR 5632, National Institute of Standards and Technology, Gaithersburg, MD, 1995.

[2] ANSI/ANS-6.4.3-1991, *Gamma-Ray Attenuation Coeffcients and Buildup Factors for Engineering Materials*, American Nuclear Society, La Grange Park, 1991.

[3] US Code of Federal Regulations, Part 36-License and Radiation Safety Requirements for Irradiators. Available: https://www.nrc.gov/readingrm/doc-collections/cfr/part036/.

[4] European Agency for Safety and Health at Work, *Directive 2003/122/ Euratom-radioactive sources*. Available: https://osha.europa.eu/en/legislation/directives/council-directive-2003-122-euratom.

[5] Nordion,*Use of C-188 Sources in Wet Source Storage Gamma Irradiators*. Available: http://www.nordion.com/wp-content/uploads/2016/12/C-188_ Brochure_web-friendly-1.pdf.

[6] The Panel on Gamma and Electron Irradiation Modelling Working Group, *Review of Monte Carlo Modelling Codes*, 2007 Revised and updated 2010. Available: http://www.irradiation panel. org/app/download/3781272/ Guide+Monte+Carlo+modelling+2010.pdf.

[7] ANSI/HPS N43.10 *Safe Design and Use of Panoramic, Wet Source Storage Gamma Irradiators* (*Category Ⅳ*) *and Dry Source Storage Gamma Irradiators* (*Category Ⅱ*).

[8] ANSI/HPS N43.15 *Safe Design and Use of Self-Contained Wet Source Storage Gamma Irradiators* (*Category Ⅲ*).

[9] Food and Agriculture Organization-International Atomic Energy Agency, *Sterile Insect Technique*. Available: http://www-naweb.iaea.org/ nafa/ipc/sterile-insect-technique.html.

[10] Food and Agriculture Organization-International Atomic Energy Agency, *Mutation Breeding*. Available: http://www-naweb.iaea.org/nafa/ pbg/mutation-breeding.html.

[11] IAEA Safety Standards Series No. SSG-8, Radiation *Safety of Gamma, Electron and X Ray Irradiation Facilities*. Available: http://www-pub.iaea. org/MTCD/publications/ PDF/Pub1454_web.pdf.

[12] ISO 13849-1, *Safety of machinery-Safety-related parts of control systems-Part 1: General principles for design*.

第 4 章　用于食品辐照的电子束和 X 射线设备

R. B. 米勒[1]

4.1　引言

在本章中，我们将回顾使用电离辐射的加速器辐射源（电子束和 X 射线）进行食品辐照相关的技术和实际实施技术。许多材料摘自参考文献[1]，感兴趣的读者可参考此资料以获取更多细节。加速器的方式也许是 ^{60}Co 的一种更环保的替代方案，但通常被认为过于复杂，存在可靠性和维护问题。实际上，这些加速器系统现在非常可靠，并在医疗产品灭菌和癌症放射治疗中得到了广泛的应用。

如图 4.1 所示为一个基于加速器的食品辐照装置简化图。其关键部件包括电子加速器、扫描盒和由过程控制计算机管理的移动产品通过扫描束的材料加工系统。电子束可以直接使用，也可以转换为 X 射线；每种方法都有其优缺点，这将在后文中讨论。加速器辅助设备包括真空、冷却和加压气体子系统。厚实的辐射屏蔽将外部的辐射暴露率降低到安全水平。排气系统将臭氧从辐照室中排出，安全系统可防止人员意外照射，现场剂量学实验室可验证剂量和能量水平。即使是一个适度的加速器系统也可以在短时间内加工大量的食品，因此该装置必须有足够的仓储空间来存放进出的产品，而且通常将仓库和辐照室都保持在较低的温度下，这意味着具有强大的空调功能。进入的产品必须与流出的产品进行物理隔离，以防止未辐照和已辐照的产品混在一起。考虑到工厂所有的物理设备，加速器的占地面积通常只是建筑面积的一小部分。

4.2　关键概念和参数

高能电子和 X 射线可以将电子从原子和分子中撞击出来，产生自由基，自由基既可以与自身结合，也可以与其他原子或分子结合，产生二次子产物。这个辐射分

1．EBM,LLC,627 Sierra Dr.SE，阿尔布开克，NM 87108，美国。

解过程的效果取决于单位质量所吸收的能量或吸收剂量 D。常用的单位是戈瑞（Gy），定义为一千克物质吸收一焦耳的能量（1Gy=1J/kg）。一个相关的参数是 G 值，定义为每 100eV 产生的特定物种的数量。每个分子产生的子物种数量是 G 值和剂量的乘积，乘以原始分子的分子量，再除以阿伏伽德罗常数。结果是 $N_m = 10^7 G M_W D$，其中 D 的单位是 kGy[2]，对于水（分子量为 18）D 为 1kGy，由单个水分子产生的羟基自由基的数量（G=2.7）只有 5×10^6。相比之下，大肠埃希菌 DNA 的分子量约为 2×10^9，双链断裂（通常是致命的）的 G 值约 0.07[3]，因此，剂量 1kGy 约对应于 14 个双链断裂，实际上保证了细胞的死亡。

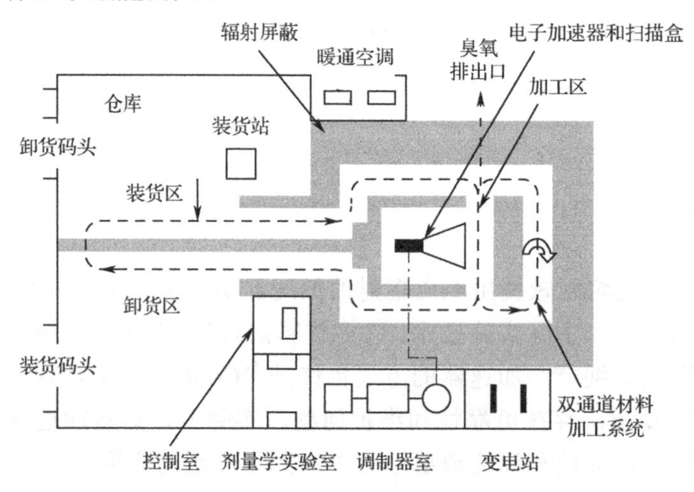

图 4.1　基于加速器的食品辐照装置简化图

转载自《食品电子辐照》，第 2 章，第 18 页，R. B. Miller,©Springer Science+ Business Media, Inc.2005，经 Springer 许可。

生物体的辐射敏感性通常用 D 值表示，D 值是将初始种群减少 10 倍的剂量（请参阅第 10 章）。文献[4]中提供了 D 值的大量汇总信息。有了这些信息，辐照的用户可以指定所需的最小剂量 D_{min}，以实现对其产品的预期加工（如消毒、灭菌或灭虫）。大多数与食品安全有关的细菌的 D 值为 0.1～1kGy，这意味着几千戈瑞的剂量将使初始种群水平降低几个数量级。除剂量外，其他重要参数包括剂量均匀性、束能量的利用率、电子和 X 射线的穿透能力，以及各种加工假设下的吞吐量。这些关键参数将在以下各节中定义和讨论。

4.2.1　电子束的剂量均匀性和利用效率

均匀的 10MeV 电子束通常入射到均匀水吸收器上的能量沉积曲线如图 4.2[5]所示。图中纵坐标是每入射电子沉积的能量 W，单位为 $\mathrm{MeV\cdot cm^2/g}$。深度 d 处的吸收剂量 D 是通过将 W 乘以电流密度 j 和辐照时间 t 得出的，即 $D = Wjt$。其中 jt 是每平方厘米入射电子的总数。深度—剂量曲线可用于不同密度的吸收体，深度是以面密

度 A_d 来衡量的，面密度 A_d 定义为物理深度与材料密度 ρ 或 $A_d=d\rho$ 的乘积。当面密度约 2.75g/cm^2 时，W 从约 1.85MeV·cm^2/g 增大到最大 2.5MeV·cm^2/g，然后随着主束的能量消散而减小到零。对于 ρ=0.5g/cm^3，W 将具有相同的最大值，但它将会发生在 d=5.5cm 的深度处。剂量均匀性是 $D_{max}:D_{min}$（或剂量均匀性比，DUR），即最大剂量与最小剂量之比。根据图 4.2，随着 $d\rho$ 增加到 2.75g/cm^2，DUR 从 1 增加到约 1.35。然后 $d\rho$ 保持恒定直到约为 3.8，超过这个深度，最小剂量会单调地减小，而 DUR 会相应地增加。

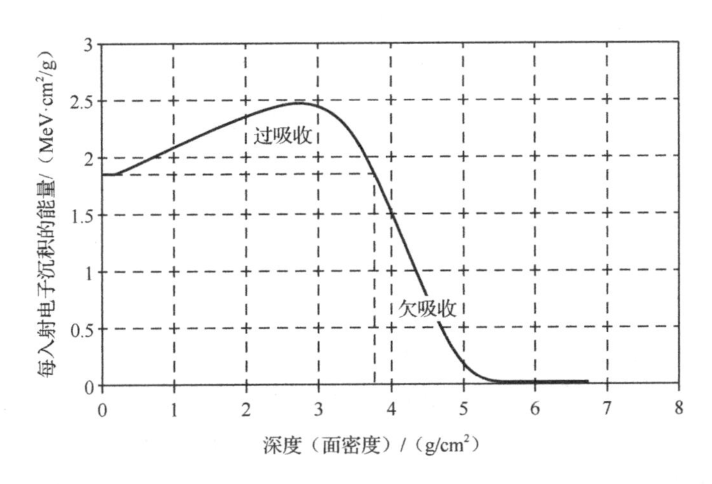

图 4.2　10MeV 电子在水中的特征能量沉积曲线

转载自《食品电子辐照》，第 2 章，第 24 页，R. B. Miller，©Springer Science+ Business Media，Inc.2005，经 Springer 许可。

W 变化的另一个后果是效率损失。衡量这种能量利用效率 η_u 的方法是产品深度乘以最小传递剂量，再除以深度—剂量曲线下的总面积。对于图 4.2 中的曲线，最大利用效率约 70%，它发生在后表面剂量等于前表面剂量的深度（约 3.8g/cm^2）处。对于动能超过 10MeV 的电子，最大利用效率发生的深度（g/cm^2）变化为：

$$d_{opt}=0.4E-0.2$$

式中，E 以 MeV 为单位；d_{opt} 是测量电子穿透能力的一种非常有用的方法。

对于 10MeV 的电子束，可以加工的最大面密度只有约 4g/cm^2。这个限制可以通过从两面用相同的电子束照射产品来规避。这种情况下，相应的 DUR 和利用效率如图 4.3 所示（同样是 10MeV 电子束）。在深度为 8.4cm^2/g 时，利用效率达到最大值 0.8。需要注意的是，在最大面密度 4.5～7.5g/cm^2 的范围内，DUR 相当高，而在小于 3g/cm^2 的情况下，可以达到优异的剂量均匀性。对于不同动能的电子，最佳利用效率出现在 d_{opt}=0.9E−0.2 的深度。

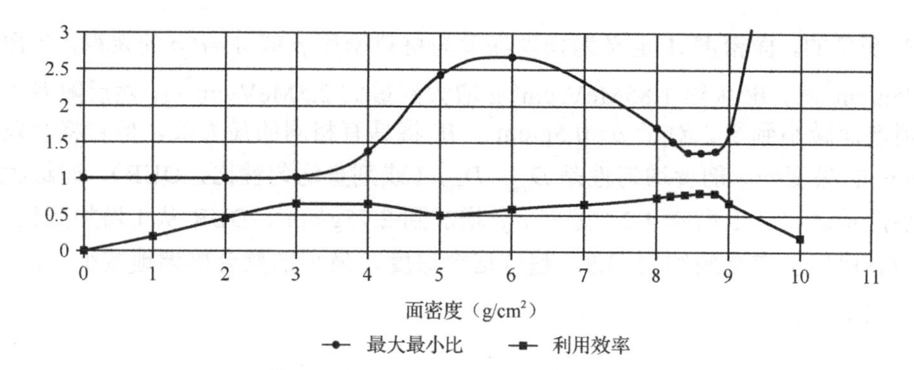

图 4.3　使用 10MeV 电子进行对称双面照射的最大最小比（上线）和利用效率（下线）

转载自《食品电子辐照》，第 2 章，第 28 页，R. B. Miller，©Springer Science+Business Media，Inc.2005，经 Springer 许可。

4.2.2　X 射线的剂量均匀性和利用效率

即使是双面的辐照，使用 10MeV 电子束可以加工的最大产品面密度约 8.8g/cm^2。超过这个限度的产品必须使用更具穿透力的 X 射线进行加工。X 射线在物质中的吸收遵循指数规律，即 DUR=exp($\mu_a \rho d$)，其中 μ_a 是质量吸收系数（对于 1～10MeV，约 0.03cm^2/g）。同样，X 射线利用率由 η_u=($\mu_a \rho d$)exp($-\mu_a \rho d$)给出；最大值（0.368）出现在($\mu_a \rho d$)=1，提供了 DUR 的值为 42.7，这是相当高的。只有降低产品的面密度才能提高 DUR，这也进一步降低了利用效率。因此，单面 X 射线加工几乎从不采用。相反，要么将产品旋转进行另一面照射，要么将产品一次通过几乎相同的两个 X 射线束进行对照。这种情况如图 4.4 所示。

$$\mathrm{DUR} = 0.5[1+\exp(-\mu_a \rho d)]\exp(\mu_a \rho d/2);\ \eta_u = (\mu_a \rho d)\exp(-\mu_a \rho d/2) \qquad (4.1)$$

当 $\mu_a \rho d = 2^6$ 时，利用效率约为 0.75 的最大值。

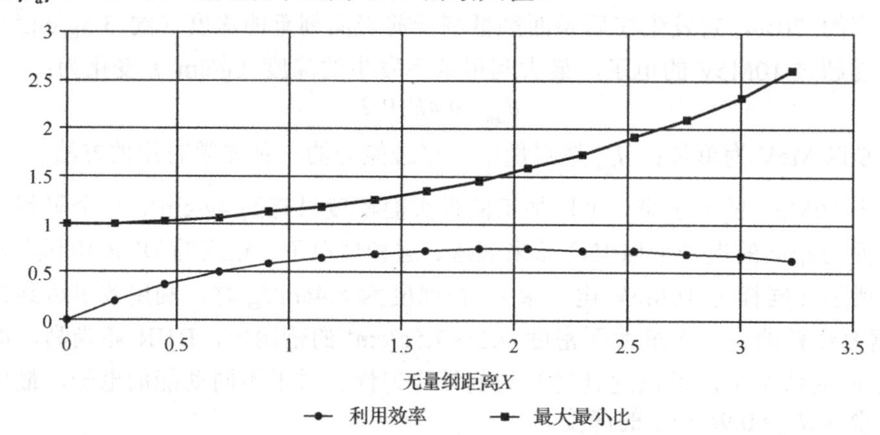

图 4.4　10MeV X 射线能量在双面辐照配置中的利用效率（下线）和最大最小比（上线）

转载自《食品电子辐照》，第 2 章，第 30 页，R. B. Miller，©Springer Science+Business Media，Inc.2005，经 Springer 许可。

4.2.3　电子束和 X 射线的剂量和剂量率估算

剂量和剂量率由加工系统的三个关键部件（加速器、扫描器和传送带）的参数决定。参考图 4.5，电子束在一个横向方向被均匀地扫描，而产品通过电子束在另一个横向方向被传送。假定电子束（动能恒定 E）的平均电流为 I，扫描宽度为 w，产品输送速度为 v，电流密度写为 I/A，剂量的表达式是 $D=WIt/A$，其中$(A/t)=vw$，被定义为该电子束单位时间内辐照的面积。因此，在深度 d 处传递的剂量由 $D=WI/(vw)$ 给出。对于扫描宽度 $w=100$cm 和 $v=10$cm/s，10MeV、1mA 的束流所传递的前表面剂量将是 1.85kGy。平均剂量率是用剂量除以产品中的一个点在输送方向通过束宽度（通常是几厘米）所需要的时间。对于上面的例子，时间约 0.5s，这意味着平均剂量率为 3.7kGy/s。

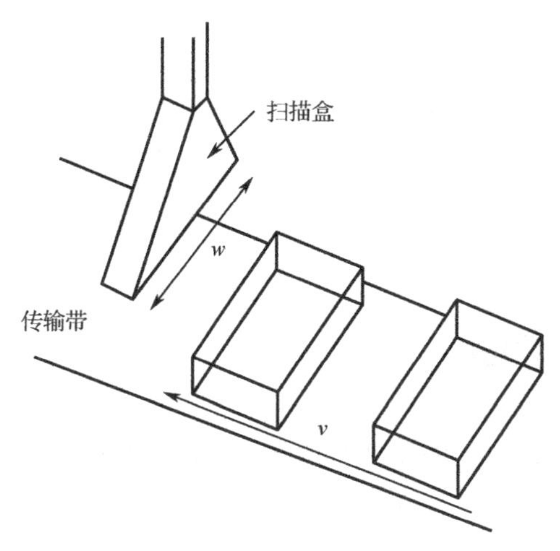

图 4.5　光束扫描配置的示意图

注：产品以均匀的速度 v 在扫描角下方传送。扫描宽度为 w。

转载自《食品电子辐照》，第 2 章，第 31 页，R. B. Miller，©Springer Science+Business Media，Inc.2005，经 Springer 许可。

对 X 射线进行准确的剂量估算有点复杂。首先，根据 $\eta_c=E/60$，将电子束能量转化为 X 射线的效率取决于电子动能。即使在 7.5MeV（由于感生放射性所允许的最大值），转换效率也只有大约 12.5%。如果 P 是转换靶上的电子束功率，那么每单位面积上发射到产品上的 X 射线能量估计为 $F_X=0.125P/(vw)$，该剂量由 F_X 乘以质量吸收系数得到。因此，$D=0.125[\mu_a P/(vw)]$。假设 $\mu_e=0.03\text{cm}^2/\text{g}$，功率 P 的单位为 kW，v 为 cm/s，宽度 w 的单位为 cm，7.5MeV X 射线照射产生的前表面剂量 D_0（单位为 kGy）的有用估计是 $D_0=4P/(vw)$。$P=20$kW，$w=60$cm，$v=1$cm/s，估计前表面单面辐照的剂量为 1.3kGy。由于 X 射线发射的角扩散很大，这种估计通常会低估观测到的前表面剂量。与使用平均质量吸收系数相比，这种扩散也会导致剂量随着产品深度的增加而迅速减少。对这些特征的更详细描述表明[6]，剂量随深度的减少仍然可以用指数函数建模，根据 $\mu_e = 0.045+0.01/\rho$，有效 X 射线吸收系数取决于产品密度 ρ，ρ 单位为 g/cm^3。X 射线辐照的剂量率可以用与电子束相同的方式估算，但束宽要大得多。假设束宽约为 20cm，上述例子的估算剂量率为 65Gy/s。

4.2.4 电子束和 X 射线的吞吐量估计

系统的质量吞吐率 $\mathrm{d}M/\mathrm{d}t$ 取决于平均束功率 P 除以最小所需剂量 $D_{\min}$，η_t 表示吞吐效率：

$$\mathrm{d}M/\mathrm{d}t = \eta_t P/D_{\min} \tag{4.2}$$

式中，P 单位为 kW；$D_{\min}$ 单位为 kGy，$\mathrm{d}M/\mathrm{d}t$ 单位为 kg/s。

对于电子束辐照来说，吞吐效率必须考虑到深度—剂量分布（0.6～0.8），超范围扫描以确保产品边缘的全剂量覆盖（0.9），以及产品在输送带上的排列效率（0.6～0.8）。考虑到这些因素，电子束加工的吞吐效率通常为 0.3～0.5。X 射线的吞吐效率除考虑这些因素外，还要考虑 X 射线的转换效率，因此，X 射线加工的吞吐效率通常为 0.03～0.045[6]，要达到与电子束速率相当的 X 射线吞吐率，需有更高的加速器功率。因此，通常希望用电子束加工尽可能多的产品，而将面密度超过约 8.8g/cm^2 的产品留给 X 射线加工。

4.3 关键技术说明

由于电子束穿透功率与动能呈线性关系，而 X 射线产生的效率也与动能呈线性关系，因此出于感应放射性的考虑[7,8]，通常需要在或接近允许的最大限值（分别为 10MeV 和 7.5MeV）下运行加速器系统。在这样的能量下，微波加速器是最适用的技术。这些器件利用真空电磁腔中的振荡电场加速电子，功率由速调管和磁控管等常见微波源提供。

这种加速器产生的电子束束斑点半径通常比要辐照的产品小得多，电子束必须在产品上扩展和扫描以提供均匀的处理。扫描动作是由束斑随时间变化的磁偏转产生的。如果要用电子加工产品，加速束进入真空扫描盒，最后（通常）通过扫描盒末端的薄钛窗出现。对于 X 射线应用，使用相同的加速器和扫描系统，但电子束通过由高原子序数金属（通常是钽或钨）制成的 X 射线转换靶进行扫描，这种靶很容易冷却。

产品通过物料传输系统（传送带）移动通过扫描束。通常在固定参数下操作加速器和扫描系统，以适当的传送速度达到所需的剂量。在下一节中，我们将介绍这些关键技术的重要示例。

4.3.1 电子加速器系统

图 4.6 是典型的微波电子加速器系统（驻波射频直线加速器系统）的简化框图[9]。

电子枪将电子注入由一个或多个谐振微波腔组成的加速结构中。通过从一个合适的电子管，如三极管、四极管、磁控管或速调管中耦合出的功率，在腔体中建立起振荡电场。振荡电场将稳定的电子转化为束状电子，并将束状电子加速到所需的动能。磁场根据需要对电子束进行聚焦或导向。微波管由高压源［脉冲或连续波（CW）］供电，它将来自电源的交流电转换为适当的波形。辅助子系统保持加速器和微波管内的高真空，冷却高压源和微波管，并冷却和控制加速器结构的温度。基于计算机的控制系统监控和调整各种参数，包括温度、频率、磁场设置、真空度和各种束流参数，以确保一致、可靠的剂量输送。在下面的段落中，我们将介绍最常见和最重要的加速器技术。

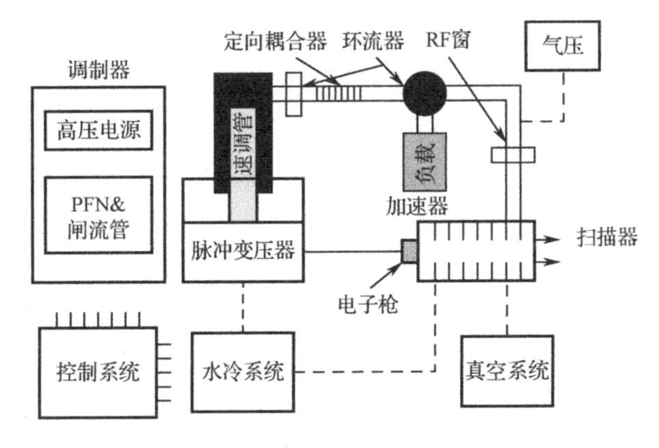

图 4.6　驻波射频直线加速器系统的简化框图

转载自《食品电子辐照》，第 2 章，第 19 页，R. B. Miller，©Springer Science+Business Media，Inc.2005，经 Springer 许可。

最简单的微波加速器概念包括一个单腔体，束流只通过一次。使用这种方法，ILU 加速器[10]在平均束流功率为几十千瓦的情况下获得了超过 5MeV 的动能。但是，要获得更高的动能，最常见的方法是让束流穿过一系列直线耦合的微波腔，形成一个直线加速器（linac）[11]。腔体中的电场由表面电流自相支持，从而会产生耗散损失。对于一个良好的匹配结构（最小的反射），将微波功率 P_t 转移到束流功率 P_b 的效率 η 由下式给出：

$$\eta = P_b/P_t = P_b/(P_b + P_c) \tag{4.3}$$

其中，P_c 表示腔体损耗。束流功率 P_b 是束流动能 E 和电流 I 的乘积，而腔体损耗项可以写成 E^2/R_s，R_s 表示直线结构的总分流阻抗。通常引入两个附加参数，即加速梯度 $E_g = E/L$，以及单位长度的分流阻抗 $Z = R_s/L$，L 为结构长度。然后，效率可以改写为 $\eta = [1 + E_g/(ZI)]^{-1}$。$Z$ 一般为 50～100MΩ/m。因此，如果束流很大，这种直线加速器可以具有很好的效率和良好的梯度（约 10MeV/m）。因此，对于一台 10MeV 的机器，微波源必须提供 5～10MW 的功率。普通的 L 和 S 波段的速调管和磁控管都能满足这一功率要求，但仅在占空比为 0.001～0.01 的脉冲操作下才能实现，这意味着平均功率水平为几千瓦至几十千瓦。速调管是最通用的微波源，几乎总是用于平均功率要求超过 10kW 的应用中。磁控管用于功率较低的应用和要求移动的场合。

一根 10MeV 直线加速管的长度仅约 1m，直径可能为 10cm，具体取决于频率。例如，我们假设在 10MeV 处有 0.3A 的脉冲，峰值功率为 3MW。在 300Hz 的 20ms 脉冲时，平均电子束功率为 18kW。对于 10MeV/m 的梯度和 75MΩ/m 的分流阻抗，估计的结构效率为 69%，因此 5MW/25kW 速调管就足够了。速调管通常具有 40%的效率，阻抗约 1 000Ω。因此，要提供 5MW 的脉冲功率，高压发生器（或调制器）必须以 120kV 左右的电压脉冲来驱动速调管。传统的调制器方法是将储能电容器布置在脉冲形成线（PFL）结构中。通过氢闸流管或固态开关，将线路中的能量转换到升压脉冲变压器中。

为了实现与普通电子束系统相当的 X 射线吞吐量，束功率必须超过 100kW，而微波平均功率必须超过 150kW。用速调管和磁控管很难达到这样的水平，但在 CW 基础上从三极管和四极管上很容易获得。图 4.7 所示的单同轴腔 Rhodotron[12]结构是利用这些大功率连续波管的巧妙方法。四极管激发腔体的最低阶横向电磁（TEM）模式。来自外部枪的电子束流通过外壁注入，并被径向电场加速向内导体移动。当电子束出现在另一侧时，径向电场的符号相反，电子束第二次被加速朝向外壁。电子束离开腔体，弯曲 198°，然后在适当的微波相位下再次进入腔体，以进行第三次加速。Rhodotron 得名于这些玫瑰花瓣状的轨道，“rhodos”在希腊语中意为玫瑰。腔体场为电子每穿越一次腔体直径提供动能增益约 1MeV。所需的能量是通过调整适当的磁体和/或腔体场来实现的。磁体必须精确对齐，磁场强度和腔场振幅必须精确控制。假设这些条件都能满足，则出射的电子束将具有较窄的能量分布。

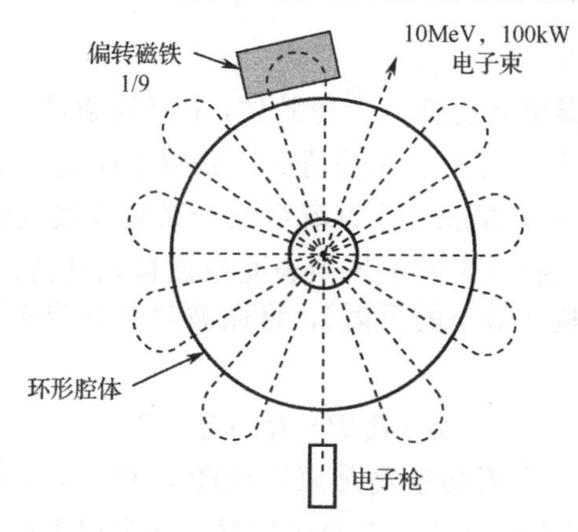

图 4.7　Rhodotron 电子加速器的示意图

转载自《食品电子辐照》，第 5 章，第 134 页，R. B. Miller，© Springer Science+Business Media，Inc.2005，经 Springer 许可。

在频率为 107.5MHz 时，设备直径约 2.8m。最低阶 TEM 模式的特征在于波长是直径的一半（约 1.4m）。由于设备相对较大，因此场应力相对较低，加速器效率通常超过 50%。在 20kV 的低工作电压下，四极管可以提供 200kW 的功率，标称效率为 75%。因此，Rhodotron 系统的整体效率应超过 30%，这比大多数电子直线加速器要好。

4.3.2　电子束扫描系统

由于从加速器系统中产生的电子束直径约 1cm，因此必须对其进行扩展和扫描，以提供均匀的剂量。对于电子束来说，扩展通常是由于电子的出口窗口的散射和 X 射线的转换过程，这两者都发生在扫描盒的出口端。扫描作用是通过使电子束通过由时变电流驱动的磁偏转线圈而产生的。对于以场强 B 和长度 L 为特征的均匀横向磁场，轨道的曲率半径 R 由 $BR=1.7\times10^{-3}\beta\gamma$（Tesla·m）（特斯拉·米）和电子束射出时的偏转角由 $\theta=\sin^{-1}(L/R)$（β和 γ是通常的相对论常数）计算得出。扫描动作是通过在$-B_0$ 和$+B_0$ 之间使用缓慢的线性斜率以及快速回扫改变场强来创建的。对于 10MeV 的电子，B_0=0.4T 和 L=25cm，产生的扫描角约 16.7°。

对于脉冲系统，通常需要用比脉冲重复频率（PRF）低的扫描频率来操作。如果 N 是每次扫描的脉冲数，则两次扫描之间的距离 d_t 取决于 PRF 和根据 $d_t=N_v/PRF$ 的传送带速度，而单个脉冲的中心点之间的距离是 $d_s=H/N$，其中 H 是扫描的总高度。为了使电子束辐照具有可接受的剂量均匀性，产品上的束直径必须超过 d_t 或 d_s 中较大的一个。对于 CW 机器，扫描范围必须超过 d_t。

如果最大扫描角比较小，电子束在整个扫描过程中的剂量均匀性通常不是问题。但是，对于 X 射线来说，大角度的扩展会导致扫描盒两端的剂量降低。通常采用两种方法来改善 X 射线剂量均匀性：其一，扇形偶极磁铁使扫描盒中的所有小束以平行方向（甚至略微收敛）冲击转换靶；其二，使用所谓的“S 形曲线”扫描电流波形，转换靶在极端扫描时的电子束强度得到增强[1]。

4.3.3　产品加工系统[13]

产品加工系统以精确控制、不变的方式使产品通过辐照区。在加工站内，产品不能有滑落，包装或产品之间不能有过多的空隙，并避免产品密度的变化，以最大限度提高吞吐效率。传输系统必须在辐射屏蔽迷道内转弯，并且必须能承受大剂量辐射的影响。除了成本、可靠性、可维护性等常规考虑因素外，特定系统［链式或辊式输送机、高架动力和自由（OHPF）输送机等］的选择，在很大程度上取决于产品的类型和包装，以及所用电离辐射的类型（电子束或 X 射线）。

除了基本的产品运输，用于辐射加工的输送机必须执行其他一些功能，包括产品的紧密排列、整合、分拣和输送，以实现预期的物流。考虑图 4.8 中所示的基于 OHPF 输送机的 X 射线加工系统，三种类型的输送机包括：加工输送机，以精确并可选择的速度将产品移动通过辐照区；封闭式输送机，将产品从集中站的停止门移动到加工台上前一产品位置的一小段距离内；一种高速 OHPF 输送机，将产品从附近的装载站移至集中站，然后将加工后的产品移至卸载站。OHPF 输送机中的转台允许用一台机器进行双面 X 射线照射。产品定向分拣机是通过在产品设计中引入可识别的不对称性来实现的。

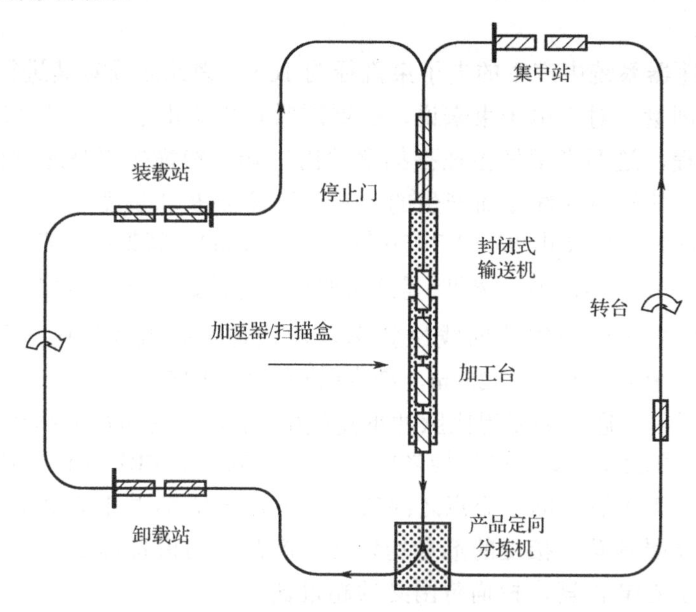

图 4.8　用于在 X 射线辐照装置中输送产品的高架动力和自由输送系统的示意图

转载自《食品电子辐照》，第 2 章，第 22 页，R. B. Miller，©Springer Science+Business Media，Inc.2005，经 Springer 许可。

4.3.4　系统分析和技术选择

由于食品的密度通常为 0.3～1g/cm^3，电子束加工的物理产品深度通常为 9～27cm。这个尺寸几乎是最小的产品尺寸，从包装稳定性和易操作性的角度看，最好使用垂直方向的电子束。因此，皮带或辊道输送机通常是最合适的，典型的辐照配置如图 4.5 所示。相比之下，通常最好使用水平定向的 X 射线束。产品箱放在固定尺寸的载体上堆积到所需的水平深度，并填充到允许的扫描高度。

4.4　食品辐照系统示例

考虑一下 1/4 磅（约 0.1kg）冷冻汉堡饼的加工，这些饼厚 1.5cm，直径为 10cm，密度为 0.9g/m^3。六个这样的食品的面密度为 8.1g/cm^2，非常适合在 10MeV 下进行双面电子束加工。我们假设 24 块这样的饼用 25cm×25cm×10cm 的薄纸板盒包装，再假设三个这样的纸板盒在 90cm 宽的辊式输送机上水平排列，并且在加工台上的每排纸板盒之间的间隔是 10cm。大肠埃希菌细菌数量减少 5lg CFU/g 将需要 1.5kGy 的最小剂量。我们进一步假设有两台 15kW 电子束机器，一台向下照射，另一台通过加工台上的一个槽向上照射。假定扫描宽度为 100cm，以确保覆盖产品。估计输送机速度约为 37cm/s，这是比较快的速度。每隔 35cm 的输送机上有 3 个箱子（约 8kg），相应的质量吞吐率约为 8kg/s。相应的质量吞吐效率约为 0.4。

作为 X 射线加工的示例，考虑使用 7.5MeV/100kW 的 Rhodotron 辐照香料，其最低要求剂量为 6kGy。包装箱尺寸为 25cm×40cm×60cm，每个包装箱重约 32kg（平均密度约为 0.5g/cm^3。最佳面密度约为 30g/cm^2，与 60cm 尺寸非常匹配。假设载体的深度为 1.2m，宽度为 0.9m，高为 1.5m。一层排列 3 个箱子，我们假设每个载体有四层（1m）。因此，载体上产品的重量约 380kg。假设扫描高度为 120cm，单面前表面剂量为 6kGy 所需的传送带速度约 0.33m/min。假设载体质心之间的距离为 1.65m，则单面处理速度约每小时 12 个载体，对应约 2270kg/h，可通过旋转回路进行双面加工。吞吐效率约 3.8%，对于 X 射线加工而言，已经相当可观了。

4.5　结束语

在本章中，我们概括地回顾了与使用电离辐射加速器辐射源（电子束和 X 射线）进行食品辐照相关的技术和实际的实施技术。给出了传递剂量、剂量均匀性、能量利用率和吞吐量效率的简单计算公式。特别是，由于 X 射线转换效率较低，我们认为通常使用电子束加工大部分产品是可行的；对于面密度超过约 8.8g/cm^2 的产品，可使用 X 射线加工。电子束和 X 射线都是使用微波加速器技术产生的。直线加速器可以很容易地产生电子束加工所需的电子束，但 Rhodotron 加速器在某种程度上更适合产生与 X 射线加工相关的高平均束功率。在这两种情况下，当产品经传输系统通过束下扫描时，它们会使用随时间变化的磁偏转来扫描食品。从包装稳定性和易于加工的角度来看，首选带有皮带或辊道输送机的垂直定向电子束。相反，通常最好是使用水平方向的 X 射线束。

参考文献

[1] R. B. Miller, *Electronic Irradiation of Foods*, Springer, 2005.

[2] A. Brynjolfsson in *Combination Processes in Food Irradiation, Proceedings Series*, IAEA, Vienna, 1983, p. 367.

[3] J. F. Diehl, *Safety of Irradiated Foods*, Marcel Dekker, Inc., New York, 1995, p. 310.

[4] W. M. Urbain, *Food Irradiation*, Academic Press, Orlando, FL, 1986.

[5] *ISO/ASTM 51649:2002(E)*, ASTM International, 2002.

[6] R. B. Miller, *Rad. Phys. Chem.*, 2003, **68**, 963.

[7] *Codex Alimentarius General Standard on Food Irradiation*, 1983.

[8] *Fed. Reg.*, **69**, (246), 2004, 76844.

[9] C. J. Karzmark, C. S. Nunan and E. Tanabe, *Medical Electron Accelerators*,

McGraw-Hill, New York, 1993.

[10] V. L. Auslender, A. A. Bryazgin, B. L. Faktorovich, V. A. Gorbunov, M. V. Korobeinikov, S. A. Maksimov, V. E. Nekhaev, A. D. Panfilov, V. O. Tkachenko, A. A. Tuvik and L. A. Voronin, *Vestnik, Radtech Euroasia*, **N2(10)**, Novosibirsk, 1999.

[11] J. Schwinger, *Phys. Rev.*, 1949, **75**, 1912.

[12] Y. Jongen, M. Abs, F. Genin, A. Nguyen, J. M. Capdevila and D. Defriese, *Nucl. Instr. Meth. Phys. Res.*, 1993, **B79**, 865.

[13] *The Essentials of Material Handling*, R. E. Ward, Material Handling Institute, Charlotte, NC, 1996.

第5章　用于γ射线、电子束和X射线食品辐照的剂量计

F. 昆茨，A. 斯特拉瑟[1]

5.1　引言

剂量是辐射加工中的关键参数。因此，有关剂量及其测量的知识对于确保辐射加工的成功至关重要。剂量是每质量单位产品吸收的能量的量。测量单位是戈瑞（Gy），1Gy相当于每千克物质吸收1J的能量。在辐射加工的所有应用中（聚合物性能的改善、医疗器械灭菌、环境应用、食品辐照等），加工条件（剂量和剂量均匀性）的优化无疑是食品加工的关键。在许多情况下，在保证产品内在质量（感官和营养属性）的同时，使食品获得预期效果（减少腐败生物、消除致病菌）的剂量差异往往非常小，特别是对新鲜产品而言。

对被辐照产品某一点的剂量进行理论模拟需要使用蒙特卡罗方法。事实上，所涉及的相互作用现象是概率性的，相互作用的截面取决于存在于产品这一点上的辐射的类型和能谱。

然而，蒙特卡罗计算并不容易适用于具有复杂几何的实际情况，特别是具有异质成分的产品。因此，也需要通过实验的方法进行剂量确定。为了通过实验确定给定介质中的剂量，将使用特定的传感器，并在需要进行剂量测量的地方将其插入。这些传感器的响应是吸收剂量的函数，称为剂量计。通常认为，给予产品的剂量是由剂量计来测量的；然而，这种假设并不明显，因为所测量点的剂量已被剂量计本身精确吸收。

5.2　剂量测量系统的定义及在食品辐照装置鉴定中的作用

剂量计是对辐射具有可重复和可测量响应的装置，可用于测量特定材料的吸收

---

1. 艾里亚尔，劳伦特弗里斯街250号，创新园，67400伊尔基希，法国。

剂量（ISO 11137—3，2006）。因此，它们不能自我测量吸收剂量，而是使用剂量测量系统确定吸收剂量。剂量测量系统包括四个不同的列项：剂量计、测量仪器及其相关的参考标准和使用系统的程序。

一些专门用于食品辐照的标准（ISO/ASTM 51900、ISO/ASTM 51204、ISO/ASTM 51431）建议使用剂量测量系统来描述辐照装置的运行鉴定（OQ），在性能鉴定（PQ）期间对辐照产品进行剂量分布测试，并在产品加工过程中进行常规剂量测量，以监控辐照过程。因此，无论辐照是用于研究目的（ISO/ASTM 51900）还是用于工业加工，辐照装置必须经过鉴定，剂量测量系统必须以可追踪的方式校准。

安装鉴定（IQ）的目的，是证明辐照装置及其相关加工设备和测量仪器已按照其规范交付和安装。在这里，可能不需要剂量测量。但是，建立剂量测量系统的使用和校准程序是 IQ 的一部分。

剂量测量系统是 OQ 和 PQ 必不可少的工具。

在现场质量评估中，剂量测量系统用于证明安装好的辐照装置能够在规定的接受标准范围内运行并提供适当的剂量。OQ 是通过照射适当的测试材料来证明装置满足工艺定义的能力。例如，通过照射均匀的材料来证明辐照装置能够提供规定的剂量范围。OQ 不仅有助于验证辐照装置的能力，而且有助于确定关键操作参数及其变化如何影响产品的吸收剂量。

一旦装置的特性被完全确定，剂量测量系统就会被用于 PQ，以研究并具体确定每个待加工产品的适当工艺参数，以确保能够满足剂量要求（ISO/ASTM 52303—15）。为此，剂量测量必须提供证据，证明（对于给定的技术目标）最低要求剂量得到了满足，并且没有超过最大可接受剂量。对每个具体的产品进行剂量分布测试，以确定最小剂量区和最大剂量区的位置、数值，以及它们与常规产品加工过程中监测条件的关系。根据这些数据，确定一套辐照装置控制参数，以确保生产过程中的加工质量。

在常规加工过程中，需要确认辐照过程处于受控状态。这就需要注意所有能影响吸收剂量的工艺参数，包括剂量测量系统的使用。后者可以验证性能鉴定得出的监测剂量是否在要求的范围内。

IQ、OQ、PQ 和常规剂量监测是食品辐照质量控制的重要方面。更详细的信息可以在 ISO 14470：2011 中找到。

有关安装鉴定的更多细节可参见第 19 章。

5.3 食品辐照的剂量测量系统

辐射加工的目的是在食品中产生各种预期的效果，如消毒灭菌、微生物灭活、抑制发芽和虫害控制。在这些应用中所使用的吸收剂量从约 10Gy 到超过 10kGy。因此，为了确保产品以良好的、最佳的方式进行加工，有必要进行适当的剂量测量，并进行可追溯的校准、适当的不确定度估计和记录。

ASTM E61“辐射加工”是一个国际专家组，其目标主要是建立和维护电离辐射加工和剂量测量系统的标准实践、方法和指南。

ASTM E61 标准和指南（见本章末尾的列表）是为特定应用选择和校准适当剂量测量系统的最重要的文件。除此之外，每个剂量测量系统的使用都有专门的标准。

5.3.1　剂量测量系统的选择原则

根据辐射温度、湿度、剂量率和分馏（度）等参数对剂量计响应的影响，剂量计可分为两种类型。

Ⅰ型剂量计是高计量质量的剂量计，其响应仅受到个别因素的影响，其定义方式为可以用独立修正因子来表达（ISO/ASTM 51261）。

Ⅱ型剂量计是指其响应受多个因素的影响，无法用独立修正因子来实际表达。

简而言之，所有用于辐射加工的剂量计都会受到这些辐照条件的影响。其中一些响应可以校正（Ⅰ型），而其他一些则不能（Ⅱ型）。但是，在非常严格且控制良好的辐照条件下，可以突破这一规则，即使影响量以复杂的方式起作用，Ⅱ型剂量计的响应也可以得到校正。当然，这种方法需要开发、测试和验证。

除了影响量对剂量计响应的这一非常重要的原则外，用户还可以根据其他几个原则选择剂量计，例如，

- 剂量计剂量范围；
- 剂量计有效体积和厚度；
- 剂量计响应重复性；
- 剂量计响应稳定性；
- 剂量计可追溯性；
- 剂量计可操作性；
- 剂量计读出速度和辐照后处理限制；
- 剂量计读出设备的复杂性、易用性和成本；
- 剂量计成本；
- 剂量计是否适合用户用途、辐射类型和能量。

低能 X 射线和电子帘加速器（低于 300kV）的最新发展和改进加强了其用于食品辐照应用的相关性。两种类型的辐射，由于它们与剂量计介质的特定相互作用方式，可能对相同的吸收剂量表现出不同的反应。这可能是由于整个剂量计厚度的辐照不均匀，当剂量计厚度没有适当选择时，会导致剂量梯度。在这方面，海尔特•汉森等研究者[1]于 2010 年提出了一种测定剂量计第一微米内沉积剂量的新方法。这个概念通过引入测量的剂量和第一微米中的平均剂量 D_{μ} 之间的修正系数来克服剂量梯度问题。利用这个概念，可以校准和测量来自低能量电子辐照的剂量，测量结果可追溯到国家标准。当涉及低能 X 射线时，文献数据显示，由于水和剂量计介质之

间的相互作用系数比与能量有关，低能 X 射线（<100keV）下的剂量计响应可能会发生变化[2]。因此，剂量测量的可追溯性链可能会被打破，因为在低能 X 射线辐射剂量测量中，用钴 60 γ 射线定标可能是无效的。强烈建议进行现场校准，以尽可能地减少这一问题的影响。

剂量计的有效体积和厚度也可以用作选择原则，这不仅是一个剂量梯度问题，也是一个剂量学问题。一般认为，给予产品的剂量是用剂量计测量的，但这种假设并不明显，因为所测点的剂量已被剂量计本身精确吸收。为了更好地实现这一假设，可以将薄膜剂量计和软膜剂量计粘贴到产品表面，以便尽可能地模拟表面，更紧密地测量给予产品表面的剂量。同样，薄膜可以放置在产品内部，而不会对辐射相互作用产生明显影响，从而有机会评估剂量计位置的内部吸收剂量。必须注意的是，对于这些特定的剂量计实施方案和辐照条件，需要正确评估湿度、大气和能量谱等影响因素。为了更好地评估产品的吸收剂量，可能会开发出新型的剂量测量系统。可以在产品表面喷洒一种液体剂量测量物质，然后在辐照后，可以测量出来，或者用 3D 相机分析表面剂量。随着新的分析工具和高灵敏度的传感器的出现，产品内剂量测定也可能在未来变得可行。

虽然许多食品制造商，特别是电子加速器制造商依赖分包商生产他们的产品，但似乎最近对辐照装置的改进使得工厂更加紧凑，未来将倾向于在食品生产附近的“内部”或“在线”进行工艺集成。部署在线辐射消毒/灭菌工具需要开发新的剂量测量系统，以便从完全自动化的系统中获益。此处重点介绍在线食品包装无菌化的示例，剂量学需要新的发展和概念，以支持工业需求的发展。

5.3.2 光学剂量计和读出设备

常规剂量测量通常使用Ⅱ型剂量计。辐射与剂量计材料的相互作用会产生自由基，自由基可与溶质或染料发生反应，产生稳定的有色辐射诱导物。然后通过电位计技术或主要通过分光光度法来测量后者的浓度。液态和固态的光学剂量计都已经开发出来并在市场上销售多年。然而，考虑使用的便利性，固态剂量计更适合用于工业环境中的常规剂量测量。这些剂量计通常是带有或不带有辐射敏感染料的塑料片，并与聚合物材料如聚甲基丙烯酸甲酯（PMMA）、尼龙、聚乙烯醇缩丁醛（PVB）等混合。剂量计在校准的分光光度计中以给定的特定波长进行测量，以确定其响应、辐照后的特定吸光度（cm），即辐照后的吸光度与辐照前的吸光度进行校正，以及剂量计的厚度。通常情况下，平均背景吸光度是首选，当厚度变化很大或需要高精确度时，则测量剂量计的单个厚度。分光光度计和测厚仪这两种读出设备都需要以可追溯的方式进行校准，并根据用户的程序定期验证。

光学剂量计对辐射剂量的响应受辐射和/或环境条件的影响[3]，每种特定剂量计类型都受这些量的不同影响，因此需要在常规使用条件下对其实施情况进行描述，如有可能，在相同的使用条件下进行校准。

5.3.3　电子自旋共振剂量计及读出设备

丙氨酸和电子自旋共振（ESR）剂量测量系统，是国际上认可的用于各种辐射领域参考剂量测量的系统，由于其成本很高，就减弱了它们在工业中的常规应用。然而，过去十年 ESR 设备的发展表明，低成本、紧凑、灵敏、快速、易于使用的常规剂量学的设备，是用户可以买到的。

辐照会在丙氨酸的结晶结构中产生稳定的自由基，这是一种氨基酸。由自由基引起的信号可以通过 ESR 来测量。通过仔细调整 ESR 波谱仪的参数，可以在 95%的置信水平下，以优于 4%的总体不确定度来确定从 5Gy 到 100kGy 范围内的剂量值，该范围广泛地涵盖了食品辐照应用的范围。丙氨酸剂量计有各种形状，如不同的小球体、棒状、薄膜和泡罩包装的颗粒。后两者可以很容易地进行标记，以保证它们的可追溯性，并且以可重复的方式将其放置在 ESR 测量腔内，便于操作。此外，与Ⅰ型剂量计类似，丙氨酸剂量计的响应不受剂量率的影响，并且辐射温度效应是众所周知的，这使得在低温下对深度冷冻食品进行校正成为可能[4]。剂量计中产生的信号衰变与剂量有关。当贮存在相对湿度低于 45%的环境中时，剂量低于 10kGy[5]，这种衰变每年少于 3%。

5.4　剂量测量系统溯源校准

许多国家都有食品辐射加工的规定。这些规定要求使用的剂量测量系统必须经过校准，并可溯源至国家标准（ISO/ASTM 51261—13）。可追溯性可以通过多种途径实现，建议进行现场或工厂校准，在现场或工厂中校准与在校准装置中校准相比更为可取。

提供校准服务的组织可作为与国家标准的连接。其应采用完整的测量质量保证计划进行操作，证明符合 ISO/IEC 17025 的操作要求，具有文件化的程序和内部质量保证程序，并进行定期的熟练程度测试和性能验证。

使用符合这些标准的校准设备对常规剂量计进行校准的优点是，剂量计经辐照后，可在受控和记录良好的条件下准确地确定吸收剂量。然而，在不同环境条件下使用这些常规剂量计，如在生产型辐照装置中可能会引入偏差，产生难以控制和量化的不确定性。因此，对于在校准设备中辐照剂量计获得的常规剂量测量系统的校准曲线，应针对生产型辐照装置中使用的实际工业辐照条件进行验证。这可以通过在生产型辐照装置中，将常规剂量计和参考标准剂量计辐照至相同的目标剂量来实现。如果常规剂量计和参考标准剂量计之间的剂量读数差异很大，并且在整个感兴趣的剂量范围内是等效的，那么就可以使用校准曲线校正因子。使用更合适的环境条件重复校准可以是另一种纠正措施，以及在生产型辐照装置中进行全面校准，即进行现场或工厂校准。

常规剂量计的现场工厂校准辐照是与生产型辐照装置内的传递标准剂量计一起进行的。必须注意，确保一起照射的常规剂量计和传递标准剂量计吸收相同的剂量。这种辐照方法的优点是可以选择与常规应用非常相似的环境和辐照条件，以减轻对常规剂量计响应的影响。

指导辐射加工行业的 ISO/ASTM 51261: 2013 或 ISO 14470: 2011 等指南和标准，尤其是食品辐照应用，要求估算吸收剂量辐照过程的测量不确定性。已经有一些方法（ISO/ASTM 51707：2015）来识别、评估和估计与使用剂量测量系统有关的测量不确定度的组成部分，并根据测量不确定度表达指南（GUM）计算方法，计算剂量测量的组合测量不确定度和总不确定度[6]。然而，剂量测量的不确定性与我们的行业并非很相关，因为这个值并不能提供任何关于使用辐照装置加工产品的处理质量信息。因此，使用常规剂量计测量的剂量的不确定性，不会反映给予产品剂量的不确定性。为了评估整个过程的不确定性，需要相应地考虑产品 PQ 信息和辐照过程的变化。在 γ 和电子辐照小组文件（辐射灭菌装置的统计过程控制方法，2006）[7]中，或者在 ISO 11137-3 中，给出了一种计算总过程不确定度的方法。该计算也是设置辐照过程参数的基础。

5.5 食品辐照剂量学的未来发展情况

许多标准和指南都介绍了剂量计的使用、其可追溯的校准及其特性。有适当的工具确保这些测量的可追溯性，并对市场上现有的几种剂量计进行了充分研究。但是，在常规加工条件下使用时，应对其响应进行描述。使用剂量计对食品辐照过程进行剂量测量和控制是该技术的重要和关键环节，它提供证据证明该过程是在接受范围内以受控的方式进行的，因此辐照的产品可以被放行。辐照过程的有效性和被加工产品的放行是通过剂量测量和辐照参数的记录来证明的。但应该提到的是，吸收的剂量是在剂量计中测量的，而不是在食品中或食品上精确测量的。

因此，应继续研究新的剂量测量方法，例如，产品涂层剂量计或产品内剂量学。

各种各样完善的剂量测量系统及其各自的标准可满足食品辐照的任何当前要求，无论是用于过程控制还是用于权威性监管。

推荐读物：相关的 ISO/ASTM 标准和指南。

- ISO 11137-3：2006 卫生保健产品的灭菌 辐射 第 3 部分：剂量学指南；
- ISO 14470: 2011 食品辐照——使用电离辐射加工食品的辐照过程的开发、验证和常规控制的要求；
- ISO/ASTM 51026—15 Fricke 剂量测量系统的标准操作规程；
- ISO/ASTM 51204 食品加工用 γ 辐照装置中的标准操作规程或剂量测定法；
- ISO/ASTM 51205—09 硫酸铈剂量测量系统使用操作规程；
- ISO/ASTM 51261—13 辐射加工的常规剂量测量系统校准的标准使用规程；
- ISO/ASTM 51275—13 辐射变色薄膜剂量测量系统的标准操作规程；

- ISO/ASTM 51276—12 聚甲基丙烯酸甲酯剂量测量系统的标准操作规程；
- ISO/ASTM 51310—12 放射性铬光波导剂量测量系统使用规程；
- ISO/ASTM 51401—13 重铬酸盐剂量测量系统使用的使用规程；
- ISO/ASTM 51431 食品加工的电子和韧致辐射装置中的剂量学的实施规程；
- ISO/ASTM 51538—09 乙醇—氯苯剂量测量系统的使用规程；
- ISO/ASTM 51607—13 丙氨酸—EPR 剂量测量系统的使用规程；
- ISO/ASTM 51631—13 电子束剂量测量和常规剂量计校准用量热剂量计系统使用的标准实施规程；
- ISO/ASTM 51650—13 使用三醋酸纤维素剂量测量系统的标准操作规程；
- ISO/ASTM 51707—15 用于估计辐射加工剂量学中的测量不确定度指南；
- ISO/ASTM 51900 食品和农产品辐射研究中剂量学指南；
- ISO/ASTM 51956—13 辐射加工中使用热释光剂量（TLD）测量系统的规范；
- ISO/ASTM 52303—15 辐射加工装置中吸收剂量分布的指南；
- ISO/ASTM 52628—13 辐射加工剂量学的规范；
- ISO/ASTM 52701—13 用于辐射加工的剂量计和剂量测量系统性能表征的指南。

参考文献

[1] J. Helt-Hansen, A. Miller, P. Sharpe, B. Laurell, D. Weiss and G. Pageau, *Radiat. Phys. Chem.*, 2010, **79**(1), 66.

[2] E. Waldeland, E. O. Hole, E. Sagstuen and E. Malinen, *Med. Phys.*, 2010, **37**(7), 3569-3575.

[3] F. Kuntz and A. Strasser, *Radiat. Phys. Chem.*, 2016, **129**, 46.

[4] M. F. Desrosiers, S. L. Cooper, J. M. Puhl, A. L. McBain and G. W. Calvert, *Radiat. Phys. Chem.*, 2004, **71**(1-2), 365.

[5] O. F. Sleptchonok, V. Nagy and M. F. Desrosiers, *Radiat. Phys*. Chem., 2000, **57**, 115.

[6] Guide to the Expression of Uncertainty in Measurement (GUM).

[7] Panel on gamma and electron irradiation, *A Method for Statistical Process Control of Radiation Sterilization Facilities*, 2006.

第6章　食品模型与吸收剂量模拟

J. 金[1]，R.G. 莫雷拉[2]，M. E. 卡斯特尔• 佩雷斯[2]

6.1　引言

食品辐照是一种用于提高食品安全和保存的非热加工方法[1]。对于任何辐射加工来说，控制吸收的剂量，即传递给特定材料的能量，以确保加工的均匀性是至关重要的。当使用辐照进行消毒、灭菌或延长食品的保质期时，主要的技术挑战是在整个产品中实现均匀的剂量分布。剂量过大代价高昂，而剂量不足则会带来巨大的安全影响[2]。

在辐射研究和商业加工中，剂量计被用于质量和过程控制。一般来说，吸收的剂量是用放置在样品表面的丙氨酸或放射性变色膜剂量计测量的[3]。但是，当单个电子或光子与食品相互作用时，剂量分布取决于其几何形状、化学成分和密度。对于异质或复杂形状的产品，由于在产品内部放置剂量计时存在问题，使用这些常规剂量计来获得产品内部剂量的准确测量尤其困难。因此，需要一定体积的组织替代物，也称体模，以估计吸收剂量。这些体模广泛用于医学、辐射防护和放射生物学中，以校准辐射检测系统[4]。

用于形成体模的材料的成分，主要是聚合物或水的混合物，是基于要模拟的目标的成分。例如，聚合物凝胶是一种常用的组织等效材料，在辐照下会聚合成含水明胶基质，这种聚合物通常通过核磁共振成像（MRI）扫描、以3D方式显示[5]。这些聚合物凝胶剂量计可能对放射治疗计划的验证非常有用。然而，目前尚无用于食品辐射加工的体模。

使用体模进行精确的3D剂量模拟对于剂量响应工作至关重要，因为它可以减少测量剂量时的不确定性，以及进行大量实验的需要。相比传统的单点剂量计，如电离室和丙氨酸剂量计，以及二维辐射变色膜，这种3D模拟方法具有一些优势。这些优势包括辐射方向的独立性、放射学软组织等效性、用于后续放射治疗的剂量整合，以及最重要的是可以一次评估整个体积[6]。

1．釜山国立大学生物工业机械工程系，密阳 50463，韩国。

2．得克萨斯农工大学生物与农业工程系，TX 77843-2117，美国。

当高能电子、X 射线或 γ 射线入射到介质上时，会发生多重相互作用，从而产生次级粒子；相互作用几乎由电离组成，产生二次电子和低能量的光子[7]。辐射传输的数学方法可以用来估计传递到小体积或点上的剂量，并且有三种类型的辐射传输模型在使用：蒙特卡罗模型、确定性模型和经验（半经验）方法[8]。蒙特卡罗模型模拟粒子（电子和光子）的路径，并通过对许多粒子的历史进行求和与平均值来估计剂量。与其他数学方法（确定性和经验）不同[8]，蒙特卡罗模型可以从理论上解释所有粒子相互作用，并提供对实际事件的准确模拟。这种类型的模拟能够在复杂的三维几何图形中复制实际的辐射传输，如水果和蔬菜[6,9-13]。例如，整个苹果的 3D 几何形状，是通过连接两个球体来确定受电子束照射的苹果表面的剂量分布来构建的[14]。然而，这种近似的几何体并没有提供苹果几何形状的准确描述。另一种方法是将计算机断层扫描（CT）和医疗放射治疗规划程序结合起来，利用蒙特卡罗模拟技术生成辐照复杂几何形状食品如冷冻整鸡的剂量图[15]。这种方法已被用于获得各种食品的剂量分布，包括苹果[9]、西蓝花[10]、整鸡[11]、哈密瓜[12]和鸡蛋[13]。此外，核磁共振数据被用于生成 3D 几何图形，以模拟山竹的剂量分布，用于植物检疫辐照处理[16]。

在本章中，我们将介绍化学剂量计的概念，重点是用于食品辐照的体模剂量计。本章还包括模拟体模剂量计中吸收剂量的方法，以及在一些辐照实验（1.35MeV 电子束、10MeV 电子束和 5MeV X 射线）下的验证方法。

6.2　化学剂量计

6.2.1　原理

在化学剂量计中，吸收剂量是根据在合适的基质（如液体、固体或气体）中产生的定量化学变化来确定的。一般来说，液体剂量计含有溶质，如在 Fricke 剂量计中含有亚铁离子（Fe^{2+}）之类的溶质，它们可以与水辐射分解产物的中间物种发生反应，从而确定吸收剂量[17,18]。本节简要介绍水的辐解机制。

水中辐射产生的初始变化是在大约 10^{-15}s 或更短时间内产生了离子化和激发的分子 H_2O^+和 H_2O^*，以及次激发电子（<7.4eV）[19]。

$$H_2O \rightarrow H_2O^+ + e^-\text{（电离）} \tag{6.1}$$

$$H_2O \rightarrow H_2O^*\text{（激发）} \tag{6.2}$$

在约 10^{-14}s 内，电离水分子（H_2O^+）与相邻水分子发生反应，形成氢离子（H_3O^+）和羟基自由基（$OH^\bullet$）。

$$H_2O^+ + H_2O \rightarrow H_3O^+ \rightarrow OH^\bullet \tag{6.3}$$

激发的水分子（H_2O^*）在 10^{-12}s 中分解成氢原子（$H^\bullet$）和羟基自由基（$OH^\bullet$）

$$H_2O^* \rightarrow H^\bullet + OH^\bullet \tag{6.4}$$

次激发元素（e^-）迁移，通过水分子的振动和静态激发而损失能量，直到水化在10^{-11}s水化。这个水合电子比自由电子更稳定。

$$e^- \rightarrow e^-_{aq} \tag{6.5}$$

在10^{-6}s后，这些主要产物（H_3O^+、$H^\bullet$、$OH^\bullet$和e^-_{aq}）趋于消散，并与存在的溶质发生化学反应。其中两个新产物——$H^\bullet$和$OH^\bullet$是自由基，其中至少有一个电子是不成对的，因此，它们非常活泼。此外，在电子束和X射线或γ射线作用下，相对较少的自由基相互作用，而大多数自由基与溶质发生反应[20]。

在Fricke剂量计中，$OH^\bullet$直接氧化亚铁离子[21]：

$$Fe^{2+} + OH^\bullet \rightarrow Fe^{3+} + OH^- \tag{6.6}$$

标准Fricke剂量计由1毫摩尔（mmol）的硫酸亚铁（$FeSO_4$）、浓度为0.8的硫酸（H_2SO_4）和蒸馏水组成。这种剂量计经辐照后，可通过光吸收进行分析。吸收光谱法更方便和灵敏，只需要一个小样本（约$1cm^3$）。其最佳波长为304nm，吸收剂量范围为20～400Gy[22]。对于食品辐照，Fricke剂量计常用作校准辐射场的参考剂量计[3]。

硫酸铈剂量测量系统也被公认为更高剂量范围（0.5～50kGy）的参考剂量计。剂量计由硫酸铈［$Ce(SO_4)_2$］和硫酸铈［$Ce(SO_4)_3$］在硫酸（H_2SO_4）中的溶液组成[23]，放在适当容器如玻璃安瓿中。与亚Fricke剂量计不同，辐射会导致铈离子（Ce^{4+}）还原为铈离子（Ce^{3+}）[24]。

$$Ce^{4+} + H^\bullet \rightarrow Ce^{3+} + H^+ \tag{6.7}$$

0.5～50kGy范围内的剂量可以通过紫外线（UV）区域（254～320nm）常规光谱分析确定[24]。

辐射变色膜剂量计提供了一种使用分光光度计或扫描图像测量基于辐射引起的颜色变化的吸收剂量的方法[25]。例如，三硝基甲烷染料的无色氰化物在辐照后变成深色[26]。电离辐射在材料中诱导化学反应，从而增强可见光或紫外线区域的吸收带。在适当的波长下测定的吸光度与吸收剂量定量相关。吸收剂量范围为1Gy～150kGy时[25]，剂量计通常以小片形式用于测量单一剂量值，或是用于二维剂量映射的片材形式。辐射变色剂量计通常用于工业辐射加工中，尤其是在医疗器械的灭菌和食品辐照中。

丙氨酸剂量计是基于对电离辐射产生的结晶丙氨酸中自由基的测量[27]。当暴露于辐射时，丙氨酸的结晶形式会转变为自由基，然后使用电子顺磁共振（EPR）波谱法对其进行检测。吸收剂量范围为1×10^5～1.5×10^5Gy[27]，远大于辐射变色膜的吸收剂量范围。剂量计可以薄膜或球体（圆柱体）形式提供，适合一维剂量测量。通过EPR波谱法测量自由基是无损的，因此，丙氨酸剂量计可以重复使用。这种丙氨酸剂量计在包括食品辐照在内的工业辐射加工中用作参考剂量计。

6.2.2　剂量测量用体模

体模用来模拟辐射相互作用的材料（如固体、液体或凝胶）的体积。它的形式各不相同，从用于校准辐射束分布的简单塑料块（如 25cm×25cm×5cm），到用于模拟放射疗法的计算性人体模型[4]。

从本质上说，体模是由满足等效的材料组成的，如水或聚合物凝胶。最简单的模型是一块易于组装的板块，上面有小孔，可以将剂量仪（电离室）放进去[28]。辐射变色膜剂量计也可以插在相邻的板块之间进行剂量分布测量。然而，唯一有能力独特地测量 3D 剂量分布的剂量计是凝胶剂量计。凝胶几乎等同于组织，可以被塑造成任何想要的形状。聚合物凝胶剂量计是由对辐射敏感的化学物质制成的，在辐照时，会随着吸收剂量的变化而聚合。

原始聚合物凝胶由溶解在明胶—琼脂糖凝胶中的丙烯酰胺（AAm）和 N,N′-亚甲基双丙烯酰胺（BIS，交联剂）组成[29]。如 6.2.1 节所述，当水分子暴露在高能量下时，会分解成几个具有反应性的自由基和离子。这些自由基（$OH^{\bullet}$和$H^{\bullet}$）打断了共轭单体（AAm 和 BIS）的双碳键。随后，生成的共轭单体自由基与其他共轭单体相互作用，产生链式传播反应，形成空间上保留在明胶基质中的三维聚合物[30]。所形成的聚合物的量与聚合物凝胶接收到的吸收剂量呈比例关系[31]。基于被照射的凝胶的具体物理变化，可以使用不同的成像技术，来读取被照射的凝胶的三维辐射剂量分布。例如，MRI 使用所产生的聚合反应的程度，这是一个剂量的函数[28]。此外，当受到辐照时，聚合物凝胶由于聚合而变得不透明，因此，光学 CT 被认为是 MRI 的替代品[32-36]。光密度的三维局部变化类似于 X 射线 CT，只是它使用可见光而不是 X 射线。X 射线 CT 也可以读出聚合物凝胶剂量分布，因为辐射诱导聚合会导致辐照聚合物凝胶的线性衰减系数发生变化[36]。这些聚合物凝胶剂量计已广泛应用于放射治疗和放射外科[36-39]。然而，使用凝胶剂量计非常耗时，从制造到图像处理需要大约 45h[31]。此外，聚合物凝胶剂量计是有毒的，所幸的是，还没有将商业聚合物凝胶剂量计（BANG[30]，PAG[40]）应用于食品辐照。

与聚合物凝胶剂量计的水含量为 90%左右所不同，聚合物非凝胶剂量计更适用于光学成像[41,42]。一种辐射敏感染料，如甲基黄（对二甲基氨基偶氮苯，$C_{15}H_{15}N_3$）与氯仿（$CHCl_3$）混合，被认为是化学剂量计的可能材料。当此溶液与石蜡混合时，经辐照后，颜色由黄色变为红色。辐射为氯仿氯原子提供能量，使其与甲基黄的氮原子键合，在固体基质（石蜡）中生成有色络合物[43]。用光谱仪或平板扫描仪进行光学密度测量，以确定吸收剂量[44]。这种由石蜡、甲基黄和氯仿组成的体模剂量计被塑造成苹果形状，并成功地应用于苹果辐照模拟实验[45]。这种基于石蜡的体模剂量计对复杂形状食品的辐照显示出广阔的前景，因为它可以制成任何形状，其密度接近于主要食品成分。下一节将描述制造该体模的化学成分、制造工艺和前/后处理程序[45]。

6.3 食品体模剂量计

6.3.1 化学成分

石蜡基质中的卤化有机化合物和指示剂可以成为一个体模化学剂量计。石蜡的成分由其电子密度和 Z 值（原子序数）决定，与组织的电子密度和 Z 值相等[45]。

基质为剂量计提供了硬度，并有助于增强任何颜色变化，因为一些材料实际上可以防止或减少辐射引起的颜色变化。在可能的基质中，石蜡很容易获得及加工，并能与卤代烃自由混合。然而，在凝固时，大多数石蜡会产生大量的剥落和内部裂纹，从而破坏了视觉上的颜色图像。少量（0.2%～1%）的微晶蜡可以有效地消除破坏性的特性，而不会降低辐射敏感性[46]。

有机卤素化合物在辐照后会释放出酸性产物，最简单的是氯仿。改变卤代烃的含量只是影响整体敏感性，但不影响辐射剂量。较低浓度（1～2 摩尔）的液态卤素化合物对辐射致色最敏感；石蜡中氯仿溶液的 1～2 摩尔，按溶液重量计为 12%～24%[46]。

许多有色的有机化合物已经在石蜡基剂量计中进行了辐射敏感性的检查。具有双氮基团（—N═N—）的偶氮化合物和用于固色的染料是合适的指示剂。有用的偶氮染料之一是甲基黄，相对于原来未受辐射的黄色，辐射诱导的颜色（红色）在染料浓度为 1×10^{-4}～4×10^{-4} 摩尔时对比最为明显[46]。

用一种混合物构建了一个苹果形的化学剂量计（见表 6.1），其比密度约 1.0g/cm^3，与普通苹果的比密度相似[47,49]。此外，化学剂量计的物理密度和 Z 值与实际苹果的密度几乎相等（见表 6.2）。事实上，这个体模中含有 70%的碳，主要来自石蜡（$C_{25}H_{52}$），18%的氯来自氯仿。与实际的苹果不同，体模中不存在氧气。然而，固体组织代物（体模）中含有的碳通常代表了缺失的氧含量[4]，在辐射加工中使用的工作能量范围内，体模和实际苹果的总线性阻止本领和总衰减系数应相似，以便在相同程度上吸收和散射电子和光子[48]。此外，阻止本领被定义为电子在穿越介质的单位长度时的能量损失率。光子的总衰减系数被定义为在原子中穿越一段距离时经历相互作用的粒子的比例。这两个参数被广泛用于表征体模材料与辐射相互作用的特性[4]。

表 6.1 苹果体模化学成分（按重量计，在 20%氯仿、4×10^{-4}kg 甲基黄下）[47]

成　分	质量/kg
石蜡	0.221
氯仿	0.056
甲基黄	2.5×10^{-5}

续表

成　分	质量/kg
微晶蜡	2.8×10^{-3}
总质量	0.280

来自 R. Rivadeneira、J. Kim、Y. Huang、M.E. Castell-Perez 和 R.G. Moreira 的“使用电子束辐照复杂形状食品的 3D 剂量计”。*Transactions of ASABE*，**50**（5），1751-1758。© 2007 美国农业和生物工程师协会。经许可使用。

表 6.2　实际苹果和体模的元素成分和密度[47]

材　料	元素成分（%/重量）					密度 [a]	Z_{eff}^{b}
	H	C	N	O	其他	kg/m^3	
体模	12.99	70.27	0.0168	—	17.72Cl	1 008	7.43
实际苹果（红色美味）	10.28	6.07	0.04	83.47	0.01Mg，0.01Ca，0.01P，0.11K	1 042	6.58

来自 R. Rivadeneira、J. Kim、Y. Huang、M. E. Castell-Perez 和 R. G. Moreira 的“使用电子束辐照复杂形状食品的 3D 剂量计”。*Transactions of ASABE*，**50**（5），1751-1758。© 2007 美国农业和生物工程师协会。经许可使用。

[a] 室温下[49]。

[b] 有效原子序数[50]：$Z_{eff}=\dfrac{\sum_i (w_i/A_i)Z_i^2}{\sum_i (w_i/A_i)Z_i}$，其中 A_i 是原子质量，Z_i 是原子序数，w_i 是重量分数。

图 6.1 显示了苹果体模和真实苹果的总阻止本领。两种阻止本领在整个电子动能中，都有重叠。

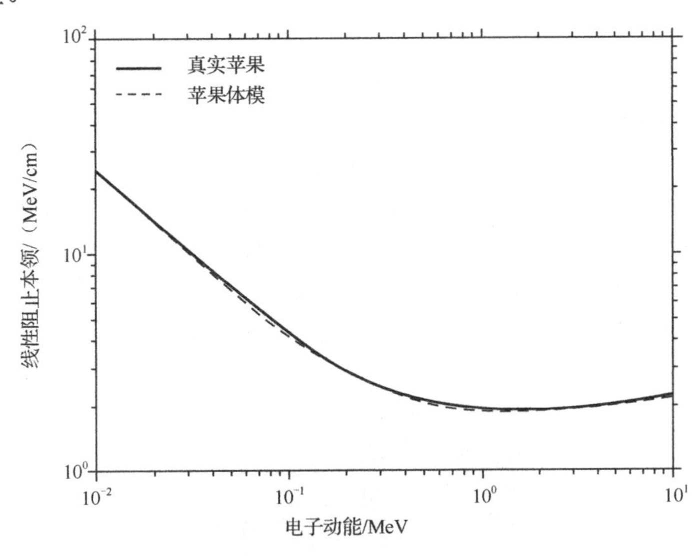

图 6.1　在相应电子能量下苹果体模和真实苹果的总阻止本领[47]

引自 R. Rivadeneira、J. Kim、Y. Huang、M. E. Castell-Perez 和 R. G. Moreira 的“使用电子束辐照复杂形状食品的 3D 剂量计”。*Transactions of ASABE*, **50**(5), 1751-1758。© 2007 美国农业和生物工程师协会。经许可使用。

图 6.2 显示了光子相互作用系数（总衰减系数）与 0.01～10MeV 能量的比率。

低于 0.1MeV 时，随着光子动能的降低，该比率从近似 1.0 下降到 0.45，这与石蜡和肌体的情况相似[4]。这可能是由于苹果体模的 Z 值相对较高，且含有大量的氯。基于这些辐射特性，所开发的体模可以在 0.01～10MeV 的能量范围内，作为真实苹果的替代品进行辐射加工。

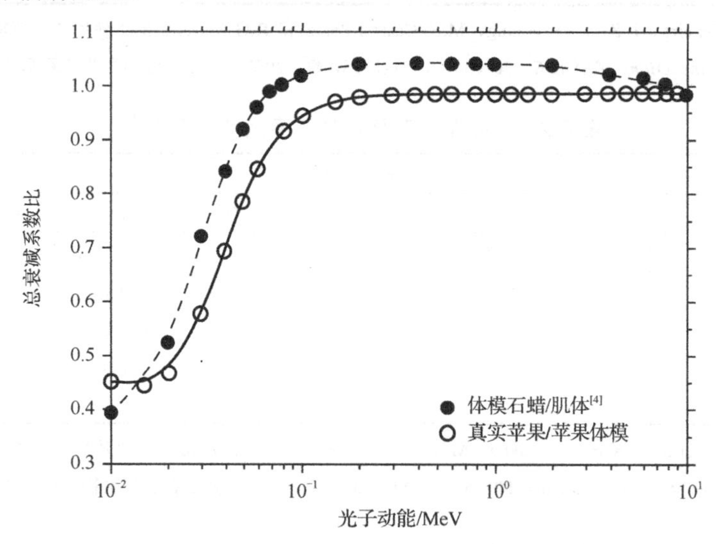

图 6.2　真实苹果/苹果体模和体模石蜡/肌体的总衰减系数与相应光子能量的比率

6.3.2　制造工艺

开发固体苹果体模，以测定电子束和 X 射线辐射下苹果的吸收剂量[45]。在该研究中，体模化学剂量计是用一个由合成橡胶浇注的红色苹果制成的模具（合成橡胶 No.16131 催化剂和底座，Flexbar，Islandia，NY），浇注制作了体模化学剂量计。将底座和催化剂的混合物倒入放置苹果的容器中，7min 后模具制作完成[45]。

将苹果模型化学溶液（见表 6.1）均匀混合并保持在 65℃下，然后将其倒入模具中。浇注完成后，模具存放在一个黑暗的房间内，以防止暴露在紫外线下。在化学混合物完全凝固所需的 24h 后，将体模剂量计从模具中取出（见图 6.3）[45]。

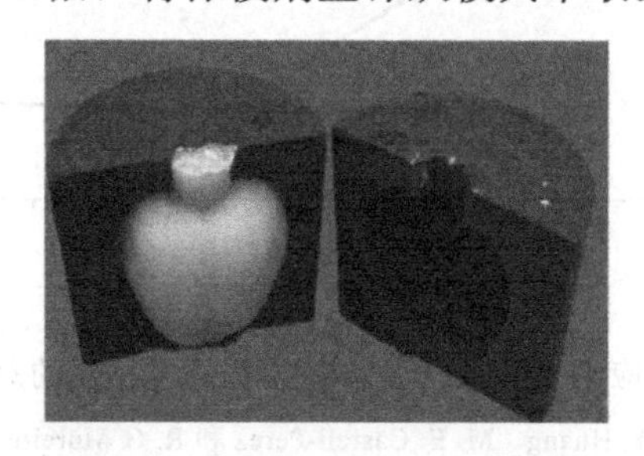

图 6.3　苹果体模样品及其模具[47]

引自 R. Rivadeneira，J. Kim，Y. Huang，M. E. Castell-Perez 和 R. G. Moreira 的“电子束辐照复杂形状食品的 3D 剂量计”。*Transactions of ASABE*, **50**(5), 1751-1758。© 2007　美国农业和生物工程师协会。经许可使用。

6.3.3 体模剂量计的处理：前处理和后处理

用真空封口器将体模剂量计放入聚乙烯塑料袋中，排出袋子中的空气，然后封口。真空包装在辐照实验中简化了处理，也减少了挥发性成分（氯仿）的挥发[45]。辐照实验后，将苹果体模从包装中拉出并沿其垂直轴切片，即从茎的顶部到底部（平均厚度为 3.18mm±0.06mm）[45]。用平板扫描仪进行体模切片上的透射扫描，分辨率设置为每英寸 300 像素（ppi）（Microtek ScanMaker 8700 Pro Series，Microtek USA，Carson，CA，USA）。使用 3.2 的动态范围值（动态范围对应 4.0～0.8 的 D 值）对切片进行扫描。动态范围包括扫描仪可以记录的最高（最亮）信号和最低（最暗）信号的范围。考虑到苹果的大小，每次扫描 960 像素×960 像素的图像，并使用 TIFF 格式保存以便进一步的图像处理[45]。

为了校准体模剂量计，首先，使用电离室（Markus type 23343，PTW-Freiburg，弗莱堡，德国）在范德格拉夫电子加速器（高压工程公司，柏林顿，MA，美国）产生的 1.35MeV 电子束下[50]，测量辐照点的绝对剂量。这种静电加速器能使电子加速到 2MeV[51]。其次，制作直径为 2.5cm、高度为 7.6cm 的圆柱形剂量计样品进行校准。一旦知道辐照点的绝对剂量，将样品暴露在 1.35MeV 电子束中，目标剂量为 0～500Gy。辐照后，每个圆柱体被切割并沿束流方向扫描。扫描图像中的每个数据点通过 $OD=\lg(I_0/I)$转换为光密度，其中 I_0 是未曝光样本的光强度，I 是曝光样本的光强度。图 6.4 显示了样品在绿色通道处的光密度及其相应的剂量。功率模型被证明是体模剂量计（$R^2=0.985$）的最佳校准模型[45]。事实上，这种功率模型经常用于校准测量辐照材料剂量水平的剂量计[52]。最后，使用校准曲线将所有图像的光密度数据转换为

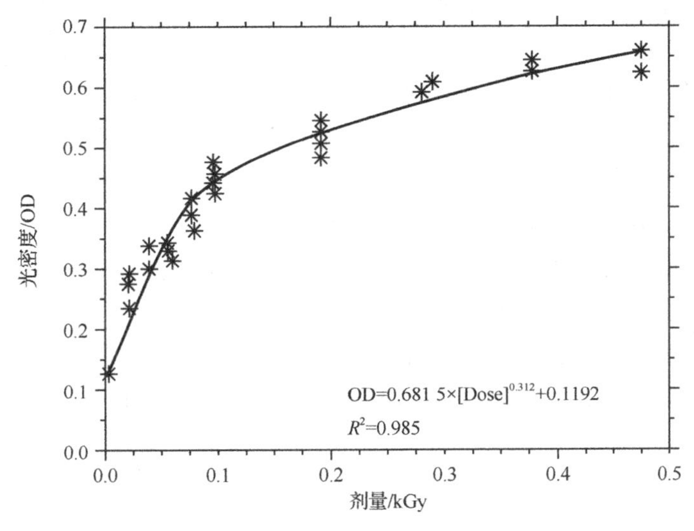

图 6.4　体模剂量计校准曲线[47]

引自 R. Rivadeneira、J. Kim、Y. Huang、M. E. Castell-Perez 和 R. G. Moreira “使用电子束辐照的复杂形状食品的 3D 剂量计”，*Transactions of ASABE*, **50**(5), 1751-1758。© 2007　美国农业和生物工程师协会。经许可使用。

剂量值。利用 Matlab 软件（Mathworks，Inc.，纳提克，MA，美国）提取和分析所有体模剂量计的图像数据：圆柱形的用于校准，苹果形的用于辐照实验。

6.4 使用模拟验证食品模型剂量计

6.4.1 吸收剂量模拟

在模拟复杂形状的物品（如苹果形的体模）中进行辐射传输时，主要的挑战是获得实际的产品几何结构和密度值。这些值对评估电子和光子的相互作用至关重要。

计算机层析扫描（CT）是一种结合了 X 射线和计算机技术的放射学方法。CT 可在不破坏物体的情况下提供整个物体薄截面的密度相关定量图像[53]。使用多层 CT 数据，几何和密度信息数据可用于精确计算复杂形状物品的剂量分布[9-13]。

当使用 CT 扫描仪扫描样品时，会给切片图像的每个像素指定一个数值（CT 值），例如，脂肪为-100～-50，水为 0，这与扫描材料的密度有关。在苹果体模研究中，在 12cm 视野（像素大小=0.23mm）中获得 16 张切片图像（厚 5mm），并使用图像处理软件（如 Matlab 或 ImageJ 的图像处理工具箱）处理每个切片的 CT 数据（512×512 矩阵）[45,54]。原始 CT 切片上的伪影，如样品支架，必须去除以适应感兴趣的区域（ROI）。在 ROI 内，目标产品从背景中分割出来。将二维切片 CT 数据制成 359×362 体素阵列，其中 y 和 z 分辨率为 0.23mm，层厚（x 方向）为 5mm。为了重建三维体，所有的 CT 数据都可以被引入一个 16×359×362 的矩阵中，其中每个体素分辨率分别为 5mm、0.23mm 和 0.23mm。这个体积阵列是通过组合 y 和 z 平面上的像素并沿 x 方向复制切片来创建的；然后，这个体素在辐射传输模拟中作为目标几何体[45,55]。图 6.5 说明了基于 CT 数据的苹果 3D 图像重建的步骤。

用于剂量模拟的 MCNP5（蒙特卡罗 N 粒子版本 5）是由洛斯阿拉莫斯国家实验室开发的。MCNP5[56]是用于高能粒子输运的最广泛的模拟程序之一，与 Geant4[57] 一起，该程序能够模拟能量从 1keV 到 100MeV 的任意几何体中的耦合电子和光子。根据食品法典标准[58]，辐射源可分为能量高达 10MeV 的电子束源和能量高达 5MeV 的 X 辐射源两类。近年来，低能（1.35MeV）电子束也被用于复杂形状食品的表面加工。因此，我们使用这三种辐射源进行模拟，每个源粒子在一个平面内发射，均匀分布，并垂直进入目标。使用 MCNP 的重复结构算法构建苹果体模体素及其原子组成（见表 6.1）和密度[47]。

脉冲高度统计用于对一个体素中吸收的能量进行评分。当一个粒子穿过一个表面时，能量被添加到它进入的体素中，或者从它离开的体素中被减去。在所有的历史结束时，每个体素的累积能量除以历史的总数。在一般情况下，蒙特卡罗模拟的结果代表了模拟过程中多个历史贡献的平均值。当统计不确定性（相对误差）小于 5%时，仿真结果通常是可靠的[56]。因此，可以更改每个模拟历史记录，以满足这些准则（10^6～10^7 个历史值）[55]。

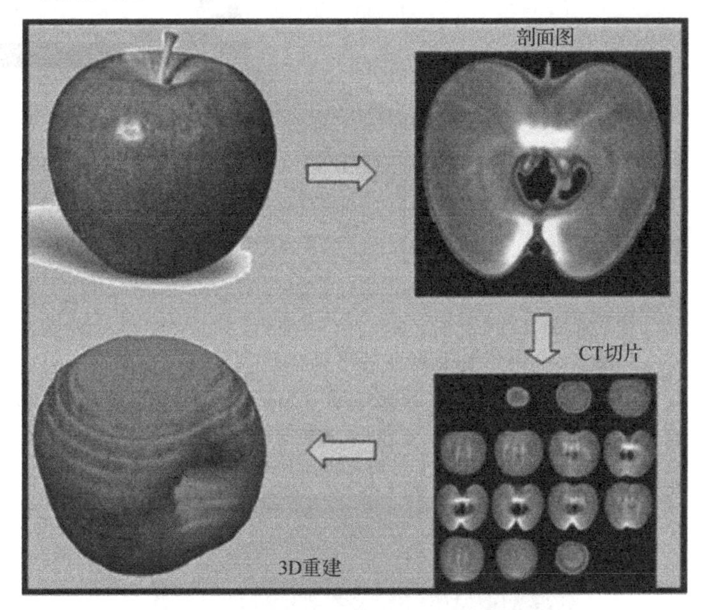

图 6.5 开发苹果 3D 图像所需的步骤[55]

经 J. Kim、R. G. Moreira、R. Rivadeneria 和 M. E. Castell-Perez，J • 食品加工工程，2006，**29**，72。© John Wiley and Sons Inc. 许可复制。

6.4.2 低能电子（1.35MeV）的辐射实验

低能电子束（1.35MeV）实验采用 2MeV 的范德格拉夫电子加速器。离开加速器管的电子束从水平束线向下照射 22.5°。悬挂在传送带上的苹果体模被放置在加速器的前面（见图 6.6）。传送带以受控的速度横向移动体模，使其停在出口束窗口的前面，并通过链轮皮带旋转系统沿其轴线旋转体模。辐照后，用工具将苹果体模切成 3.2mm±0.1mm 厚的切片，并使用平板扫描仪获取彩色图像，随后将其转换为吸收剂[9]。

图 6.7 显示了 1.35MeV 电子束在苹果体模和真实苹果垂直面上的计算剂量分布。由于两个目标体的材料性质非常相似，因此模拟的剂量分布也非常相似。对于两个目标体，最大剂量均位于 20°～40° 的区域和在右肩下方[9]。

当电子进入苹果体模时，所有能量都沉积在离入射表面 0.7cm 的范围内，这是 1.35MeV 电子束的最大深度。剂量值随着体模内深度的增加而增加，直至电子穿透范围内的中点（0.28cm），然后迅速下降到较低值。在体模的右下方区域，由于低动能电子容易随着电子入射角的减小而散射，因此靠近入口表面的剂量较高[9]。

当苹果体模剂量计暴露于电子束下时，其颜色由黄色变为红色，颜色强度与吸收剂量成正比（见图 6.8）[9]。

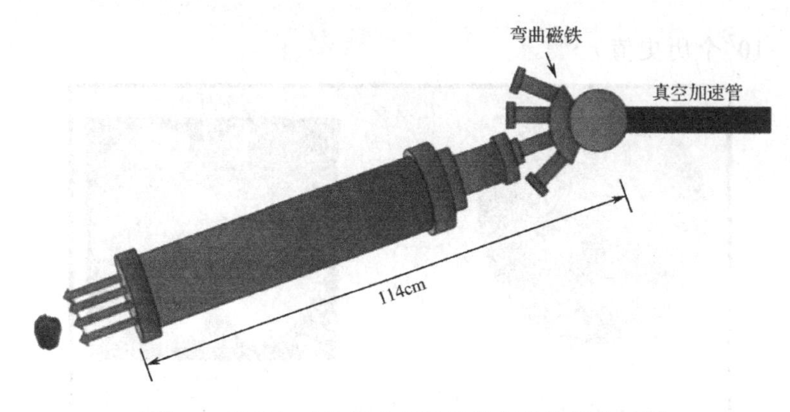

图 6.6　电子加速器前的苹果体模剂量计的放置[9]

引自 J. Kim，R. G. Rivadeneira，M. E. Castell-Perez 和 R. G. Moreira，复杂形状食品电子束辐照剂量计算方法的开发和验证，食品工程杂志，第 74 卷，359-369，© 2006，经许可使用。

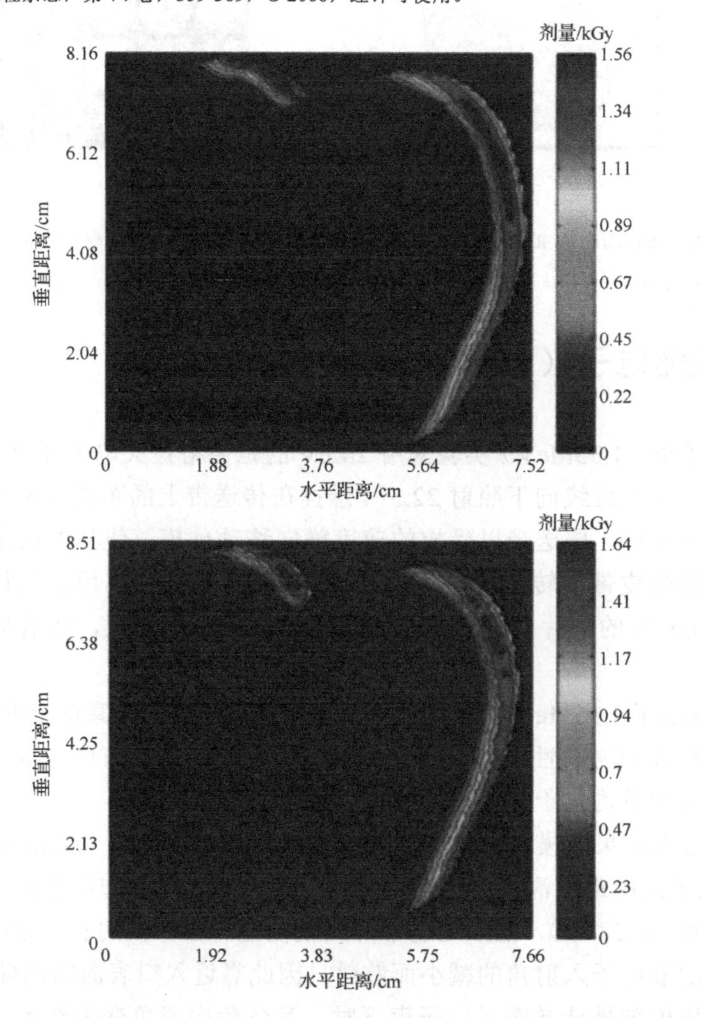

图 6.7　1.35MeV 电子束在苹果体模（上）和真实苹果（下）垂直面上的计算剂量分布[9]

来自 J. Kim，R. G. Rivadeneira，M. E. Castell-Perez 和 R. G. Moreira，电子束辐照复杂形状食品剂量计算方法的开发和验证，食品工程杂志，第 74 卷，359-369，© 2006，经许可使用。

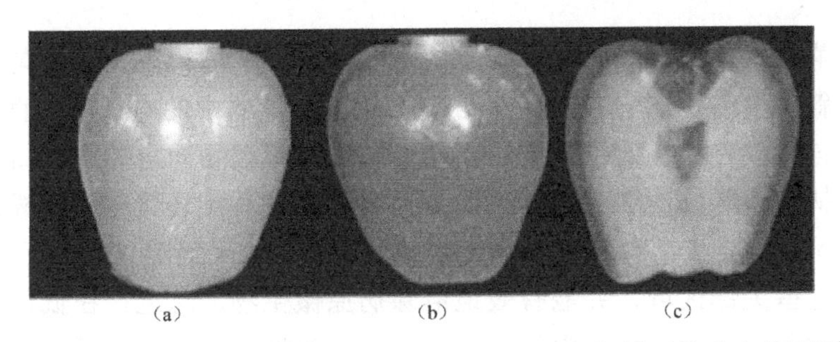

图 6.8　苹果体模：（a）辐照前，（b）辐照后，（c）辐照后的垂直截面图[9]

来自 J. Kim，R. G. Rivadeneira，M. E. Castell Perez 和 R. G. Moreira，电子束辐照复杂形状食品剂量计算方法的开发和验证，食品工程杂志，第 74 卷，359-369，© 2006，经许可使用。

图 6.9 显示了当目标在 1.35MeV 电子束前按其轴线旋转时，在苹果体模中的模拟剂量和测量剂量。在这两个剂量图中，由于连续暴露在电子束下，最大剂量值位于两肩部下方，而且剂量分布朝着体模的左右下方变细。因此，通过苹果的轴旋转并不足以达到适当的巴氏消毒的目的（表面消毒）[9]。

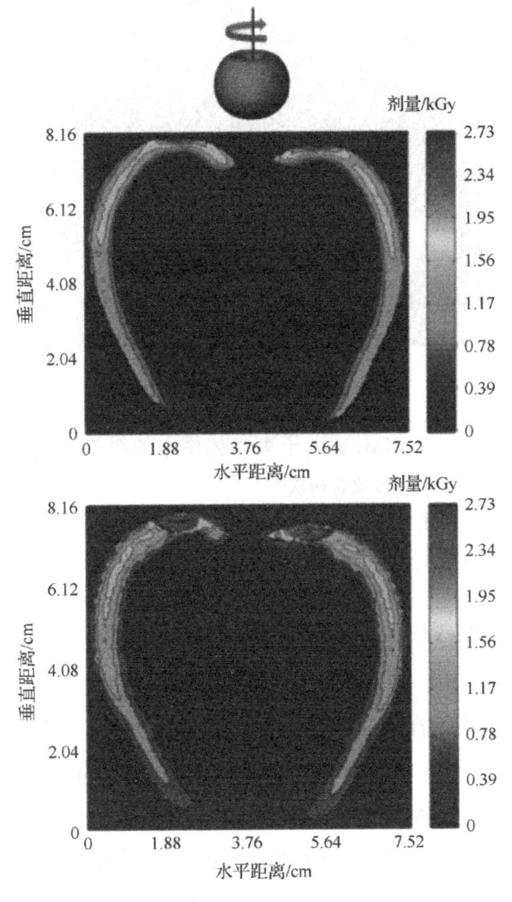

图 6.9　1.35MeV 电子束在苹果体模中的模拟（上）和测量（下）剂量等值线图[9]

来自 J. Kim，R. G. Rivadeneira，M. E. Castell-Perez 和 R. G. Moreira，电子束辐照复杂形状食品剂量计算方法的开发和验证，食品工程杂志，第 74 卷，359-369，© 2006，经许可使用。

通过将苹果体模在电子束前倾斜一定角度，来评估体模表面的均匀剂量分布：苹果体模倾斜了大约 67.5°（顺时针，CW），这样加速器中的电子可以直接进入苹果柄的凹槽。该体模首先在此位置旋转，然后随着花萼端朝向出口束窗口旋转。事实上，苹果的柄和萼区域是细菌渗透的重要区域[59]。这种旋转策略将体模的整个表面暴露在辐射源下，导致顶部和底部区域的剂量累积较大（见图 6.10）。因此，低能电子能够穿透这些关键区域，并能有效地清除病原微生物。总之，在低能电子束下，测量和计算的剂量分布在体模中显示出良好的一致性，从而验证了使用模拟方法与化学模型剂量计相结合，准确规划表面加工的食品辐照过程[9]。

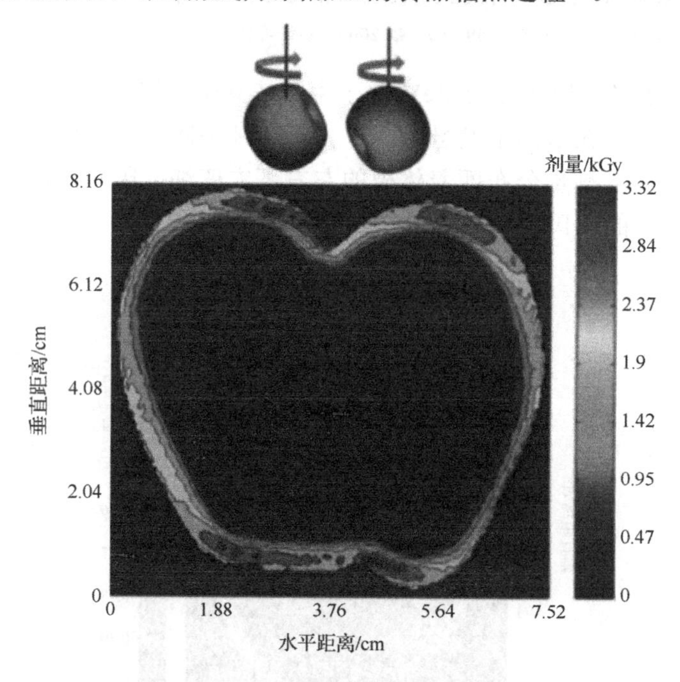

图 6.10 1.35MeV 电子束在体模中的模拟剂量分布

注：体模在放射源前面以 0°和 180°角度旋转两次[9]。

来自 J. Kim，R. G. Rivadeneira，M. E. Castell-Perez 和 R. G. Moreira，电子束辐照复杂形状食品剂量计算方法的开发和验证，食品工程杂志，第 74 卷，359-369，© 2006，经许可使用。

6.4.3 高能（10MeV）电子束的辐射实验

高能（10MeV）电子束在大多数商业辐照装置中被广泛使用。然而，对于复杂的食品来说，获得详细的 3D 剂量图是非常具有挑战性的，因为它们的剂量分布可能具有非常陡峭的梯度，在相对较短的距离内引起吸收剂量的巨大变化[9]。10MeV 电子直线加速器（LINAC）被用来模拟和验证辐照苹果体模。LINAC 中的电子在一个平面内发射，并在扫描区域（7.4cm×61.0cm）内均匀分布（见图 6.11）。苹果体模的位置平行于双面电子束辐射源之间（上电子束和下电子束）的源平面上[9]。

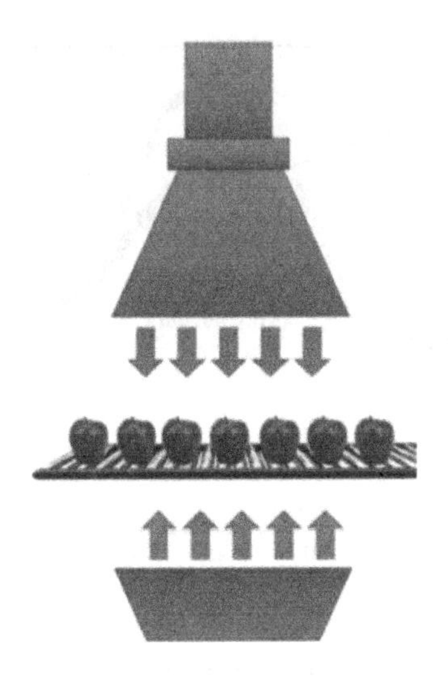

图 6.11　使用 10MeV 直线加速器在双面电子束照射模式下辐照苹果体模的实验装置示意图[9]

来自 J. Kim，R. G. Rivadeneira，M. E. Castell-Perez 和 R. G. Moreira，电子束辐照复杂形状食品剂量计算方法的开发和验证，食品工程杂志，第 74 卷，359-369，© 2006，经许可使用。

图 6.12 显示了在双束流模式下使用 10MeV 电子的辐照体模的模拟结果。较高的剂量显示在体模的垂直中心区域（垂直方向约 4cm），这是双光束的穿透深度重叠造成的［见图 6.12（a）和图 6.12（b）］。此外，许多散射电子在体模的左右两端被吸收，从而导致高剂量值。体模中的剂量范围为 1.0～2.8kGy，因此，剂量均匀比（D_{max}/D_{min}）为 2.8[9]。在组织等效材料中，10MeV 电子束的穿透深度约 5cm。电子击中体模的圆形表面，产生不同的深度—剂量曲线，剂量分布更广［见图 6.12（c）］。

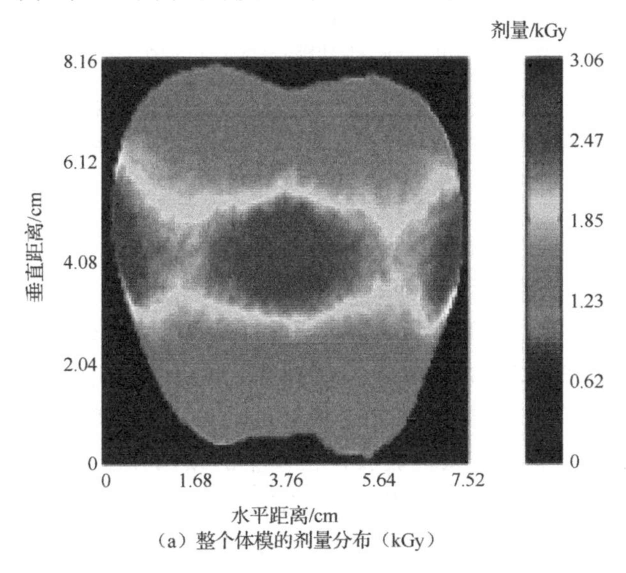

（a）整个体模的剂量分布（kGy）

图 6.12　10MeV 电子束在双束流模式下传输速度为 0.3m/s 时苹果体模的模拟结果

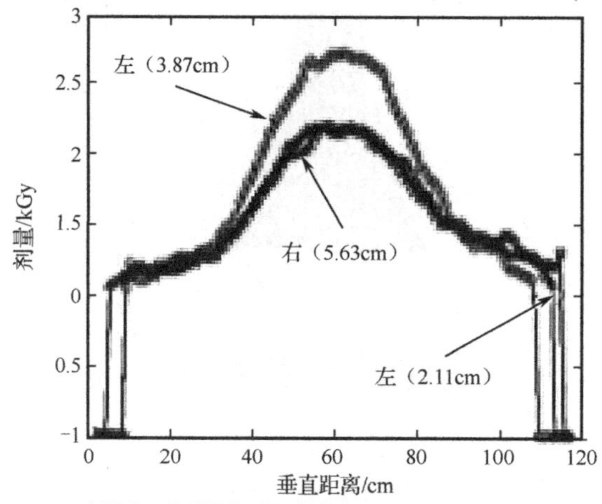

（b）双束模式下体模的剂量深度曲线（在体模的不同垂直面上）

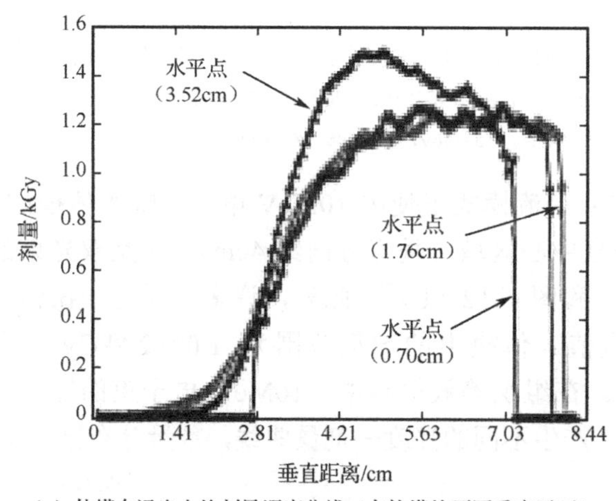

（c）体模在远光中的剂量深度曲线（在体模的不同垂直平面）

图 6.12　10MeV 电子束在双束流模式下传输速度为 0.3m/s 时苹果体模的模拟结果（续）

来自 J. Kim，R. G. Rivadeneira，M. E. Castell-Perez 和 R. G. Moreira，电子束辐照复杂形状食品剂量计算方法的开发和验证，食品工程杂志，第 74 卷，359-369，© 2006，经许可使用。

在辐照实验中，将体模放置在以恒定速率（0.3m/s）移动的载具上，以获得约 1kGy 的靶区内的剂量分布。使用辐射变色膜（RCF）剂量计（GAF 彩色剂量测量介质，HD-810）测量模型中间的剂量分布[9]。将苹果体模切成两半（平行于 z 轴），将切割成相同截面形状的 RCF 片放在两个半体模之间，并通过真空包装固定在一起。为了将体模内的剂量分布减小到 RCF 的测量范围内，我们使用了一块 3cm 厚的有机玻璃块作为衰减材料。有机玻璃块被放置在模型的顶部和底部[9]。苹果体模也被放置在聚苯乙烯盒内，设置为与电子的相同的方向（见图 6.13）。

RCF 轮廓线显示出辐照后蓝色的定性变化［见图 6.14（a）］，并且其剂量分布是通过图像处理获得的［见图 6.14（b）］[9]。体模中的模拟剂量分布表明，实验值与模拟值之间具有良好的一致性［见图 6.14（b）和 6.14（c）］。值得一提的是，在体模的顶部和底部穿透的电子在模型的中心失去了所有动能。使用 3cm 厚的有机玻璃块吸收体，体模中的穿透深度约 1.5cm。但是，在体模的两侧均观察到了低剂量［见图 6.14（b)］。聚苯乙烯盒散射的电子从侧面穿透体模，并失去了这些区域的动能，这在模拟剂量分布中没有显示[9]。测量数据与模拟数据之间的差异小于 5%。但是，当模拟几何体不仅包括体模和有机玻璃吸收体，还包括聚苯乙烯盒时，该值可能会更低。简单地说，蒙特卡罗模型成功地与实验数据进行了对比测试，验证了其模拟复杂形状苹果体模中高能（10MeV）电子束的剂量分布的能力[9]。

图 6.13　苹果体模的实验装置，以 3cm 厚的有机玻璃块作为衰减材料（目标剂量为 1kGy）和聚苯乙烯盒作为支撑结构[9]

来自 J. Kim，R. G. Rivadeneira，M. E. Castell-Perez 和 R. G. Moreira，电子束辐照复杂形状食品剂量计算方法的开发和验证，食品工程杂志，第 74 卷，359-369，© 2006，经许可使用。

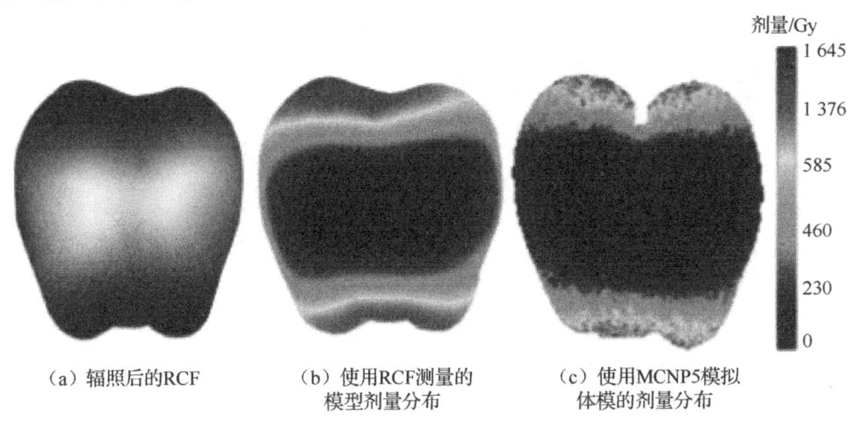

图 6.14　使用 10MeV 电子束（使用 3cm 厚的有机玻璃块作为衰减材料）照射体模的实验结果与模拟结果

6.4.4　5MeV X 射线辐射实验

利用 X 射线转换靶，用 5MeV 直线加速器对苹果体模进行辐射实验。直线加速器中的 5MeV 电子束在撞击中的一种转换靶金属，如钽（Ta）、钨（W）或金（Au），在靶方向产生具有宽能谱的 X 射线。使用制造商提供的尺寸和材料在转换靶中产生 X 射线动能谱（见图 6.15）[55]，其平均动能为 0.76MeV，远小于输入能量（5MeV）。

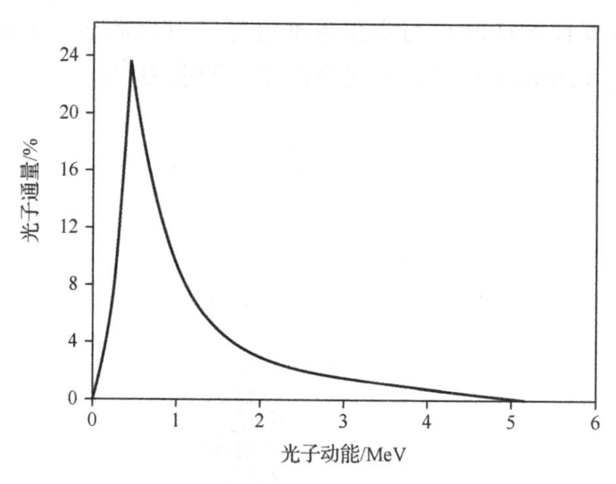

图 6.15　5 MeV 电子束的光子动能谱

经 J. Kim、R. G. Moreira、R. Rivadeneria 和 M. E. Castell-Perez，J·食品加工工程，2006，**29**，72。© John Wiley and Sons Inc. 许可复制。

0.6kGy 的目标剂量被传递到位于支架中的、以 0.61m/min 的传送速度移动的苹果体模上（见图 6.16）。X 射线束垂直于传送带的运动方向，与支架相隔 30.48cm。在苹果体模的中心放置一层辐射变色膜以获得剂量分布[55]。

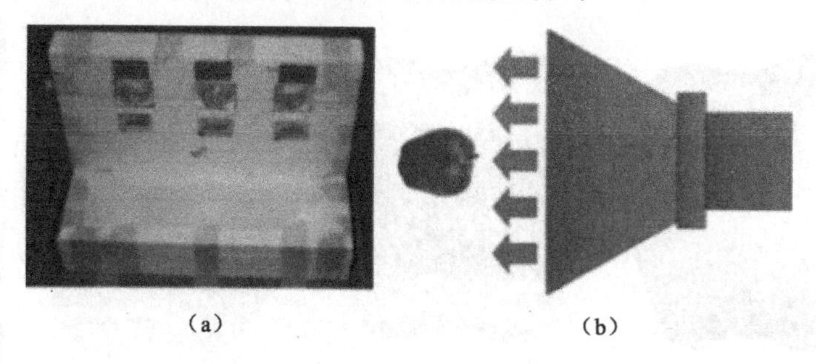

图 6.16　（a）用 X 射线辐照实验的苹果体模支架；（b）用 5 MeV X 射线对苹果体模的实验设置

图 6.17（a）显示了由辐射变色膜测定的苹果体模的剂量分布情况，与电子束不同的是，剂量分布在整个体模上，并且随着 X 射线穿过体模，剂量减小；在体模表面区域观察到最大剂量为 0.6kGy，在体模底部观察到的最小剂量为 0.4kGy。一般来说，在 X 射线相互作用下的剂量分布中发现了一个明显的剂量积累区域。然而，在此情况下，其深度非常浅，只有 1mm［见图 6.17（b）］。从样品支架散射的光子可能会进入表面区域，在那里它们的动能会积累起来。

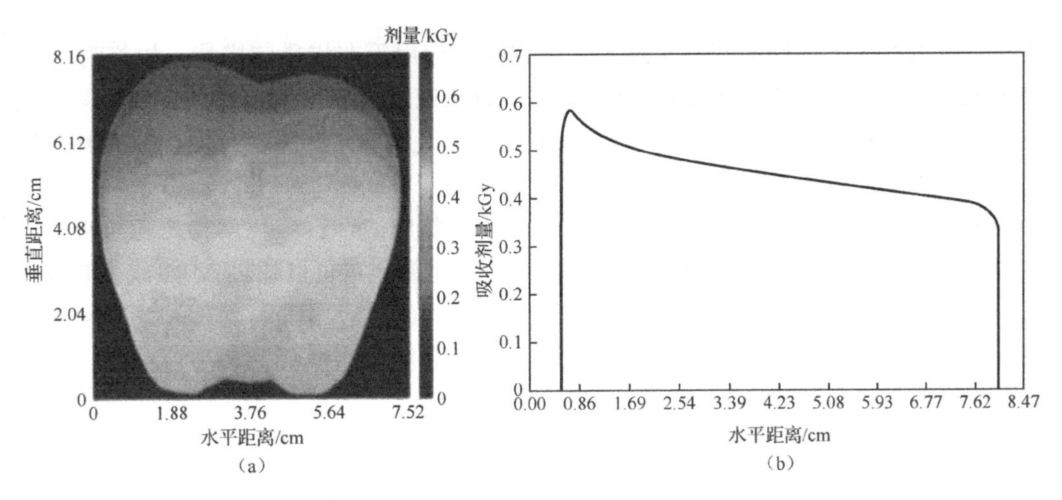

图 6.17　(a) 用辐射变色膜测量 5MeV X 射线的剂量分布；(b) 在水平点 4.8cm 的深度剂量分布曲线

图 6.18 显示了苹果体模与 5MeV X 射线的模拟结果。整体剂量分布与实际测量结果非常相似［见图 6.17 (a)]：入口剂量为 0.6kGy，出口剂量为 0.4kGy。然而，堆积深度为 1.27cm，比实际测量值深很多。这种不同是由于模拟中只使用了光子能谱，不包括样品支架。深度—剂量曲线也类似于用 5MeV X 射线模拟真实苹果的曲线[55]，数据波动是蒙特卡罗模拟固有的[56]，因此，总体趋势比每个具体数据点更重要。图 6.18 (b) 清楚地表明，吸收剂量随着深度的增加呈线性下降。

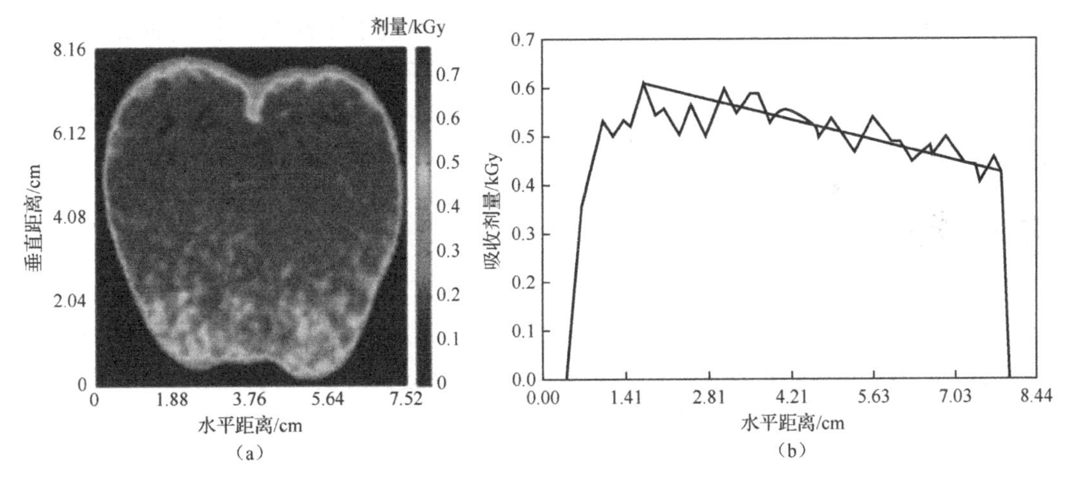

图 6.18　(a) 用 MCNP 模拟的 5MeV X 射线苹果体模的剂量分布；(b) 在水平点 4.8cm 的深度剂量分布曲线

6.5　未来发展

基于石蜡的化学体模已经开发出来，并成功地用不同的辐射源进行了评估。即使成型技术有助于准确构建真实样品，但也很难应用于非均质的样品，如整鸡。CT或MRI技术可用于定位异质的部分，如鸡的骨头或鸡蛋的蛋黄，并且可以用具有类似辐射相互作用特性的化学物质构建体模。然而，要将异质的部分组合成完整的样品是非常困难的。

聚合物凝胶剂量计是由辐射敏感的化学物质制成的，这些化学物质随着吸收剂量的变化而聚合。聚合物凝胶剂量计的3D辐射剂量分布可以通过MRI或CT方法获得。这种聚合物凝胶剂量计在临床剂量学中得到广泛应用[60]。然而，当辐射敏感聚合物凝胶被浇注在一个人形容器中时，其体模和相关小瓶受到辐射，因此，它不适合制造食品的异质部分。

最近，3D打印技术已被用于矫正骨科治疗中的足内翻畸形[61]。使用CT数据对从膝盖到脚趾的骨骼进行3D打印，然后将聚合物凝胶熔化并浇注在骨骼上，以形成皮肤层。同样，鸡的骨头可以用3D打印机制作，其他部分（肉、脂肪、皮肤）可以用3D打印模具填充对辐射敏感的聚合物凝胶。经照射，可以使用相同的技术（MRI或CT）来获得剂量分布。此外，我们还必须确定不同类型食品材料的辐射敏感凝胶的化学成分。与此数据库一起，3D打印技术可以应用于各种复杂形状的异质食品的建模。

6.6 结论

使用模拟方法计算的吸收剂量分布可以使用等效于组织的体模剂量计进行验证。这些体模可以紧密地代表食品的异质成分和复杂形状，这通常使剂量估算过程非常具有挑战性。材料科学和成像技术的进步，将为验证食品辐照应用的吸收剂量计算提供新工具，以确保其安全性。

参考文献

[1] K. Mehta and K. O'Hara, in *Food Irradiation Research and Technology*, ed. X. Fang and C. H. Sommers, Wiley-Blackwell, Oxford, 2nd edn, 2013, p. 99.

[2] P. B. Roberts, *Radiat. Phys. Chem.*, 2014, **105**, 78.

[3] IAEA, *Dosimetry for food irradiation, Technical report series No. 409*, International Atomic Energy Agency, 2002.

[4] ICRU, *Tissue Substitutes in Radiation Dosimetry and Measurement, ICRU Report 44*, International Commission on Radiation Units and Measurements, Bethesda, MD, 1989.

[5] A. A. Basfar, B. Moftah, K. A. Rabaeh and A. A. Almousa, *Radiat. Phys. Chem.*, 2015, **112**, 117.

[6] A. Ito, in *Monte Carlo Transport of Electrons and Photons*, ed. T. M. Jenkins, W.

R. Nelson and A. Rindi, Plenum Press, New York, 1987, vol. 573.

[7] F. H. Attix, *Introduction to Radiological Physics and Radiation Dosimetry*, John Wiley & Sons, New York, 1986.

[8] ASTM, *ASTM Standards E2232-10: Standard Guide for Selection and Use of Mathematical Methods for Calculating Absorbed Dose in Radiation Processing Applications*, ASTM International, West Conshohocken, PA, 2010 (DOI: 10.1520/E2232-10).

[9] J. Kim, R. G. Rivadeneira, M. E. Castell-Perez and R. G. Moreira, *J. Food Eng.*, 2006, 74, 359.

[10] J. Kim, R. G. Moreira and M. E. Castell-Perez, *J. Food Eng.*, 2008, **86**, 595.

[11] J. Kim, R. G. Moreira, Y. Huang and M. E. Castell-Perez, *J. Food Eng.*, 2007, **79**, 312.

[12] J. Kim, R. Moreira and E. Castell-Perez, *J. Food Eng.*, 2010, **97**, 425.

[13] J. Kim, R. G. Moreira and E. Castell-Perez, *J. Food Sci.*, 2011, **76**, E173.

[14] G. Brescia, R. Moreira, L. Braby and E. Castell-Perez, *J. Food. Eng.*, 2003, **60**, 31.

[15] J. Borsa, R. Chu, J. Sun, N. Linton and C. Hunter, *Radiat. Phys. Chem.*, 2002, **63**, 271.

[16] S. Oh, J. Kim, S. Kwon, S. Chung, S. Kwon, J. Park and W. Choi, *J. Biosyst. Eng.*, 2014, **39**, 205.

[17] W. H. Chung, in *Techniques of Radiation Dosimetry*, ed. K. Mahesh and D. R. VIJ, John Wiley & Sons, 1985, p. 372.

[18] M. R. McEwen and A. R. DuSautoy, *Metrologia*, 2009, **46**, S59.

[19] J. W. T. Spinks and R. J. Woods, *An Introduction to Radiation Chemistry*, John Wiley & Sons, New York, 1976. p. 247.

[20] I. G. Draganic and Z. D. Draganic, *The Radiation Chemistry of Water*, Academic Press, New York, 1971, p. 211.

[21] H. Fricke and E. J. Hart, *Radiation Dosimetry*, Academic Press, Amsterdam, The Netherlands, 2nd edn, 1966, vol 2, p. 167.

[22] N. W. Holm and Z. P. Zagorski, in *Manual on Radiation Dosimetry*, ed. N. W. Holm and R. J. Berry, Marcel Dekker, New York, 1970, p. 87.

[23] ASTM, ASTM *Standards 51205:2009(E) Standard Practice for Use of a Ceric-Cerous Sulfate Dosimetry System*, ASTM International, West Conshohocken, PA, 2009.

[24] E. Bjergbakke, in *Manual on Radiation Dosimetry*, ed. N. W. Holm and R. J. Berry, Marcel Dekker, New York, 1970, p. 323.

[25] ASTM, ASTM *Standards 51275:2013(E) Standard Practice for Use of a Radiochromic Film Dosimetry System*, ASTM International, West Conshohocken, PA,

2013.

[26] W. L. McLaughlin, *Int. J. Appl. Radiat. Isot.*, 1966, 17, 85.

[27] ASTM, ASTM *Standards 51607:2013(E) Standard Practice for Use of an Alanine-EPR Dosimetry System*, ASTM International, West Conshohocken, PA, 2013.

[28] L. H. Lanzl, in *Manual on Radiation Dosimetry*, ed. N. W. Holm and R. J. Berry, Marcel Dekker, New York, 1970, p. 223.

[29] M. Maryanski, J. Gore and R. Schulz. *U.S. Pat.* 5,321,357, 1994.

[30] C. Baldock, Y. De. Deene, S. Doran, G. Ibbott, A. Jirasek, M. Lepage, K. B. McAuley, M. Oldham and L. J. Schreiner, *Phys. Med. Biol.*, 2010, **55**, R1.

[31] K. vergote, Y. De Deene, W. Duthoy, W. De Gersem, W. De Neve, E. Achten and C. De. Wagter, *Phys. Med. Biol.*, 2004, **49**, 287.

[32] S. M. Abtahi, S. M. R. Aghamiri and H. Khalafi, *J. Radioanal. Nucl. Chem.*, 2014, **300**(1), 287.

[33] M. J. Maryanski, J. C. Gore, R. Kennan and R. J. Schulz, *Magn. Reson. Imaging*, 1993, **11**,253.

[34] J. C. Gore, M. Ranade, M. J. Maryanski and R. J. Schulz, *Phys. Med. Biol.*, 1996, **41**, 2695.

[35] C.-S. Wuu, P. Schiff, M. J. Maryanski, T. Liu, S. Borzillary and J. Weinberger, *Med. Phys.*, 2003, **30**, 132.

[36] Y. Xu and C.-S. Wuu, *Med. Phys.*, 2004, **31**, 3024.

[37] M. Hilts, C. Audet, C. Duzenli and A. Jirasek, *Phys. Med. Biol.*, 2000, **45**, 2559.

[38] L. J. Schreiner, *J. Phys.: Conf. Ser.*, 2006, **56**, 1.

[39] F. Courbon, P. Love, S. Chittenden, G. Flux, P. Ravel and G. Cook, *Cancer Biother. Radiopharm.*, 2006, **21**, 427.

[40] B. Hill, A. J. Venning and C. Baldock, *Med. Phys.*, 2005, **32**, 1589.

[41] C. Baldock, R. P. Burford, N. Billingham, G. S. Wagner, S. Patval, R. D. Badawi and S. F. Keevil, *Phys. Med. Biol.*, 1998, **43**, 695.

[42] J. Adamovics and M. J. Maryanski, *Radiat. Prot. Dosim.*, 2006, **120**, 107.

[43] M. S. Potsaid and G. Irie, *Radiology*, 1961, **77**, 61.

[44] S. Devic, N. Tomic, C. G. Soares and E. B. Podgorsak, *Med. Phys.*, 2009, **36**, 429.

[45] R. Rivadeneira, MS thesis, Texas A&M University, 2005.

[46] M. S. Potsaid, in *The Encyclopedia of X-Rays and Gamma Rays*, ed. G. L. Clark, Reinhold Publishing, New York, 1963, p. 279.

[47] R. Rivadeneira, J. Kim, Y. Huang, M. E. Castell-Perez and R. Moreira, *Trans. ASABE*, 2007, **50**, 1751.

[48] J. Kim, R. G. Moreira, R. Rivadeneira and E. M. Castell-Perez, *J. Food Proc. Eng.*, 2006, **29**(1), 72.

[49] N. N. Mohsenin, *Physical Properties of Plant and Animal Materials*, Gordon and Breach Science, New York, 2nd edn, 1986.

[50] N. Tsoulfanidis. *Measurement and Detection of Radiation*, Taylor and Francis, New York, 1995.

[51] High Voltage Engineering Corporation, *Instruction Manual HVI-42 for the Van de Graaff high voltage accelerator: Type AK, Model S, 2 MeV electron accelerator,* 1954, Cambridge, MA.

[52] NIST/SSEMATECH e-Handbook of Statistical Methods, http://www.itl. nist. gov/div898/ hand book/, accessed on August 30, 2016.

[53] ASTM, *ASTM Standards E1441-11: Standard Guide for Computed Tomography (CT) Imaging*, ASTM International, West Conshohocken, PA, 2011.

[54] C. A. Schneider, W. S. Rasband and K. W. Eliceiri, *Nat. Methods*, 2012, **9**, 671.

[55] J. Kim, R. G. Moreira, R. Rivadeneria and M. E. Castell-Perez, *J. Food Process Eng.*, 2006, **29**, 72.

[56] F. B. Brown, *MCNP-A General Monte Carlo N-Particle Transport Code, version 5, LA-UR-03-1987*. Los Alamos National Laboratory, 2008, Los Alamos, NM.

[57] S. Agostinelli, J. Allison, K. Amako, J. Apostolakis, H. Araujo and P. Arce, *et al.*, *Nucl. Instrum. Methods Phys. Res. A*, 2003, **506**, 250.

[58] FAO/WHO, *Codex General Standard for Irradiated Foods and Recommended International Code of Practice for the Operation of Radiation Facilities used for the Treatment of Food*. Codex Alimentarius, 1984, Rome, Italy.

[59] S. L. Burnett, J. Chen and L. R. Buechat, *Appl. Environ. Microbiol.*, 2000, **66**, 4679.

[60] C. Baldock, Y. De Deene, S. Doran, G. Ibbott, A. Jirasek, M. Lepage, K. B. MuAuley, M. Oldham and L. J. Schreiner, *Phys. Med. Biol.*, 2010, **55**, R1.

[61] W. Y. Ying, R. Mabaran, L. Becky, P. Anton and S. Kenji, *3D Print. Addit. Manuf.*, 2016, **3**, 98.

第 7 章 食品辐照模拟与设备验证软件

艾米莉·克雷文[1]，约瑟夫·密特多夫[2]，克里斯托弗·霍华德[3]

7.1 引言

数学建模是一种可用于辅助设计辐照过程和设备的工具。辐照过程为给定产品提供一系列吸收剂量，其结果被描述为验证剂量分布活动的一部分。模型提供了一种预测给定配置特征的方法，因此，不仅可以使人们确信过程可以提供预期的结果，而且可以指导并减少总体所需的剂量分布。数学建模是一套通用且有用的工具，然而，直到最近，它还没有被广泛使用，部分原因是建立一个成功模型所需输入的复杂性，以及运行大型软件仿真所需的处理时间。但是，今天，我们看到成功的建模策略正在增加，这些策略在所有辐射模式中都可产生有价值的结果。

本章将探讨在食品辐照背景下的建模问题，现有哪些工具可以使用，以及如何使用这些工具来完善和优化食品辐照过程。

7.2 建模方法

术语“数学建模”被用来描述一组与使用数学计算来预测物理反应有关的一系列活动。在辐射过程中，这通常涉及辐射与物质的相互作用的预测，尤其是在小体积或点上以吸收剂量形式沉积能量的预测。数学模型可以是从简单的计算到高级软件模拟的任何事物。

在计算吸收剂量时，有四种常用的数学模型：随机性（蒙特卡罗）、确定性、半经验和经验模型[1]，蒙特卡罗和确定性模型（如点核）的优势在于，它们是基于辐射与物质相互作用的物理基础，可以用于描述可能没有已有信息的新设计和过程。经验和半经验模型依赖对现有系统的测量值，通过拟合分析函数后在已知水平之间外推来预测剂量特性，该分析函数可能满足也可能不满足实际的物理定律或规则。在

1. Mevex，柳叶路 108 号，斯提威尔，安大略 K2S 1B4，加拿大。
2. 高科技咨询公司，霍夫哈特 17 号，A-4801 特拉肯基兴，奥地利。
3. 诺迪安，前进路 447 号，渥太华，安大略省，K2K 1X8，加拿大。

辐射过程吸收剂量预测中最常用的两种模型是点核模型（确定性）和蒙特卡罗模型（随机性）。

7.2.1　蒙特卡罗方法

蒙特卡罗方法在计算科学中被广泛接受和使用，在统计学、物理学和金融学中有许多应用[2]。

使用随机事件作为科学工具的起源可以回溯到著名物理学家恩里科·费米，据报道，他在 20 世纪 30 年代用骰子模拟中子散射。这种方法的名字“蒙特卡罗”可以追溯到 20 世纪 40 年代，在洛斯阿拉莫斯国家实验室，数学家斯塔尼斯拉夫·乌拉姆发明了一种随机计算方法。他的同事尼古拉斯·梅托波利斯想出了“蒙特卡罗”这个代号，这种方法被用于核武器研究中。

蒙特卡罗方法的基本组成部分是根据给定的概率分布函数选择的随机事件，最简单的形式是均匀分布式。例如，一个在 1 至 6 之间的数字。这很容易用均匀分布的随机整数来模拟。正如许多游戏玩家知道的那样，掷几次骰子可能会产生一些看起来并不随机的结果，例如，幸运连胜，但概率法则决定，随着掷的次数越来越多，结果的分布将开始变得更加均匀。

概率分布的其他例子有指数函数（同位素衰变）、正态或高斯分布（测量误差）、泊松分布（模拟事故或系统故障等罕见事件），或由实验结果产生的直方图生成的随机数。

7.2.1.1　在辐照过程中的应用

在辐照过程中，通过对辐射与物质的相互作用过程进行统计采样，计算出感兴趣的量。对于食品辐照，电磁相互作用将是主要关注的问题，而对于高能量或核应用，还必须解决中子的相互作用问题。

作为随机过程模拟的相互作用机制是多方面的。详细的描述可以在文献中找到[3]。

蒙特卡罗计算的几个应用例子包括：

- 从加速器的给定能谱中选取一个初级电子的能量；
- 在电子源上选择一个点开始电子跟踪；
- 对康普顿散射中光子的角度取样；
- 对产生的电子对或正电子湮灭取样；
- 选择 ^{60}Co 衰变中 γ 射线发射的角度。

工业加工中最重要的数量是估计产品特定区域内的吸收剂量。蒙特卡罗计算是通过对一些随机事件进行采样或“关注”，并跟踪穿过物质的初级或次级电子和光子。具体物质包括加速器的出口窗箔、^{60}Co 源的钢外壳、传送系统的元件、束挡板甚至空气，当然还有产品本身。

为了达到有意义的统计精度，必须生成和追踪非常多的 N 个辐射事件（通常称为粒子历史）。结果的统计不确定性随 $1/\sqrt{N}$ 减小，典型的 N 值为 1 个到 1 亿个事件。一个重要的方面和假设是，辐射过程是独立的。因此，初级粒子是按顺序发射和追踪的，而实际上辐射过程是并行发生的（请注意，在 1mA 的电子束中，每秒产生 6.25×10^{18} 个电子）。

蒙特卡罗计算的强大之处在于极其详细地实现了相互作用机制和对粒子在物质中的复杂追踪。缺点是获得有意义的结果所需的计算时间。一维问题甚至是基本的三维模型都可以用单处理器来计算。然而，更复杂的问题则需要多核处理器或计算机集群才能在几小时或几天内得到结果。

蒙特卡罗建模的艺术在于细节和计算时间之间的平衡，以获得可接受的结果。减少计算时间的一个有效方法是事件偏置。走错方向且很可能错过的产品粒子，是不会被跟踪的，这样可以对它们可能确实与感兴趣的区域相互作用的小概率进行补偿。

另一种减少计算时间的方法是粒子追踪的能量限制。如果粒子能量低于某个阈值，则停止跟踪，并将剩余能量保持在该位置。将能量限制设置为一个合理的值（例如，对于高能应用，3keV）可能有助于将计算时间保持在可接受的范围内。

蒙特卡罗方法是模拟食品辐照过程的有力工具，但与其他任何领域一样，它属于训练有素的专业人员，他们通过实验验证模型，并以科学合理的方式解释建模结果。

蒙特卡罗方法传输的代码由五个基本组件组成。

（1）几何形状和材料输入。

产品在运输容器中的几何形状，以及辐照器中的所有元素，辐照器中所有可能影响产品剂量的元素（如传送带或光束挡板），必须在几何输入中定义。定义几何形状的经典方法是使用文本文件，其中的几何图形是在数据集中加密的。有些程序如 Geant4，在源代码中嵌入了几何体定义。虽然复杂的结构可以以一种高效的方式定义，但是是需要一些编程技巧的。最舒适的方式是使用可视化编辑器，可在其中定义、放置和操作（平移和旋转）基本的几何对象，如长方体、管状体、圆柱体或圆环体。从这些对象中，可以交互式地组装产品。对于更复杂的产品，或具有非常严格规格的产品，从 CAD 文件中导入几何体对工业应用非常有用。几何图形的输入是一项耗时费力的工作，因此成本很高。所以，任何有助于降低这方面成本的努力都是非常有价值的。

在定义了几何形状之后，必须将材料定义（密度和原子组成）与模型对象联系起来。标准材料已经被定义在一些程序的参考材料列表中。

（2）辐射源定义。

辐射源的定义在 γ 射线、电子束或 X 射线中自然不同。对于 γ 射线来说，选择一个源位置并发射 ^{60}Co 光子就可以了。但在电子束中，有必要定义光束的特性。最简单的形式是用特定能量的电子“照射”产品，这些电子是从一个矩形区域内均匀分布的点产生的。矩形的宽度是扫描宽度，长度是产品在输送机方向上的长度。更复杂的方法允许沿扫描方向设置光束发散度和特定剂量分布。

（3）探测器。

剂量是在作为模型定义一部分的探测器中报告的。一些工具提供了将一个对象分割成许多探测器元素的能力，这样就可以得到一个细粒度的三维剂量分布。探测器定义的一种常见方法是模仿剂量测量法："剂量计"以薄膜或颗粒的形式附着在产品的指定位置。

（4）物理学引擎。

这个模块有时被称为物理引擎，通过模拟设置跟踪粒子，并计算辐射与物质的相互作用。算法的详细程度及它们的实现方式，决定了可能从模型中获得的精确程度。对于低能电子束的应用，一个非常低的能量截止和所有相互作用机制的详尽实现可能是强制性的。而对于高能电子束或 γ 射线模拟来说，一个更简单但在计算上更方便的方法可能就足够了。

（5）结果的呈现。

对于每个模拟历史，计算吸收能量（剂量）并在探测器元件中累积。在运行结束时，剂量通常被导出到一个文件中，用电子表格程序或其他适当的工具进行分析。值得注意的是，计算对特定材料的剂量还是对水的剂量。为了与实验进行直接比较，对水的剂量可作为选择的参考，因为它与剂量计校准相匹配。

7.2.1.2 程序清单

本节将介绍一些专门用于辐照模拟的程序代码，这些程序代码并非详尽无遗，读者可以在文献中找到[1,4]。

（1）Integrated Tiger Series（ITS）。ITS 是最早在工业辐照建模中广泛使用的电子—光子蒙特卡罗程序之一。公开的是过时版本 ITS3.0。ITS 由三个软件包组成：

TIGER 对于一维问题，产品中的剂量是沿射线方向计算的（深度—剂量曲线）。ISO/ASTM 51649-15 中的所有深度剂量曲线都是使用 TIGER 程序[10]的；

CYLTRAN 用于计算圆柱对称问题，即管道或电缆中的剂量分布；

ACCEPT 用于任何 3D 问题。

（2）PENELOPE。PENELOPE（电子和正电子的穿透和能量损失）程序可模拟电子、正电子和光子在较宽能量范围内的耦合传输。PENELOPE 算法以高精度著称，并在其他软件包（如 Geant4）中实现。

（3）MCNP。MCNP 是可从 RSICC 橡树岭实验室获得的通用蒙特卡罗辐射传输程序。由于其核物理能力，它非常适合研究高能束中的感生放射性[5]。

（4）SterilVR。SterilVR 是一个使用电子束和 X 射线加工的专有蒙特卡罗程序的服务名称，该程序具有先进的几何图形导入模块，能够将 CAD 几何图形直接读取到模拟程序中。该工具具有 CAD 软件包的外观和感觉，并允许对几何图形输入的视觉验证和对重叠对象的测试，这可能会触发错误的模型结果[6]。

（5）Geant4。Geant4 是 SLAC 和欧洲核子研究中心（CERN）为粒子和医学物理学创建和使用的蒙特卡罗辐射传输工具包。Geant4 旨在处理复杂的几何图形，并易于适应许多应用程序。它可以从 Geant4 合作组织免费获得[7]。

（6）EGSnrc，EGS4。EGSnrc 是一种通用软件工具包，可用于建立耦合电子—光子传输的蒙特卡罗模拟，粒子能量范围为 1keV～10GeV。它是基于 EGS4 程序构建的，由加拿大国家研究委员会（NRC）和斯坦福直线加速器中心共同开发，用于医学物理和工业模拟应用[8]。

7.2.2 点核方法

点核方法用于快速计算由于点辐射源而在某个点处的剂量值。有限源可以用一系列点源表示，以简化计算。剂量率 $\dot{D}$ 见式（7.1）：

$$\dot{D}=\frac{kSE\dfrac{\mu_{\mathrm{en}}}{\rho}B\mathrm{e}^{-\mu T}}{4\pi r^2} \tag{7.1}$$

式中，k 是曝光率常数；S 是源活度；E 是光子的能量；$\dfrac{\mu_{\mathrm{en}}}{\rho}$ 是材料在剂量点处的质能系数；μ 是衰减光子的材料的线性衰减系数；T 是衰减光子的材料的厚度；B 是衰减光子的材料中的积累因子；r 是源到剂量点的距离。

积累因子 B 试图解释材料中发生的散射。积累因子一般是根据经验确定的，从查表的方式获得，以便快速访问。

由于点核函数只考虑辐射源与感兴趣点之间沿直线路径上的材料和性质，因此不能预测非直线路径上材料和表面的散射引起的剂量变化。因此，结果的准确性受到限制，然而，点核模型已被证明能对低密度材料产生合理的结果，因为散射对总剂量的贡献较小。

将点核模型应用于现实生活中的情况，类似于建立蒙特卡罗模型。

（1）几何形状和材料输入。点核计算依赖基于辐射源和感兴趣区域之间现有材料的剂量率计算。因此，必须知道这些材料的尺寸，了解它们的衰减和积累特性。在点核计算中，只考虑直线的相互作用，因此需要考虑在辐射源和测量点之间的路径上直接相交的材料。

（2）辐射源定义。辐射源可以是 γ 射线、电子束射线或 X 射线，它被定义为一组分布的点。点的位置设计将增加模型的复杂性和最终的准确性。例如，当建模靠近源的剂量值时，可以用 10 个分散在长度上的离散点，来模拟活动长度约 40cm、以铅笔状式封装的钴 60 放射源，或者在计算距离更远的位置时，用单个点来模拟。对于某些电子系统，可以定义一系列点，这些点代表被电子束扫描的区域。

（3）探测器。在蒙特卡罗方法中，需要创建一个物理探测器或剂量计作为模型的一部分。而在点核方法中，剂量率是在没有体积或面积的单个点上计算的。可能有一系列的点，所有点均作为一组计算的一部分进行计算，对于某些基于 γ 射线的系统，其中产品在辐照器中的多个位置循环，可以将多个位置的剂量率和停留时间加在一起，以计算出单点接收的剂量。

（4）物理引擎。物理引擎本质上是剂量率的计算，将几个源和所需的剂量点相加。式（7.1）适用于每个点和介质材料。

（5）结果的呈现。剂量点的结果是每个源的贡献的总和。

许多公司已经开发了专用的点核软件，用于模拟特定类型的辐照装置设计。还有一些基于点核的商用软件包。例如，Grove 工程公司提供的 MicroShield 是一个主要用于屏蔽设计的点核程序，但也可以在 γ 模拟中找到一些应用[9]。

7.3 将建模作为工艺设计工具

成功建模的关键始终是所需输入的准确和相关表示，以及对决定输出的物理学的理解。一个好的模型也能在输入复杂性和计算速度之间找到平衡。有时，可以使用不同方法的组合来迭代改进工艺设计，例如，使用更简单的点核方法估计来运行快速模拟以达到一个设计点，然后可以用蒙特卡罗模型进行更准确但缓慢的模拟。

γ 射线、电子束和 X 射线的模型输入看似不同，但同样复杂。对于 γ 射线，人们很清楚某一特定活度的单个钴 60 源的辐射输出，但是，在一个装满需要辐照的产品容器的房间里，可能有数千个源的排列提供了大量的计算，以便在任意一个产品容器中的任何一个位置得到准确的剂量结果。在电子束辐照中，产品的表示比在 γ 射线中要简单得多，但扫描电子束系统中的每个单脉冲都需要叠加在产品上，同时考虑电子能量的光谱，以及可变的束斑大小和形状，这取决于加速器的特性、到产品的距离，以及电子束的扫描方式。X 射线转换靶的输出取决于输入电子特性，与产品的相互作用可以在多通道多层次系统中持有一些与 γ 射线相同的复杂性。

7.3.1 γ 射线装置

γ 射线装置的产品排列可能会因 γ 射线的较深穿透深度而变化很大，而且密集度较大。产品堆放的范围从大型堆放的托盘到装在周转箱中的小物品，每种设计都有其利弊。例如，冷冻食品在加工后会迅速升温，因此在运输托盘上进行辐照可以保持恒定的温度。然而，如果产品是密集的，剂量均匀性就会比在一个较小的周转箱中大。

在计算效率时，需要进行类似的考虑。多层设计通常具有较高的效率（高剂量和低活度），但需要更多的产品进入源通道。这对于某些食品来说可能是一个问题，因为它会使冷链变得复杂化。一个快速但低效的设计可以用来维持温度控制。

为了确定上述权衡的影响大小，数学模型允许测试每种影响的大小，优化 γ 射线装置的设计，以满足特定的要求（见图 7.1）。可以计算出剂量均匀性、吞吐率和效率。

图 7.1　γ 射线装置模型

（图片来源：Nordion）

在这些设计中，建模允许对从产品到产品的配置进行优化，产品堆放的大小和形状也可以优化。当试图维护冷链时，可以测量诸如干冰之类的冷却设备的效果。

7.3.2　电子束装置

用于食品辐照的电子束设备可分为低能表面处理和高能辐照。在低于 400keV 的束流能量下的低能辐照可以进行表面处理。面向电子束的产品表面上的生物污染被有效地去除，而穿透力很小，并且根据束流能量的不同限制在 100μm 以内。如果需要穿透产品，高能电子束是首选的装置。所谓的深度—剂量曲线（DDC，吸收剂量沿电子束方向的分布）给出了具有一定密度和由原子组成的产品的穿透能力的概念。DDC 的示例可以在参考资料中找到[10]。

在对电子束辐射进行建模时，以下工艺变量尤为重要[11]。

- 电子束能量及其能谱；
- 束流；
- 加工速度；
- 束几何形状；
- 束宽及其均匀度；
- 出口窗箔的厚度；
- 出口窗和产品之间的距离。

7.3.3　对 X 射线装置建模的额外要求

X 射线装置可以被设计成一次辐照单件产品或辐照容器，或者可以被设计为利用 X 射线深穿透的优势，将产品安排在多个层面或层中，类似于 γ 射线辐照中的那些产品。在几乎所有的情况下，X 射线都将是一个最小的双面加工。

对于 X 射线装置的设计，建模既可以用来模拟产品内的剂量分布，也可以用来设计 X 射线转换靶本身。X 射线转换靶的输入是电子束，通常在工业应用中为 5MeV 或 7.5MeV。转换靶必须具有三个主要功能：第一，它必须以一种切实可行的方式将电子转换为光子，通常使用诸如钨、钽或金等高密度材料作为主转换靶。第二，它必须能阻止任何多余的电子通过转换靶到达产品，这可能会因为多余的电子贡献而使表面剂量增加。第三，它必须能够消散或消除入射电子所沉积的能量，考虑到一个典型的设计良好的 X 射线转换靶可产生 10%的输出，这可能会产生大量的热量[12]。

一旦 X 射线转换靶被设计和建模，转换靶的输出模型就可以用于执行我们在 γ 射线和/或电子束辐照装置中看到的相同类型的模拟。这种具有两级未知数的两步过程可以增加这种类型的模拟输出的不确定性。在所有的设计中，使用实际测量对模型进行验证，可以用来描述特定的 X 射线系统，并简化未来的模型。

7.3.4　辐射屏蔽设计

辐射屏蔽设计有多种方法。NCRP 151 方法提出了用于 MeV 级 X 射线和 γ 射线放射治疗装置的方法[13]。这种方法包括在确定壁厚时使用类似点核的方法。为了确定迷宫的设计，NCRP 151 建议从未屏蔽的剂量率开始，然后对每个预期的墙体散射应用反射系数或不利项。此方法取决于进入迷宫的源能谱，以及用户确定从源到迷宫出口点的散射体数量和角度的能力。这种方法对于简单的迷宫设计非常快速且适用，但如果用户没有正确地选择出口路径，可能会导致偏差。其他复杂因素也可能出现，比如，当一个装置想要在射线束距离源更远时使用更薄的墙壁，或者迷宫是否复杂，就像大型工业辐照装置一样。这种方法所使用的参数和修正系数通常是保守的，这对安全有好处，尽管它可能会不必要地提高建造成本。

使用蒙特卡罗方法，迷宫和辐射源可以在三维空间建模，不需要对那些路径和反射进行近似考虑。剂量率可以在迷宫内外任何一点进行测量，而不会降低计算的速度，这种方法可以提供最准确的结果，但需要花费更多的时间才能完成。

7.4　食品辐照模型的示例

7.4.1　γ 射线模型

以下示例使用数学模型来预测在源加载后在 γ 射线装置中进行剂量分布确定的结果。该模型的目标是：

- 预测最大和最小剂量的大小和位置；
- 为了确定新的源加载是否会产生与前一次加载相似的剂量分布结果。

本研究使用的建模工具是专有的点核模型（Nordion）和 MCNP 蒙特卡罗软件包。点核方法可以实现模拟剂量和测量剂量之间非常好的点对点比较。点核方法的缺点是不能充分考虑产品内部或周围的散射。如果产品较小或密度较低，点核方法是适用的（见图 7.2）。

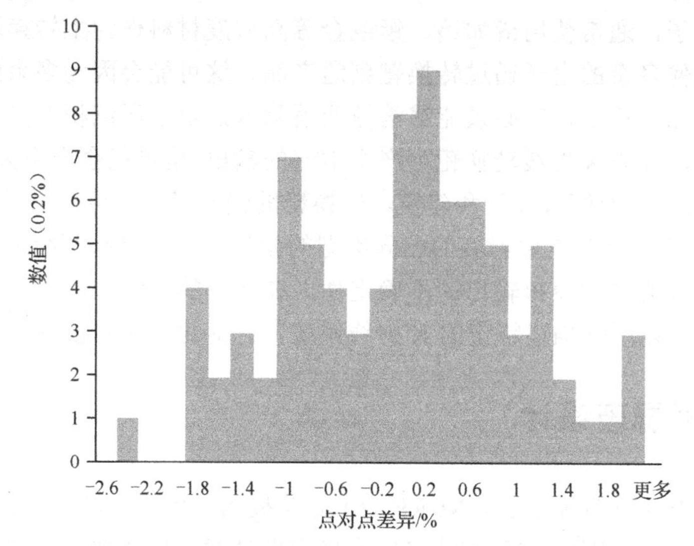

图 7.2　低密度产品的点核点对点比较

对于密度较大的产品，如颗粒食品，最好采用蒙特卡罗方法。图 7.3 和图 7.4 比较了同一高密度产品使用点核方法（见图 7.3）和蒙特卡罗方法（见图 7.4）的情况。

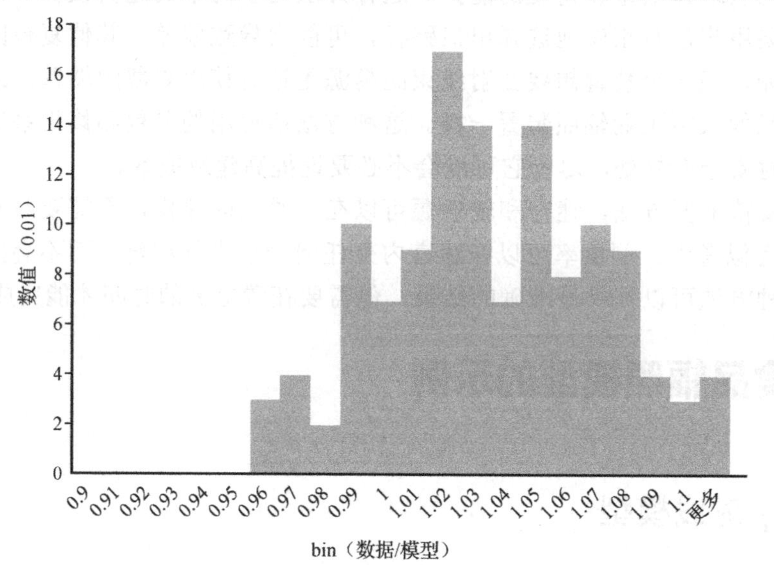

图 7.3　使用高密度产品的点核点对点比较

模型的对比证明了使用不同建模技术在低密度和高密度下的准确性。然后，适用的模型可以用来预测 γ 射线辐照装置中源的不同分布的结果。在这种情况下，可以对模型前后的数据进行点对点的比较，而不是模型和剂量测量结果之间的比较。当计划等效载荷时，期望的结果是建模剂量中非常小的点对点差异，考虑到源的活度，在 0 上下分布均匀，剂量分布图内最小和最大剂量位置，以及最大和最小剂量的比例是相同的。0 左右的不对称分布可能表明剂量图的形状或大小发生了改变。如果模型的目的是改变或以其他方式优化一个分布，则不对称是预期的，并且模型的迭代可以用来计划这种优化。

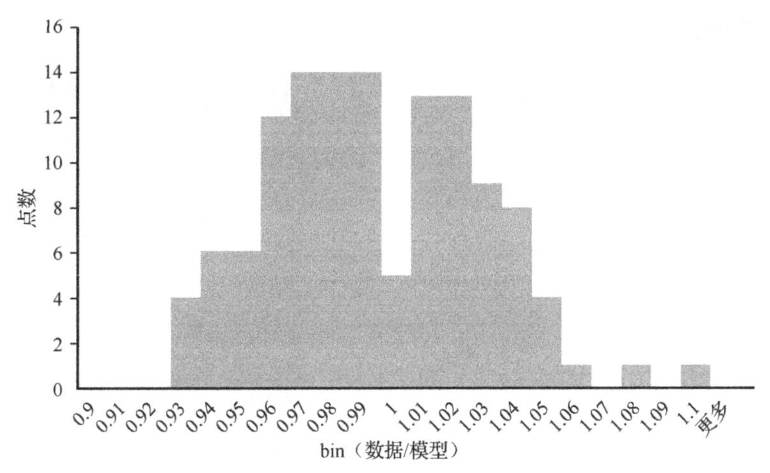

图 7.4　使用高密度产品的蒙特卡罗点对点比较

7.4.2　电子束模型

下面的例子介绍了利用高能电子束进行低剂量马铃薯辐照抑制发芽的简单模型。该模型研究的目标包括：

- 10MeV 电子束可以处理什么样的厚度？
- 单面和双面辐照的剂量均匀度比（DUR=最大剂量/最小剂量）是多少？

屏幕截图取自 SteriVR 软件包，然而，其他任何建模工具的方法可能都是相似的。

（1）几何形状和材料输入。

建模总是一种抽象的方法，在许多情况下是对现实世界的简化。这就意味着必须为产品选择一个合适的几何表示，在我们的例子中就是马铃薯。现在，CAD 程序可以很容易地生成一个比简单球体更接近真实产品的对象。如果建模工具能够导入 CAD 对象，则产品几何形状输入就很容易。四个马铃薯排成一行，为了在适当的位置模拟，每隔一秒钟，马铃薯就被翻转一次（见图 7.5）。长边为 50mm，短边为 40mm。

五行排列形成一个产品层（见图 7.6）。为了放置产品，在该层周围构建了一个简单的纸板箱（见图 7.7）。

下一步是输入材料，并且采用了非常简单的方法：马铃薯是用水制成的（密度 1g/cm^3），而纸板箱是标准纤维素（密度 0.08g/cm^3）。

（2）辐射源定义。

产品层的尺寸为 200mm×300mm。电子发射的区域为 600mm×600mm，允许宽的过度扫描和均匀的辐照条件。

电子束能量为 10MeV，是平行束。双面辐照由两条路径建模：一条从顶部，另一条从下方。出口窗箔距离产品表面 15cm。通过射出几百个粒子来验证电子束的设置，电子是图中上部的垂直痕迹，光子是颜色较浅的踪迹，从产品的多个方向散射出来（见图 7.8）。

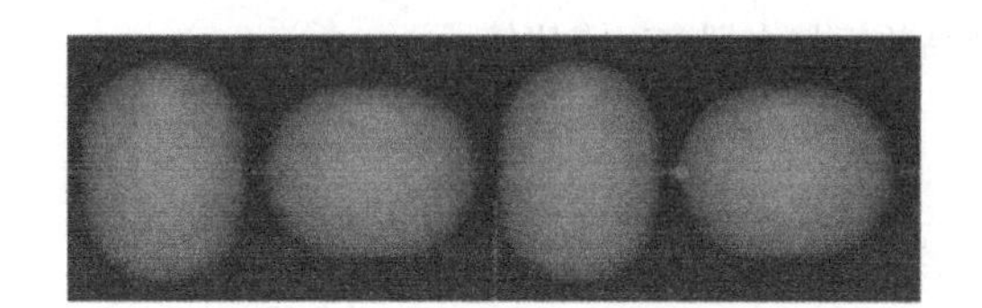

图 7.5　交替排列的马铃薯模型

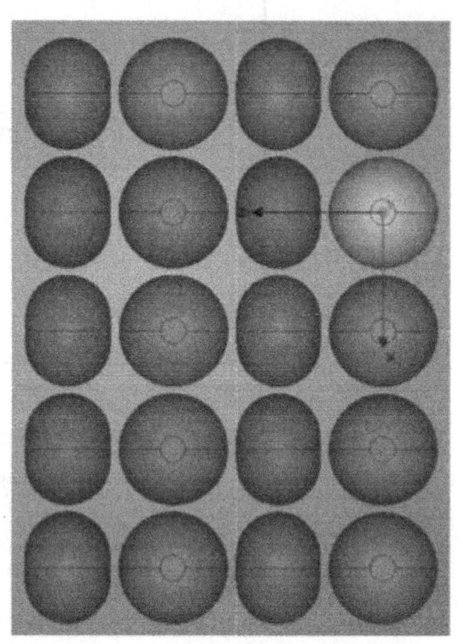

图 7.6　马铃薯的单层排列

图 7.7　马铃薯在纸箱中的 3D 表示

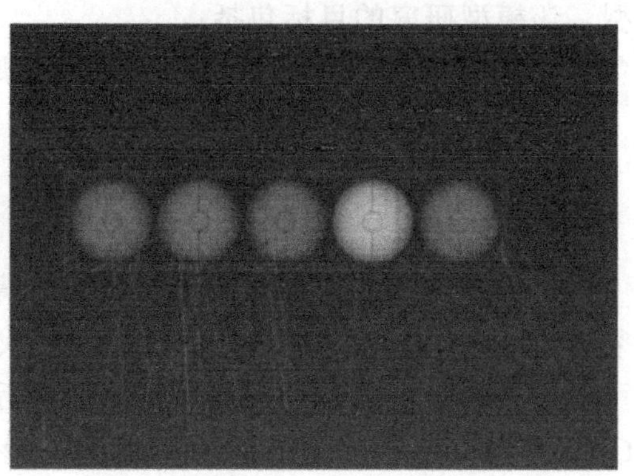

图 7.8　仿真过程中的射线踪迹

（3）检测器。

每个马铃薯的剂量是由两个剂量计计算出来的，剂量计是由丙氨酸制成的小圆柱体（半径为 20mm，高为 10mm）。一个剂量计位于中心，另一个靠近表面（见图 7.9）。

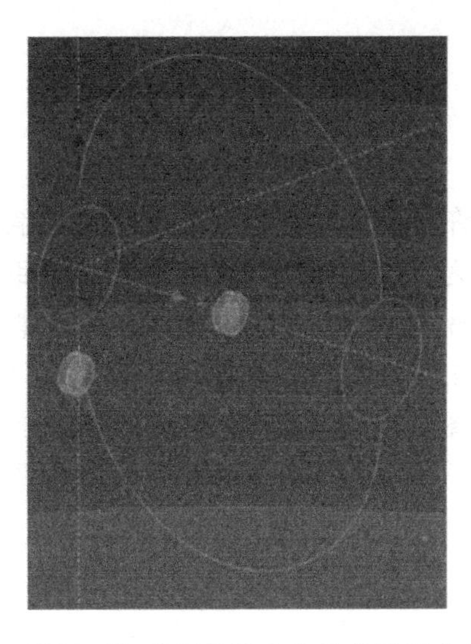

图 7.9　模拟丙氨酸剂量计在马铃薯模型中的位置

（4）物理引擎。

该工具基于 Geant4 物理引擎，对每个照射面产生 10^7 个电子并进行跟踪。

（5）输出演示。

该工具生成一个带有剂量结果的文本文件，可导入 Excel 中。总剂量是通过添加每个照射侧的适当剂量来计算的。剂量均匀比为 1.3，与实验结果吻合。为了更好地了解剂量分布，可以在模型中植入更多的剂量计。

7.4.3　X 射线模型

使用 SterilVR 蒙特卡罗工具创建的 X 射线转换靶模拟如图 7.10 所示。该靶被建模在一个由钽、用于冷却的水和不锈钢组成的夹层。在模拟中，一束 7MeV 单能电子击中靶。一部分能量通过轫致辐射转换为 X 射线，并穿透所放置的产品。从靶发出的 X 射线具有典型的角度分布。因此（与电子束相比），沿扫描的剂量分布并不均匀，但显示在扫描盒中心的高斯分布达到峰值。

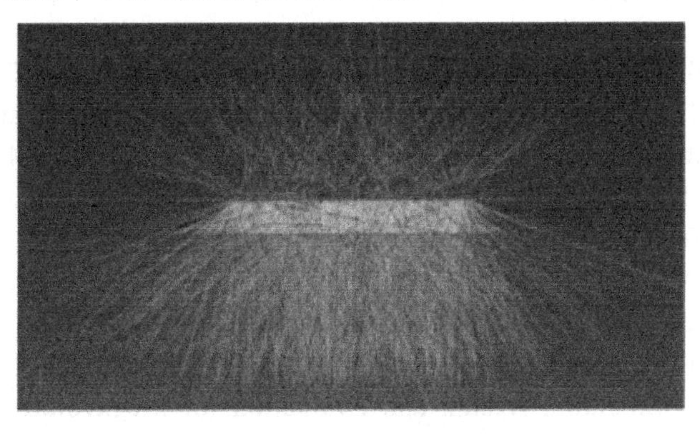

图 7.10　X 射线转换靶模拟

7.5 结论

辐射加工中的建模有许多应用，可用于简化和改进食品辐照工艺。高密度和非均质食品带来的独特挑战为建模提供了一个机会，以帮助确定是否能满足产品剂量规格，而无须经历潜在的昂贵且费时的反复试验。用于建模的各种可用软件和服务，为包括食品在内的辐射加工应用程序中的数学建模提供了很多机会。建模不能替代剂量测量，需要剂量分布图来证明所给模型的有效性，然而，随着建模的改进和模型的验证，将来有可能降低剂量测量的数量和剂量分布图绘制工作的复杂性。

参考文献

[1] ASTM E2232-16, Standard Guide for Selection and Use of Mathematical Methods for Calculating Absorbed Dose in Radiation Processing Applications.

[2] C. P. Robert, G. Casella, *Monte Carlo Statistical Methods*, *Springer Texts in Statistics*, Springer, 2004.

[3] A. F. Bielajew, *Fundamentals of the Monte Carlo Method for Neutral and Charged Particle Transport*, University of Michigan, Department of Nuclear Engineering and Radiological Sciences, http://www-personal. umich.edu/~bielajew/MCBook/book. pdf, 2001.

[4] The Panel on Gamma and Electron Irradiation Modelling Working Group, *Review of Monte Carlo Modelling Codes*, 2007 Revised and updated 2010. Available: http://www.irradiationpanel.org/app/download/3781272/Guide+Monte+Carlo+modelling+2010.pdf (last accessed May 2017).

[5] T. Goorley, "MCNP6.1.1-Beta Release Notes", LA-UR-14-24680, in "*MCNPX Users Manual Version 2.7.0*" *LA-CP-11-00438* (*2011*) ed. D. B. Pelowitz, 2014.

[6] http://www.htcmitt.at and http://meissner-consulting.de (last accessed May 2017).

[7] *Nucl. Instr. Meth. Phys. Res. A*, 2003, **506**, 250; *IEEE Trans. Nucl. Sci*., **53** No. 1 (2006) 270-278, *Nucl. Instr. Meth. Phys. Res. A*, 2016, **835**, 186.

[8] W. R. Nelson, H. Hirayama, D. W. O. Rogers. The EGS4 code system, Report SLAC-265, 1985.

[9] http://radiationsoftware.com/microshield/ (last accessed May 2017).

[10] ISO/ASTM51649-15,Standard Practice for Dosimetry in an Electron Beam Facility for Radiation Processing at Energies Between 300keV and 25MeV.

[11] Use of Mathematical Modelling in Electron Beam Processing: A Guidebook, IAEA Radiation Technology Series No. 1, Vienna, 2010.

[12] V. L. Auslender *et al.*, Bremsstrahlung converters for powerful industrial electron accelerators, *Radiat. Phys. Chem.*, 2004, **71**, 295.

[13] National Council on Radiation Protection and Measurements (NCRP) Report No. 151-Structural Shielding Design and Evaluation for Megavoltage X- and Gamma-Ray Radiotherapy Facilities, 2005.

第 8 章　食品辐照包装

马吉德·贾什迪安[1]，莫尼克·拉克鲁瓦[1]

8.1 引言

“食品辐照是安全的：半世纪的研究”是罗伯茨[1]发表的一篇文章的标题。文中提到了食品贸易行业存在一种错误的信念，即消费者不会购买经过辐照的食品，而事实上，有人供应就会有人购买。尽管如此，与辐照食品（放射性和核问题）相关的负面情感障碍一直存在，这促使近几十年来进行了大量研究，以证明辐照食品的安全性。除了食品在辐照过程中可能发生的潜在变化外，与食品辐照相关的一个重要问题是电离辐射对包装材料的负面影响，以及辐射分解产物（RP）向辐照食品的潜在大规模迁移。据报道，辐照食品中的主要辐解产物是某些碳氢化合物和 2-烷基环丁酮（2-ACB），它们是由食品中的主要脂肪酸和甘油三酸酯，以及某些胆固醇的氧化物和呋喃产生的。2-ACB 的体内细胞毒性和遗传毒性正在讨论中，需要进一步的综合研究来确定其代谢和代谢产物，以及 2-ACB 与生活中其他细胞生物分子相互作用有关的机制[2]。在有聚合物的情况下，辐射分解产物的存在更为重要，因为它们在食品包装应用中的种类繁多，消耗量巨大，而且它们更可能通过辐照发生结构变化，以及已知和未知的辐解产物迁移到食品中。

通常用于食品包装的聚合物往往包含低分子量化合物，如单体和低聚物，聚合和挤出过程中的残留物，以及添加抗氧化剂、光稳定剂和增塑剂等辅佐剂，以提高聚合物的稳定性和性能。显然，不仅是聚合物，其结构中的所有其他材料都可能受到辐射的影响，并产生新的化合物，这些化合物可能会迁移到食品中，使消费者对其安全性产生了疑问[3]。

本章介绍了用于辐照的食品包装的授权包装材料、辐射引起的包装材料结构和功能特性的变化（授权的和未经授权的）、包装材料中辐射分解产物的更新，研究了 γ 辐照对食品活性包装性能的影响，最后探讨了 γ 辐照与可食用涂层和薄膜的结合。

---

1. 加拿大辐照中心（CIC），阿尔芒·弗雷皮尔 INRS 研究所，草原大道 531 号魁北克拉瓦尔 H7V 1B7，加拿大。

8.2 用于辐照食品包装的授权包装材料

多个国家已批准使用不同类型的包装材料进行食品辐照（见表 8.1）[4,5]。美国食品药物监督管理局（FDA）提供了大量信息，并对此主题进行了详细的阐述。

表 8.1 多个国家专门授权用于食品辐照的包装材料

包装材料	特别授权的国家	最大剂量/kGy
纸板	波兰；英国	35；10
乙烯-醋酸乙烯酯共聚物	加拿大；美国	—；30
纤维板，蜡涂层	加拿大；美国	—；10
纤维板	印度	10
玻璃	印度	10
玻璃纸	美国	10
粗麻布	英国	n.s.[a]
牛皮纸	美国	0.5
硝化纤维涂层玻璃纸	印度；美国	10
尼龙 6	印度；美国	10；60
尼龙 11	印度；美国	10
纸类	波兰；英国	35；10
纸板，蜡涂层	印度；美国	10
涂布纸（蜡或聚乙烯）	印度；波兰	10；35
纸/铝箔复合	波兰	35
纸/铝箔/层压板	波兰	35
聚酰胺	波兰	35
聚酰胺-聚乙烯	波兰	35
聚酯-金属化-聚乙烯	波兰	35
聚酯-聚乙烯	波兰	35
聚乙烯薄膜（各种密度）	印度；波兰；美国	10；35；60
聚对苯二甲酸乙二醇酯	印度；美国	10；60
聚乙烯（可扩展）	波兰	35
聚乙烯/纸/铝箔层压板	波兰	35
聚烯烃薄膜	美国	10
聚烯烃（高密度作为外层）	加拿大	n.s.
聚烯烃（低密度作为中间层或密封层）	加拿大	n.s.
聚丙烯	波兰；英国；美国	35；10；10
聚丙烯金属化	波兰	35
聚苯乙烯	加拿大（泡沫）；印度；美国	10；10；10
橡胶盐酸盐	印度，美国	10；10
钢制、镀锡或搪瓷钢	印度	10
蔬菜羊皮纸	印度；美国	10；60
氯乙烯-醋酸乙烯共聚物	印度；美国	10；60
偏氯乙烯共聚物涂层玻璃纸	美国	10
偏二氯乙烯-氯乙烯共聚物	印度；美国	10；10
木头	印度、波兰	10；35
人造棉	波兰	35

[a]n.s.：未指定。

在许多情况下，根据所做的安全评估，这些国家允许的类型和最大剂量是不同的。美国食品药物监督管理局制定了一项法规，称为 21 CFR§179.45，对于预包装食品辐照过程中使用的包装材料，要求包装材料本身不得检测到感生放射性[4]。

所有以这些材料制成的包装都可以用任何允许的辐射源（γ 射线、电子束或 X 射线）辐照。在有或没有氧气的情况下，以及在规定的辐射条件下与食品接触。然而，如果一个人想要使用一种不在该清单上的材料（经 FDA 批准），它将被视为一种新的用途，因此需要为这种预期用途进行授权。今天，获得此类授权的监管途径是通过 21 CFR§170.100 的食品接触通知书（FCN）程序或监管机构（TOR）发布的豁免程序。FDA 介绍了根据《美国联邦法规汇编》21 CFR§170.39《食品接触中使用物质管理阈值》发布的 TOR 豁免清单。TOR 豁免通常适用于所列预期用途的食品接触物质（FCS），无论制造商或供应商如何[6,7]。对于通过 TOR 豁免接受辐照的包装材料，FDA 从 2005 年到 2010 年授权了四个类别（见表 8.2）。

在食品接触的物品（如食品包装或食品加工设备）中的物质，如迁移或预期迁移到食品中，将作为食品添加剂被免除监管，因为它以低于监管阈值的水平成为食品的组成部分：

（1）该物质尚未被证明是人类或动物的致癌物，而且根据该物质的化学结构，没有理由怀疑该物质是致癌物。该物质还不得含有致癌杂质；如果含有，其 TD_{50} 值根据科学文献中报告的慢性喂养研究，或以其他方式向美国食品药物监督管理局提供的 TD_{50} 值低于每天每千克体重 6.25mg（在本节中，TD_{50} 是指在对照动物中发现的肿瘤进行校正后，导致 50%的试验动物患癌的喂养剂量。如果在科学文献中对某一物质有一个以上的 TD_{50} 值的报道，美国食品药物监督管理局将在审查中使用最低的合适的 TD_{50} 值）。

（2）该物质不存在其他健康或安全问题，因为：

使用已被证明导致或可能会导致饮食浓度达到或者低于十亿分之 0.5，对应于饮食摄入水平或低于每人每天 1.5μg（基于每人每天 1 500g 固体食品和 1 500g 流体食品的膳食计算）；

该物质目前被规定直接加入食品，拟使用的物质的饮食摄入于可接受每日摄入量的 1%，由美国食品药物监督管理局档案中的安全数据或其他适当来源数据确定。

（3）该物质在其迁移到的食品中或对其迁移到的食品没有技术影响。

（4）该物质的使用对环境无重大不利影响。

最后一项 TOR 豁免授权目前用于非辐照应用的所有 FCS 在预包装食品辐照过程中，条件是预期的辐照处理符合 21 CFR§179，包装材料受到的辐射剂量不超过 4.5kGy，并且包装食品是在核实的情况下进行辐照的。在可核查的无氧环境中或在冷冻和真空状态下进行辐照[6]。尽管对所有的包装材料都有这样的授权，但所要求的辐射条件限制了这些材料仅能用于某些类型的食品。

FDA 偶尔会扩大可通过辐照处理的食品清单（见表 8.3），这些更新主要与美国每年发生的食源性疫情有关。2014 年批准的最后一个案例是对未经冷藏的生肉进行辐照。

表 8.2　用于预包装食品辐照的 TOR 豁免授权包装材料和佐剂

年份	食品接触物质	使用限制
2005	具有多层食品接触涂层的聚苯乙烯泡沫塑料托盘。该涂层可包含： （1）下列物质只要符合适用的使用水平限制，即为§178.2010 或有效通知： A．四［亚甲基（3,5-二叔丁基-4-羟基氢化肉桂酸酯）甲烷］（CAS Reg.No.6683-19-8）； B．十八烷基 3,5-二叔丁基-4-羟基氢肉桂酸酯（CAS Reg.No.2082-79-3）； C．联苯与二叔丁基苯基亚膦酸酯缩合产物（CAS Reg.No.119345-01-6）； D．单体和二硝苯混合磷酸酯（CAS Reg.No.26523-78-4）； E．三（2,4-二叔丁基）磷酸盐（CAS Reg.No.31570-04-4）； F．环新戊磷酸十八烷酯（CAS Reg.No.3806-34-6）。 （2）在 GMP 等级上使用了尽可能长时间的以下物质（达到预期技术效果所需的最小数量）： A．丁基羟基甲苯（BHT） B．硅藻土 （3）苯乙烯-丁二烯醚弹性体和苯乙烯-丁二烯共聚物的共混物，均符合§177.1640，作为层压材料的非食品接触层的组成部分。 （4）乙烯-乙烯醇共聚物，符合§177.1360，作为层压材料的非食品接触层的组成部分。	适用于在氮气中电子束辐照牛肉馅时，与牛肉馅接触，剂量不超过 3.0kGy
2005	多层包装薄膜其中包含： （1）下列物质只要符合§178.2010 或§178.3860 中的适用使用水平限制或有效通知： A．1,3,5-三甲基-2,4,6-三（3,5-二叔丁基-4 羟基苄基）苯（CAS Reg.No.1709-70-2）； B．芥酸酰胺（CAS Reg.No.112-84-5）。 （2）氧化锌，只要在 GMP 水平上使用（达到预期技术效果所必需的最小限度）。 （3）符合§177.1330 的单体树脂，作为层压材料的食品接触层的组成部分。 （4）符合§177.1570 的聚丁烯，作为层压材料的食品接触层的组成部分。 （5）聚氨酯黏结剂，只要其符合§175.105，作为该黏结剂的组成剂，是该层压板的非食品接触层的组成部分	真空包装和冷冻牛肉馅辐照时，包装材料不应与牛肉馅接触，剂量不得超过 3.0kGy

续表

年份	食品接触物质	使用限制
2006	（1）符合21CFR 184.1323的单油酸甘油酯，只要在GMP水平下使用（即达到预期效果所需的最小量）。 （2）聚酰胺6/66符合177.1500（b）4.2和177.1395。 （3）聚酰胺6/12符合177.1500（b）13.1和177.1395	用作覆盖薄膜的聚苯乙烯泡沫塑料托盘，该托盘在氮气中以1.5～3.0kGy的剂量对牛肉馅进行电子束辐照期间与牛肉馅接触。在真空或无氧环境中对预包装食品进行辐射加工，剂量不超过3.0kGy
2010	下列食品添加剂： （1）符合21CFR174至186部分。 （2）有效食品接触物质清单。 （3）21CFR170.39发布的监管豁免阈值清单	在食品接触制品的制造过程中，在预包装食品的辐射加工过程中会受到辐射。此豁免仅适用于： （1）按照21CFR179部分进行辐照。 （2）包装材料受到的辐射剂量不超过4.5kGy。 （3）包装食品在可验证的无氧环境或在真空下冷冻中辐照

表 8.3 食品和药物管理局授权辐照食品

使用	限制	批准年份
控制猪肉或新鲜、未经热加工的肉块中的旋毛虫	最小剂量为0.3kGy（30krad）；最大剂量不超过1kGy（100krad）	1986
用于新鲜食品的生长和成熟抑制	不超过1kGy（100krad）	1986
用于食品中节肢动物害虫防治	不超过1kGy（100krad）	1986
用于干燥或脱水酶制剂（包括固定酶）的微生物消毒	不超过10kGy（1Mrad）	
用于以下干燥或脱水芳香植物物质的微生物感染，当其作为成分少量使用时，仅用于调味或调香：烹饪香草、种子、香料、增加风味的蔬菜调味料，但它们仅是芳香蔬菜的混合物，而不是单独食用的蔬菜。当姜黄和辣椒粉用作颜色添加剂时，也可以辐照。混合物可能含有氯化钠和通常在混合物中使用的少量干食品成分	不超过30kGy（3Mrad）	1989
用于控制新鲜（冷藏或非冷藏）或冷冻、未煮熟的家禽产品中的食源性致病菌，这些产品包括：9 CFR 381.1（b）中所指的“即食家禽”的整个胴体或断开部分（或其他部分）（有或没有非液体调味料，如家禽肉馅）；机械分离的家禽产品（通过家禽机械去骨产生的细碎配料）	非冷冻产品不超过4.5kGy；冷冻产品不超过7.0kGy	1990

续表

使　　用	限　　制	批准年份
用于美国国家航空航天局太空飞行计划中专用的冷冻包装肉类的灭菌	最小剂量 44kGy（4.4Mrad）。使用的包装材料不必符合 179.25（c）的规定，但第 174 部分至第 186 部分的应用规定则允许使用它们	1995
用于控制的食源性病原体，并延长其保质期，这些产品为 9 CFR 301.2（rr）所指的冷藏或冷冻的未烹调的肉类产品、9 CFR301.2（tt）所指的肉类副产品或 9CFR301.2（uu）所指的肉类食品，有或没有非液体调味料，由完整或肉馅、肉副产品或肉类和肉类副产品组成	冷藏产品最大不超过 4.5kGy；冷冻产品最大不超过 7.0kGy	1997
用于控制沙门氏菌鲜带壳蛋	不超过 3.0kGy	2000
用于控制发芽种子的微生物病原体	不超过 8.0kGy	2000
用于控制新鲜或冷冻贝类体内或其上的弧菌和其他食源性微生物	不超过 5.5kGy	2005
用于控制食源性致病菌和延长鲜莴苣、鲜菠菜的保质期	不超过 4.0kGy	2008
用于在未冷藏（及冷藏）的未煮熟的肉类、肉类副产品和某些肉类食品中控制食源性病原体和延长保质期	不超过 4.5kGy	2012
用于控制冷藏或冷冻的生的、熟的或部分熟的甲壳类动物或干的甲壳类动物（水活性小于 0.85）中的食源性病原体，并延长其保质期，无论是否含有香料、矿物质、无机盐、柠檬酸盐、柠檬酸和/或 EDTA 二钠钙	不超过 6.0kGy	2014

在过去，只有冷藏或冷冻的肉类才能被辐照。被批准的食品必须使用上述经批准的包装材料进行包装或装箱，然后按照表 8.3[8]所列条件进行辐照。

8.3　辐射引起的包装材料结构变化及其对包装的影响

大多数要辐照的食品都是用高分子材料包装的。这些聚合物通常包含添加剂或佐剂（例如：防黏剂、防雾剂、抗氧化剂、抗静电剂、灭菌剂、发泡剂、阻燃剂、热稳定剂、抗冲击改性剂、光稳定剂、润滑剂、脱模剂、成核剂、增塑剂、加工佐剂、增滑剂和填充剂）[9]，以提高聚合物在加工、贮存和包装过程中的加工性能、热机械性能和物理化学性能、耐热性、耐光性、耐候性、阻燃性和导电性。一方面，辐照可能改变聚合物的结构，导致聚合物功能性质的改变；另一方面，辐照可能导致所述添加剂的组分发生变化。关于辐照聚合物包装食品的主要历史问题之一，是辐照后这些新形成的组分向食品中的迁移。自从这项技术开始应用于食品辐照，关于包装材料中辐射引起的变化的科学争论已经持续了十年之久。显然，可能引起消费者对潜在安全问题的担忧，或可能改变包装食品感官特性的负面变化，这已经被彻底讨论过。聚合物结构的化学变化影响聚合物的热性能、物理性能和力学性能；而佐剂中新形成的组分的迁移和毒理学风险引起了人们的极大关注和大量研究。辐照引起的化学变化的速率和数量取决于吸收剂量、剂量率、温度、大气、辐照后的时间和所用的食品模拟物[10]。即使是低剂量的电离辐射，聚合物也经常发生结构变化，并伴有分子交联、接枝和断链反应。研究了不同剂量率和辐照剂量下聚合物的功能性质，包括合成的和天然的、授权的和未授权的。这些改性已经在合成聚合物的文献中详细介绍。表 8.4 总结了一些经 FDA 批准的经辐照改性的聚合物的力学性能。在下一节中将进一步讨论辐照对天然和可生物降解的聚合物的影响。

交联（聚合）和断链（降解）是辐照过程中聚合物结构发生的最重要的化学变化。这些反应与聚合物的化学和物理状态，以及辐照的性质有关。这两种反应在大多数聚合物中同时发生，它们之间的平衡取决于所选择的环境（如氧气）和实验（如剂量率和剂量）条件。辐射交联是指通过从聚合物主链中提取氢原子来形成三维结构，增加聚合物链的长度，并使其物理和机械性能得到一定的改善。交联主要发生在相邻碳原子上含有氢原子的聚合物（—CH—CH—）中，在那里辐射会裂解碳氢键以形成自由基，从而使原子沿分子链上留下一个不成对的电子[11]。留在碳链上的自由基与相邻碳上的另一个自由基位点交联。然后，提取出来的氢彼此结合形成气态的、易于扩散的副产物分子氢（见图 8.1）。

通过交联在聚合物中形成了新的三维网络结构，从而提高了机械性能，如抗拉强度和刚度。由共价或非共价交联相互作用（如那些涉及晶体结构域填充的相互作用）引起的高度的链间相互作用，已被确定为在聚乙烯共混物中观察到的硬度增加的原因[12]。剂量率是诱导交联或断链的决定性因素；电子辐射的高剂量率（kGy/s）导致较高浓度的自由基，有利于交联反应。通过电子束辐射交联热收缩聚乙烯薄膜

表 8.4　辐照对部分 FDA 授权的食品包装聚合物的机械性能的影响

聚合物 [a]	聚合物厚度/mm	辐照的大气/温度/℃	剂量/kGy	源	改　性	参考文献
EVA	1	大气/nm [b]	50，100，150，200，250	EB [c]	TS 和洛氏硬度随辐照剂量的增加而增加,剂量达到 200kGy 时，TS 和洛氏硬度开始下降，EB 随辐剂量的增加而下降 [d]	[93]
EVA	0.6	大气/nm	50，100，150，200，250	EB	TS 随辐照剂量的增加而增加，剂量达到 100kGy 时，随辐照剂量的增加而降低，EB 随辐照剂量的增加而降低	[94]
EVA	1	大气/nm	50，100，150，200		TS 随辐照剂量的增加呈比例增加，EB 增加至 100kGy，EB 随辐照剂量的增加而降低	[95]
EVA	2	大气/环境	120，150，180，210，240		TS 和洛氏硬度随辐照剂量的增加而增加，剂量达到 200kGy 时，TS 和洛氏硬度开始下降，EB 随辐剂量的增加而下降	[96]
HDPE	粉	大气/环境	20，40，60，100		降低了 *M*w、冲击强度和 EB，提高了屈服强度	[97]
HDPE	2	大气/25	50，100，150，200，250	EB	TS 升高至 100kGy，EB 降低	[98]
LDPE					TS 升高至 200kGy，EB 降低	
HDPE	—	氧气/环境	100，25，50，60，70	EB	提高抗冲击性，减少 EB 和杨氏模量	[99]
HDPE	0.02	大气/环境	5，10，30	^{60}Co	30kGy 时，LDPE 的 EB 和 HDPE 的 TS 值降低	[100]
LDPE	0.06					
HDPE	2.5	大气/环境	100，250，350，500，1000，1500，2000	^{60}Co	当剂量达 100kGy 时，洛氏硬度急剧增加。当剂量到 100kGy 以上时，硬度值逐渐下降，当剂量超过 1000kGy 时，硬度值趋于恒定	[101]
HDPE	1.2	大气/环境	5，10，30，60	^{60}Co	60kGy 时 EB 降低 27%	[14]
HDPE	0.028	大气/环境	50，150	^{60}Co	冲击强度降低	[102]
LDPE	0.037					
HDPE	颗粒	大气/环境	25	^{60}Co	增加屈服强度，降低 EB 和杨氏模量	[103]
LDPE	0.08	大气/环境	68，135，305，474，643，812	^{60}Co	残余应变的初始增加，而高剂量则显著降低这一特性，从而导致脆性	[104]

续表

聚合物[a]	聚合物厚度/mm	辐照的大气/温度/℃	剂量/kGy	源	改性	参考文献
LDPE	0.15	大气/环境	25，59，100，250，500	EB	TS随剂量增加，直到250kGy，然后轻微降低，直到500kGy。EB在剂量0～50kGy范围内增加，然后随剂量增加而降低，抗撕裂强度随剂量的增加而增加直到100kGy，然后随剂量的增加而降低	[105]
LDPE	3，6	大气/环境	25，50，75，100，150，200，400	EB	随着辐射剂量的增加，TS升高，EB降低，强度从0降低至50kGy，然后随着辐射剂量增加至400kGy而逐渐升高	[15]
LLDPE	nm	大气/环境	25，50，75，100，150	^{60}Co	拉伸强度和模量增加，EB随吸收量的增加而降低	[106]
尼龙6,6	nm		40，60，80，100	EB	TS和EB没有变化	[107]
尼龙6,6	3.35	大气/环境	100，200，300，500	EB	200kGy时屈服应力增加10%，300kGy和500kGy时EB降低	[108]
尼龙6,6	nm	大气/环境	100，200，300，400，500，600	EB	最初上升至200kGy，随后逐渐下降至600kGy；EB减少到300kGy，高剂量时没有变化	[109]
尼龙6,6	nm	大气/环境	50，100，150，200，250，300	EB	TS在150kGy前基本没有变化，此后逐渐降低，EB随着辐射剂量的增加而降低	[110]
PET	0.45	大气/环境	5，10，30，60	^{60}Co	对机械性能无明显影响	[14]
PET	1	大气/环境	25，59，100，250，500	EB	随剂量的升高至250kGy，TS升高，直至500kGy保持恒定。 随着剂量在0～50kGy范围内，EB升高，然后随剂量增加而降低。在0～50kGy的剂量范围内，抗撕裂性迅速降低，在较高剂量下仍保持恒定	[105]
PET	nm	大气/环境	50，150	^{60}Co	增加屈服应力和夏比冲击强度	[102]
PP	nm	大气/环境	70，400，800，1 300	^{60}Co	冲击强度在剂量从70到1 300kGy时降低50%。70～400kGy时，TS和EB降低88%和50%，高剂量时降低幅度较小	[111]
PP	0.03	大气/环境	5，10，30	^{60}Co	在30kGy，TS降低	[100]
PP	1	大气/环境	100	EB	EB急剧下降	[112]
PP	颗粒	大气/环境	25	^{60}Co	EB和杨氏模量降低	[103]
PS	0.025	大气/环境	5，10，30	^{60}Co	在辐照和未辐照的样品之间，没有观察到机械性能及氧气、二氧化碳和水蒸气渗透率的统计学差异	[100]

续表

聚合物[a]	聚合物厚度/mm	辐照的大气/温度/℃	剂量/kGy	源	改性	参考文献
PS	nm	大气/环境	10，25，50，60，70	^{60}Co	对冲击强度和杨氏模量没有显著影响，在剂量10kGy时，TS和EB分别降低15%和20%，然后在更高剂量时保持恒定	[113]
PS	nm	大气/环境	70，400，800，1 300	^{60}Co	剂量在70～400kGy的冲击强度降低50%，TS和EB在剂量从70～400kGy时增加60%，然后在高剂量时逐渐降低	[111]
PS	0.31	大气/环境	5，10，30，60	^{60}Co	剂量在30kGy和60kGy时，EB分别下降40%和61%	[14]
PS	nm	大气/环境	30，60，120	EB	没有发现TS、弯曲模量和夏比冲击强度有明显的剂量依赖性	[114]
PS	0.2	大气/环境	50，100，150，200，300	EB	随着剂量从50kGy到100kGy的增加，断裂时的应力增加，然后随着辐照剂量的增加，到300kGy时的应力降低。50kGy以下EB增加，高剂量时EB降低	[115]
PS	0.1	大气/环境	100	^{60}Co	EB略有增加，TS增加，杨氏模量下降	[116]
PVC	nm	大气，氮气/环境	5，10，20，45，70	EB	对机械性能无影响	[117]
PVC	1	nm	20，30，40，500，100	EB	机械性能无明显变化	[118]
PVC	nm	nm	10，25，60	EB	TS减少到25kGy，并在较高的剂量保持不变，EB减少作为剂量的函数	[119]
PVC	nm	nm	30，50，100	EB	当剂量增加到30kGy时，TS增加，在高剂量时略有下降；EB增加	[120]
PVC	2	大气/环境	40，80，120，160	^{60}Co	将TS增加至80kGy，然后在增加剂量时降低TS；EB可降低至80kGy，并在较高剂量下波动	[16]

[a]EVA：乙烯醋酸乙烯酯，LDPE：低密度聚乙烯，LLDPE：线性低密度聚乙烯，HDPE：高密度聚乙烯，PET：聚对苯二甲酸乙二酯，PP：聚丙烯，PS：聚苯乙烯，PVC：聚氯乙烯。

[b]nm：未提及。

[c]EB：电子束。

[d]TS：抗张强度，EB：断裂伸长率。

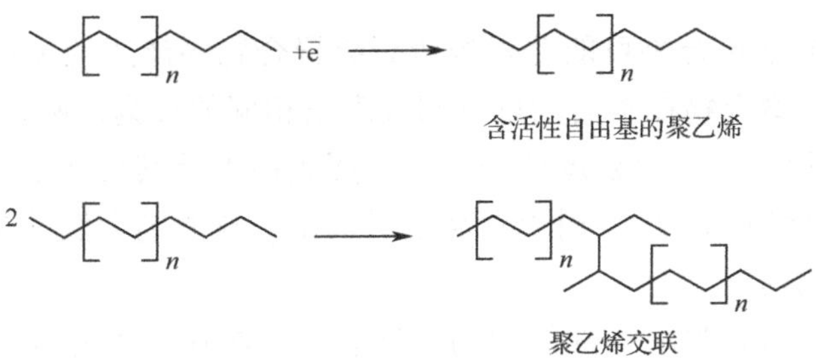

+e　含活性自由基的聚乙烯

2　聚乙烯交联

图 8.1　通过辐射使聚乙烯交联

和管材，已经在工业生产中得到了广泛的应用。超过一半的工业电子束加速器用于交联聚乙烯[13]。如前所述，交联和断链在大多数聚合物中是同时发生的，而能够改变这两种反应之间平衡的关键因素是聚合物所吸收的剂量。剂量增加可使交联达到最佳点，然而，如果剂量增加超过了这一点，则断链占主导地位[7]。表 8.4 中的几种聚合物对此现象进行了举例说明。辐照过程中氧的存在促进了聚合物的断裂，并抑制了交联。因此，如果需要交联，聚合物辐照必须在无氧条件下进行。辐射产生的自由基与氧气反应形成过氧化物自由基，然后进一步发生反应，产生断链、氢过氧化物、羰基、酸和脱色、交联等[14]。聚合物结构还可以影响辐射引起的交联速率，例如，聚合物链中双键的存在增强了聚苯乙烯（PS）的交联或苯环保护聚合物免受许多自由基化学过程的影响。由于这种保护作用，聚苯乙烯是辐射中最稳定的聚合物之一，需要非常大的剂量才能产生明显的变化[15]。

相反，断链被认为是一个不希望发生的过程，因为它引发了聚合物的降解和分子量的减少。辐射会破坏聚合物中最弱的化学键，并产生自由基，然后它们彼此发生反应，如果辐照环境中含有自由基的话，它们还会与氧分子发生反应。此外，所使用的添加剂在辐照时会产生自由基[16]。在相邻碳原子上没有氢原子的聚合物中，即三级碳中心，链式裂解占主导地位。对于低剂量率的 γ 射线（kGy/h），氧可以很容易地扩散到聚合物中，与自由基发生反应，并导致聚合物降解。原子能机构建议将辐照用于聚合物降解生产的一些工业应用，例如，用于乙醇或生物燃料生产，以及用于纸张和粘胶的聚四氟乙烯降解和纤维素降解[13]。除了交联和断链，辐照还可能引起其他反应，例如，乙烯聚合物的其他反应包括小分子消除和内部或末端双键的形成。对于聚氯乙烯（PVC）来说，辐照后最主要的反应是脱氢氯化，同时伴随着交联、主链断裂和双键的形成[17]。辐射分解产物可能来自这些反应的一个或组合。

水蒸气、氧气和二氧化碳的渗透性是决定聚合物适合食品包装应用的重要参数，因为这些气体通过包装的传输直接影响包装食品的质量。一些研究报告显示，低剂量的辐照（γ 射线和电子束）即使高达 100kGy，聚合物也不会对水蒸气、氧气和二氧化碳气体的渗透性产生显著影响[18-20]。然而，一些研究发现在低剂量下，如 30kGy，一些多层封装的氧渗透性会发生变化[21,47,48]。高剂量可能对聚合物渗透性产生更大的影响，克列佩克等研究者[23]报告显示，高达 200kGy 的高剂量会增加聚乙烯（PE）和聚丙烯（PP）薄膜的结晶度，降低渗透性。他们还假设，由于极性问题，γ 射线辐照形成的羰基和羧基化合物可能会影响所研究聚合物的渗透性和扩散系数。需要指出的是，并非所有聚合物在不同剂量下都表现出相同的行为，例如，乙烯-醋酸乙烯酯（EVA）薄膜即使在 1 000kGy 的空气中辐照也能保持其气体阻隔特性[24]。

如表 8.4 所示和上文所述，用于食品辐射加工的典型剂量低于对聚合物的机械和阻隔性能产生影响的值。

总之，辐照对聚合物机械性能和功能性能的影响在很大程度上取决于聚合物类型、结晶度、分子量、辐照气氛（空气或真空），以及用于合成聚合物的添加剂。

8.4 来自包装材料的辐解产物

除了交联和断链，辐照还可以诱导聚合物基体中形成辐照前不存在的新化合物，并破坏辐照后不存在的一些化合物。如 8.3 节所述，聚合物通常含有添加剂或佐剂，以便在加工过程中保持稳定，并且从生产到最终使用中表现出所需的热力学和物理化学性能。这些佐剂不受辐射保护，可能会发生一些不可预知的变化。新形成的化合物，即所谓的辐解产物的潜在迁移及其对消费者健康的潜在毒理学影响，是预包装食品最为关注的问题。除了潜在的健康风险，它们还可能通过诱导异味和/或异味化合物影响食品的感官特性。

RP 可能有两种来源，一种来自聚合物的断裂，另一种来自聚合物基质中的佐剂。聚合物的辐照（γ 射线、X 射线、加速器电子束或离子束）会导致活性中间体、自由基、离子和处于激发状态的原子的形成。这些中间体遵循几种反应途径，导致歧化、吸氢、重排和/或形成新的键[25]。托马斯[26]已经解释了固体聚合物的辐射分解、交联和降解的基本原因。自由基和氧的结合是一种非常活跃的分子，可以产生大量的初级和次级 RP。然而，某些放射性同位素的形成，如聚乙烯中的碳氢化合物，不受氧的影响，因为它们是由聚乙烯的短支断裂形成的[27]。简而言之，辐照过程中发生的化学反应取决于剂量和剂量率、氧压、温度、聚合物化学结构、形态、结晶度和聚合物厚度，并导致产生低分子量（挥发性或非挥发性）RP[14]。

挥发性化合物是产生异味的主要原因，一些研究证明了它们在辐照过程中会在聚合物中形成[22,28-31]。主要挥发性产品是脂肪烃、醛、酮和羧酸。这些化合物在辐照聚合物中的浓度取决于上述因素。值得一提的是，挥发性化合物具有不同的感官阈值。例如，醛和酮的气味阈值非常低（例如，丙醛为 9.5ppb，丁醛为 9ppb，戊醛为 12ppb），而乙酸、丙酸、正丁酸、正戊酸等羧酸的气味阈值相对较低，分别为 30.7ppm、40.3ppm、1.11ppm、1.37ppm[28]。因此，关于挥发性化合物对辐照包装感官特性的影响，特别是那些引起异味的化合物，不仅挥发性物质的定量很重要，而且还应该考虑其阈值。

通常，非挥发性化合物包括在辐照期间通过断链过程产生的断裂低聚物。在过去的四十年中，许多出版物报告了在辐射加工期间和之后形成的几种已知和未知的 RP。几乎所有的挥发性 RP 都是通过气相色谱/质谱（GC/MS）识别的，而非挥发性物质则是通过液相色谱/质谱（LC/MS）识别的。表 8.5 列出了从各种经辐照批准的聚合物中提取的一些 RP 的摘要。

值得注意的是，这些化合物也可能存在于未经辐照的薄膜中，其浓度会随辐照条件而波动。如表 8.5 所示，对于特定聚合物，不同的研究调查发现了不同的化合物。产生这些差异的原因可能与不同的辐射源和条件（剂量率、吸收剂量、温度、大气等）、不同类型的聚合物佐剂、萃取溶剂和分析仪器有关。阿祖玛等研究者[27]观察到，在辐照期间，聚乙烯中的羧酸、醛和酮的浓度随着氧气浓度的增加而增加（最高为 5%）。相反，碳氢化合物不受氧浓度的影响，几乎保持不变，因为辐射形成的碳氢化合物是通过聚乙烯短支的断裂形成的，而这种反应不受氧的影响[27]。在相同的辐照条件下，可以从一种单一类型的聚合物中找到不同的 RP。这种差异是在制造工厂中应用于聚合物的不同添加剂配方造成的，例如，从三种商业类型的 PE、三种 PP 和两种 PS 中检测到了不同的 RP[30]。在辐照过程中形成一些新化合物后，还可能发生几种类型的反应，从而生成其他化合物和/或聚合物，使鉴定和量化变得复杂。这些类型的反应可能发生在聚合物、添加剂、聚合物分解产物和添加剂分解产物之间。在这方面，研究表明，相同的抗氧化剂在相同剂量的辐射加工下，在不同的聚合物基质中表现出不同的行为。在低密度聚乙烯（LDPE）、高密度聚乙烯（HDPE）和 PS 中，抗氧化剂（Irganox）1076 的辐射效应（29kGy 和 54kGy）是不同的；抗氧化剂在 LDPE 和 HDPE 中降解，但在 PS 中保持稳定。因此，PS 似乎对 Irganox 1076 起到保护作用[32]。另外，辐射参数如大气、剂量率、温度等都会影响反应速率。因此，为了获得实际的 RP 生产结果，必须通过模拟精确的辐照过程来逐个进行 RP 研究（使用已知的聚合物添加剂），因为可以从聚合物存在的成分中推导出许多 RP 的结构。

在聚合物佐剂（如稳定剂、抗氧化剂、加工佐剂、增塑剂、抗静电剂、发泡剂、填充剂、偶联剂、抗菌添加剂、干燥剂和变色添加剂）中，辐射对抗氧化剂（AO）及其后续 RP 的影响已经得到了详细的研究[10,33-36]。

聚合物中存在长寿命的自由基会导致聚合物和/或其在贮存过程中的佐剂降解或转化。这些转化和变化可能在辐射加工后的几天或几周内开始，必须在辐照包装材料的安全性评估中予以考虑。对抗氧化剂（Irgafos 168）在 HDPE 中经过 6 个月后（γ 射线照射 0.3～3kGy）转化的研究表明，在这段时间内，AO 内磷酸盐和其他化合物在这一期间的持续转变，只有 12%的 AO 在实际的辐照过程中被破坏，6 个月后，它已经完全在聚合物中消失了。这种破坏被发现与时间和剂量有关[37]。

根据 FDA 21 CFR §178.2010（间接食品添加剂：佐剂、生产助剂和消毒剂），成品食品接触物品中添加剂和任何其他允许的抗氧化剂的浓度，不得超过食品接触面每平方英寸 0.5mg 的总量。Jeon 等研究者[33]通过 γ 射线（5kGy、10kGy、30kGy、60kGy、100kGy 和 200kGy）研究了聚烯烃中使用的两种常见的 AO Irgafos 168［三-(2,4-二叔丁基苯基）亚磷酸］和 Irganox 1076［十八烷基-3-（3,5-二叔丁基-4-羟基苯基）丙酸盐］形成的 RP（2,4-二叔丁基苯酚和甲苯）。他们发现，所有的 Irgafos 168

表 8.5　聚合物辐照形成的辐解产物

聚合物	剂量率/（kGy/h）	剂量/kGy	源	分析方法 a	萃取介质	RP	参考文献
EVA	36×10^6	5，20，100	EB	GC/MS	顶空分析	100kGy 辐照薄膜后检测到的挥发物：1-己烯；3-甲基己烷；*trans*-1，2-二甲基-环戊烷；3-庚烯；3-乙基-4-甲基-1-戊烯；3-庚烷酮；2,3-二甲基-2-己醇；3-甲基-1-丁醇；2-辛酮；3-庚烷醇；甲酸己酯；4-羟基-4-甲基-戊酮；醋酸；2-乙基-1-己醇；苯甲醛；甲酸辛酯；丙二酸二甲酯；2-甲氧基-1-苯基-乙酮	[20]
EVA	0.4 1.85 18 000	1.1，3.0，7.1，10 1.1，3.1，7.5，10.3 1，3，7，10	^{60}CO ^{60}CO EB	GC/MS；LC/TOF/MS	顶空分析 二氯甲烷	乙醛；γ 辐照对 2-乙基环丁酮的破坏	[30]
HDPE	6	25	^{60}Co	GC/MS；LC/MS	顶空分析；异丙醇	抗氧化剂的分解产物，Iragfos 168 中的二叔丁基苯酚	[121]
LDPE		20	EB	GC/MS	顶空分析	丙烷、乙醛、乙醇、正丁烷、丙醛、异丙醇、乙酸、正丙醇、正戊烷、丁醛、甲基乙基丙酮、丙酸、3-戊酮、戊醛、丁酸、甲苯、2-己酮、3-己酮、3-庚烷酮、正庚烷、叔丁醇、正辛烷、辛烯、正戊醛、3-乙基己甲苯、正壬烷、3-己酮、壬烷、2-己酮、正癸烷、3-庚酮、癸烯、正十一烷、3-辛酮、乙酸、正十二烷、丙酸、正十三烷、正丁酸、异戊酸、正戊酸、苯酚	[28]
LDPE	2.1	44	^{60}CO	GC/MS	二氯甲烷	1,3-二叔丁基苯；2,4-二叔丁基苯酚；丁烷基乙烯基酯或 2-呋喃甲醇；低聚物	[35]
LDPE	1	25	^{60}Co	GC/MS	热解吸	丁烷、乙醛、戊烷、2-丙酮/丙酮、己烷、丁醛、2-丁酮、庚烷、乙酸、2-戊酮、戊醛、辛烷、丙酸、3-己酮、2-己酮、己醛、壬烷、丁酸、3-庚酮、2-庚酮、庚醛、癸烷、戊酸、十一烷、己酸、2-乙基己酸	[122]
PA	6	25，50	^{60}Co	GC/LC	溶于六氟异丙醇/二氯甲烷（3∶7）	戊酰胺（高估）	[123]

续表

聚合物	剂量率/（kGy/h）	剂量/kGy	源	分析方法[a]	萃取介质	RP	参考文献
PA	—	3，7，12	^{60}Co	GC/MS	甲醇	己内酰胺	[124]
PA	5	0，5，10，30，60，100，200	^{60}Co	GC/MS，LC/TOF/MS	溶于六氟异丙醇/二氯甲烷（3∶7）	己内酰胺(个案研究)	[125]
PE	0.4 1.85 18 000	1.1，3.0，7.1，10 1.1，3.1，7.5，10.3 1，3，7，10	^{60}Co ^{60}Co EB	GC/MS，LC/TOF/MS	顶空分析 二氯甲烷	2-己酮；丙醛；己醛；3-（4-叔丁基苯基）丙醛；邻苯二甲酸单（2-乙基己基）酯；1,4-二叔丁基苯；三（2,4-二叔丁基苯基）亚磷酸；氧化三（2,4-二叔丁基苯基）亚磷酸；壬醛；1,3-二叔丁基苯；乙醛	[30]
PET	6	25	^{123}Cs	GC/MS LC/UV	顶空分析和热解吸 二氯甲烷	甲酸；乙酸；1,3-二氧戊环和2-甲基-1,3二氧戊环的增加，乙醛减少	[31]
PET	—	32.9	^{60}Co	GC/MS	顶空分析，异丙醇	乙醛增加；2-甲基-1,3-二噁英减少	[126]
PET	6	25，50	^{60}Co	LC/MS	丙酮，用HFIP-二氯甲烷和甲醇溶解沉淀	对苯二甲酸乙酯的增加	[127]
PET	0.4 1.85 18 000	1.1，3.0，7.1，10 1.1，3.1，7.5，10.3 1，3，7，10	^{60}Co ^{60}Co EB	GC/MS，LC/TOF/MS	顶空分析 二氯甲烷	乙醛	[30]
PS	1	25	^{60}Co	GC/MS	热解吸	苯甲醛、苯乙酮和2-苯基丙烷、苯酚、1-苯基乙醇的增加	[128]
PS	6	1，2，10，30	^{60}Co	GC	顶空分析	苯乙烯少量增加，反式1,2-二苯基环丁烷轻微降解	[3]
PS	6	25	^{60}Co	GC/LC	溶解-通过二氯甲烷和甲醇沉淀	苯乙烯、苯甲醛和苯乙酮、2-苯基丙烯醛、苯酚、苯乙醛、1-苯乙醇、苯乙烯二聚体增加	[123]
PS	0.4 1.85 18 000	1.1，3.0，7.1，10 1.1，3.1，7.5，10.3 1，3，7，10	^{60}Co ^{60}Co EB	GC/MS，LC/TOF/MS	顶空分析 二氯甲烷	乙醛、2-氧丙醛、丙醛、二苯甲酮	[30]

续表

聚合物	剂量率/（kGy/h）	剂量/kGy	源	分析方法[a]	萃取介质	RP	参考文献
PP	1	26.6	^{60}Co	GC/MS	热解吸	1,3-双-（1,1-二甲基乙基）-苯；2,6-双-（1,1-二甲基乙基）-2,5-环己二烯-1,4-二酮；2,4-双（1,1-二甲基-1 乙基）-苯酚；2-丙酮（丙酮）；2-甲基-2-丙醇；2-甲基-2-丙烯醛；甲酸，乙酸，3-甲基-2-环戊烯-1-酮；2-甲基-2-丙烯-1-醇，2-戊酮，1-羟基-2-丙酮；2-甲基-2-戊醇，2-甲基戊烯，丙酸，2,4-戊二酮，己醛，18：4-甲基-3-戊烯-2-酮；二甲基丙二酸，丁酸和 2,2-二甲基丙酸，2-甲基 2-丙酸，4-羟基-4-甲基-2-戊酮，4-甲基-2-庚酮，戊酸	[122]
PP	—	8.5，23.9	EB	GC/MS	顶空分析，异丙醇	Irgafos 168 降解为 1,3-二叔丁基苯和 2,4-二叔丁基苯酚；硬脂酸增加	[126]
PP	4.6	10，20	^{60}Co	HRGC-O/MS	丙酮，用甲醇、二氯甲烷溶解沉淀	2,3-丁二酮；2,3-戊二酮；己醛；hex-1-en-3-one；（*Z*）-hex-3-enal；辛醛；oct-1-en-3-one；乙酸；（*Z*）-非-2-烯醛；（*E*）-非-2-烯醛；2-甲基丙酸；（*E,Z*）-2,6-壬二醛；丁酸；2-/3-甲基丁酸；戊酸；2-甲基戊酸；4-甲基戊酸；己酸；2-甲基己酸；4-甲基己酸；（*tr*）-4,5-环氧-（*E*）dec-2-烯醛；*g*-壬内酯；辛酸；4-甲基苯酚；*g*-癸内酯；3-乙基苯酚；*g*-十一内酯；3-丙基苯酚；*g*-十二内酯；乙酰乙酸；香兰素	[129]
PVC	1	25	^{60}Co	GC/MS	热解吸	庚烷、3-甲基庚烷、1-辛烯异构体、辛烷、2-辛烯、4-辛烯、3-庚酮、2-乙基己醛、4-辛酮异构体、6-甲基-2-庚酮、苯衍生物、1-辛醇、十一烷、2-乙基己酸、乙酸 2-乙基己酯	[128]
PVC	2.1	44	^{60}Co	GC/MS	丙酮/乙醇	4-羟基-4-甲基-2-戊酮、5-己-2-酮、1-乙氧基-2-庚酮、甲氧基乙醛二乙基乙醛、二乙氧基乙酸乙酯、3-甲基庚基乙酸酯、3-乙氧基 3-甲基-2-丁酮、非丙烯酸乙酯、巯基乙酸乙酯，2-丙基-1-戊醇、2-乙基-4-甲基-1,3-二氧戊环	[35]
PVC（无添加剂）	0.51～0.62	260，500，756，1 015	^{60}Co	TG/GC/MS	热解吸	盐酸；苯；乙醛；甲酸；氯乙烯；丙醛；丙酮；乙酸；氯乙醛；丙酸；1,2-二氯乙烷；1,3-二氯丙烷；氯苯	[130]
PVC	5	0，5，10，30，60，100，200	^{60}Co	GC/MS	N,N-二甲基乙酰胺	氯乙烯（个案研究）	[125]

[a]HRGC-O：高分辨率气相色谱-嗅觉测定法。

TG：热重分析法。

TOF/MS：飞行时间质谱法。

在 5kGy 下都被分解了，Irganox 1076 的数量随着剂量的增加而减少，而所用的 RP 的浓度随着辐照剂量的增加而增加。如表 8.5 所示，这些 RP 已在 PE、HDPE 和 PP 中确定。韦勒等研究者[38]证明，在实际辐射条件件（<10kGy）下形成的 1,3-二叔丁基苯或 2,4-二叔丁基苯酚在 LDPE、PP、聚对苯二甲酸乙二酯（PET）、PA 中的迁移量低于 0.1mg/dm^2，在通常的接触条件下（10 天，40℃，食品模拟物 10%，95%乙醇），这远远低于 FDA 允许的浓度。

最新的 FDA 2010 年 TOR 豁免允许使用所有的食品添加剂(21 CFR §174 至§186，包括允许用于食品接触物品的聚合物佐剂）用于任何食品预包装材料，在无氧条件或在冷冻温度的真空条件下最多辐照 4.5kGy。这些限制性的辐照条件降低了佐剂产生 RP 的风险及其向食品中迁移的可能性。所有的包装材料都经过热成型过程，可能含有热诱导降解产物，其数量和迁移可能受辐照影响。因此，在选择合适且有效的 AO 时，必须注意 AO 的性质、与聚合物的相容性、毒性、加工过程中的挥发、对聚合物稳定性的影响，以及在加热和辐照过程中产生的降解产物。

塑化剂是低分子量的合成有机分子，很容易迁移到食品中，特别是高脂肪食品[39,40]。辐照可以破坏塑化剂和聚合物之间的弱键，促进塑化剂的迁移。辐射源、辐照剂量和剂量率可能会影响迁移行为，因此在实际食品辐照分析中应予以考虑。

辐射源可以影响一种化合物的形成或破坏，德里菲尔德等研究者[30]在非辐照对照和经 10kGy 电子束（EB）加工的样品中均检测到 EVA 中含有 0.5mg/kg 的 2-乙基环丁酮，但在 γ 辐照的样品中则没有。因此，他们的结论是，这种物质已经存在于 EVA 样品中，并被 γ 射线破坏，但不会被电子束处理[30]。

根据文献综述并考虑聚合物在照射过程中的化学产率，可以设想剂量（x 轴）和化学品产量（y 轴）之间关系的几种情况。图 8.2[41]对一些情况作了形象的说明。

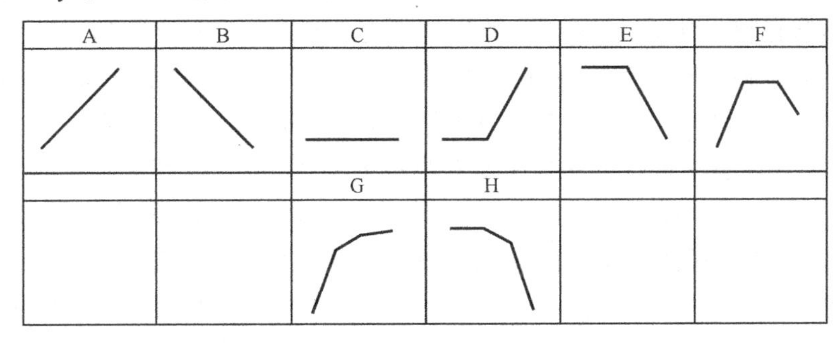

图 8.2 辐照过程中化学品的产率

注：A—形成反应产物并与剂量呈线性关系；B—包装化学品被破坏并与剂量呈线性关系；C—包装化学品在所有剂量下均稳定；D—初始滞后阶段形成的反应产物；E—初始滞后阶段破坏的包装化学品；F—形成中间化学品，随着反应序列的进行积累后衰减；G—在逐渐达到最大值之前，形成与剂量线性相关的反应产物；H—包装化学品随剂量呈指数下降（皇家版权—食品标准局，2010）。

8.5 RP 的安全性评估和膳食摄入

表 8.5 列出了一些经认证的主要聚合物辐照产生的有机化合物。几十年来，人们关注的主要问题是它们的安全性评估和膳食摄入。由于许多已确定的 RP 的确切结构尚未确定，因此它们对消费者健康的毒理学作用受到质疑。根据 FDA 对食品接触物品中使用的物质的阈值规定（21 CFR§170.39），用于食品接触物品的物质（如食品包装或食品加工设备），如果迁移或可能迁移到食品中，则将免于作为食品添加剂的监管，因为它成了食品的一个组成部分，其含量低于监管的阈值：在人类或动物中未被证明是致癌物质的物质，并且根据该物质的化学结构，没有理由怀疑该物质为致癌物；该物质没有其他健康或安全问题，因为已证明该用途引起或可能导致饮食浓度达到或低于十亿分之 0.5（ppb），相当于饮食中的摄入水平为十亿分之一，或低于每人每天 1.5mg（基于每人每天 1 500g 固体食品和 1 500g 流质食品的饮食）[42]。第二项豁免可作为对 RP 安全性评估的主要参考。在这方面，帕克特[10]计算了从 PS、PET、LDPE、PP、EVA、PA（聚酰胺）6 和 PVC 以 10kGy 辐照后，已确认和量化的 RPs 向食品中 100%迁移，并确定其最大膳食摄入量。进行这些计算是为了评估 RP 摄入水平是否高于 0.5ppb。100%迁移（也称最坏情况）的假设是，聚合物中的 RP 总量会迁移到食品中。作者未考虑 RP 辐照后的转化情况，而是根据文献中报告的几乎是立即或在辐照后一天测量的数值计算摄入量。作者还指出，22 种含 0.5ppb 以上膳食浓度的 RP 中，有 13 个来自 CFR § 179.45 未列出的聚合物佐剂，而且 Irgafos 168、Irganox 1010 和 1076 不允许用于聚烯烃辐照。然而，正如前文中提到的，FDA 2010 年的 TOR 豁免允许在无氧条件下或在真空冷冻温度下以最大 4.5kGy 的剂量辐照任何食品预包装材料。100%迁移到真正的食品或模拟食品上与潜在的或真实的迁移相差很大，例如，帕克特发现，在 40℃的温度下保存 10 天后辐照含有 10%乙醇的 PP（室温空气中为 10kGy），2,4-二叔丁基的迁移量比 100%迁移计算值小 6 倍。因此，确定 RP 安全性评价的最佳方法似乎是在批准的使用条件下，在有食品或食品模拟物存在的情况下对包装材料进行辐照，并测量迁移的 RP，直到目标食品的保质期结束。这样，还可以考虑辐照后的转换，避免对 RP 迁移进行低估或高估。不幸的是，由于分析的复杂性和时间限制，这种方法很难实现；基于这些原因，人们提出用食品模拟来模拟迁移、简化测量，并代表最坏的可预见使用条件。为了找到合适的食品模拟物，欧盟委员会提出了 6 种食品模拟物，包括乙醇 10%（v/v）、乙酸 3%（w/v）、乙醇 20%（v/v）、乙醇 50%（v/v）、植物油（具有特定的脂肪酸分布）和聚 2,6-二苯基对苯醚，其粒径为 60～80 目，孔径为 200nm。这些模拟物包括乙醇 10%（v/v）和乙醇 20%（v/v），它们被赋予具有亲水性的食品以提取亲水性物质。一般来说，乙酸 3%（w/v）用于 pH 低于 4.5 的食品。乙醇 20%（v/v）用于酒精含量不超过 20%的含酒精类食品，以及那些含有相当数量有机成分的食品，这些食品会使食品亲脂性较强。乙醇 50%（v/v）和植物油分配给具有亲脂性的食品，以提取亲脂性物质；

乙醇 50%（v/v）用于酒精含量超过 20%的酒精食品和水包油乳剂；植物油用于表面含有游离脂肪的食品；聚 2,6-二苯基-环氧乙烷被用于测试进入干燥食品的特定迁移。欧盟委员会还提出了这些模拟物在几类食品中的具体分配。建议采用不同的接触时间和温度组合，以涵盖所有类型的贮存时间，例如，在 40℃下进行 10 天的测试，涵盖冷藏和冷冻条件下的所有贮存时间，包括加热至 70℃最多 2h，或加热至 100℃达 15min[43]。兹古拉等研究者[44]测量了增塑剂乙酰柠檬酸三丁酯（ATBC）从 γ 辐照（4℃以下为 5kGy 和 15kGy）偏氯乙烯共聚物（PVDC/PVC）薄膜中迁移到四个模拟物中，包括乙酸 3%（w/v）和乙醇 10%（v/v），在 40℃下持续 10 天。如前所述，这些条件不能模拟实际的辐照条件，因为模拟物在辐照过程中不与聚合物接触。然而，辐照并没有破坏 ATBC，而是剂量依赖性地增加了其进入模拟物中的迁移量，由于 ATBC 在 10%的乙醇中的溶解度较高，它在 10%的乙醇中的迁移率高于 3%的乙酸。在另一项研究中，实现了监测 ATBC 从电子束照射（5kGy 和 10kGy）PVDC/PVC 薄膜迁移到鳕鱼和鲱鱼片的实际照射条件[45]。电子束辐射对共聚物的特定迁移特性没有显著影响。相反，包装鱼片的脂肪含量对扩散系数（D）值，以及 ATBC 迁移的程度有重大影响。鲱鱼，一种高脂肪鱼，比鳕鱼（一种低脂肪鱼）获得了更高的 ATBC 迁移量。在 40℃的条件下，10 天后 ATBC 从聚合物中流失到 10%的乙醇中的比例为 1%～1.4%，在相同的条件下，鳕鱼和鲱鱼片的 ATBC 流失比例分别为 1%～1.1%和 2.9%～3.0%。有趣的是，欧盟委员会已经将 10%的乙醇分配给各种新鲜、冷藏、加工、盐渍或熏制的鱼，但上述研究表明，迁移到高脂肪鱼中的 ATBC 高于其食品模拟物，而人们一直认为食品模拟物中的迁移量总是高于真实食品的。因此，对于高脂肪鱼类，似乎应该选择一种疏水性更强的食品模拟物。

为了实现安全评估，必须在这些物质的化学结构和关于这些物质的现有毒理学信息的背景下，考虑从膳食中接触 RP 和其他迁移[7]。除了已识别的 RP 及其分子质量外，RP 的分子结构特性通常是未知的，这使其安全评估变得困难，但 RP 的结构可以从聚合物或佐剂的结构中推断出来。长期以来，人们认识到有机化学品的分子结构与其物理化学性质或生物活性之间存在着内在关系，从而形成了结构—活性关系（SAR）的概念。贝利等研究者[46]报告说，SAR 分析是 FCN［FDA 的食品接触通知部（DFCN）负责审查食品接触物质的通知，以确保这些产品的安全使用］程序中的一个有用的工具，有可能在与食品接触的包装材料的辐照所产生的结构分类 RP 的安全评估中发挥作用[46]，但是，人们应该记住，这种方法更适用于低摄入量。尽管食品和药物管理局没有为识别迁移物设定一个接触“临界点”，但食品和药物管理局通常建议在饮食浓度高于 0.5ppb 时对迁移进行毒性测试[47]。

8.6 基于可生物降解聚合物包装材料的辐照与开发

以石油化工为基础的聚合物在环境中的累积和过长的降解时间是一个全球性的环境问题，这引起了人们对用可再生资源的可生物降解聚合物来替代它们的兴趣。

氯乙烯共聚物涂层和硝化纤维素涂层的玻璃纸、牛皮纸、涂蜡纸板和植物羊皮纸，是被 FDA 批准用于辐照预包装食品的生物可降解聚合物，因此，许多研究已经调查了电离辐射对生物可降解聚合物的物理化学、结构和功能特性的影响。

合成的生物可降解聚合物，如聚乳酸（PLA）、聚己内酯（PCL）、聚羟基丁酸酯（PHB）、聚乙醇酸（PGA）、聚乙烯醇（PVA）等，以及天然聚合物如纤维素、淀粉、壳聚糖、海藻酸盐、酪蛋白酸、瓜尔胶等，经电离辐射后，其热力学性能和阻隔性能均有改善。同样，辐照对石油化工聚合物的影响也被报道为对其生物可降解的对应物有同样的影响。在低剂量下交联并随后改善机械性能和阻隔性能，在高剂量下发生裂解或断裂，其机械性能下降。研究发现，γ 辐射对 PCL 的强度有显著影响。在 10kGy 时，PCL 薄膜的拉伸强度（TS）值比未辐照的对照样品高 75%，在 10kGy 以上时，TS 值降低，但仍高于对照样品。辐照后的 PCL 薄膜表现出较低的水透过率，但 O_2 和 CO_2 透过率较高；辐射引起的交联等结构变化可能导致结晶度降低，有利于 O_2 和 CO_2 通过辐照的 PCL[48]。

生物聚合物（天然生物可降解聚合物）是食品包装材料的发展方向之一，但相对较差的机械性能和阻隔性能限制了其在包装中的应用。粉末状瓜尔胶的低剂量辐照（0.5kGy）改善了其制备的薄膜的拉伸强度（33%）和水蒸气阻隔性能（15%）。然而，高剂量组的抗张强度和穿刺强度随剂量的增加而降低。此外，由天然瓜尔胶制备的薄膜表现出稳定性，最高可达 25kGy，而其机械性能和阻隔性能没有明显损失，证明了瓜尔胶在不丧失功能的情况下适用于食品辐照应用[49]。果胶作为柑橘加工的主要副产品，可以通过辐照转化为包装薄膜。据报道，γ 射线辐照（20kGy）和氯化钙（$CaCl_2$）（5%）的组合，可以改善果胶薄膜的机械性能和生物降解性[50]。通过辐照（10kGy）薄膜液，也能观察到果胶—明胶薄膜的机械性能有类似的改善[51]。

海藻酸盐由于其凝胶和胶膜特性，在食品、制药、医疗和生物工程行业也有广泛的工业应用。哈克等研究者[52]研究表明，海藻酸盐溶液的低 γ 剂量辐照（0.1～0.5kGy）可以改善薄膜和胶粒的机械和膨胀性能。γ 射线照射酪酸钠和酪酸钙溶液，可形成独立的灭菌食用薄膜。由于酪酸钙比酪酸钠呈现出更多的交联，因此它表现出了更好的机械强度。然而，由于交联膜的脆性，似乎有必要在交联膜中加入增塑剂[53]。此外，在蛋白质薄膜中添加多糖可以改善其阻隔性和机械性能。西耶拉等研究者[54]研究了海藻酸钠和马铃薯淀粉对先前辐照过的酪酸钙—乳清蛋白分离膜溶液的结合作用。一是辐照后的薄膜具有更高的强度、更高的刚性和更好的阻隔性能；二是由于强键链的形成，加入海藻酸钠，获得了更好的阻隔性能和较高的穿刺强度。

此外，辐照引起的单体接枝、交联、相容作用和功能化是生物可降解聚合物改性的主要方法。辐射诱导接枝在许多方面比化学引发更具优点：不需要化学方法中的任何引发剂，自由基的形成发生在主链聚合物/单体上，而在化学方法中，引发剂携带自由基，然后转移到单体/聚合物主链上。与化学引发方法不同，辐射诱导过程是在无污染的环境中进行的，从而保持了加工产品的纯度。化学引发通常需要对引发剂进行局部加热以形成自由基，而在辐射方法中，自由基位点的形成仅依赖高能辐射的吸收。由于高能辐射的穿透能力强，碱基聚合物基质不同深度的接枝同时发生，促进了致病微生物的灭活。此外，辐射技术对产物分子量的调控更可控，也能在固体底物中引发反应。尽管有这些优点，辐射接枝仍有其局限性[55]。通过选择不同类型的侧链，接枝共聚引入了所期望的性能，并扩展了聚合物的潜在应用。在聚合物链上随机形成的活性位点引发了加入单体的自由基聚合。常用的辐射接枝单体有甲基丙烯酸甲酯（MMA）、丙烯酸（AA）、丙烯酰胺（AAm）、N-异丙基丙烯酰胺（NIPAM）、甲基丙烯酸羟乙酯（HEMA）、乙烯醇、乙烯基吡咯烷酮、甲基丙烯酸缩水甘油酯和苯乙烯[56]。拉克鲁瓦[57]等研究者证明，多功能单体如丙烯酸、HEMA、烷氧基硅烷单体和三羟甲基丙烷三甲基丙烯酸酯（TMPTMA），可添加到玉米醇溶蛋白、聚乙烯醇、甲基纤维素（MC）和壳聚糖的聚合物共混物中，以加速辐射过程中的交联或功能化程度。结果证实，通过 γ 辐照进行接枝共聚，能够提高聚合物共混物的相容性，增强多层体系的成膜或界面结合力，改善成膜的力学性能和阻隔性能。将淀粉/壳聚糖共混物（50∶50）通过辐照（5～25kGy）接枝到 2-丁二醇-二丙烯酸酯（BDDA）中，使薄膜的机械性能得到改善（TS 增加 50%）。结果表明，BDDA 的丙烯酸酯基团与淀粉的羟基和壳聚糖的氨基发生反应[58]。热塑性淀粉（TPS）一般是通过热机械加工技术如压缩成型、挤出成型和注射成型，对淀粉—增塑剂混合物进行加工生产的。在此过程中，淀粉颗粒被打碎，并与一种或多种增塑剂混合物混合，形成了适用于薄膜和袋子的 TPS[59]。TPS 具有亲水性和较差的机械性能，需要针对食品包装应用进行改进。一种改性方法是在电离辐射的作用下，通过淀粉分子或淀粉与其他聚合物分子之间的化学反应。翟茂林等研究者[60]报道了在物理凝胶状态下，通过电子束辐照（30～70kGy）改善淀粉和淀粉/PVA 片的延展性和拉伸强度。淀粉（支链淀粉）和 PVA 混合物中的化学交联使淀粉基塑料片材形成了完整的网络结构，而没有辐照的薄膜在室温下自然干燥后会收缩并断成碎片。辐照不仅改善了淀粉共混物的机械性能，而且对壳聚糖聚合物的抗菌活性也有积极的影响。用电子束辐照淀粉/壳聚糖共混膜（30～70kGy）可显著提高其对大肠埃希菌的抗菌活性，因此含 5%壳聚糖的共混膜比未辐照的含 20%壳聚糖的共混膜具有更高的抗菌活性。这种增加与辐照导致共混膜中壳聚糖的降解有关[61]。辐照还提高了壳聚糖的脱乙酰度，提供了更多具有抗菌活性的—NH_2 基团。分子量和乙酰化程度都会独立地影响壳聚糖的抗菌活性，尽管有人认为分子量对抗菌活性的影响大于乙酰化程度[62]。低分子量和高分子量壳聚糖分别对革兰氏阴性菌（如大肠埃希菌）和革兰氏阳性菌（如金黄色葡萄球菌）有较好的抗菌活性[63]。接枝共聚法用于连接各种官能团，控制接枝壳聚糖的疏水性、阳离子和阴离子性能。接枝共聚壳聚糖在药物传递、组织工程、抗菌、生物医学、金属吸附、染料去除等领域具有潜在的应用前景[64-66]。

在交联剂存在的情况下，通过辐射诱导交联是提高聚合物分子量进而改善其物理化学、机械性能和阻隔性能的一种途径。纤维素是生物圈中含量最丰富的有机高分子，是植物的主要组成部分。此外，它重量轻、可生物降解，是一种可利用的自然资源。人们对使用纤维素材料作为制造生物降解包装的主要成分的兴趣日益提高。

当纤维素物质受到γ射线辐射时，通过氢和羟基的提取在纤维素链上产生自由基。γ辐射也会破坏某些糖苷键，导致纤维素链长度因随机解聚而减小。然而，在纤维素主链上产生的自由基可以与其他存在的自由基形成共价键，如 TMPTMA（在电离辐射加工过程中产生高产率的自由基），从而导致聚合物交联。通过γ射线（5kGy）与 0.1%TMPTMA 交联的甲基纤维素（MC）薄膜显示出较高的拉伸强度和较低的水蒸气渗透率[67]，因此，通过辐射将 MC 与 HEMA 接枝共聚，改善了其机械和阻隔性能[68]。

聚乳酸（PLA）被广泛用于食品包装领域，但它具有热不稳定性，在加工温度下的热加工会使其分子量迅速损失，这限制了其在高温下的应用[69]。长泽等研究者[70]研究了几种多官能团单体在 PLA 上的电子束辐射交联效果。在所研究的单体中，异氰尿酸三烯丙酯的交联率最高，可提供 83%的凝胶分数（率）[1]，为使 PLA 具有更高的热稳定性。结果表明，未经辐照的杯体发生了变形，变成了乳白色透明体，但由于交联结构的结晶作用，交联杯体保持了原有的形状和透明度。因此，辐射交联 PLA 可以有更多的应用，如热收缩管和热饮料杯碟，这是纯 PLA 无法实现的。

聚羟基丁酸酯（PHB）在流延膜和片状膜方面也得到了深入的研究，许多研究试图改善其主要缺点，包括热不稳定性、脆性和适度的疏水性，这些都限制了它的应用。与 5%聚乙二醇共混，并辐照 10kGy，可提高共混物的拉伸强度和伸长率，并显著降低水蒸气透过率[71]。辐射诱导马来酸酐与 PHB 的接枝聚合提高了其热稳定性[72]。通过辐射将甲基丙烯酸和甲基丙烯酸丁酯接枝共聚到 PHB 上，降低了聚合物的结晶度，提高了其亲水性，这在生物医学应用中是比较理想的[73]。

应该指出的是，对于石油化工类聚合物的广泛应用，辐射接枝、相容作用和交联也已被广泛研究，本章不再讨论。

8.7 食品活性包装与γ辐照

食品活性包装是延长货架期并保持或提高食品质量和安全性的一种创新方法。在这种包装中，为了提高包装系统的性能，在包装材料或包装顶部空间中特意加入了辅助成分。可以加入的活性剂的性质非常多，包括有机酸、抗氧化剂、酶、细菌素、灭真菌剂、天然提取物、离子和乙醇，以及包含它们的材料，如纸张、塑料、金属或这些材料的混合物[74,75]。最近，抗氧化剂和抗菌活性包装（AAP）与直接在食品中添加这些活性剂相比具有更高的功效，因而引起了科学家和行业的广泛关注。这是因为氧化和表面微生物的生长是主要的食品质量和安全问题。抗氧化和抗菌活性包装可以更有效地在食品表面维持高浓度的活性物质，而活性物质的迁移率较低，

1. 凝胶分数（率）是指聚合物在浸入溶剂中使纯聚合物溶解后的可溶部分。凝胶分数（率）的计算方法是：用溶剂提取后，样品中干燥的不溶部分的重量占干燥聚合物初始重量的比例。一般情况下，交联和断链对凝胶分数（率）的影响分别是增大和减小的。

因此，AAP 与被包装食品或包装顶空相互作用，减少、延缓甚至抑制腐败和病原微生物的生长。此外，由于活性物质与某些食品成分的相互作用和/或灭活，也可能触发抗菌活性的急剧丧失[75,76]。

电离辐射可以与活性包装相结合，以保持和延长食品的保质期，也可以控制和改善由于交联而产生的活性物质的释放。在一项研究中[77]，将反式肉桂醛（一种抗菌剂）加入聚酰胺并涂覆在 LDPE 薄膜上，然后进行辐照（电子束，0.1～20kGy），并在 10%的乙醇水混合物（v/v，pH=4、7、10）中监测其释放，在 4℃、21℃和 35℃下，持续 120h。暴露于高于 0.5kGy 剂量的电离辐射会使反式肉桂醛降解。作者研究了高剂量对萘释放的影响，在 0.25～5.0kGy 的剂量范围内，释放率下降了 33%～69%。释放常数与辐照剂量成正比下降，但是，无论 0～5.0kGy 的不同释放率如何，释放的化合物的最终累积量都达到了相同的水平。因此，有人认为，辐射诱导交联可导致潜在抗菌化合物从包装膜缓慢而渐进地释放到食品中。

乳酸链球菌素（Nisin）在许多国家被用作抗菌食品添加剂，是唯一一种被 FDA 认为具有 GRAS（公认安全）地位的细菌素。大量的研究调查了不同种类聚合物的乳酸链球菌素抗菌包装的发展。乳酸链球菌素抗菌活性的限制因素是其仅能抑制革兰氏阳性菌的能力，因此需要与其他抗菌剂联合使用才能对革兰氏阴性菌有效。将天然交联剂京尼平（Genipin）用于将乳酸链球菌素和乙二胺四乙酸二钠（EDTA）交联到壳聚糖膜上的纤维素纳米晶体（CNC）上[78]。抑菌区分析表明，低剂量辐照和京尼平交联的组合，对膜的抗菌活性有积极影响。即使非交联膜在贮存的第一天具有很高的抑制区，非交联膜对大肠埃希菌和单核细胞增多杆菌的抗菌活性降低，但仍保持稳定，在随后的几天中，交联膜的抗菌活性更高。交联膜的初始低活性可归因于乳酸链球菌素在纳米复合膜表面的辐射交联。使用交联膜包装的猪肉在 4℃下贮存 35 天后，适冷细菌和嗜温菌的数量保持在可接受的限度以下。有趣的是，就嗜温菌、适冷细菌和乳酸菌而言，1.5kGy 的辐照将新鲜肉类的保质期延长至 12 天、14 天和 16 天，而这些细菌的数量仍然远远低于用乳链菌肽交联膜包装样品 35 天的可接受限度（见图 8.3）。抗菌包装对 LAB 的抑制作用使贮存 35 天的鲜肉 pH 保持稳定。此外，乳酸链球菌素和 EDTA 的抗菌配方，在 CNC 壳聚糖膜中成功抑制了新鲜肉中大肠埃希菌和单核细胞增生李斯特菌的生长。革兰氏阴性菌对乳酸链球菌素具有抗性。

因此，辐照能够通过聚合物和/或聚合物与活性剂之间的交联，增加聚合物的弯曲强度，加强/增加活性剂与聚合物的相互作用，延缓添加到聚合物基质中的活性化合物的释放。在这方面，活性剂需要更多的时间来克服这些障碍，以便通过聚合物基质并进入目标食品。换句话说，可以实现控制性释放。辐照甚至可以用来合成具有抗菌活性的纳米颗粒；埃格巴利法姆等研究者[79]通过 γ 射线辐照（5kGy、10kGy、15kGy）还原硝酸银，在 PVA 聚合物溶液中合成银纳米颗粒，然后制备了用于抗菌目的的 PVA/藻酸钠/银纳米颗粒薄膜。较高的剂量产生更多的具有较小尺寸的纳米颗粒。银的浓度相同但辐照剂量不同的膜、银的浓度不同且吸收剂量相同的膜对大肠埃希菌和金黄色葡萄球菌的抗菌活性较高。

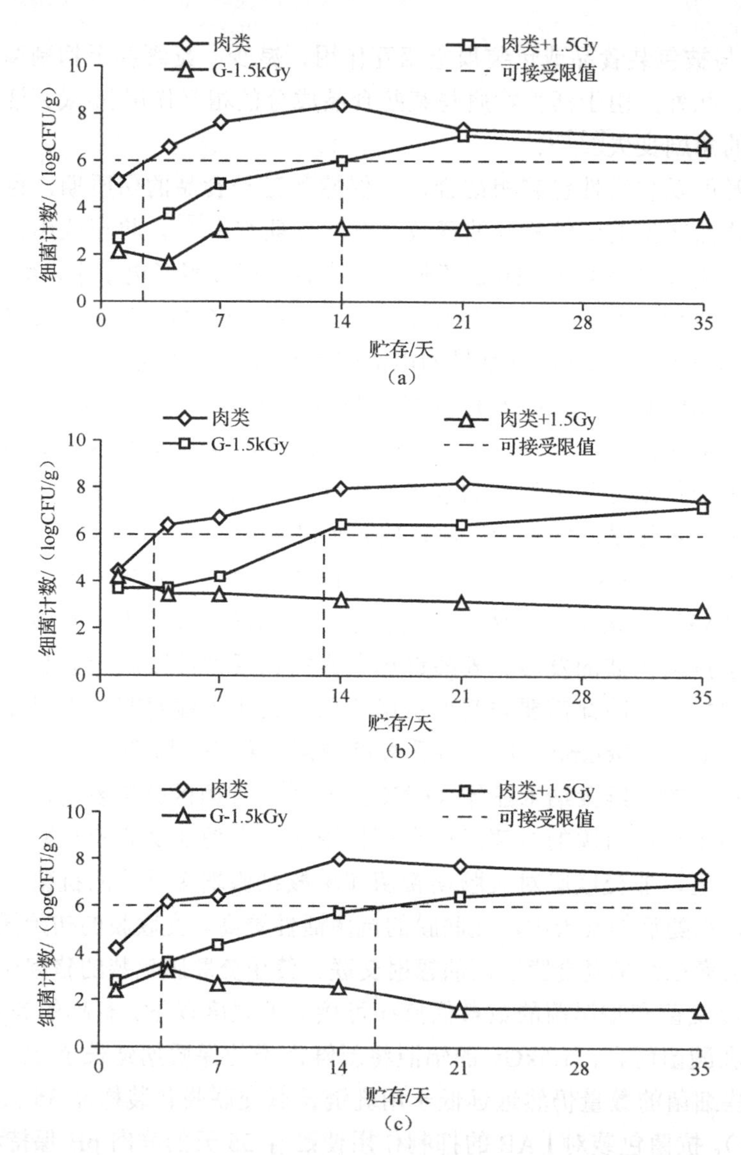

图 8.3 新鲜猪肉在 4℃、G-1.5kGy 下贮存期间的适冷细菌（a）、嗜温菌（b）和乳酸菌（c）菌群：京尼平交联乳酸链球菌素—CNC 壳聚糖膜

来自《创新食品科学和新兴技术》，第 35 卷，A. Khan，H. Gallah，B. Riedl，J. Bouchard，A. Safrany，M. Lacroix，Genipin cross-linked 抗菌纳米复合膜和 γ 射线辐射防止鲜肉中细菌表面生长，96—102，经 Elsevier 许可，2016 年版权所有。

用电子束（40kGy 和 60kGy）辐照明胶—壳聚糖膜，辐照三个月后，在 25℃下，研究香豆素（一种天然的抗氧化剂和抗菌剂）在水中（pH=7）的释放[80]。结果表明，辐照保护了香豆素在贮存过程中的抗氧化作用，并通过限制其在聚合物基体中的迁移率降低了香豆素的扩散系数。在 25℃的 30%乙醇溶液（*v*/*v*）中评估槲皮素从同样处理过的明胶—壳聚糖膜的释放[81]，在辐照后，更多释放出的槲皮素被保留在聚合物中，但有趣的是，这并不影响槲皮素的扩散系数，意味着槲皮素更容易被捕获或连接在一起，因此，保护作用更强，流动性更低。因此，辐照主要通过在生物高聚物和槲皮素之间产生足够强的连接或相互作用来影响保留。研究了电子束辐照（60kGy）对壳聚糖—明胶可食性膜在25℃（pH=7）水溶液中释放两种天然酚类抗氧化剂（酪醇和肉桂酸）的影响[82]，由于辐射诱导聚合物交联，酪醇的有效扩散系数降低到原来的三分之一，释放后肉桂酸的残留含量从27.5%增加到33.6%，这可能是辐照过程中一旦产生自由基，肉桂酸与聚合物链发生交联反应所致的。这项研究表明，辐照对释放具有相似摩尔体积、分子量、分子大小和疏水性的分子有不同的影响。因此，就这四种抗氧化剂而言，辐射可通过自由基介导的机制促进抗氧化剂与生物聚合物的相互作用，从而使它们被捕获或连接，因此受到更多的保护，流动性更低。

另外，辐照和包装的作用是增加食品安全和产品的保质期，而不是它们对释放行为的影响。在这种情况下，辐照对释放到目标食品中的活性剂具有协同作用，因此可以使用较低剂量来实现相同的细菌减少，而无须使用活性包装。这将在下一节中进一步讨论。

总之，辐照是调整活性剂的一种创新方法，如抗氧化剂和抗菌剂的释放行为。辐照还可与其他改性相结合，以减缓释放到目标食品中，例如，添加缓凝剂或与其他聚合物混合以形成更紧密的聚合物网络，以降低活性剂的分散性。这些类型的改性结合辐照可用于制备活性或智能聚合物、薄膜和具有高度可控的释放能力的包装，适用于食品、化妆品和药品。

8.8 与γ射线辐照相结合的可食用涂层和薄膜

可食用的食品涂层和可食用的薄膜包装是保持食品表面高浓度活性剂特别是抗氧化剂和抗菌剂的另一种方法，以实现更长的保质期。许多食品蛋白（如玉米素、小麦面筋、大豆蛋白、葵花蛋白、明胶、乳清蛋白、酪蛋白和角蛋白）、多糖（如纤维素衍生物、淀粉、海藻酸盐、果胶、壳聚糖、卡拉胶、树胶和纤维）和脂类（如蜡、甘油三酯、乙酰化单甘油酯、游离脂肪酸、蔗糖酯、脂肪醇和虫胶树脂）已被研究用于可食用涂层和薄膜。蛋白质和多糖薄膜通常具有突出的对氧、脂类和芳香族化合物的阻隔性能，以及适度的机械性能，但水蒸气渗透率高，而脂类和树脂材料则具有理想的光泽和有效的阻隔水分流失的性能[83]，因此，这些成分的混合，以均质膜层或多层膜的形式，可以满足所需的功能特性。辐照还可以改善涂层/薄膜结构或改善其活性剂的释放。

酪蛋白酸钠和钙酪蛋白作为无味、无臭、柔软和透明的可食用涂层和薄膜已有多年研究，也有可能用作活性剂的可食用载体或用于调味剂和药物的微胶囊。与其他聚合物相似，辐照可以通过交联使酪蛋白酸薄膜和涂层聚合和强化[84]。酪蛋白酸钙溶液的辐照（^{60}Co 8kGy、16kGy、32kGy、64kGy、96kGy 和 128kGy）会形成双酪氨酸，这是一种共价结合的双酚，证实了辐照后的蛋白质交联。更高剂量产生更多的双酪氨酸，而氯化钙（$CaCl_2$）的存在会增加交联的速度。同时，在 64kGy 剂量下获得了最大的凝胶断裂强度和穿刺强度[85]。在另一项研究中，梅兹格尼等研究者[86]证明，辐照可以通过诱导的交联率改变酪蛋白酸钙薄膜的生物降解性。含有最高交联数量的薄膜比含有最低交联数量的薄膜晚 8 天降解。

除辐射交联效应外，还开发了几种抗菌涂层，并与辐照相结合使用，以减小辐射剂量，最大限度地降低对生化和营养特性的潜在有害影响，同时提高消费者对辐照食品的接受度（见表 8.6）。低剂量的电离辐射似乎会使细菌对涂层/薄膜中的抗菌剂敏感（称为辐射敏感性），并增加其效果；低剂量的电离辐射使细菌对存在于涂层/薄膜中的抗菌剂产生敏化作用（称为放射增敏），并提高其效力；换言之，辐照和抗菌涂层对细菌具有协同作用，这是单独使用其中一种方法无法实现的。在辐照前向食品中添加精油或其主要成分，可使致病菌、腐败菌[87-90]和真菌[91,92]的辐射敏感性（RS）提高数倍。因此，在表 8.6 中提到的所有情况下，抗菌涂层/薄膜与辐照相结合，由于较高的 RS，对微生物的抑制作用表现出协同效应，因此延长了食品保质期。

表 8.6　抗菌涂层与辐照相结合

抗菌涂层（聚合物+抗菌剂）	^{60}Co 剂量/kGy	目标细菌	食品	参考文献
无聚合物、柠檬汁、百里香和迷迭香	3	嗜酸沙门氏菌属	鸡肉	[131]
大豆和乳清蛋白分离物+精油	3 虾，1 和 2 披萨	总细菌计数、假单胞菌	预煮虾、披萨	[132]
无聚合物、香芹酚、百里香酚、过氧萘甲醛（Tc）和焦磷酸四钠（Tp）	0.1～0.7	E.大肠埃希菌和伤寒沙门氏菌	鸡胸肉	[133]
酪蛋白酸钙、乳清蛋白分离物、羧甲基纤维素、果胶+反式肉桂醛	0.25 和 0.5	李斯特菌	即食胡萝卜	[134]
酪蛋白酸钙和乳清蛋白分离物（WPI）	4	金黄色葡萄球菌	比尔通牛肉	[135]
壳聚糖	2，5	鼠伤寒沙门氏菌	鸡蛋	[136]
多聚物、反式肉桂醛、西班牙牛至、薄荷香和中国肉桂精油	0.25～2.4	单核细胞增生李斯特菌	即食胡萝卜	[137]
羧甲基纤维素（CMC）	1.5	酵母菌和霉菌	梨	[138]
甲基纤维素—迷迭香提取物、有机酸混合物、香料提取物混合物、LAB 代谢产物的上清液	0～3.3	单核细胞增生李斯特菌、大肠埃希菌，鼠伤寒沙门氏菌、需氧菌群	西蓝花	[139]
无聚物，反肉桂醛	0～2.5	单核细胞增生李斯特菌	即食胡萝卜	[140]
氯化钠（1 wt%水溶液）、蜡（2 wt%水性乳液）、1%NaCl+2%蜡	0.5，1，1.5，3.5	生化和感官评价	荔枝	[141]
改性壳聚糖+桂皮精油	0.25	李斯特菌	鲜青豆	[142]
改性壳聚糖+香芹酚，佛手柑，柑橘和柠檬精油	10	大肠埃希菌 O157:H7 和鼠伤寒沙门氏菌	鲜青豆	[143]

续表

抗菌涂层（聚合物+抗菌剂）	^{60}Co 剂量/kGy	目标细菌	食品	参考文献
CMC	1.5	酵母和霉菌	李子	[144]
MC、麦芽糊精、淀粉+乳酸、柑橘提取物、柠檬草精油	0～1 大肠埃希菌 0～2.4 李斯特菌	李斯特菌、大肠埃希菌和中温细菌	即食花椰菜	[145]
壳聚糖+乳酸、乙酰丙酸、乙酸	1	总需氧细菌、酵母和霉菌	人参根	[146]
CMC	1.2	酵母和霉菌	桃	[147]

8.9 结论

要达到令人满意的食品安全水平，一个有效的方法是使用电离辐射，然而，电离辐射对全球食品安全的总体影响仍有疑问。关于辐照安全的一个主要问题涉及通过辐照在包装材料中形成的潜在辐射溶解产物（RP），以及它们迁移到食品中的可能性。

不幸的是，大多数 RP 都是未知的，其毒理学效应尚未得到全面的研究。然而，FDA 提供了一份授权的辐照直接接触包装材料和佐剂清单（CFR § 179.45），以及一份 TOR 豁免清单，允许在聚合物中使用大量添加剂，如果它们的使用使饮食中其浓度小于 0.5ppb。已经开发了几种方法来测试和评估与食品接触的新包装材料和佐剂的毒理学安全性。人们还应该考虑到，在同样的辐射加工条件下，佐剂形成的 RP 对各种聚合物来说可能是不同的，对 RP 的这些类型的研究必须在具体情况下进行。

辐照还可以改变聚合物的功能特性，这可以帮助扩大生物可降解聚合物的包装市场并减少石化聚合物对环境的影响。此外，辐照可在多糖如甲壳素、壳聚糖、卡拉胶、海藻酸盐等降解后产生各种生物活性分子。

通过与其他保存方法结合，可以实现低剂量辐照以保持食品的感官质量，例如，在可食用涂层和薄膜中使用活性化合物（抗菌剂和抗氧化剂），以及在有气调包装的情况下，增加食品病原体的辐射敏感性。似乎在不久的将来，这种方法将扩大食品辐照的应用，与只受辐照的食品相比，消费者将对消费这种辐照的食品更感兴趣。

参考文献

[1] P. B. Roberts, *Radiation Physics and Chemistry* [Internet], Elsevier, 2014, vol 105, p. 78. Available from: http://dx.doi.org/10.1016/j.radphyschem. 2014.05.016.

[2] B.-S. Song, S.-J. Choi, Y.-B. Jin, J.-H. Park, J.-K. Kim and E.-B. Byun, *et al.*, *Radiat. Phys. Chem.* [Internet], 2014, **103**, 188. Available from: http://www.sciencedirect. com /science/article /pii/S0969806X14002503.

[3] M. Pentimalli, D. Capitani, A. Ferrando, D. Ferri, P. Ragni and A. Segre, *Polymer* (*Guildf*) [Internet], 2000, **41**(8), 2871. Available from: http:// www.sciencedirect.

com/ science/article/ pii/S0032386199004735.

[4] CFR-Code of Federal Regulations Title 21. 2016. Available from: http:// www.ecfr.gov/cgi-bin/text-idx?SID=250bc9337771188c9ac198acac8972ff &mc=true&node= sp21.3. 179.c&rgn= div6#se21.3.179_145.

[5] A. G. Chmielewski, IAEA/FAO Reporty IChTJ. Seria B nr 1. 2006, (1), 9.

[6] FDA. 2016. Available from: http://www.accessdata.fda.gov/scripts/fdcc/ index. cfm?set=TOR.

[7] *Food Irradiation Research and Technology*, ed. V. Komolprasert, X. Fan and C. H. Sommers, John Wiley & Sons, Inc., Hoboken, NJ, USA, 2nd edn, 2012, pp. 147-171. Available from: http://www.scopus.com/ inward/record.url?eid=2-s2.0-84887249579& partnerID= tZOtx3y1.

[8] FDA. *CFR-Code Fed Regul Title 21* [Internet]. 2015; 3. Available from:http:// www.access data. fda.gov/scripts/cdrh/cfdocs/cfcfr/CFRSearch.cfm? CFRPart= 179& showFR=1.

[9] P. Singh, S.Saengerlaub, A. A. Waniand H.-C. Langowski, *Pigment Resin Technol*. [Internet], 2012, **41**, 368. Available from: http://www. emeraldinsight.com/ 10.1108/03699421211274306.

[10] K. E. Paquette, *Irradiation of Food and Packaging* [Internet], American Chemical Society, 2004. p. 12-182. Available from: http://dx.doi.org/10. 1021/bk-2004-0875.ch012.

[11] *Packaging for Nonthermal Processing of Food*, ed. V. Komolprasert and J. H. Han, Blackwell Publishing Ltd, Oxford, UK, 2007, pp. 87-116. Available from: http://www.scopus.com/inward/record.url?eid=2-s2.
0-84889343743&partnerID=tZOtx3y1.

[12] M. Al-Ali, N. Madi, N. J. Al Thani, M. El-Muraikhi and A. Turos, *Vacuum* [Internet], 2003, **70**(2-3), 227. Available from: http://www.sciencedirect. com/science/ article/pii/S0042207X02006486.

[13] IAEA. Industrial radiation processing with electron beams and X-rays. Revision 6. 2011; (May).

[14] A. E. Goulas, K. A. Riganakos and M. G. Kontominas, *Radiat. Phys. Chem.* [Internet], 2004, **69**(5), 411. Available from: http://www. sciencedirect.com/science/ article/pii/S0969806X 03005218.

[15] K. A. Murray, J. E. Kennedy, B. McEvoy, O. Vrain, D. Ryan and R. Cowman, *et al., Nucl. Instrum. Methods Phys. Res. Sect. B Beam Interact. Mater Atoms* [Internet], 2013, **297**, 64. Available from: http:// www.sciencedirect.com/science/article/pii/ S0168583X12007434.

[16] E. F. Salem, N. Mostafa, M. M. Hassan and M. Mohsen, *J. Appl. Polym. Sci.*

[Internet], 2009, **113**(1), 199. Available from: http://www. scopus.com/inward/record.url? eid=2-s2.0-67249128763&partnerID= tZOtx3y1.

[17] W. Zhao, Y. Yamamoto and S. Tagawa, *J. Polym. Sci. A*: *Polym. Chem.*, 1998, **36**, 3089.

[18] A. E. Goulas, K. A. Riganakos and M. G. Kontominas, *Radiat. Phys. Chem.* [Internet], 2003, **68**(5), 865. Available from: http://www. sciencedirect.com/science /article/pii/S0969806X030 02986.

[19] I. M. Jipa, M. Stroescu, A. Stoica-Guzun, T. Dobre, S. Jinga and T. Zaharescu, *Nucl. Instrum. Methods Phys. Res. Sect. B Beam Interact. Mater Atoms* [Internet], 2012, **278**, 82. Available from: http://www. sciencedirect.com/science/article/pii/S0168583X12001176.

[20] K. A. Riganakos, W. D. Koller, D. A. E. Ehlermann, B. Bauer and M. G. Kontominas, *Radiat. Phys. Chem.* [Internet], 1999, **54**(5), 527. Available from: http:// www.sciencedirect.com /science/article/pii/ S0969806X98002631.

[21] M. Mizani, N. Sheikh, S. N. Ebrahimi, A. Gerami and F. A. Tavakoli, *Radiat. Phys. Chem.* [Internet], 2009, **78**(9), 806. Available from: http:// www.sciencedirect.com/ science / article/pii/S0969806X09001698.

[22] L. Deschênes, A. Arbour, F. Brunet, M. A. Court, G. J. Doyon and J. Fortin, *et al.*, *Radiat. Phys. Chem.* [Internet], 1995, **46**(4-6), 805. Available from: http://www. sciencedirect. com /science/article/pii/ 0969806X9500266Z.

[23] D. Klepac, M.Ščetar, G. Baranović, K. Galić and S. Valić, *Radiat. Phys. Chem.* [Internet], 2014, **97**, 304. Available from: http://www. sciencedirect.com/science/article/ pii/S0969806 X1300652X.

[24] Y. Hama and T. Hirade, *Int. J. Radiat. Appl. Instrum. Part C Radiat. Phys. Chem.* [Internet], 1991, **37**(1), 59. Available from: http://www.sciencedirect. com/science/ article/pii/135901979190198B.

[25] M. Haji-Saeid, M. H. O. Sampa and A. G. Chmielewski, *Radiat. Phys. Chem.* [Internet], 2007, **76**(8-9), 1535. Available from: http://www. sciencedirect.com/science/ article/pii/S0969806 X07001077.

[26] J. Kerry Thomas, *Nucl. Instrum. Methods Phys. Res. Sect. B Beam Interact. Mater Atoms* [Internet], 2007, **265**(1), 1. Available from: http://www. sciencedirect.com/ science/article/pii/ S0168583X07013857.

[27] K. Azuma, H. Tsunoda, T. Hirata, T. Ishitani and Y. Tanaka, *Agric. Biol. Chem.* [Internet], 1984, **48**(8). Available from: http://www.tandfonline.com/doi/full/10.1080/ 00021369. 1984.10866433.

[28] K. Azuma, T. Hirata and T. Hirotaka, *Agric. Biol. Chem.*, 1983, **47**(4), 855.

[29] S. Chytiri, A. E. Goulas, A. Badeka, K. A. Riganakos, D. Petridis and M. G. Kontominas, *Radiat. Phys. Chem.* [Internet], 2008, **77**(9), 1039. Available from: http://

www.science direct.com/science/article/pii/ S0969806X0800073X.

[30] M. Driffeld, E. L. Bradley, I. Leon, L. Lister, D. R. Speck and L. Castle, *et al.*, *Food Addit. Contam. Part A Chem. Anal. Control Expo Risk Assess* [Internet], 2014, **31**(3), 556. Available from: http://www.ncbi.nlm.nih. gov/pubmed/24215551.

[31] V. Komolprasert, T. P. McNeal, A. Agrawal, C. Adhikari and D. W. Thayer, *Food Addit Contam.*, 2001, **18**, 89.

[32] N. H. Stoffers, J. P. H. Linssen, R. Franz and F. Welle, *Radiat Phys Chem.*, 2004, **71**(1-2), 203.

[33] D. H. Jeon, G. Y. Park, I. S. Kwak, K. H. Lee and H. J. Park, *LWT-Food Sci. Technol.*, 2007, **40**(1), 151.

[34] D. W. Allen, D. A. Leathard and C. Smith, *Int. J. Radiat. Appl. Instrum. Part C Radiat. Phys.* **Chem.**, 1991, **38**(5), 461.

[35] P. G. Demertzis, R. Franz and F. Welle, *Packag. Technol. Sci.*, 1999, **12**(3), 119.

[36] Y. Kawamura, *Irradiation of Food and Packaging* [Internet]. American Chemical Society, 2004. pp. 16-262. Available from: http://dx.doi.org/10.1021/bk-2004-0875. ch016.

[37] L. Deschênes, D. J. Carlsson, Y. Wang and C. Labréche, *ACS Symp. Ser*, 2004, 277-289. Available from: https://www.scopus.com/inward/record. uri?eid=2-s2.0-49249090731&partner ID=40&md5=678f6af320dd7e19a a1893a3f64b385c.

[38] F. Welle, G. Haack and R. Franz, *Dtsch. Lebensm.* [Internet], 2000, **96**(11), 423. Available from: https://www.scopus.com/inward/record. uri?eid=2-s2.0-0034356160& partnerID=40&md5=bdc83f0ba5b80efa23 8bb326af99c7ea.

[39] A. E. Goulas, K. A. Riganakos and M. G. Kontominas *Irradiation of Food and Packaging* [Internet]. American Chemical Society, 2004. pp. 18-290. Available from: http://dx.doi.org/ 10.1021/bk-2004-0875.ch018.

[40] A. E. Goulas, P. Zygoura, A. Karatapanis, D. Georgantelis and M. G. Kontominas, *Food Chem. Toxicol.*, 2007, **45**(4), 585.

[41] FSA. Project A03068. 2010.

[42] FDA. Available from: http://www.ecfr.gov/cgi-bin/text-idx?SID= ba559a462713b 2470de39420ab05cedb&mc=true&node=se21.3. 170_139&rgn=div8.

[43] Euroean Commission, Off. J. Eur. Union, 2011, **15**(1), 12.

[44] P. D. Zygoura, E. K. Paleologos and M. G. Kontominas, *Radiat Phys Chem* [Internet], 2011, **80**(8), 902. Available from: http://www. sciencedirect.com/science/ article/pii/S0969806 X11001307.

[45] P. D. Zygoura, K. A. Riganakos and M. G. Kontominas, *Eur. Food Res. Technol*, 2011, **232**(6), 1017.

[46] A. B. Bailey, R. Chanderbhan, N. Collazo-Braier, M. A. Cheeseman and M. L.

Twaroski, Regul. Toxicol. Pharmacol, 2005, **42**(2), 225.

[47] V. Komolpraset, A. Bailey and E. Machuga, *Food Saf. Mag.*, 2007, 12.

[48] R. A. Khan, S. Beck, D. Dussault, S. Salmieri, J. Bouchard and M. Lacroix, *J. Appl. Polym. Sci.*, 2013, **129**(5), 3038.

[49] C. K. Saurabh, S. Gupta, J. Bahadur, S. Mazumder, P. S. Variyar and A. Sharma, *Carbohydr. Polym.*, 2013, **98**(2), 1610.

[50] H. J. Kang, C. Jo, N. Y. Lee, J. H. Kwon and M. W. Byun, *Carbohydr. Polym.*, 2005, **60**(4), 547.

[51] C. Jo, H. Kang, N. Y. Lee, J. H. Kwon and M. W. Byun, *Radiat. Phys. Chem.*, 2005, **72**(6), 745.

[52] T. Huq, A. Khan, D. Dussault, S. Salmieri, R. A. Khan and M. Lacroix, *Radiat. Phys. Chem.*, 2012, **81**(8), 945.

[53] D. Brault, G. Daprano and M. Lacroix, J. *Agric. Food Chem.* [Internet], 1997, **45**(8), 2964. Availablefrom:<GotoISI>://WOS:A1997XR85600025.

[54] K. Cieśla, S. Salmieri and M. Lacroix, *J. Agric. Food Chem.*, 2006, **54**(23), 8899.

[55] A. Bhattacharya and B. N. Misra, *Prog. Polym. Sci.*, 2004, **29**(8), 767.

[56] T. Zhou, Y. Zhu, X. Li, X. Liu, K. W. K. Yeung and S. Wu, *et al., Prog. Mater Sci.*, 2016, **83**, 191.

[57] M. Lacroix, R. Khan, M. Senna, N. Sharmin, S. Salmieri and A. Safrany, *Radiat. Phys. Chem.*, 2014, **94**, 88.

[58] N. Akter, R. A. Khan, S. Salmieri, N. Sharmin, D. Dussault and M. Lacroix, *Radiat. Phys. Chem.*, 2012, 81(8), 995.

[59] A. Jiménez, M. J. Fabra, P. Talens and A. Chiralt, *Food Bioprocess Technol.*, 2012, **5**(6), 2058.

[60] M. Zhai, F. Yoshii and T. Kume, *Carbohydr. Polym.*, 2003, **52**(3), 311.

[61] M. Zhai, L. Zhao, F. Yoshii and T. Kume, *Carbohydr. Polym.*, 2004, **57**(1), 83.

[62] T. U. Rashid, M. M. Rahman, S. Kabir, S. M. Shamsuddin and M. A. Khan, *Polym. Int.*, 2012, **61**(8), 1302.

[63] L.-Y. Zheng and J.-F. Zhu, *Carbohydr. Polym.*, 2003, **54**(4), 527.

[64] A. G. Chmielewski, *Radiat. Phys. Chem.*, 2010, **79**(3), 272.

[65] M. H. Casimiro, M. L. Botelho, J. P. Leal and M. H. Gil, *Radiat. Phys. Chem.*, 2005, **72**(6), 731.

[66] A. Khan, T. Huq, R. A. Khan, D. Dussault, S. Salmieri and M. Lacroix, *Radiat. Phys. Chem.*, 2012, **81**(8), 941.

[67] N. Sharmin, R. A. Khan, S. Salmieri, D. Dussault, J. Bouchard and M. Lacroix, *J. Agric. Food Chem*, 2012, **60**(2), 623.

[68] S. Salmieri, R. A. Khan, A. Safrany and M. Lacroix *Industrial Crops and Products* [Internet], Elsevier B.V., 2015, vol 70, p. 64. Available from: http://dx.doi.org/10.1016/ j.indcrop. 2015.02.056.

[69] M. Jamshidian, E. A. Tehrany, M. Imran, M. Jacquot and S. Desobry, *Compr. Rev. Food Sci. Food Saf.* [Internet], 2010, **9**(5), 552. Available from:<Go to ISI>:// WOS:000281286200009.

[70] N. Nagasawa, A. Kaneda, S. Kanazawa, T. Yagi, H. Mitomo and F. Yoshii, *et al., Nucl. Instrum. Methods Phys. Res. Sect. B Beam Interact. Mater Atoms*, 2005, 236(1-4), 611.

[71] D. F. Parra, J. A. F. R. Rodrigues and A. B. Lugão, *Nucl. Instrum. Methods Phys. Res Sect. B Beam Interact. Mater Atoms*, 2005, **236**(1-4), 563.

[72] H. Ye, D. Yang, P. Hu, F. Zhang, Q. Qi, W. Zhao 2005, (5): 678.

[73] M. González, M. Rapado, A. P. Gonzalez, M. G. Pérez 2009, **14**(3): 179.

[74] S. Y. Lee, S. J. Lee, D. S. Choi and S. J. Hur, *J. Sci. Food Agric.*, 2015, **95**(14), 2799.

[75] A. E. Kapetanakou and P. N. Skandamis, *Curr. Opin. Food Sci.*, 2016, **12**, 1.

[76] V. Coma, *Meat Sci.*, 2008, **78**(1), 90.

[77] J. Han, M. E. Castell-Perez and R. G. Moreira, *J. Food Sci.*, 2008, **73**(2), 37.

[78] A. Khan, H. Gallah, B. Riedl, J. Bouchard, A. Safrany and M. Lacroix, *Innovative Food Sci. Emerging Technol.*, 2016, **35**, 96.

[79] N. Eghbalifam, M. Frounchi and S. Dadbin, *Int. J. Biol. Macromol.*, 2015, **80**, 170.

[80] N. Benbettaïeb, O. Chambin, A. Assifaoui, S. Al-Assaf, T. Karbowiak and F. Debeaufort, *Food Hydrocoll.*, 2016, **56**, 266.

[81] N. Benbettaïeb, O. Chambin, T. Karbowiak and F. Debeaufort, *Food Control*, 2016, **66**, 315.

[82] N. Benbettaïeb, A. Assifaoui, T. Karbowiak, F. Debeaufort and O. Chambin, *Radiat. Phys. Chem.*, 2016, **118**, 81.

[83] P. R. Salgado, C. M. Ortiz, Y. S. Musso, L. Di Giorgio and A. N. Mauri, *Curr. Opin. Food Sci.*, 2015, **5**, 86.

[84] M. Lacroix, M. Jobin, E. Mezgheni, M. Srour and S. Boileau, *Radiat. Phys. Chem.*, 1998, **52**(1-6), 223.

[85] M. Ressouany, C. Vachon and M. Lacroix, *J. Agric. Food Chem.*, 1998, **46**(4), 1618.

[86] E. Mezgheni,C. Vachon and M. Lacroix, *Biotechnol. Prog.*,1998, **14**(3), 534.

[87] S. Ayari, D. Dussault, T. Jerbi, M. Hamdi and M. Lacroix, *Radiation Physics and Chemistry* [Internet], Elsevier, 2012, vol. 81, issue 8, p. 1173. Available from:

http://dx.doi.org/10.1016/ j.radphyschem.2012. 02.022.

[88] J. Borsa, M. Lacroix, B. Ouattara and F. Chiasson, *Radiat. Phys. Chem.*, 2004, **71**(1-2), 135.

[89] M. Turgis, J. Borsa, M. Millette, S. Salmieri and M. Lacroix, *J. Food Prot.* [Internet], 2008, **71**(3), 516. Available from: http://www.ncbi.nlm.nih. gov/entrez/query. fcgi?cmd= Retrieve &db=PubMed&dopt=Citation& list_uids=18389694.

[90] F. Chiasson, J. Borsa, B. Ouattara and M. Lacroix, *J. Food Prot.* [Internet], 2004, **67**(6), 1157. Available from: http://www.ncbi.nlm.nih.gov/ entrez/query.fcgi?cmd= Retrieve&db =PubMed &dopt=Citation&list_ uids=15222543.

[91] F. Hossain, P. Follett, K. D. Vu, S. Salmieri, C. Senoussi and M. Lacroix, *Food Control* [Internet], 2014, **45**, 156. Available from: http://dx.doi.org/ 10.1016/j.foodcont. 2014.04.022.

[92] F. Hossain, M. Lacroix, S. Salmieri, K. Vu and P. A. Follett, *J. Stored Prod. Res.* [Internet]. 2014, **59**, 108. Available from: http://dx.doi.org/10. 1016/j.jspr.2014. 06.003.

[93] J. Sharif, S. H. S. A. Aziz and K. Hashim, *Radiat. Phys. Chem.* [Internet], 2000, **58**(2), 191. Available from: http://www.sciencedirect.com/science/ article/pii/S0969806X99003734.

[94] J. Sharif, K. Z. M. Dahlan and W. M. Z. W. Yunus, *Radiat. Phys. Chem.* [Internet], 2007, **76**(11-12), 1698. Available from: http://www. sciencedirect.com/ science/article/pii/S0969806 X07002204.

[95] Y. Munusamy, H. Ismail, M. Mariatti and C. T. Ratnam, *J. Vinyl Addit. Technol.* [Internet], 2009, **15**(1), 39. Available from: http://www. scopus.com/inward/record.url? eid=2-s2.0-63349109999&partnerID= tZOtx3y1.

[96] M. Sabet, A. Hassan, M. U. Wahit and C. T. Ratnam, *Polym. -Plast. Technol. Eng.*, 2010, **49**(6), 589.

[97] W. E. N. Xu, P. Liu, H. Li, X. I. Xu, 2000; 243.

[98] D. Gheysari, A. Behjat and M. Haji-Saeid, *Eur. Polym. J.* [Internet], 2001, **37**(2), 295. Available from: http://www.sciencedirect.com/science/ article/pii/S0014305700001221.

[99] W. Baré, C. Albano, J. Reyes and N. Domínguez, *Surf. Coat. Technol.* [Internet], 2002, **158-159**, 404. Available from: http://www. sciencedirect.com/science /article/pii /S0257897202002591.

[100] A. E. Goulas, K. A. Riganakos, A. Badeka and M. G. Kontominas, *Food Addit. Contam.*, 2002, **19**(12), 1190.

[101] J. C. M. Suarez, E. E. Da Costa Monteiro, R. S. De Biasi and E. B. Mano, *J.Polym.Eng.*[Internet],2003,**23**(2),95.Availablefrom:http://www.scopus. com/inward/record.url?eid=2-s2.0-0142258765&partnerID=tZOtx3y1.

[102] R. Merijs Meri, I. Jablonskis, J. Zicans, M. Kalnins and A. K. Bledzki, *Mech.*

Compos. Mater. [Internet], 2004, **40**(3), 247. Available from: http:// www.scopus.com/ inward/record.url? eid=2-s2.0-3142690563&partnerID= tZOtx3y1.

[103] E. Fel, L. Khrouz, V. Massardier, P. Cassagnau and L. Bonneviot, *Polymer (Guildf)* [Internet], 2016, **82**, 217. Available from: http://www. sciencedirect.com/science/ article/pii/ S0032386115303566.

[104] M. Kaci, C. Remili, R. Khima and T. Sadoun *Macromolecular Materials and Engineering* [Internet], WILEY-VCH Verlag, 2003, vol. 288, issue 9, p. 724. Available from: http://dx.doi.org /10.1002/ mame.200300026.

[105] M.Żenkiewicz, *Radiat. Phys. Chem.* [Internet], 2004, **69**(5), 373, Available from: http://www.sciencedirect.com/science/article/pii/ S0969806X0300519X.

[106] M. Shafiq and T. Yasin, *Radiat. Phys. Chem.* [Internet], 2012, 81(1), 52. Available from: http://www.sciencedirect.com/science/article/pii/ S0969806X11003264.

[107] S.Dadbin,M. Frounchi and D. Goudarzi, *Polym. Degrad. Stab* [Internet], 2005, **89**(3), 436. Available from: http://www.sciencedirect.com/science/article/pii/ S0141391005000807.

[108] R. Sengupta, S. Sabharwal, V. K. Tikku, A. K. Somani, T. K. Chaki and A. K. Bhowmick, *J. Appl. Polym. Sci.*, 2006, **99**(4), 1633.

[109] N. K. Pramanik, R. S. Haldar, Y. K. Bhardwaj, S. Sabharwal, U. K. Niyogi and R. K. Khandal, *J. Appl. Polym. Sci.* [Internet], 2011, **122**(1), 193. Available from: http://www.scopus.com/inward/record.url?eid=2-s2.079960075539&partnerID=tZOtx3y1.

[110] N. K. Pramanik, R. S. Haldar, U. K. Niyogi and M. S. Alam, *Def. Sci. J.*, 2014, **64**(3), 281.

[111] C. Albano, J. Reyes, M. N. Ichazo, J. González and M. Rodríguez, *Nucl. Instrum. Methods Phys. Res. Sect. B Beam Interact. Mater. Atoms* [Internet], 2003, **208**, 485. Available from: http://www.sciencedirect.com/science/article/pii/S0168583X0300990X.

[112] A.-M. Riquet, J. Delattre, O. Vitrac and A. Guinault, *Radiat. Phys. Chem.* [Internet], 2013, **91**, 170. Available from: http://www.sciencedirect.com/ science/article/ pii/S0969806X13002636.

[113] C. Albano, J. Reyes, M. Ichazo, J. González, M. Hernández and M. Rodrí guez, *Polym. Degrad. Stab.* [Internet], 2003, **80**(2), 251, Available from: http://www. sciencedirect.com/science/article/pii/S0141391002004056.

[114] B. Croonenborghs, M. A. Smith and P. Strain, *Radiat. Phys. Chem.* [Internet], 2007, **76**(11-12), 1676. Available from: http://www. sciencedirect.com/science/article/ pii/S0969806X07002228.

[115] H. M. Nizam El-Din and A. W. M. El-Naggar, *Polymer Composites* [Internet], Wiley Subscription Services, Inc., A Wiley Company, 2008, vol. 29, issue 6, p. 597. Available from: http://dx.doi.org/10.1002/pc. 20389.

[116] F. F. da Silva, S. da, K. A. Aquino and E. S. Araújo, *Polym. Degrad. Stab.* [Internet], 2008, **93**(12), 2199. Available from: http://www.sciencedirect. com/science/ article/pii /S0141391008002541.

[117] P. Bataille, I. Ulkem and H. P. Schreiber, *Nucl. Instrum. Methods Phys. Res. Sect. B Beam Interact. Mater. Atoms* [Internet], 1995, **105**(1-4), 103. Available from: http://www.science direct.com /science/article/pii/ 0168583X95005226.

[118] B. W. Hutzler, L. D. B. Machado, A. B. Lugaão and A.-L. C. H. Villavicencio, *Radiat. Phys. Chem.* [Internet], 2000, **57**(3-6), 381. Available from: http://www. sciencedirect.com /science /article/pii/S0969806X99004727.

[119] G. M. Vinhas, R. M. Souto Maior and Y. M. de Almeida, *Polym. Degrad. Stab.* [Internet], 2004, **83**(3), 429. Available from: http://www. sciencedirect.com/science /article/pii/ S0141391003003008.

[120] M. M. H. Senna, Y. A. Hussein and K. A.-M. Yasser, *Polym. Compos.*, 2008, **29**, 1049.

[121] T. P. McNeal, V. Komolprasert, R. Buchalla, C. Olivo and T. H. Begley, *Irradiat. Food Packag. Recent Dev.* [Internet], 2004, 214-235. Available from: http:// www.scopus.com/inward/record.url?eid=2-s2.049249137621&partnerID=tZOtx3y1.

[122] R. Buchalla, C. Boess and K. W. Bögl, *Appl. Radiat. Isot.* [Internet], 2000, **52**(2), 251. Available from: http://www.sciencedirect.com/science/ article/pii/S0969804399001256.

[123] R. Buchalla, T. H. Begley and K. M. Morehouse, *Radiat. Phys. Chem.* [Internet], 2002, **63**(3-6), 837. Available from: http://www.sciencedirect. com/science/ article/pii/ S0969806X01006429.

[124] H. P. Araújo, J. S. Félix, J. E. Manzoli, M. Padula and M. Monteiro, *Radiat. Phys. Chem.* [Internet], 2008, **77**(7), 913. Available from: http:// www.sciencedirect. com/science /article/pii/ S0969806X08000388.

[125] G. Young Park, S. Yong Cho, D. Hoon Jeon, I. Shin Kwak, K. Ho Lee and H. J. Park, *Radiat. Phys. Chem.* [Internet], 2006, **75**(9), 1055. Available from: http://www. sciencedirect.com/science/article/pii/ S0969806X06000314.

[126] R. Franz and F. Welle, *Irradiation of Food and Packaging* [Internet], American Chemical Society, 2004, p. 236-261. Available from: http://dx. doi.org/ 10.1021/bk- 2004-0875.ch015.

[127] R. Buchalla and T. H. Begley, *Radiat. Phys. Chem.* [Internet], 2006, **75**(1), 129. Available from: http://www.sciencedirect.com/science/ article/pii/S0969806X05001386.

[128] R. Buchalla, C. Boess and K. W. Bögl, *Radiat. Phys. Chem.* [Internet], 1999, **56**(3), 353. Available from: http://www.sciencedirect.com/science/ article/pii/S0969806X99003114.

[129] O. Tyapkova, M. Czerny and A. Buettner, *Polym. Degrad. Stab.* [Internet], 2009, **94**(5), 757. Available from: http://www.sciencedirect.com/science/ article/pii/

S0141391009000482.

[130] I. Boughattas, M. Ferry, V. Dauvois, C. Lamouroux, A. Dannoux-Papin and E. Leoni, *et al.*, *Polym. Degrad. Stab.*, 2016, **126**, 219.

[131] A. Mahrour, M. Laeroix, J. Nketsa-Tabiri, N. Calderon and Gagnon, *Radiat. Phys Chem.*, 1998, **52**(1), 81.

[132] B. Ouattara, S. F. Sabato and M. Lacroix, *Radiat. Phys. Chem.*, 2002, **63**(3-6), 305.

[133] M. Lacroix and F. Chiasson, *Radiat. Phys. Chem.*, 2004, **71**(1-2), 67.

[134] R. Lafortune, S. Caillet and M. Lacroix, *J. Food Prot* [Internet]., 2005, **68**(2), 353. Available from: http://www.ncbi.nlm.nih.gov/entrez/query. fcgi?cmd=Retrieve&db=PubMed&dopt = Citation&list_uids=15726981.

[135] K. Nortjé, E. M. Buys and A. Minnaar, *Food Microbiol.*, 2006, **23**(8), 729.

[136] L. X. De, A. Jang, D. H. Kim, B. D. Lee, M. Lee and C. Jo, *Radiat. Phys. Chem.*, 2009, **78**(7), 589.

[137] M. Lacroix, M. Turgis, J. Borsa, M. Millette, S. Salmieri and S. Caillet, *et al. Radiat. Phys. Chem.* [Internet]. 2009, **78**(11), 1015. Available from: http://dx.doi.org/10.1016/ j.radphyschem. 2009.07.021.

[138] P. R. Hussain, R. S. Meena, M. A. Dar and A. M. Wani, *J. Food Sci.*, 2010, **75**(9), 586.

[139] P. N. Takala, S. Salmieri, K. D. Vu and M. Lacroix, *Radiat. Phys. Chem.*, 2011, **80**(12), 1414.

[140] M. Turgis, M. Millette, S. Salmieri and M. Lacroix, *Radiat. Phys. Chem.*, 2012, **81**(8), 1170.

[141] N. Pandey, S. K. Joshi, C. P. Singh, S. Kumar, S. Rajput and R. K. Khandal, *Radiat. Phys. Chem.*, 2013, **85**, 197.

[142] R. Severino, K. D. Vu, F. Donsì, S. Salmieri, G. Ferrari and M. Lacroix, *Int. J. Food Microbiol.*, 2014, **191**, 82.

[143] R. Severino, G. Ferrari, K. D. Vu, F. Donsì, S. Salmieri and M. Lacroix, *Food Control*, 2015, **50**, 215.

[144] P. R. Hussain, P. P. Suradkar, A. M. Wani and M. A. Dar, *Radiat. Phys. Chem.*, 2015, **107**, 136.

[145] A. Boumail, S. Salmieri and M. Lacroix, *Postharvest Biol. Technol.*, 2016, **118**, 134.

[146] T. Z. Jin, M. Huang, B. A. Niemira, L. Cheng *J. Food Process Preserv.* [Internet]. 2016, **00**, 1. Available from: http://doi.wiley.com/10.1111/ jfpp.12871.

[147] P. R. Hussain, P. P. Suradkar, A. M. Wani and M. A. Dar, *Int. J. Biol. Macromol.*, 2016, **82**, 114.

第 9 章 用于植物检疫和检疫处理的食品辐照

P. B. 罗伯茨[1]，P. A. 福莱特[2]

9.1 引言

经济增长是大多数国家的重要目标，许多国家，特别是发展中国家，将粮食及其产品的出口作为主要增长战略[1]。农产品贸易（水果和蔬菜）的重要性和价值正在增加。但是，只有当进口国确信已采取措施保证出口的农产品没有地方性害虫及可能损害植物资源健康或进口国经济的害虫时，才能进行新鲜农产品的贸易。保护植物的健康（植物检疫措施）和确保有生命力的重要害虫不越过国家边界（检疫措施）是新鲜农产品贸易的基础。

《国际植物保护公约》（IPPC）是公认的植物健康和植物检疫措施方面的权威国际机构[2]，其通过标准和准则为植物保护提供了一个国际框架，包括制定保护植物资源的国际植物检疫措施标准（ISPM）。2003 年，IPPC 发布了 ISPM 18，该标准为如何将辐照用作植物检疫措施提供了指导[3]。ISPM 18 还详细说明了经电离辐射加工的新鲜产品进行贸易时应遵循的程序。在过去十年中，使用植物检疫辐照的贸易有所增加，目前有 11 个国家参与了这种贸易（见表 9.3～表 9.5）。

9.2 植物检疫辐照

有很多选择可以抑制基于植物检疫性有害生物的出口。植物检疫处理的方法包括各种热加工、低温贮存、气调贮存、化学处理和熏蒸处理[4]。在 20 世纪初期，有人提出将辐照作为一种处理方法，但直到合适的辐射源出现（20 世纪 60 年代），它才成为一种可行的选择；2003 年，当就如何在具有不同宿主—害虫问题的国家或地区之间进行令人满意的贸易，达成制度上的一致时，植物检疫辐照才成为国际贸易

---

1. 辐射咨询服务中心，12A Waitui Crescent，下哈特 5010，新西兰。
2. 美国农业部，太平洋盆地农业研究中心，夏威夷州希洛市诺埃洛街 64 号，96720，美国。

的一种商业选择[3]。

原则上，植物检疫辐照可用于处理贸易中运输的任何植物材料，主要商品是木材和木制品。对于这些商品来说，甲基溴（MeBr）仍然是首选的处理方法，辐照还不是一个实际的选项。植物检疫辐照对新鲜水果和蔬菜是实用的，终端用户是进口国的消费者。

装运前使用甲基溴植物检疫不受《蒙特利尔议定书》的一般禁止和逐步淘汰条款的约束，该规定控制在环境中甲基溴等消耗臭氧层化学品的使用[5]。用辐照替代甲基溴是目前对新鲜农产品植物检疫辐照兴趣高涨的主要驱动因素。

9.2.1 原则

植物检疫处理大多是为了直接杀死目标害虫。但是，保证所有昆虫和生命阶段几乎立即死亡的辐射剂量，往往会对大多数新鲜农产品的感官品质产生不利影响。植物检疫辐照协议旨在防止成虫的出现，或通过成虫或通过第一代后代的不育来防止繁殖。在一定程度上，这个目标似乎不像死亡率那么确定，但辐照实际上是一种高效的杀虫方法。这是唯一一种有国际商定的通用剂量来对所有果蝇进行杀灭的方法[6]，并正在考虑针对其他昆虫和害虫的通用剂量[7-9]。

处理方法及一般应用在此不做详细说明。因为这两者都已在他处进行了充分评估[10-12]。为了成为有效的植物检疫措施，良好的辐照规范必须确保产品包装的任何部分所接受的剂量都不低于保证不出现成虫或繁殖失败所需的最小剂量。大部分包装上的剂量都大于最小剂量。从植物检疫的角度来看，产品实际接受的剂量超过最小剂量的多少并不重要。但是，从商业角度看，重要的是，装置运营者应确保所接受的最大剂量小于可能损害产品质量的剂量。

被吸收的辐射授予产品的能量会导致化学键断裂，包括在 DNA 分子中。DNA 的改变会破坏正常的细胞生理机能，导致目标害虫死亡或无法繁殖。昆虫生命周期的不同阶段对辐射损伤有不同的耐受性，不同的昆虫也表现出不同的耐受性[7-9]。但是，与化学和热加工相比，确保无法繁殖所需的剂量范围相对较小。

9.2.2 辐照与替代加工的比较

与热加工、冷加工、化学处理和熏蒸处理的竞争选择相比，辐照具有多个优势（请注意，并非所有的优势都适用于所有的替代方案）：

- 辐照可以在产品的最佳贮存温度下进行，并且产品的温度不会升高或降低；
- 加工过程中不使用任何化学物质，因此产品上没有有害的处理残留物，也没有释放任何可能对环境有害的化学物质，包括对臭氧层；
- 对加工处理后立即发运的产品进行快速处理；

- 这是一种穿透性的加工，可在最终包装的商品上应用，如在盒子或托盘上，没有“死点”；
- 基本上不受温度、压力、相对湿度等环境条件的影响，与商品的形状、尺寸无必然联系，相对独立，总体上加工相对简单可靠；
- 这是一种广谱的加工方法，在相对较小的剂量范围内对所有的昆虫都有效；
- 这是一种国际公认的方法，具有完善的贸易协议；
- 大多数水果和蔬菜都能很好地应用这种方法。

它的缺点是:

- 终点是致害虫的生殖能力丧失，而不是死亡率；根据 ISPM 18 和 ISPM 28 的国际议定书，这不是一个长期的不利因素，但在进口国的检疫官员接受偶尔发现的昆虫活体（虽然不能生存）时，起初它可能会引起一些问题；
- 目前，加工是在特殊的装置中进行的，通常距离农产品的收获和包装地有一段距离；
- 辐照食品不能被归类为“有机种植”。

辐照与其他替代方法在成本上具有竞争力。设备的投资成本很高，但如果保持合理的高吞吐量，则运营和总成本很低。实际费用将高度取决于具体的装置和加工量[12]，但是，就植物检疫处理而言，处理费用应在每千克几美分的范围之内。

9.3　国际/国家标准和协议

在开始任何贸易之前，进口国必须制定适当的规定，允许销售和消费辐照过的水果或蔬菜。大多数国家和地区的食品辐照法规以《辐照食品法典通用标准》为基础[13]。本质上，食品法典标准建议在某些技术条件下，可以将任何食品辐照至最大剂量为 10kGy 甚至更高。根据一个国际数据库，至少有 26 个国家允许销售为植物检疫目的接受辐照处理的水果或蔬菜，并且至少有 11 个国家允许出售特定的辐照过的新鲜农产品[14]。

ISPM 18[3]“使用辐照作为植物检疫措施的指南”，规定了对辐照食品进行双边贸易的规则，ISPM 28[15]详细说明了确保一系列管制害虫不能存活的最小剂量。值得注意的是，ISPM 28 宣布的是，150Gy 的剂量足以确保所有的果蝇成虫不出现在所有的寄主商品上，即所谓的通用剂量[6]。

国际原子能机构（IAEA）和美国材料试验学会（ASTM）都为用于植物检疫目的食品加工装置运营商发布了全面的指南[16,17]。国家之间通常就辐照新鲜农产品进行贸易的协定，要求出口国的辐照装置和程序要由进口国的官员进行检查和验证。加工完成后，将签发植物检疫证书，该证书由进口国官员或进口国认可的具有签发这种证书能力的个人或组织签署，装运时必须附有该证书。

9.3.1 澳大利亚和新西兰

国家间关于辐照新鲜农产品贸易的第一个协议是从澳大利亚向新西兰进口新鲜芒果。贸易始于 2004 年。随后不久，又签订了向新西兰进口澳大利亚木瓜和荔枝的协议，并于 2013 年签订了辐照番茄和辣椒的协议。新西兰还与美国（夏威夷木瓜）、泰国（荔枝和龙眼）和越南（芒果）签订了协议。迄今为止，越南芒果只运送了少量的测试货物。

澳大利亚还与美国和马来西亚（芒果）、印度尼西亚（李子和樱桃），以及越南（食用葡萄、柑橘和橙子）成功签订了协议并进行了初步贸易。澳大利亚国内边境的一些新鲜农产品贸易也需要植物检疫处理。州际证书保证（ICA）国家议定书 55 已经针对澳大利亚各州和领土内移动的所有农产品，承认 150Gy 是四翅果蝇的通用剂量，400Gy 是除鳞翅目昆虫的蛹和成虫外的所有昆虫的一般剂量[18]。ICA55 根据澳大利亚和新西兰食品标准局已经批准的植物检疫辐照的规定运作。

9.3.2 美国

2006 年，美国农业部（USDA）承认 150Gy 是杀灭所有果蝇的通用剂量，并承认 400Gy 是杀灭所有昆虫的通用剂量，但鳞翅目昆虫的蛹和成虫除外[19]。澳大利亚后来采用了 400Gy 的昆虫通用剂量[18]。但迄今为止，《国际植物保护公约》尚未采取类似的立场。

美国农业部鼓励使用辐照作为贸易的植物检疫处理。在某种程度上，这是为了协助减少对甲基溴处理的依赖。USDA 已协助一些国家申请向美国出口新鲜产品，并在海外工厂临时派驻工作人员，确保遵守适当的程序。美国农业部工作人员将颁发植物检疫证书，或授权当地主管机构代表其颁发证书。

与美国开始贸易的第一步是一个框架对等工作计划，在该计划中，各国同意各自在法律上接受对方的辐照产品体系。至少有 13 个与美国有贸易往来的国家制订了工作计划，更多的计划正在制订之中。然后，一项业务工作计划规定了一个国家向美国出口的确切要求和责任。首选方案是在原产国发货前进行辐照。但是，美国南部各州的三家工厂已被授权在严格的指导下对进口产品进行“入境口岸”处理。

已签署向美国出口各种水果协议的国家包括墨西哥、印度、越南、泰国、南非、巴基斯坦和澳大利亚。老挝、菲律宾和其他几个国家已经达成协议，但尚未开始贸易。作为回报，美国期望互惠互利，并有能力向这些国家出口辐照产品。尽管只进行了有限的商业活动。在日本、欧盟、韩国和加拿大等主要贸易伙伴出台允许对新鲜农产品进行辐照处理的国家法规之前，美国出口商对植物检疫辐照的兴趣可能仍然不高。

9.4　新鲜农产品贸易

9.4.1　美国国内州际贸易

最早使用植物检疫辐照是为了使新鲜农产品能够从夏威夷运到美国大陆[8,9]。最初，在 20 世纪 80 年代后期，对将波多黎各（芒果）和夏威夷（木瓜）分别运往佛罗里达和加利福尼亚进行了小规模的试验。植物检疫辐照的第一个商业用途是将夏威夷的水果运至芝加哥的辐照装置处，选择芝加哥地区是因为其气候不利于夏威夷害虫的生存，在 1995 年对 240 箱夏威夷木瓜进行了辐照检疫处理。在接下来的五年里，贸易不断扩大，大约 400t 夏威夷农产品被分发到 16 个州的零售商店。自 2000 年以来，佛罗里达州偶尔会小规模地使用辐照装置来加工当地产品，如番石榴，然后被运到其他州。

零售业的成功鼓励了美国于 2000 年在希洛建立 X 射线装置，该装置可以在装运前处理一系列热带水果，以及后来的番薯和其他蔬菜。表 9.1 列出了 2015 年在夏威夷加工并运往美国大陆的农产品数量。澳大利亚在昆士兰设有食品辐照装置。几年前，根据 ICA 55 协议，昆士兰芒果的试运货被送往维多利亚和塔斯马尼亚。最近，向南澳大利亚和西澳大利亚发送了四种商品的小批量商业货物（见表 9.2）。

表 9.1　2015 年夏威夷农产品运往美国大陆的情况

商品[a]	重量/t（约数）
番薯	4 400
其他（包括但不限于龙眼、木瓜、红毛丹、咖喱叶）	700

[a]辐照在两个装置（夏威夷 Pride 和夏威夷 Pa'ina）中进行。数据由 L. Jeffers，USDA-APHIS 和 E. Weinert，Hawaii Pride 提供。

表 9.2　分发给南澳大利亚和西澳大利亚的昆士兰辐照水果

［重量/t（约数）］[a]

	年份[b]				
	2011—2012	2012—2013	2013—2014	2014—2015	2015—2016
芒果	17	27	27	—	—
柿子椒	—	—	29	13	9
番茄	—	—	4	9	1
李子	—	—	—	—	20

[a]数据由 G. Robertson，Steritech Pty，Brisbane facility，Australia 提供。

[b]南半球的主要生长季节跨越历年。

9.4.2 国际贸易

澳大利亚和新西兰在2004年率先开创了两国之间的贸易，第一批运输的是辐照过的澳大利亚芒果，随后是荔枝和木瓜，后来是番茄和辣椒。最近，澳大利亚向其他国家进行了试运，并与其他国家发展了商业贸易。表9.3提供了澳大利亚对新西兰的出口数据；表9.4提供了对其他国家的出口数据。

表9.3 经植物检疫辐照处理后澳大利亚出口至新西兰的昆士兰农产品

［重量/t（约数）］[a]

	年份[b]											
	2004—2005	2005—2006	2006—2007	2007—2008	2008—2009	2009—2010	2010—2011[c]	2011—2012	2012—2013	2013—2014	2014—2015	2015—2016
芒果	18	123	191	329	556	1 040	589	872	967	822	1 406	973
荔枝	—	4	8	17	48	92	13	111	64	24	29	54
木瓜	—	—	—	—	—	—	—	10	1	18	2	86
番茄	—	—	—	—	—	—	—	—	—	437	367	370
辣椒	—	—	—	—	—	—	—	—	52	25	13	8
总计	18	127	199	346	604	1 132	602	993	1 084	1 326	1 817	1 491

[a]数据由G. Robertson，Steritech Pty，Brisbane facility，Australia提供。

[b]南半球的主要生长季节跨越历年。

[c]2010—2011年，各种气旋都对生长季节产生了不利影响。

表9.4 经植物检疫辐照处理后澳大利亚出口到其他国家的昆士兰水果

［重量/t（约数）］[a]

	年份[b]	
	2014—2015	2015—2016
芒果（美国）	13	170
芒果（马来西亚）	113	75
李子（印度尼西亚）	2	3
鲜食葡萄（越南）	—	759
樱桃（印度尼西亚）	—	2
柑橘（越南）	—	60
橙子（越南）	—	2

[a]数据由G. Robertson，Steritech Pty，Brisbane facility，Australia提供。

[b]南半球的主要生长季节跨越历年。

美国首次批准进口的辐照水果是印度芒果（2007年）。这鼓励了印度和其他几个国家（墨西哥、泰国、越南、南非、巴基斯坦和澳大利亚）在随后几年里发展各种水果的贸易。2015 年，大宗商品和出口国对美国的辐照水果进口量见表 9.5。经预清关和海上处理的进口总量超过 15 000t，另外有 464t 在抵达美国后进行处理。

表 9.5　2015 年按国家和商品分列的美国辐照水果进口量

国　家	商　品	[出口量/t（约数）][a]
预清关和离岸处理		
澳大利亚	芒果	20
印度	芒果	328
墨西哥	番石榴	9 737
	智利曼扎诺	1 032
	芒果	803
	石榴	144
	其他（杨桃、火龙果、无花果、红龙果、甜酸橙）	106
泰国	芒果	466
	其他（龙眼、芒果）	23
越南	火龙果	1 928
	龙眼	382
	红毛丹	201
	荔枝	4
抵达后处理		
墨西哥	番石榴	105
巴基斯坦	芒果	152
南非	柿子	202
	荔枝	5

[a] 数据由 USDA-APHIS L. Jeffers 提供。

综上所述，表 9.2～表 9.5 的数据显示，有 11 个国家正在积极出口和/或进口辐照新鲜农产品，每年进行国际贸易的处理量约 18 000t。此外，每年有 5 000～6 000t 的夏威夷辐照水果被运往美国大陆。

9.5　未解决的问题

9.5.1　通用剂量

辐照的替代方法需要为每种昆虫—寄主组合都开发一个特定的加工方案。150Gy 是消除所有寄主商品上的果蝇检疫风险的通用剂量，这是一个巨大的突破。这意味着在研究和应用过程中大大节省了时间和成本。美国和澳大利亚承认 400Gy 是除鳞翅目成虫和蛹以外的所有昆虫的通用剂量[18,19]，但各国之间尚未通过《国际植物保护公约》达成更广泛的协议。

最终确定所有昆虫和受管制害虫的通用剂量，并在国际上达成一致，将大大加快植物检疫辐照在贸易中的应用。福莱特总结了实现这一目标的研究进展[20]。

9.5.2 剂量和能量限制

1986 年，美国食品药物监督局（FDA）颁布了一项最终规定，将食品的辐射加工范围扩大到新鲜水果和蔬菜，这是植物检疫辐照历史上的一个里程碑[21]，它允许处理的新鲜农产品的最大剂量为 1kGy。这个最大值的选择似乎是基于这样一个论点：在 1kGy 以下，辐照和未辐照的食品在化学上是不可区分的。这一论点源于美国法规下的独特立场，即辐照是食品添加剂而不是食品加工方法。昆虫对辐射的耐受性或保持产品的质量似乎不是确定剂量限制的主要驱动力。

然而，大多数植物检疫辐照的国家法规都遵循了 FDA 的规定，规定了 1kGy 的最高剂量在理想的情况下，用于杀灭害虫的最小剂量应该根据处理寄主水果或蔬菜上存在的最具抗性的害虫所需的剂量来确定。在实际应用中，对除鳞翅目的成虫和蛹外的所有昆虫应用最小 400Gy 的通用剂量，将确保植物检疫辐照得到最快的商业利用。然而，大多数用于植物检疫处理的辐照装置都是钴 60 装置，主要是为其他需要更高辐射剂量的目的而设计的。这些装置在运行时，特定辐照包装所接受的最大剂量和最小剂量之间的比例（剂量均匀比或 DUR）高达 3 : 1。

由于一般剂量为 400Gy（或者可以想象其他类群的剂量略高），任何装置的 DUR 超过 2，就有可能违反 1kGy 的上限。解决这个问题的一个办法是设计较低 DUR 的装置。在植物检疫辐照被认为是业务需要的地方，例如，澳大利亚布里斯班附近的 Steritech 工厂就已经这样做了。夏威夷的两个辐照装置夏威夷 Pride 和夏威夷 Pa'ina，是专门设计用来处理 DUR 通常为 1.5（热带水果）至 2.0（番薯）的农产品。然而，这种设计方法不太可能得到普遍的青睐，除非辐照产品的商业量远远大于目前的水平，使仅为植物检疫应用建设工厂成为可能。

在此期间，允许植物检疫处理的最大剂量有更大的灵活性将是有益的。从技术角度来看，植物保护当局只关心所使用的最小剂量，而卫生当局则认为，以远高于植物检疫剂量范围的剂量照射食品不会对健康产生影响。在商业实践中，最大剂量应低于对水果质量产生不利影响的剂量。可以说，对新鲜农产品的处理实行单一的、受管制的最高剂量限制是没有必要的。鉴于短期内不太可能取消最大剂量的限制，将最大允许剂量提高到 1.5kGy 有助于食品行业，且不会对健康或食品质量造成重大影响。

展望未来，围绕钴 60 源设计的食品辐照装置可能会减少，而更多的装置则是基于由电子加速器提供动力的辐射源，电子加速器提供的电子束也可以转换为 X 射线。这种变化可能部分由业界对基于机器的辐射源的优势的认识驱动，机器辐射源只有在打开时才能产生辐射，而不是持续发射辐射的放射性同位素辐射源。

对于散装食品的加工，与大多数植物检疫应用的情况一样，将电子束转化为 X 射线的优点是可以更大程度地穿透包装[11]。因此，使处理整托盘货物而不是单个水果成为可能。通过允许电子撞击金属靶，可以实现从电子束到 X 射线的转换。这种转换效率很低，因此需要付出额外的成本。

转换效率随着能量的增加而增加，例如，当电子束能量从 5MeV 增加到 7.5MeV 时，转换效率从 8%增加到 13%[11]。目前，食品法典委员会辐照食品通用标准[13]和大多数国家法规都限制了食品所用的能量。FDA 在 2004 年批准了 7.5MeV X 射线的使用，前提是用于转换的靶材料是钽或金[22]。然而，这一变化并没有被广泛采用，这降低了美国以外 X 射线装置的商业吸引力。

9.5.3　标签

辐照食品法典通用标准要求食品按照预包装食品标签法典通用标准[23]对食品贴上标签。

国家立法采用法典标签建议的方式因国家而异。几乎所有允许进行植物检疫辐照的国家都要求对辐照过的产品贴上标签。

消费者将强制性标签视为赋予了他们权力，并对所购买的商品提供了更大的控制权。因此，保证辐照食品被贴上标签可以减少消费者对辐照食品的反对。但是，在一些国家，由于基于安全或营养的论点始终无法得到食品当局的支持，坚持强制和近乎苛刻的标签（如餐饮业和原料的标签）正在成为反对辐照的群体用来阻止辐照食品应用的一种理由。食品工业认为贴标签阻碍了辐照的发展，消费者可能会认为这是一个警告，因为相互的竞争技术往往不需要标记（如竞争植物检疫处理），而且它会带来一些额外的费用。

澳大利亚和新西兰正在对辐照食品强制性标签的要求进行咨询和审查[24]。美国食品和药物管理局在几年前收到一份请愿书[25]，提议将标签限制在辐照导致食品发生“物质变化”的情况下（对食品的化学成分或其感官特性发生显著变化）。然而，请愿书尚未发展到制定最终规则。

9.5.4　消费者的反应和未来

每年超过 20 000t 的辐照新鲜产品的成功零售，其中大部分是在几年内完成的，这表明辐照产品是有市场的。大部分的产品都在美国和新西兰销售。这两个国家都有重要的反食品辐照游说群体，试图阻止当局授权销售和消费者购买辐照食品。很明显，一些消费者由于各种原因不喜欢辐照食品。这些原因通常是基于辐照食品所造成的健康风险，这些风险已经被世界各地的卫生当局反驳，或者是基于一般对加工食品的价值判断。

更重要的是，来自零售店的证据表明，一旦辐照食品上市销售，大多数消费者愿意购买和再次购买[26]。这种反应不仅适用于新鲜的水果和蔬菜，而且适用于包括在中国和美国等许多国家用来破坏食品病原体的肉类和其他产品。辐照新鲜农产品和辐照食品一般都有市场。似乎不再使用甲基溴的趋势将继续下去，食品工业将对越来越多的证据做出反应，即消费者更喜欢在新鲜农产品中进行最低限度的化学处理和残留[27]，这一趋势预示着未来植物检疫辐照的机会将更大。

9.6 结论

辐照现在被公认为一种植物检疫处理选择，并被用作至少 11 个国家的新鲜农产品贸易的检疫措施。这种处理办法通过 IPPC 获得了全球认可，是唯一一种对所有寄主产品中无翅目果蝇具有公认的植物检疫处理方法。目前，正在为进一步的昆虫类群和受管制的害虫制定低于 400Gy 的通用剂量，从而降低处理成本、缩短处理时间、增加吞吐量，并最大限度地减少水果质量问题[7]。

辐照新鲜水果的交易总量不算大，每年只有多于 20 000t，但近年来一直在稳步增长。超过 5 000t 的夏威夷番薯和其他热带水果被运往美国大陆。在国际上，主要进口国是美国和新西兰，主要出口国是墨西哥、越南、澳大利亚、泰国和印度。许多不同的辐照水果被交易，主要是番石榴、芒果、火龙果和番薯。

目前，相对较少的辐照装置被优化用于低剂量植物检疫处理。由于辐照水果的市场成功显示了新的贸易机会，检疫官员在确定新的检疫办法之前的能力短缺和正在进行的旷日持久的谈判问题正在被改善。

几年来，贴有标签的辐照产品已经被进口国的消费者所接受，特别是美国和新西兰。辐照的优点是不涉及化学处理或残留物，大多数新鲜产品都能很好地接受辐照，而且检疫官员认为它是取代甲基溴作为植物检疫处理的最佳选择。这些因素表明，辐照应被视为未来植物检疫处理的首选。

参考文献

[1] *Global Agricultural Trade and Developing Countries*, ed. M. A. Askoy and J. C. Beghin, The World Bank, Washington, DC, USA, 2005, p. 329 .

[2] International Plant Protection Convention. https://www.ippc.int/en/ [Accessed 1 November 2016].

[3] IPPC (International Plant Protection Convention), Guidelines for the Use of Irradiation as a Phytosanitary Measure, ISPM 18, IPPC/Food and Agriculture Organization of the United Nations, Rome, 2003. https:// www.ippc.int/static/media/ files/ publication /en/2016/01/ISPM_18_2003_ En_2015-12-22_PostCPM10_InkAmReformatted. pdf [Accessed 1 November 2016].

[4] N. W. Heather and G. J. Hallman, *Pest Management and Phytosanitary Trade*

Barriers, CABI International, Wallingford, UK, 2007.

[5] UNEP (U.N Environmental Programme). *The Montreal Protocol and Its Amendments*. http://ozone.unep.org/new_site/en/montreal_protocol.php [Accessed 1 November 2016].

[6] IPPC (International Plant Protection Convention), Irradiation Treatment for Fruit Flies of the Family Tephritidae (Generic), *ISPM 28*, Annex 7, IPPC/Food and Agriculture Organization of the United Nations, Rome, 2009.

[7] P. A. Follett, *J. Econ. Entomol.*, 2009, **102**, 1399.

[8] G. J. Hallman, *Comp. Rev. Food Sci. Food Saf.*, 2011, **10**, 143.

[9] P. A. Follett and E. D. Weinert, *Radiat. Phys. Chem.*, 2012, **81**, 1064.

[10] K. O'Hara, Gamma ray technology for food irradiation, in *Food Irradiation Research and Technology*, ed. X. Fan and C. H. Sommers, 2013, Chapter 3, p. 29.

[11] M. R. Cleland, Advances in electron beam and X-ray technologies for food irradiation, in *Food Irradiation Research and Technology*, ed. X. Fan and C. H. Sommers, 2013, Chapter 2, p. 9.

[12] P. Kunstadt, Economic and technical considerations in food irradiation, in *Food Irradiation: Principles and Applications*, ed. R. A. Molins, Wiley Interscience, New York, 2001, pp. 415-420.

[13] Codex Alimentarius Commission, *Codex Stan. 106-1983, Revised 2003*, Food and Agriculture Organization of the United Nation/World Health Organization, Rome, 2003.

[14] International Atomic Energy Agency, Irradiated food authorization database (IFA), https://nucleus. iaea.org/Pages/ifa.aspx. [Accessed 1 November 2016].

[15] International Plant Protection Convention, *Phytosanitary Treatments for Regulated Pests*, *ISPM 28*, IPPC/Food and Agriculture Organization of the United Nations, Rome, 2009.

[16] International Atomic Energy Agency, *Manual of Good Practice in Food Irradiation*, Technical Report Series No. 481, *IAEA*, Vienna, 2015.

[17] American Society for Testing and Materials, *ASTM F1355-06*(*2014*). ASTM, West Conshohocken, PA, USA, 2014.

[18] Australian Sub-committee on Domestic Quarantine and Market Access, *Interstate Certification Assurance Protocol No. 55, Irradiation Treatment*, 2011, http://domesticquarantine.org.au/ica-database/queensland/queensland-ica-55 [Accessed 1 November 2016].

[19] United States Department of Agriculture- Animal and Plant Health Inspection Service, Treatments for Fruits and Vegetables, *Fed. Regist.*, 2006, **71**(18), 4451.

[20] P. A. Follett, *Stewart Postharvest Rev.*, 2014, **3**(1), 1.

[21] Food and Drug Administration (FDA), *Fed. Regist.*, 1986, **51**(75), 13376.

[22] Food and Drug Administration (FDA), *Fed. Regist.*, 2004, **69**(246), 76844.

[23] Codex Alimentarius Commission, *Codex Stan. 1-1985, Revised 2010,* Food and Agriculture Organization of the United Nation/World Health Organization, Rome, 1985.

[24] http://www.foodstandards.gov.au/consumer/labelling/review/Pages/Labelling-review- recommendation-34irradiation-labelling.aspx [Accessed 1 November 2016].

[25] Food and Drug Administration (FDA), *Fed. Regist.*, 2007, **72**(64), 16291.

[26] P. B. Roberts and Y. M. Henon, *Stewart Postharvest Rev.*, 2015, **3**(5), 1.

[27] A. M. Johnson, A. E. Reynolds, J. Chen and A. V. A. Resurreccion, *Food Prot. Trends*, 2004, **24**(6), 408.

第 10 章　食品辐照卫生处理

桑德拉・卡波・沃德[1]

10.1　引言

微生物可在生产、加工、贮存和分销的各个阶段污染食品。一些生物因子可能对人和动物具有致病性，其可能在保藏加工过程中存活下来，并对人类的健康构成威胁[1]。过去，在各种食品的商业贮存和检疫处理过程中，可以使用化学熏蒸法用于灭除虫害。然而，事实证明，这些化学品中的大多数是具有致癌物质的或对环境有害的，会对人类健康造成严重的不利影响，已被禁止。由于禁令存在，许多国家不得不限制或停止某些农产品的出口。因此造成了经济损失、进一步的贸易不平衡、贸易逆差和消费者食品种类选择的减少[2]。

因此，可以认为，无论食品是未经加工的还是加工过的，如果在食用前没有妥善处理和准备，可能会有一定程度的食品传播疾病的风险。人们的生活方式正在改变，准备食品的时间越来越少，因此越来越依赖加工和分发的食品。这一社会事实会使暴露于各种食源性病原体的风险增加。另外，对新鲜或“类似新鲜”的最低限度加工和方便食品的偏好，也可能对不了解食品安全加工和准备的消费者健康构成威胁[1]。

食品中的病原体越来越多，随之而来的疾病暴发，每年导致数千人生病或死亡，这促使人们认识到新的保藏技术的重要性[1]。食品辐照是为数不多的同时解决食品质量和安全问题的技术之一，具有在对食品属性没有显著影响的情况下控制腐败和食源性致病微生物的能力。食品经过辐照后所产生的益处与经过加热、冷藏、冷冻或化学处理后所产生的益处是一样的。然而，辐照有几个优点：它不会显著提高食品的温度，食品也不会煮熟；与化学处理不同，辐照不会留下潜在的有害残留物；它还可以用于加工包装食品，加工后的包装食品仍然安全，不会受到微生物的污染[3]。辐照的好处还包括减少贮存的损失，控制各种微生物的能力，从而延长食品的货架期，提高食品在微生物和寄生虫方面的安全性，同时确保食品的环境安全。这项技

1．里斯本大学高等技术学院核技术中心（C2TN）. E. N 10 ao km 139，7，2695-066 波贝德拉 LRS，葡萄牙。

术已被世界卫生组织确认为一种食品保藏技术，可在不改变食品的毒理学、生物或营养质量的情况下提高食品安全性[4,5]。辐射技术的发展是100多年来研究活动的结果，这使人们了解到它作为一种食品安全方法的安全性和有效性。目前，已经收集了文件化的证据来证明这项技术的安全性和有效性。

本章将介绍各种卫生措施，包括基于辐照对微生物（如引起食源性疾病的微生物）的致死效应，增加贮存时间或保质期，或将污染产品减少到预期用途可接受的水平[6]。历史上，食品辐照的卫生应用已由国际和国家法规进行全面解决。从国际角度看，主要标准是食品法典委员会的辐照食品通用标准[7]，而大多数批准食品辐射加工的国家当局也将建立全面的地方法规和控制措施。

10.2 食源性微生物对电离辐射的反应

尽管一些病原体对药物、化学或热加工表现出抗药性，许多食源性病原体（包括细菌和寄生虫）仍对辐射相对敏感[1]。考虑到医疗用品灭菌的商业成功，电离辐射控制微生物污染仍然是辐射加工的主要应用之一。

当电离辐射被生物材料吸收时，它与细胞内的关键靶点相互作用。大的生物分子，如DNA、RNA和蛋白质，可以通过能量的直接沉积而电离或激发，从而引发一系列导致细胞死亡的事件，称为辐射的直接效应。DNA被认为是电离辐射最重要的靶点。现在已经确定的是，辐射会造成广泛的DNA损伤，包括核苷酸碱基损伤（碱基损伤）、DNA单链断裂（SSB）和双链断裂（DSB）[8]。随着电离辐射剂量的增加，两条链上碱基损伤和单链断裂的线性密度增加，从而导致双链断裂[9]。SSB电离辐射的剂量通常会比DSB多40倍[10]。由于单个蛋白质的存在水平通常高于其相应基因的水平，因此，与未修复的DSB不同，对一种蛋白质的电离辐射损伤通常不认为是致命事件[9]。然而，最近提出了一个模型，其中蛋白质被设计为电离辐射影响的大分子层次中最重要的目标。因此，在抗辐射能力极强的细菌中，抵御电离辐射的第一道防线可能是锰络合物的积累，它可以防止产生铁依赖性的活性氧，这将使受辐射的细胞能够保护修复DNA和存活所需的足够的酶活性[9]。实际上，当细胞在营养培养基上生长时，其菌落形成能力的丧失通常被认为是辐射引起的损害的标准；据报道，失去这种能力的细胞在电离辐射的致死作用下而被杀死、灭活或失去活力。

细胞中电离辐射的另一个主要目标是水，因为水是最丰富的分子。这种交互作用导致了由于水的辐解而形成极具反应性的自由基。形成的自由基，即溶解电子（e_s^-）、氢原子（$H^•$）、羟基自由基（$OH^•$）、氢分子（H_2）和过氧化氢（H_2O_2），与DNA和其他关键生物靶点反应，导致细胞死亡。这种影响被称为辐射的间接效应[8]。

在不同的辐射条件下，可获得的已公布辐射微生物学数据与各种生物体（包括病毒、噬菌体、细菌、真菌孢子和酵母菌）的剂量反应关系有关。为确定用于预期应用的辐射加工过程的有效性提供了指导。但是，商品所需的辐射剂量取决于目标应用，需要通过考虑污染水平、暴露途径和涉及的生物危害等因素来确定[11]。

10.2.1 微生物灭活动力学

当一种微生物的悬浮液以递增的剂量进行辐照时，每次递增剂量后存活的菌落形成单位（CFU）的数量可以用来构建剂量—灭活曲线。微生物灭活的测定主要依赖培养的方法，并且生物体接受的剂量与灭活程度之间存在直接关系。为了根据生物体的辐射敏感性来确定其特征，使用了 D_{10} 值，该值定义为使 90%的生物体灭活所需的剂量，或使种群减少 10 倍所需的辐射剂量（例如，10^6 CFU/g→10^5CFU/g）。辐射灭活通常遵循指数动力学规律，并且 D_{10} 值可以通过灭活曲线的斜率的倒数来估算。该值也可以从式（10.1）中得到：

$$D_{10}=\text{辐射剂量}(D)/\lg(N_0-N) \qquad (10.1)$$

式中，N_0 为初始生物数；N 为辐射剂量下存活的生物数。

指数存活曲线可以用式（10.2）来表示[12]：

$$\lg N=-\frac{1}{D_{10}}D+\lg N_0 \qquad (10.2)$$

对于异质微生物种群，可以应用另一个数学模型[13]［式（10.3）］来描述微生物群对电离辐射的灭活反应，用来表示灭活保证水平（Inactivation Assurance Level，IAL）。

$$\text{IAL}=1-\sum_{i=1}^{n}f_i\times\left[1-\sum P_j(10)^{-\frac{D}{D_j}}\right]^{N_i} \qquad (10.3)$$

式中，IAL 为暴露于灭活过程后生物群存活的概率；D_j 为天然微生物群(异种群)对致死剂量的抗性响应；P_j 为 D_j 发生的概率；N_i 是污染类别的中心；f_i 为 N_i 的发生率；D 为吸收的辐射剂量。

最常见的灭活曲线如图 10.1 所示。从中可以观察到与指数灭活动力学之间的偏差情况。灭活曲线可以提供曲线生存图，在该曲线上可以观察到初始的肩膀（凸形曲线）、结束的尾巴（凹形曲线）或两者都有（S 形曲线）[14]。在凸形曲线中，低剂量时观察到一个肩峰，高剂量时观察到一个指数期。肩部归因于多个靶点和/或某些修复过程，这些修复过程在低剂量时有效，而在高剂量时则无效[15]。凹形曲线可以被解释为由微生物非均质种群的敏感性引起的。较高比例的抵抗力较低的细胞先被灭活，抵抗力更强的细胞尾随其后[16]。S 形灭活曲线可以看作凸形和凹形灭活曲线的组合。

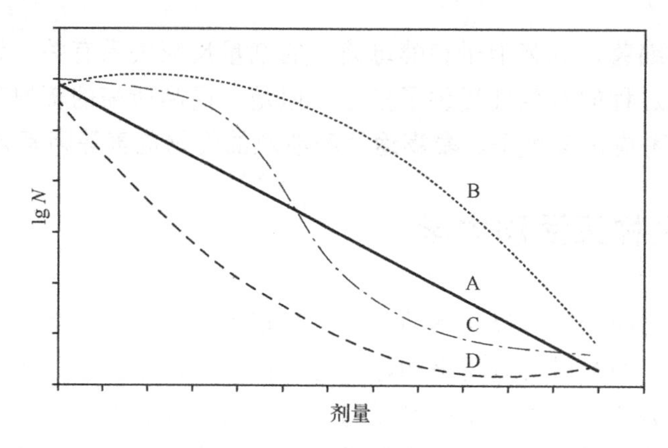

图 10.1 最常见的微生物对电离辐射响应类型的灭活曲线

注：A—指数型灭活曲线；B—凸型灭活曲线；C—S 型灭活曲线；D—凹型灭活曲线。

10.2.2 生物和非生物因素

微生物对辐射的敏感性既取决于生物（内在）因素，也取决于非生物（外在）因素。下面简要介绍其中的一些因素。

影响微生物辐射反应的生物因素包括物种和微生物菌株之间的差异[17]。一般认为，微生物的抗辐射性与生物体的大小和复杂性成反比。大目标比小目标对电离辐射更敏感。例如，病毒的基因组非常小（与细菌和真菌相比），因此比细菌病原体对电离辐射的抵抗力更高。通常，细菌的营养体对真菌的辐射更敏感，而且据证明酵母菌比丝状真菌更具抗辐射性[18]。抗辐射性还取决于生长条件、生长阶段和细胞数量。在相似的微生物群之间，这些辐射敏感性的差异，还与它们在化学和物理结构上的固有多样性，以及它们从辐射损伤中恢复的能力有关。考虑到这一点，已经确定并公布了多种 D_{10} 值[4]。例如，假单胞菌属、弯曲杆菌属和大肠埃希菌（包括 O157:H7）可被视为 D_{10} 值低于 0.5kGy 的敏感细菌。其他食源性细菌如金黄色葡萄球菌、沙门氏菌、单核细胞增生性李斯特菌和营养型产气荚膜梭菌，被描述为中等耐药性，其 D_{10} 值为 0.40～0.80kGy。最著名的抗性细菌之一是耐辐射球菌，它是一种多倍体细菌（每个细胞有 4～10 个单倍体基因组复制），能够依靠有效的 DNA 修复机制进行基因组组装和诱导 DNA 修复基因，因此能够在超过 17kGy 的剂量下存活[19]。文献报道，真菌的抗辐射性更强，因为菌丝体中存在天然的辐射防护剂，如脂质含量[20]。此外，丝状真菌产生的大量代谢物（如醇、酸、酶、色素、多糖、类固醇、麦角碱和抗生素），以及细胞内真菌成分（硫氢化物、色素、氨基酸、蛋白质和脂肪酸）也被报告为其抗辐射的原因[21]。据报道，某些真菌物种的 D_{10} 值在属内和属间不同。例如，赭曲霉和寄生曲霉的 D_{10} 值分别为 0.36kGy 和 0.48kGy；黄曲霉和烟曲霉分别为 0.52kGy 和 0.63kGy；尖孢镰刀菌和番茄枯萎病菌分别为 0.76kGy 和 0.87kGy[21]；关于酵母菌，假定其抗辐射性与乳酸、乙酸的产生有关，这些乳酸、乙酸和醇作为清除剂，对酵母菌起到保护作用，抵御辐射产生的自由基[18]。在此基础上，建议使用 5～10kGy 的高剂量 γ 辐射来控制真菌[22]。如前所述，病毒比 D_{10} 值高于 1kGy 的细菌更具抗辐射性[23]。即柯萨奇病毒 B-2 在牛肉馅中的 D_{10} 值为 6.8kGy，甲肝病毒在海螺和牡蛎中的 D_{10} 值分别为 2.0kGy 和 4.8kGy，而脊髓灰质炎病毒 I 在贝类中的 D_{10} 值分别为 2.4kGy 和 3.1kGy[24,25]。据报道，病毒对电离辐射敏感性的一般变异性不仅表现在病毒类型上，还表现在病毒存在的基质成分上[26]。

影响微生物辐射敏感性的非生物因素包括辐照温度、氧气存在、剂量率和辐照后的贮存条件。

一般来说，低温辐照会降低细菌和病毒的敏感性，而在高温下则会增加[27]。高温处理协同加强电离辐射对营养细胞的杀灭作用，可能是由于修复系统通常在环境温度或略高于环境温度下运行，并且在更高温度下受损[28]。反过来，植物性微生物在冰点以下比在环境温度下的抗辐射性要大得多。水活性的降低和冷冻状态下自由基扩散的限制是可能的解释[29]。例如，降低产品中的含水量和增加氯化钠浓度会降低辐照对细菌灭活的效力，因为氯离子能清除羟基自由基，而细胞外水的可用性降低导致自由基的生成减少[30]。然而，细菌孢子受低温的影响较小，因为它们的核心含水量很低，不太可能对已经受到限制的自由基扩散产生明显的影响[31]。

总的来说，辐照处理后产生的最常见的自由基来自氧和水。因此，氧的存在增加了电离辐射对微生物细胞的致死作用[32]。然而，这种氧效应并不总是能如此明显地观察到，因为辐照本身会或多或少地引起基质的缺氧状态，特别是当使用电子束辐照时[33]。辐照的间接影响可以通过在有氧的情况下照射细胞来加强，引起超氧自由基和过氧自由基的形成，从而加强微生物细胞的灭活[8]。气调包装（MAP）和辐照的结合被发现增加了细菌的辐射敏感性，其中 MAP 的灭菌作用主要源于二氧化碳[34]（与食品辐照结合使用的方法的细节详见第 12 章）。

辐照过程中应用的剂量率是另一个可以影响微生物辐射反应的参数。一般来说，在高剂量率下，细胞抵抗辐射的能力通常会降低，这可能是由于修复系统无法对持续的诱导损伤做出快速反应[35]。另外，在极低的剂量率下，细菌似乎可以自我修复，从而降低了辐射敏感性[36]。在电子束加速器中，超高剂量率下的剂量率效应似乎是由于细胞内的氧气耗尽，因为在 500～750Gy 的剂量下，预期细菌细胞内的所有氧气都会耗尽。这可能导致细胞修复因形成过氧自由基而造成损伤的能力降低[37]。

由于电离辐射对微生物的影响部分是自由基介导的间接作用造成的，因此微生物悬浮介质的性质在确定特定灭菌效果所需剂量方面起着重要作用。培养基越复杂，培养基成分对细胞内辐射形成的自由基的竞争就越大，从而“保留”或“保护”微生物[33,36]。基质培养基的化学成分可能具有保护作用（增加抗辐射能力）或敏感作用（降低抗辐射能力）。清除剂的存在可能会与水辐解释放出的自由基发生反应，从而保护或减少通常受到这些自由基攻击的细胞的辐射损伤。保护性成分的例子有醇、碳水化合物、蛋白质和含巯基的化合物，除此之外，还有亚硝酸盐、硝酸盐和醌[36]。例如，肉类中高水平的抗氧化剂会降低电离辐射的抗菌效能，因为它们会在自由基攻击微生物的DNA之前中和这些自由基[30]。研究还发现，在对病毒进行辐照的培养基中，蛋白质的存在会增加病毒对辐照灭活的抵抗力。在低蛋白含量的存量中，对于减少3个对数的存量，猫钙病毒需要0.5kGy，犬钙病毒需要0.3kGy；然而，在高蛋白存量中，这两种钙病毒对γ射线辐照有很强的抵抗力[38]。表10.1总结了其中的一些影响。

表 10.1 某些细胞外环境因子对微生物抗辐射性的影响

因　素	非生物因子	抗辐射性的影响
温度	高温	降低
	冷冻温度	增加
含水量	高	降低
	低	增加
气体环境	氧气	降低
剂量率	低	增加
	高	降低
食品的化学成分	酒精	增加
	碳水化合物	增加
	蛋白质	增加
	含巯基化合物	增加
	醌	降低
	亚硝酸盐和硝酸盐	降低

考虑所有这些生物和非生物因素的影响，同一微生物可能会根据其在辐照过程中存在的介质和基质显示出不同的D_{10}值，正如文献所报道的那样（见表10.2）[1,11,30,39,40]。这一事实强调了选择合适的D_{10}值对建立食品辐射加工工艺的重要性。D_{10}值还可以纳入风险评估、用于设计减少微生物种群的工艺，以及预测潜在健康风险降低的过程[25,26]。

表 10.2 食品中微生物 D_{10} 值的多样性

生　物	辐射源	D_{10}/kGy	基质	温度/℃	参考文献
空肠弯曲杆菌（*Campylobacter jejuni*）	γ射线	0.16～0.20	家禽	5	[104]
空肠弯曲杆菌（*Campylobacter jejuni*）	γ射线	0.07～0.2	带壳蛋	环境	[89]
大肠埃希菌O157：H7（*Escherichia coli* O157:H7）	γ射线	0.24	牛肉	2～4	[30]
大肠埃希菌（*Escherichia coli*）	γ射线	0.71±0.04	樱桃番茄	环境	[66]
单核增生性李斯特菌（*Listeria monocytogenes*）	γ射线	0.42～0.44	猪肉馅	0～5	[30]
无害李斯特菌（*Listeria innocua*）	γ射线	0.29	芹菜和花生	环境	[39]
沙门氏菌（*Salmonella* spp.）	γ射线	0.61～0.66	牛肉馅	4	[30]
肠炎沙门氏菌（*Salmonella* Enteritidis）	γ射线	0.2～0.3	带壳蛋	环境	[89]
肠炎沙门氏菌（*Salmonella* Enteritidis）	γ射线	0.5	大虾（表面）	nd[a]	[11]
鼠伤寒沙门氏菌（*Salmonella* Typhimurium）	γ射线	0.3～0.4	带壳蛋	环境	[89]

续表

生　物	辐射源	D_{10}/kGy	基质	温度/℃	参考文献
鼠伤寒沙门氏菌（*Salmonella* Typhimurium）	γ射线	0.30±0.01	樱桃番茄	环境	[66]
金黄色葡萄球菌（*Staphylococcus* aureus）	γ射线	0.40～0.66	鸡	0	[30]
金黄色葡萄球菌（*Staphylococcus* aureus）	γ射线	0.45±0.02	樱桃番茄	环境	[66]
产孢梭状芽孢杆菌（*Clostridium sporogenes* spores）	γ射线	6.3	牛肉脂肪	4	[30]
产气荚膜梭状芽孢杆菌（*Clostridium perfringens*）	γ射线	0.83	猪肉	10	[30]
莫拉氏菌（*Moraxella phenylpyruvica*）	γ射线	0.63～0.88	鸡	4	[30]
恶臭假单胞菌（*Pseudomonas putida*）	γ射线	0.08～0.11	鸡	4	[30]
烟曲霉（*Aspergillus fumigatus*）	γ射线	0.63	药用植物	nd	[21]
镰刀菌（*Fusarium solani*）	γ射线	0.87	药用植物	nd	[21]
玉米假丝酵母（*Candida zeylanoides*）	γ射线	0.68	鸡皮	10	[18]
轮状病毒（猿猴）[Rotavirus (simian)]	电子束	1.29±0.64	菠菜	环境	[26]
脊髓灰质炎病毒 1 型（Poliovirus Type1）	电子束	2.35±0.20	菠菜	环境	[26]
诺如病毒（鼠）[Norovirus (murine)]	电子束	4.05±0.63	牡蛎	环境	[25]
甲型肝炎病毒（Hepatitis A virus）	电子束	4.83±0.08	牡蛎	环境	[25]
甲型肝炎病毒（Hepatitis A virus）	γ射线	2.72±0.05	生菜	环境	[60]
甲型肝炎病毒（Hepatitis A virus）	γ射线	2.97±0.18	草莓	环境	[60]

[a]nd：不确定。

10.3 食品辐照作为卫生处理的应用

辐照是一种控制措施。根据定义，控制措施是指可用于防止或消除食品安全危害或将其降低到可接受水平的任何行动和活动[41]。性能标准是指有助于确保食品安全的一个或多个步骤组合的一个或多个控制措施的要求结果。在制定性能标准时，必须考虑危害的初始水平及其在生产、加工和贮存过程中的变化[41]，灭菌效力的标准可以设置为 99.9%（3lg）、99.99 %（4lg）、99.999%（5lg）或 99.9999%（6lg）的微生物负载减少[42]。这种微生物负载的减少，可以代表一种特定微生物或微生物群落，通常以 10 的对数（lg）单位来表示，后文将进一步介绍。

10.3.1 芳香植物和药用植物

芳香植物和药用植物及其提取物的重要性已在世界范围内得到证明。当前，对这些产品的需求量很大，因为这些产品具有营养、治疗和美容的功效。在全球化和自由贸易的背景下，卫生质量对于这些产品的广泛商业化是至关重要的[43]。与植物产品相关的主要问题之一是其微生物污染会导致质量下降。这些植物存在着微生物污染，并可以寄生大量以细菌、真菌和病毒为特征的微生物[44]。某些微生物的存在可能与公共卫生密切相关，如沙门氏菌、大肠埃希菌、产气荚膜梭菌、蜡样芽孢杆菌和霉菌[45]。这些植物的微生物负载是由环境因素引起的，微生物污染物很容易通过空气和土壤传播[45]。植物源产品的微生物污染使它们不适用于食品生产、制药和化妆品应用。因此，评估药用植物的卫生质量，以及使用去污染方法以符合卫生和安全方面的国际标准，是促进消费者安全和治疗效率的重要步骤[46]。

除了良好的生产规范，建立对芳香植物和药用植物科学和安全的去污技术也是至关重要的[47]。目前，可以采用三种方法对草药进行去污，即蒸汽、熏蒸和辐照。但是，蒸汽会降解轻质叶类草本植物，研磨后的产物很难在蒸汽系统中加工，有时甚至无法处理[48]。对于环氧乙烷气体，欧盟与许多其他国家和地区已禁止使用，因为吸入它会致癌，它会留下有害的化学残留物[49]。人们日益认识到，食品辐照是减少收获后食品损失、确保卫生质量、作为熏蒸或蒸汽的替代方法，以及促进食品更广泛贸易的一种有效方法。欧盟已批准使用最大辐射剂量为 10kGy[50]的电离辐射加工干燥的香草、香料和蔬菜调味料，而在某些国家，如澳大利亚和美国，允许的最大剂量为 30kGy[7]。

有几项研究涉及将电离辐射作为香料、芳香植物和药用植物的采后加工。下面给出一些示例。

关于香草或粉状香料，据报道，剂量范围为 6.0～10.0kGy 的 γ 射线辐照足以对胡椒、小豆蔻、肉豆蔻、肉桂、茴香和姜黄进行灭菌，而不会引起显著的化学或感官改变[18,51]。在一项用包装好的辣椒做的研究中，作者报告说，6kGy 的辐射剂量完全消除了包括曲霉真菌在内的总霉菌的数量，并且表明在 25℃下贮存 3 个月后，真菌不再进一步增殖[52]。也有报道称，完全消除药用植物波尔多树叶、山茶、番泻叶和黄花叶的真菌污染需要 10kGy 的剂量，与对照样品相比，所有包装样品在 30 天后仍保持无菌状态[18]。一项对 4 种草药——百叶蔷薇、穆库尔没药、獐牙菜、心叶青牛胆和四种草药配方的微生物和生化特征进行的综合研究表明，需氧板计数的 3～7 个对数单位（lg CFU/g）（3～7 个对数单位=10^3～10^7 菌落形成单位/g）和假定的大肠埃希菌计数的范围在 2～6 个对数单位时，发现高达 10kGy 的 γ 辐射剂量足以完全完成微生物净化，而不会影响草药及配方的生物活性[53]。

对银杏和瓜拉那的研究表明，两种草药的平均需氧微生物负载为 10^6 个对数单位，使用剂量为 5.5kGy 的 γ 辐射有效减少到约 3 个对数单位，从而改善了产品的微生物质量，同时保持了主要的活性成分[46]。另一项研究表明，通过 γ 辐射技术，在极低剂量（1kGy）的条件下，成功对薄荷中的大肠埃希菌进行去除，而不会影响其色泽或某些独特成分[54]。

因细菌对抗生素和抗菌剂的耐药性的增加，需要寻找新的处理方法，一些植物源的挥发性油和提取物具有抗菌活性[55]。药用植物可以是适当的替代治疗方法，其挥发性油和提取物已显示出抗菌活性。报道的数据表明，γ 射线可作为一种安全的技术用于保存具有有效抗菌活性的药用植物多花扎塔利。研究了不同辐照剂量（10kGy、20kGy、30kGy）对法国百里香和薄荷精油化学成分、抗菌和抗氧化活性的影响，作者的结论是：以灭菌剂量使用 γ 射线辐照不会损害药用植物和芳香植物的生物学活性，包括抗微生物特性[47]。另一项研究报告表明，用10kGy剂量的电子束照射植物制剂与未照射的制剂具有相同的治疗作用[56]。

因此，有文献证据证明，电离辐射对芳香植物和药用植物是一种有效的冷去污加工方法，可以延长保质期、提高卫生质量，并减少食源性疾病的相关风险。

10.3.2 新鲜水果和蔬菜

新鲜水果和蔬菜是健康和均衡饮食的重要组成部分。许多国家的卫生机构都鼓励人们食用新鲜水果和蔬菜，以预防一系列的疾病。但是，水果和蔬菜在生长、收获、运输，以及进一步加工和处理期间，可能会被人或动物来源的病原体污染[57]。生吃的食品越来越被认为是传播传统意义上与动物源食品相关的人类病原体的重要载体[58]。细菌性病原体如沙门氏菌和大肠埃希菌是产生相关食源性疾病的主要因素。然而，甲型肝炎和诺如病毒的暴发越来越多地与新鲜农产品的消费有关[59]。除了与疫情有关外，水果和蔬菜在成熟过程中越来越容易受到微生物的入侵，其中一些非常易腐烂，其贮藏寿命因变黑和变软而受到限制。虽然加热在灭活大多数微生物病原体方面取得了相当大的成功，但它可能不适用于主要为生吃或经过最低限度加工的水果和蔬菜等食品。此外，在农产品工业中常用的氯等化学品，是关于其副产品的公共卫生和环境问题，被认为对内在的微生物没有效果[60]。此外，尽管消费者可以通过清洗产品来去除微生物，甚至使用消毒剂，但在去除变质微生物和病原体方面的效果有限[59]。因此，还需要探索替代加工方法，以延长其货架期。旨在保证水果和蔬菜的安全和最大限度地减少采后损失的辐照技术，作为良好的农业做法和传统冷藏的一种可能的补充，有很大的作用空间[61]。下面着重介绍一些例子。

一项研究表明，与未经辐照的对照组相比，1.5～3.5kGy的辐射剂量辐照水果（如草莓、杏、李子、桃、葡萄、枣、无花果、苹果、梨和桑树）可显著降低真菌总计数[62]。此外，在冷藏温度下贮存28天后，未辐照的水果被高浓度的霉菌毒素污染，而1.5～3.5kGy辐照的样品则未检出霉菌毒素[62]。对树莓的研究表明，1.5kGy的辐射剂量不会对树莓的感官和品质属性产生重大影响，其有益效果是将微生物种群减少95%，并在冷藏7天后提高酚含量和抗氧化活性[63]。

γ射线对新鲜农产品中潜在病原微生物的灭活作用一直备受关注。研究γ辐射对即食生菜和水芹的质量和安全性的影响，建议在加工剂量为1kGy时，使大肠埃希菌O157:H7和英诺克李斯特菌减少7个对数单位，在保证质量特性的同时，与未辐照样品相比，保质期延长了4天[64]。其他报告发现，在1kGy时，卷心菜、番茄、西蓝花和绿豆芽中的单核细胞增多性李斯特菌减少4～5个对数单位[65]，在接种的樱桃番茄上，辐射剂量为3kGy，可使大肠埃希菌、金黄色葡萄球菌和鼠伤寒沙门氏菌的数量减少5个、7个和11个对数单位[66]。用X射线进行的研究表明，上述处理可对水果和蔬菜上的不同病原体产生非常高的抗菌效果（大于5个对数单位的减少）[67]。例如，对于芒果，经1.5kGy的X射线照射后，大肠埃希菌O157:H7、单核细胞增生性李斯特菌、福氏志贺氏菌、鼠伤寒沙门氏菌的数量减少到低于可检测极限（2个对数单位）。此外，与对照样品相比，在22℃下贮存30天的过程中，观察到初始的微生物菌群显著减少[67]。考虑到食源性病毒的灭活，数据表明，对水果和蔬菜上的甲肝病毒种群的杀灭率达到90%，需要2.7～3.0kGy的γ辐射剂量[60]。对于小鼠诺如病毒（人类诺如病毒的替代品），在4kGy辐照的新鲜菠菜、莴苣和草莓样品中可实现小于2个对数单位的减少[68]。

一些国家允许通过辐照处理蔬菜和水果，以控制微生物，最大剂量为1～2.5kGy[2,69]。具体而言，美国已设定最大4.0kGy的剂量来控制新鲜卷心莴苣和菠菜中的食源性细菌[70]。根据已公布的数据，γ射线辐照可有效减少细菌和真菌，但以目前允许的剂量辐照对新鲜农产品中食源性病毒的减少不到2个对数单位。因此，应使用更高剂量的γ射线辐照，或者有必要将γ射线辐照与其他屏障方法结合使用[60]。然而，风险评估表明，如果一份食用量（14g）的生菜被脊髓灰质炎病毒种群为每克10 PFU（Plaque Forming Unit，噬菌斑形成单位）污染，以3kGy的剂量进行电子束照射可将感染风险从10人中的大于2人降低到100人中的约6人。同样，如果菠菜的食用量（0.8g）被每克10PFU的轮状病毒污染，则以3kGy的剂量进行电子束辐照将感染风险从10人中的大于3人减少到100人中的约5人[26]。

大规模采用这一程序净化农产品还没有被生鲜农产品行业所采纳，这可能是由于还需要进行进一步的研究，以评估大多数水果和蔬菜对控制各种病原微生物所需的辐射剂量的耐受性[71]。此外，要使这项技术完全被接受，有关营销成功的相关行业和消费者利益的有效沟通是必要的（见第17章）。

10.3.3 肉类、鱼类和蛋类

肉类和肉制品在屠宰、加工和贮存过程中容易发生微生物腐败，因为它们具有理想的营养基质，有利于微生物特别是致病性微生物的增殖[72]。涉及洗涤和切割的工业食品加工可以促进交叉污染，特别是大肠埃希菌、单核细胞增生李斯特菌、沙门氏菌和弯曲杆菌[73]。消除肉类中的病原体可以通过在屠宰或加工步骤（或两者）中使用物理、化学和物理化学方法对胴体和肉类进行净化来实现[30]。辐照是微生物净化、灭活食源性病原体和提高肉类食品安全性的最有效技术之一。据报道，肉制品中最常见的肠道病原菌如空肠弯曲菌、大肠埃希菌O157:H7、金黄色葡萄球菌、沙门氏菌属、单核细胞增生李斯特菌和嗜水气单胞菌的数量，可通过低于3.0kGy的辐射剂量显著减小或消除[30]。特别是在鸡胸肉中，经2.0kGy X射线加工后，接种的沙门氏菌数量减少了6个对数单位，与对照样品相比，在5℃下贮存20天的货架期内，天然微生物种群显著减少[74]。此外，发现5kGy的γ辐射剂量可有效控制鸡肉中的细菌病原体（沙门氏菌属和大肠埃希菌），有效地将其冷冻货架期延长至9个月，而对其感官质量不产生任何显著影响[75]。作为原则证明，一项工作报告称，对厚度大致相同的（≤1.5cm）牛肉片进行 1kGy 电子束辐照，足以灭活大肠埃希菌（VTEC）血清型和可能存在于自然污染水平的沙门氏菌血清[76]。与此一致的是，另一项研究证明，用低剂量（0.75kGy 或 0.90kGy）的电子束照射鼠伤寒沙门氏菌接种的猪排和火腿，可以减少沙门氏菌的数量，这些沙门氏菌在 7℃下存放 7 天后没有增加，但在 25℃下存活的沙门氏菌生长得非常好。这表明即使在辐照后也要保持良好的冷链的重要性[77]。与其他食品的情况一致，需要更高的 γ 辐射剂量（6.8kGy）才能使冷冻牛肉馅中的柯萨奇病毒减少 1 个对数单位[78]。

近年来，全世界对渔业产品的需求不断增加，但其供应量却跟不上需求。除人口不断增加外，人们对鱼类营养价值的认识不断提高也是造成这种需求的原因。然而，世界上约 70%的海洋资源已被充分开发、过度开发、枯竭耗尽或因枯竭耗尽而处于重建过程中。因此，各国必须实施有效的养护和管理措施，以满足不断增长的需求[79]，提高鱼类供应量的方法之一是减少捕捞后损失。商业渔业面临两个主要问题，即商品的易腐性和其中可能存在病原微生物[79]。渔业产品可能受到环境和/或加工步骤的污染，并作为许多食源性病原微生物的载体[80]。在渔业产品中发现的一些常见病原体包括沙门氏菌、金黄色葡萄球菌、不同种类的肉毒杆菌、蜡样芽孢杆菌、空肠弯曲杆菌、大肠埃希菌 O157:H7、副溶血弧菌、小肠结肠炎耶尔森氏菌和单核细胞增生李斯特氏菌[79]。此外，不适当的贮存条件（温度失控）可能使病原体生长并达到感染剂量[81]。一些捕捞后技术已被应用于减少渔业产品上致病菌的数量，如使用二氧化氯溶液、酸化亚氯酸钠、添加剂以及电解水、高温、冷冻、巴氏灭菌、紫外线（UV）或静水高压处理。然而，这些技术中的大多数将海鲜产品中的病原体减少到 2 个对数单位以下[81]。因此，开发一种能够生产货架期稳定和微生物安全的鱼类产品的技术，具有重大的经济意义和健康意义。辐照可以为减轻公共卫生和经济损失的关切提供一个强大的工具，已经开展了一些研究以评估几种鱼类的微生物特征、保质期和质量[79,82]。例如，在纳格利鱼上，在 3kGy 辐照样品中未检测到沙门氏菌，而 2kGy 剂量能够灭活副溶血弧菌和金黄色葡萄球菌。虽然未检测到单核细胞增生李斯特菌和小肠结肠炎耶尔森氏菌，但辐照前鱼中存在非致病性物种，如格氏李斯特菌、默氏李斯特菌和结核分枝杆菌。然而，2kGy 和 3kGy 的辐照剂量分别破坏了耶尔森氏菌和李斯特菌，在贮存期间中没有被检测到。事实上，未经辐照的样品在 1～2℃下的保存期为 7～8 天，而经辐照的样品（2kGy 和 3kGy）保存期可达 19 天[83]。电子束对鱼糜海产品的微生物灭活也进行了研究，在厚度小于 82mm 的鱼糜海鲜包装上，4kGy 的双面电子束剂量至少可使金黄色葡萄球菌减少 7 个对数单位，最多可减少 12 个对数单位[84]。此外，一项关于生金枪鱼片 X 射线灭菌效果的研究表明，在 0.6kGy 的剂量下，沙门氏菌数量可减少 6 个对数单位以上。此外，X 射线辐照显著降低了生金枪鱼片上的初始固有微生物种群，使其在 5℃下保存 25 天的整个货架期内的水平，显著低于对照样品的水平（$p < 0.05$）[81]。关于病毒，也需要更高的辐射剂量才能使其在鱼体内灭活，正如一项研究所记录的那样，将脊髓灰质炎病毒接种到鱼片上，需要 6kGy 的剂量才能实现 2 个对数单位的减少[85]。

随着世界范围内沙门氏菌肠炎血清型感染率的不断上升，沙门氏菌污染鸡蛋的问题在几十年前就已出现。尽管如此，最近的疫情表明，这一问题仍然是公众关注的问题[86]。科学家已经通过开发带壳鸡蛋巴氏灭菌和快速冷却技术来解决这个问题，但是这些方法只能确保表面去污[87]。因此，有必要开发高灭活率的去污方法，以使带壳鸡蛋中的表面和内在细菌病原体灭活[87]。根据文献报道，辐照已被证明是一种从蛋的表面和内部空间清除病原体的有效方法[88,89]。一项研究表明，低剂量电子束辐照（≤2kGy）可降低或消除大肠埃希菌、鼠伤寒沙门氏菌、单核增生李斯特菌等致病菌的风险，并提高全蛋粉的发泡能力[90]。此外，研究还发现，2kGy 的电子束照射使接种在的蛋壳上的大肠埃希菌和鼠伤寒杆菌细胞数量在贮存 7 天和 14 天后降低到检测限以下[91]。在 1kGy 剂量的 X 射线照射下，接种到蛋壳样品的沙门氏菌减少了 6 个对数单位，在 5℃下保存 20 天的货架期中，与对照样品相比，天然微生物群显著减少[74]。

鱼和肉类的辐照可能是全世界广泛采用辐照技术的关键，因为辐照技术在控制公众担心的众所周知疾病方面具有独特的潜力。一些国家采用了中等剂量的辐照（最高 10kGy），以控制鲜或冷冻肉、鱼（≤7kGy）和蛋类（≤3kGy）中的致病微生物和腐败微生物[2,69,70]。然而，目前允许的辐照水平可能不足以控制病原性病毒 [24]。

10.3.4 免疫缺陷患者、灾情和太空任务的食品辐照

对于免疫系统受损或处于受限状态的人来说，确保食品安全尤为重要。食品是潜在的感染源，即使是通常被认为非致病性的生物体也可能会引起问题。

对于免疫缺陷患者来说，建议采用低微生物饮食，也称中性粒细胞减少性饮食或熟食饮食，即不包括可能含有致病性微生物的食品，以减少食源性感染的风险。根据美国食品药物监督管理局发布的指南，免疫功能低下的患者必须避免食用高风险食品，并建议只食用巴氏灭菌果汁、牛奶或奶酪，以及煮熟的鸡蛋、家禽、肉类和鱼类[92]。然而，有些食品经不起高压灭菌。热加工导致的变化非常巨大，以至于患者要么因为外观而拒绝食用，要么因为风味和质地改变而不去食用[93]。为了实现“清洁”饮食，在亚灭菌剂量下应用 γ 射线是一个很好的选择，同时，它可以扩大这些患者的饮食种类，允许包括一些通常被认为是“高风险”的食品，因为它们的微生物负载在营养或心理上是适当的[94]。

由于强化治疗或导致免疫系统抑制的疾病而需要低微生物饮食的医院患者，辐照被推荐为制备食品的一种方法[95]。然而，几乎没有证据表明它被广泛用于患者食品或其他需要这种食品安全水平的潜在目标群体。通过文献检索，以评估关于向免疫抑制患者供给辐照处理食品的国际经验，事实上，能找到的参考文献非常少[94,96]。

（1）英国：查林 • 克罗斯儿童医院，1993 年的辐照香料和茶。在苏格兰（1995 年），有报道说一些医院正在使用辐照来提供清洁饮食。

（2）美国：西雅图的弗雷德 • 哈钦森癌症研究中心（1974—1988 年），一组辐照

食品提供给骨髓移植患者。据报道，辐照的食品在佛罗里达州一家医院为免疫抑制的患者提供。

（3）国际食品辐照咨询小组报告说，在芬兰和荷兰，医院患者的辐照食品不受监管的限制。

最近，有研究记录了辐照处理的可行性，以增加免疫力低下的患者和其他目标群体（如灾民、军人和宇航员）饮食中食品的供应和接受程度。这些研究大多是在国际原子能机构支持的研究协调项目框架内进行的[97]。研究涵盖了经过辐照的个别食品，如新鲜农产品（水果、蔬菜）、肉类、面包或冰激淋，以及包括民族食品在内的即食食品[63,66,73,93,98]。这项研究的成果对食品保藏行业有着极大的吸引力，特别是使免疫力低下的患者看到了希望，因为他们只能吃那些因严格的去污过程而失去营养价值的食品。已经对患者进行了一些研究试验，包括辐照食品，但遗憾的是，大多数参与国家仍未实施。例如，用 5kGy 剂量辐照商业冻干苹果、梨、草莓和菠萝，用 12kGy 剂量辐照葡萄，而不影响其感官质量，经过了 102 名免疫力低下的患者测试[99]。2003—2004 年进行的另一项试验包括一顿辐照的午餐，每道菜都接受了不同剂量的辐照，以根据清洁饮食获得安全的微生物数量。清洁饮食包括胡萝卜丝、樱桃番茄和煮鸡蛋沙拉、鸡肉和蔬菜馅饼，还有新鲜的苹果和梨片、草莓果冻和软奶酪。在阿根廷布宜诺斯艾利斯“圣马丁”临床医院，44 名免疫功能低下的患者品尝了这顿饭，表现了非常好的感官可接受性[96,100]。2011 年在巴基斯坦完成了一项临床研究，其中将含有发芽的豆类、鸡肉、肝脏、豌豆、葫芦和油脂的民族餐食真空密封在多层袋中，并根据推荐的膳食定量进行营养强化，以 8kGy 的剂量照射，使微生物计数达到中性粒细胞饮食限度。在三周内提供给乳腺癌和脑癌患者食用，他们接受常规血液生化分析的监测。结果表明，辐照食品治疗组的体重、血红蛋白含量和白细胞数显著增加，这对它们的身体和心理康复非常重要[97]。

此外，战争、自然灾害、贫困、移徙、滥用毒品、不安全的性行为、营养不良、化学污染、森林砍伐、气候变化和无家可归，可能会导致免疫系统受到损害[101]。在这种情况下提供的食品往往会导致食源性疾病的暴发[101]。辐照可以帮助提供安全和保质期稳定的包装食品，这些食品可能是作为预防措施提前生产和贮存的。例如，为满足人们在饮食紧急情况下的需求而制作的高营养、不含防腐剂的包装面包，在经过 6kGy 剂量的辐照后，在室温下可保持 9 个月的无菌状态，保持了这些面包的感官特性并提高了其卫生质量[98]。此外，一种以民族餐为概念的填馅烘烤食品（SBF）[101]是为印度的灾民开发的。这种即食食品包括部分发酵的杂粮面团，其中富含 5%的饱和脂肪，填充烤鹰嘴豆面粉、去皮的马铃薯泥：用香料和盐将鹰嘴豆煮熟（捣碎），对填馅食品进行对流烘烤，真空包装，并在 15kGy 剂量下进行 γ 辐照。在环境温度下保存 240 天后，SBF 是可以接受的，同时保持其质量属性，确保基因毒性安全性。这种食品还可以用于其他目标人群，如国防人员、学校午餐计划的学生、探险队员和宇航员[101]。

在过去的三十年中，已经开发出了用于太空计划的各种类型的食品，并且出于食品安全的考虑，其中大多数食品都是冷冻干燥的。尽管宇航员在极端条件下应有足够的营养来执行任务，但大多数宇航员在食用冻干食品时会出现食欲减退的症状。为了提高消费者对这些太空食品的接受程度，它们应尽可能地与地球上的同类产品相似，因此必须建立一种有效的技术来确保食品安全和质量。从阿波罗 12 号到阿波罗 17 号，所有 NASA 的飞行都携带了新鲜的辐照面包，而阿波罗 17 号的饮食包括由辐照面包和辐射灭菌火腿组成的三明治[100]。1995 年，美国食品和药物管理局批准对 NASA 宇航员使用的冷冻食品进行最小剂量 44kGy 的辐照[70]。在韩国，对传统食品如“Miyeokguk”（熟牛肉、海带、大蒜、盐和水）和“Gochujang”（红辣椒酱）在辐照后进行了评估，结果表明，剂量分别为 10kGy 和 20kGy 的食品满足了太空食品的微生物要求[102,103]。

该领域的研究仍在进行中。然而在今天，这些应用虽然很有前途，但似乎规模很小。

表 10.3 总结了上述食品辐照作为卫生处理的应用。

10.4 结论和未来趋势

一个普遍表示关注的问题是对不卫生的食品进行辐照，使其看起来可以安全食用[24]。收获后的技术如辐照，从来就不是作为清洁技术来设计使用的。这些技术只能作为全面食品安全计划的一个步骤，该计划从田间的良好农业规范（GAP）和食品加工行业的良好生产规范（GMP）开始。除非食品的污染物水平得到控制，否则不能指望使用辐照或其他此类收获后的技术来大幅度减少感染人数并对公共健康产生积极影响[26]。

很明显，任何给定的病原体或腐坏生物对辐照的反应取决于多种因素。包括生物因素，如属、种，有时是血清型和微生物的增长阶段，以及非生物因素，如食品类型和成分、辐照时的食品温度，以及辐照期间和辐照后的大气。需要针对每个制造商和产品分别制定和验证辐照工艺[24]。

从文献综述中可以明显看出，在微生物灭活研究中使用的标准和协议主要是基于使用低剂量率的 γ 辐射源。工业电子束加速器和 X 射线设备剂量率可以比 γ 辐射源大几个数量级。致死性或“细胞死亡”与剂量率有关，在电子束和 X 射线的照射下以几分之一秒的速度发生。在为卫生控制而开发食品辐照工艺时，应清楚地记住这一点。

辐照不应被假定为一种独立的技术。随着今天对包括新鲜农产品在内的高质量食品的需求日益增加，辐照可能与其他工艺相结合，可能是提高产品安全的合适手段，特别是考虑到食源性病毒具有较高的抵抗力[60]。如果辐照与其他屏障技术相结合，将辐射剂量降到最低是可行的[60]。对食品辐照的进一步研究应遵循这一思路。

表 10.3　食品辐照作为卫生处理的应用

食品基质		目标微生物	剂量/kGy	辐射源	参考文献
芳香植物和药用植物	胡椒粉、小豆蔻、肉豆蔻、肉桂、茴香和姜黄	总计数	6～10	γ 射线	[18,51]
	包装辣椒	真菌计数	6	γ 射线	[52]
	波尔多树叶、山茶、番泻叶和黄花叶	真菌计数	10	γ 射线	[18]
	百叶蔷薇，穆库尔没药、獐牙菜和心叶青牛胆	真菌计数	10	γ 射线	[53]
	银杏和瓜拉那	真菌计数	5.5	γ 射线	[46]
	薄荷	大肠埃希菌	1	γ 射线	[54]
新鲜水果和蔬菜	草莓、杏、李子、桃、葡萄、椰枣、无花果、苹果、梨、桑葚	真菌计数	5	γ 射线	[62]
	山莓	总计数	1.5	γ 射线	[63]
	即食生菜和水芹	大肠埃希菌 O157:H7 和李斯特菌	1	γ 射线	[64]
	卷心菜、蕃茄、西蓝花和绿豆芽	单核细胞增生李斯特菌	1	γ 射线	[65]
	樱桃蕃茄	大肠埃希菌，金黄色葡萄球菌和鼠伤寒沙门氏菌	3	γ 射线	[66]
芳香植物和药用植物	整个芒果	大肠埃希菌 O157:H7、单核细胞增生李斯特菌、志贺氏菌和肠炎沙门氏菌	1.5	γ 射线	[67]
	蔬菜和水果	总计数	1～2.5	γ 射线 EB 和 X 射线	[2,69]
	新鲜的卷心莴苣和菠菜	食源性细菌	4	γ 射线 EB 和 X 射线	[70]
	生菜和草莓	甲型肝炎病毒	3	γ 射线	[60]
	新鲜菠菜、长叶莴苣和草莓	诺如病毒	4	γ 射线	[68]

续表

食品基质		目标微生物	剂量/ kGy	辐射源	参考文献
肉、鱼和蛋	家禽	肠弯曲杆菌、大肠埃希菌 O157:H7、金黄色葡萄球菌、沙门氏菌、单核细胞增生李斯特菌和嗜水气单胞菌	3	γ 射线 EB 和 X 射线	[30]
	鸡肉	沙门氏菌和大肠埃希菌	2～5	X 射线和 γ 射线	[70,75]
	牛肉	大肠埃希菌（VTEC）和沙门氏菌	1	EB	[76]
	猪排和火腿	沙门氏菌	0.75～0.90	EB	[77]
	冷冻牛肉馅	柯萨奇病毒	6.8	γ 射线	[78]
	纳格利鱼	副溶血性弧菌、金黄色葡萄球菌，耶尔森氏菌、李斯特菌和沙门氏菌	2～3	γ 射线	[83]
	鱼糜海鲜	金黄色葡萄球菌	4	EB	[84]
	生金枪鱼片	沙门氏菌、总计数	0.6	EB	[81]
	鱼片	脊髓灰质炎病毒	6	γ 射线	[85]
	带壳和液体鸡蛋	肠炎沙门氏菌、弯曲杆菌和空肠弯曲杆菌	1～3	X 射线，EB 和 γ 射线	[74,88,89]
	全蛋粉	大肠埃希菌、鼠伤寒沙门氏菌和李斯特菌	≤2	EB	[90]
目标人群的食品	新鲜水果和现煮肉	食源性病原体	<5	γ 射线	[63,66,73,93]
	冷冻水果		5～12	γ 射线	[99]
	即食食品		2～9	γ 射线	[100]
	民族餐		8	γ 射线	[97]
	高营养、无防腐剂的面包	总菌群	6	γ 射线	[98]
	烘焙食品		15	γ 射线	[101]
	冷冻餐		44	γ 射线 EB 和 X 射线	[70]
	韩国传统食品		10～20	γ 射线	[102,103]

虽然辐照是研究最多的食品技术之一，但对其能力和整体性的了解仍然有限。需要更多的信息披露，主要针对营养学家、医生、患者、卫生机构、餐饮服务、食品工业、超市和公众。许多免疫力低下的人在医院外过着相当“正常”的生活，因此，安全、多样、营养和吸引人的即食辐照食品的商业供应将有助于他们的身体健康。食品辐照研究人员、营养学家和医生之间的合作，对开发和改进新的应用至关重要。当然也需要建立与这项活动有关的国家法规，希望能与国际接轨，并提供更多的食品辐照装置[98]。

总而言之，从微生物学的角度来看，辐照最终可以增加消费者对这些产品的信心，因为它改善了卫生条件，延长了产品的保质期，从而增加了总销售量，降低了危害的风险（导致更少的召回和更多的国际贸易机会），以及增加了新产品开发的潜力[79]。

参考文献

[1] I. Ihsanullah, A. Rashid and P. Loaharanu, *Vet. Parasitol.*, 1996, **64**, 71.

[2] I. Ihsanullah and A. Rashid, *Food Control*, 2017, **72**, 345.

[3] P. Pinto, S. Cabo Verde, M. J.Trigo, A.Santana and M. L. Botelho, in *Radionuclide Concentrations in Food and the Environment*, ed. M. Poschl and L. Nollet, CRC Press Taylor & Francis Group, Boca Raton, FL, 2006, p. 411.

[4] R. V. Bhat, G. W. Gould, R. Gross, P. C. Kesavan, E. Kristiansen, A. O. Lustre,K.M. Morehouse,G.E.Osuide,T.A.Roberts,O.Saporaand H.P. Weise, *World Health Organization-Technical Report Series*, 1999, p. 1.

[5] World Health Organization, *Safety and Nutritional Adequacy of Irradiated Food*, Geneva: World Health Organization, 1994.

[6] International Atomic Energy Agency, *Manual of Good Practice in Food Irradiation-Sanitary, Phytosanitary and Other Applications*, International Atomic Energy Agency, Vienna, 2015.

[7] Food and Agricultural Organization of the United Nations and World Health Organization, *General Standard for Irradiated Foods*, FAO/WHO, Rome, CODEX STAN, 2003.

[8] C. von Sonntag, *Basic Life Sci.*, 1991, **58**, 287.

[9] M. J. Daly, *Nat. Rev.*, 2009, **7**, 237.

[10] M. J. Daly, L. Ouyang, P. Fuchs and K. W. Minton, *J. Bacteriol.*, 1994, **176**, 3508.

[11] J. Farkas, *Int. J. Food Microbiol.*, 1998, **44**, 189.

[12] S. C. Lind, J. *Phys. Colloid Chem.*, 1947, **51**, 1451.

[13] K. W. Davis, J. Strawderman, E. W. Masefield and J. L. Whitby, in *Sterilization*

of Medical Products, ed. E. R. L. Gaughran and R. Morrissey, Multiscience Publications, Ltd, Montreal, 1981, p. 34.

[14] A. Casolari, *J. Theor. Biol.*, 1981, **88**, 1.

[15] R. Davies, A. J. Sinskey and D. Botstein, *J. Bacteriol.*, 1973, **114**, 357.

[16] O. Cerf, *J. Appl. Bacteriol.*, 1977, **42**, 1.

[17] F. Nogueira, M. Luisa Botelho and R. Tenreiro, *Radiat. Phys. Chem.*, 1998, **52**, 15.

[18] S. Aquino, *Science against Microbial Pathogens: Communicating Current Research and Technological Advances*, 2011, **vol. 1**, 272.

[19] M. J. Daly and K. W. Minton, *J. Bacteriol.*, 1996, **178**, 4461.

[20] A. M. Salama, M. I. Ali, Z. H. El-Kirdassy and T. M. Ali, *Zentralbl. Bakteriol. Parasitenkd. Infektionskr. Hyg.*, 1977, **132**, 1.

[21] N. H. Aziz, M. Z. el-Fouly, M. R. Abu-Shady and L. A. Moussa, *Appl. Radiat. Isot.*, 1997, **48**, 71.

[22] N. Aziz and S. Abd El-Aal, *J. Egypt. Vet. Med. Assoc.*, 1990, 951.

[23] International Consultative Group on Food Irradiation (ICGFI), *Review of Data on High Dose (10-70 kGy Irradiation of Food: Report of a Consultation, Karlsruhe, 29 August-2 September 1994/International Consultative Group on Food Irradiation,* Geneva: World Health Organization, 1995.

[24] C. A. O'bryan, P. G.Crandall, S.C. Ricke and D. G. Olson, *Crit. Rev. Food Sci. Nutr.*, 2008, **48**, 442.

[25] C. Praveen, B. A. Dancho, D. H. Kingsley, K. R. Calci, G. K. Meade, K. D. Mena and S. D. Pillai, *Appl. Environ. Microbiol.*, 2013, **79**, 3796.

[26] A. C. Espinosa, P. Jesudhasan, R. Arredondo, M. Cepeda, M. MazariHiriart, K. D. Mena and S. D. Pillai, *Appl. Environ. Microbiol.*, 2012, **78**, 988.

[27] P. Hernigou, G. Gras, G. Marinello and D. Dormont, *Cell Tissue Bank*, 2000, **1**, 279.

[28] J. J. Licciardello, *J. Food Sci.*, 1964, **29**, 469.

[29] A. Matsuyama, M. J. Thornley and M. Ingram, *J. Appl. Bacteriol.*, 1964, **27**, 110.

[30] D. U. Ahn, I. S. Kim and E. J. Lee, *Poult. Sci.*, 2013, **92**, 534.

[31] K. Ma and R. B. Maxcy, *J. Food Sci.*, 1981, **46**, 612.

[32] F. Chiasson, J. Borsa, B. Ouattara and M. Lacroix, *J. Food Prot.*, 2004, **67**, 1157.

[33] M. J. Thornley, *J. Appl. Bacteriol.*, 1963, **26**, 334.

[34] M. Lacroix and R. Lafortune, Radiat. *Phys. Chem.*, 2004, **71**, 79.

[35] P. Dion, R. Charbonneau and C. Thibault, *Can. J. Microbiol.*, 1994, **40**, 369.

[36] G. J. Silverman, in *Disinfection, Sterilization and Preservation*, ed. S. Block, Lea & Febiger, Philadelphia, 3rd edn, 1963, p. 89.

[37] C. H. Rambo and S. D. Pillai, in *International Meeting on Radiation Processing* (*IMRP*), Montreal, 2011.

[38] A. M. de Roda Husman, P. Bijkerk, W. Lodder, H. van den Berg, W. Pribil, A. Cabaj, P. Gehringer, R. Sommer and E. Duizer, *Appl. Environ. Microbiol.*, 2004, **70**, 5089.

[39] L. Shurong, G. Meixu, W. Chuanyao, N. Bibi, M. Khattak, A. Badshah and M. Chaudry, *Use of Irradiation to Ensure the Hygienic and Quality of Fresh, Pre-Cut Fruits and Vegetables and Other Minimally Processed Food of Plant Origin*, International Atomic Energy Agency, Vienna, 2006.

[40] R. G. Moreira, A. F. Puerta-Gomez, J. Kim and M. E. Castell-Perez, *J. Food Sci.*, 2012, **77**, E104.

[41] M. Cole, *Mitt. Leb. Hyg.*, 2004, **95**, 13.

[42] L. F. Poschetto, A. Ike, T. Papp, U. Mohn, R. Böhm and R. E. Marschang, *Appl. Environ. Microbiol.*, 2007, **73**, 5494.

[43] S. Zantar, R. Haouzi, M. Chabbi, A. Laglaoui, M. Mouhib, M. Boujnah, M. Bakkali and M. Hassani, *Radiat. Phys. Chem.*, 2015, **115**, 6.

[44] H. M. Martins, M. L. Martins, M. I. Dias and F. Bernardo, *Int. J. Food Microbiol.*, 2001, **68**, 149.

[45] W. Kneifel, E. Czech and B. Kopp, *Planta Med.*, 2002, **68**, 5.

[46] R. R. Soriani, L. C. Satomi and T. J. A. Pinto, *Radiat. Phys. Chem.*, 2005, **73**, 239.

[47] S. Zantar, R. Haouzi, M. Chabbi, A. Laglaoui, M. Mouhib, M. Boujnah, M. Bakkali and M. Hassani, *Radiat. Phys. Chem.*, 2015, **115**, 6.

[48] I. Eiss, in *Growing Impact of Irradiation on Global Production of and Trade in Spices*, ed. P. Loaharanu and P. Thomas, Technomic, Vienna, 2001, p. 178.

[49] A. G. Chmielewski and W. Migdal, *Nukleonika*, 2005, **50**, 179.

[50] J. M. Gil-Robles and K.-H. Funke, *Off. J. Eur. Communities*, 1999, **13**, 24.

[51] F. Toofanian and H. Stegeman, in *Proceedings of the national conference on nuclear science and technology in Iran*, vol. 1, 1986, p. 59.

[52] Q. Iqbal, M. Amjad, M. R. Asi and A. Ariño, *J. Food Prot.*, 2012, **75**, 1528.

[53] S. Kumar, S. Gautam, S. Powar and A. Sharma, *Food Chem.*, 2010, **119**, 328.

[54] H. Machhour, I. El Hadrami, B. Imziln, M. Mouhib and M. Mahrouz, *Radiat. Phys. Chem.*, 2011, **80**, 604.

[55] M. M. Cowan, *Clin. Microbiol. Rev.*, 1999, **12**, 564.

[56] H. B. Owczarczyk, W. Migdal and B. Kę-dzia, *Radiat. Phys. Chem.*, 2000, **57**,

331.

[57] M. F. Lynch, R. V. Tauxe and C. W. Hedberg, *Epidemiol. Infect.*, 2009, **137**, 307.

[58] European Food Safety Authority and European Centre for Disease Prevention and Control, *EFSA J.*, 2016, **14**, 4634.

[59] L. J. Harris, J. N. Farber, L. R. Beuchat, M. E. Parish, T. V. Suslow, E.H.Garrett and F.F.Busta ,*Compr.Rev. Food Sci. Food Saf.*,2003,**2**,78.

[60] S. Bidawid, J. M. Farber and S. A. Sattar, *Int. J. Food Microbiol.*, 2000, **57**, 91.

[61] A. Kamat, K. Pingulkar, B. Bhushan, A. Gholap and P. Thomas, *Food Control*, 2003, **14**, 529.

[62] N. H. Aziz and L. A. A. Moussa, *Food Control*, 2002, **13**, 281.

[63] S. Cabo Verde, M. J. Trigo, M. B. Sousa, A. Ferreira, A. C. Ramos, I. Nunes, C. Junqueira, R. Melo, P. M. P. Santos and M. L. Botelho, *J. Toxicol. Environ. Health. A*, 2013, **76**, 291.

[64] M. J. Trigo, M. B. Sousa, M. M. Sapata, A. Ferreira, T. Curado, L. Andrada, M. L. Botelho and M. G. Veloso, *Radiat. Phys. Chem.*, 2009, **78**, 659.

[65] M. L. Bari, M. Nakauma, S. Todoriki, V. K. Juneja, K. Isshiki and S. Kawamoto, *J. Food Prot.*, 2005, **68**, 318.

[66] D. Guerreiro, J. Madureira, T. Silva, R. Melo, P. M. P. Santos, A. Ferreira, M. J. Trigo, A. N. Falcão, F. M. A. Margaça and S. Cabo Verde, *Innov. Food Sci. Emerg. Technol.*, 2016, 1.

[67] B. S. M. Mahmoud, R. Nannapaneni, S. Chang and R. Coker, *Lett. Appl.* Microbiol., 2016, **62**, 138.

[68] K. Feng, E. Divers, Y. Ma and J. Li, *Appl. Environ. Microbiol.*, 2011, **77**, 3507.

[69] European Commission, *Communication from the commission on foods and food ingredients authorised for treatment with ionising radiation in the community*, 2001.

[70] U.S. Food & Drug Administration, *CFR-Code of Federal Regulations Title 21*, 2016.

[71] C. Goodburn and C. A. Wallace, *Food Control*, 2013, **32**, 418.

[72] M. Sohaib, F. M. Anjum, M. S. Arshad and U. U. Rahman, *J. Food Sci. Technol.*, 2016, **53**, 19.

[73] Y. Ben Fadhel, V. Leroy, D. Dussault, F. St-Yves, M. Lauzon, S. Salmieri, M. Jamshidian, D. K. Vu and M. Lacroix, *Meat Sci.*, 2016, **118**, 43.

[74] B. S. M. Mahmoud, S.Chang,Y. Wu, R. Nannapaneni, C. S. Sharmaand R. Coker, *Food Control*, 2015, **57**, 110.

[75] M. Javanmard, N. Rokni, S. Bokaie and G. Shahhosseini, *Food Control*, 2006, **17**, 469.

[76] D. Kundu, A. Gill, C. Lui, N. Goswami and R. Holley, *Meat Sci.*, 2014, **96**, 413.

[77] A.-H. Fu, J. G. Sebranek and E. A. Murano, *J. Food Sci.*, 1995, **60**, 1001.

[78] R. Sullivan, P. V. Scarpino, A. C. Fassolitis, E. P. Larkin and J. T. Peeler, *Appl. Microbiol.*, 1973, **26**, 14.

[79] V. Venugopal,S. N. Doke and P.Thomas,*Crit. Rev. Food Sci.Nutr.*, 1999, **39**, 391.

[80] K. Fotou, A. Tzora, C. Voidarou, A. Alexopoulos, S. Plessas, I. Avgeris, E. Bezirtzoglou, K. Akrida-Demertzi and P. G. Demertzis, *Anaerobe*, 2011, **17**, 315.

[81] B. S. M. Mahmoud, R. Nannapaneni, S. Chang, Y. Wu and R. Coker, *Food Control*, 2016, **60**, 569.

[82] I. S. Arvanitoyannis, A. Stratakos and E. Mente, *Crit. Rev. Food Sci. Nutr.*, 2008, **49**, 68.

[83] I. O. Ahmed, M. D. Alur, A. S. Kamat, J. R. Bandekar and P. Thomas, *Int. J. Food Sci. Technol.*, 1997, **32**, 325.

[84] J. Jaczynski and J. W. Park, *J. Food Sci.*, 2003, **68**, 1788.

[85] N. D. Heidelbaugh and D. J. Giron, *J. Food Sci.*, 1969, **34**, 239.

[86] J. J. Perry and A. E. Yousef, *Adv. Appl. Microbiol.*, 2012, **81**, 243.

[87] J. Kim, R. G. Moreira and E. Castell-Perez, *J. Food Sci.*, 2011, **76**, E173.

[88] L.E. Serrano,E.A. Murano,K. Shenoy and D.G.Olson, *Poult. Sci.*,1997, **76**, 202.

[89] S. Cabo Verde, R. Tenreiroand M. L. Botelho, Radiat. *Phys. Chem.*, 2004, **71**, 27.

[90] H.-J. Kim, H. I. Yong, D. D. Jayasena, H. J. Lee, H. Lee and C. Jo, *Food Sci. Biotechnol.*, 2016, **25**, 637.

[91] H. Kim, H. Yun, S. Jung, Y. Jung and K. Kim, *Korean J. Food Sci. Anim. Resour.*, 2010, **30**, 603.

[92] K. Moody, M. E. Charlson and J. Finlay, *J. Pediatr. Hematol. Oncol.*, 2002, **24**, 717.

[93] C. Mohácsi-Farkas, *Radiat. Phys. Chem.*, 2016, **129**, 58.

[94] D. C. Pryke and R. R. Taylor, *J. Hum. Nutr. Diet.*, 1995, **8**, 411.

[95] A. P. Mank, M. Davies and Research Subgroup of the European Group for Blood and Marrow Transplantation Nurses Group (EBMT-NG), *Eur. J. Oncol. Nurs.*, 2008, **12**, 342.

[96] International Atomic Energy Agency, *Radiation Processing for Safe, Shelfstable and Ready-to-eat Food-TECDOC-1337*, **IAEA**, Vienna, 2003.

[97] International Atomic Energy Agency, *The Development of Irradiated Foods for Immuno-compromised Patients and Other Potential Target Groups*, Vienna, 2015.

[98] P. Narvaiz, *Stewart Postharvest Rev.*, 2015, **3**, 3.

[99] J.-N. Park, N.-Y. Sung, E.-H. Byun, E.-B. Byun, B.-S. Song, J.-H. Kim, K.-A. Lee, E.-J. Son and E.-S. Lyu, *Radiat. Phys. Chem.*, 2015, **111**, 57.

[100] P. Narvaiz, C. Horak, M. Campos, P. Veronesi, E. Cossani, L. Lound, A. Gasparovich, G. Liendo, J. Hovsepian and G. Mengoni, in *Irradiation to Ensure the Safety and Quality of Prepared Meals. STI/PUB/1365*, ed. International Atomic Energy Agency, International Atomic Energy Agency, Vienna, 2004, p. 29.

[101] S. Kumar, S. Saxena, J. Verma and S. Gautam, 2016.

[102] Y. Yoon, J.-N. Park, H.-S. Sohn, B.-S. Song, J.-H. Kim, M.-W. Byun and J.-W. Lee, *Food Sci. Biotechnol.*, 2011, **20**, 377.

[103] B.-S. Song, J.-G. Park, J.-H. Kim, J.-I. Choi, D.-H. Ahn, C. Hao and J.-W. Lee, *Radiat. Phys. Chem.*, 2012, **81**, 1111.

[104] J. D. Lambert and R. B. Maxcy, *J. Food Sci.*, 1984, **49**, 665.

第11章　食品的辐照化学

A. 费尔南德斯[1]，C. 佩雷拉[1]，A. L. 安东尼奥[1]，I. C. F. R. 费雷拉[1]

11.1　引言

食品基质的主要成分除了水，还有碳水化合物、蛋白质和脂类，而次要成分包括维生素和矿物质，它们对人体所需营养具有至关重要的作用，是人们关注的重点。辐射对这些成分的影响已经研究了很多年，目前仍在对各种食品进行探索，因为辐射对食品的电离作用高度依赖基质的成分，所以不能假定与在单独辐照的成分中观察到的效果都相同[1-3]。

事实上，这项技术在食品基质中引起了一些主要的影响，特别是由于水分子通过电离和激发作用的存在，在这个阶段形成的自由基的二次作用下，这些效应呈指数级增加。这些化学反应性很强的物种具有相互作用和/或与其他食品成分相互作用的能力，从而形成非辐照食品中不存在的新分子。其中一些有害化合物可能包括 2-烷基环丁酮（2-ACB），这是已知的独特的辐解产物。辐照还可以在食品中产生其他效应，它可以修饰和/或改善其主要化学成分，并经常增强特定分子的可提取性，提高其生物活性[2,4,5]。

然而，有必要强调的是，食品加工的传统方法如加热、干燥和烹饪可能比辐照技术造成更高的营养损失，而辐照技术已被证明可以提供几乎没有改变的产品[6]。

本章介绍和讨论了近年来有关辐射加工影响的最新研究，以及影响食品辐照化学的主要因素。

11.2　辐照的主要化学效应

辐射通过吸收高能量而产生的化学效应称为辐射化学。辐射化学的研究是一门涉及面很广的学科，延伸到了与食品辐照没有直接关系的领域。然而，本章将只涵盖那些与食品辐照有关的领域。当受到电离辐射时，被辐照材料中的原子会发生两

---

1. 布拉干萨理工大学圣阿波罗尼亚校区，山地研究中心（CIMO），ESA，5300-253，布拉干萨，葡萄牙。

种不同的变化：它们可以使电子移动到更高的能量状态（激发态原子），或者失去电子，变成带正电荷的原子（离子）。鉴于这些被改变的原子成为分子的一部分，因此可以形成激发的分子和离子。原子和分子的这些改变被称为辐射的主要效应或直接效应，通常会形成新的化合物和自由基，这些化合物和自由基的化学性质都不稳定，而且具有活性。根据食品特性和其他各种因素，这些物种可以与自身或其他最初未经辐射改变的邻近分子发生反应，这些新的反应产物还可以与上述自由基相互作用，相当于辐射过程的二次或间接化学效应。

11.2.1 水辐解

在间接辐射效应中，水辐射分解形成的产物是造成食品成分损害的主要原因，因为食品基质中通常含有较高的水分。然而，由于重组效应，当水受到持续辐照时发生的稳态情况只导致形成两种分子产物——H_2和O_2，作为辐射的屏蔽，这是幸运的，因为水辐射分解的剩余产物具有高度的化学反应性[5]。

水辐解发生在三个不同但或多或少有重叠的阶段，通常称为物理阶段（$<10^{-15}$s）、物理—化学阶段（10^{-15}～10^{-12}s）和化学阶段（10^{-12}～10^{-6}s）。第一阶段发生在物质吸收电离辐射时，能量沉积并发生快速弛豫过程，形成H_2O^*（激发的水分子）、H_2O^+（电离的水分子）和e^-（电子）。在物理—化学阶段，前一阶段形成的激发和电离分子通过转移到周围分子和键断裂的能量耗散导致几种化学反应。这一阶段的事件序列并没有被很好的描述，但包括离子—分子反应、解弛豫、质子转移到邻近分子、激发态的自电离和解离、热化和亚激发电子的溶剂化等。该阶段产生的主要产物是$HO^\bullet$（羟基自由基）、H_2（氢分子）、$H^\bullet$（氢自由基）和e_{aq}^-（水合电子）。最后，在化学阶段，大量生成$HO^\bullet$、$H^\bullet$、H_2和H_2O_2（过氧化氢），然后扩散到溶液中，与其他相邻分子或彼此发生反应[7,8]。

这一过程在液态系统中明显增强，因为形成了反应物的运动。相比之下，当食品干燥、冷冻或含有固体成分（如骨骼）时，自由基的流动性和灵活性有限，而水辐射分解的间接影响造成的损害更小[3,5]。

11.2.2 自由基的形成和与分子的相互作用

由食品辐照程序的直接和间接作用形成的自由基的寿命很短，通常少于10^{-3}s。但是，由于其具有极强的活性，它们可以进行各种的反应[9]。例如，在这些活性物质中，水合电子和氢原子是强还原剂，羟基自由基是强氧化剂[7]。这在含水量高的食品基质中很重要，即新鲜农产品、肉制品、植物或蘑菇，它们在辐照过程中会发生水辐解和随后的氧化还原反应，如$HO^\bullet$，$H^\bullet$和e_{aq}^-与食品基质中存在的化合物相互作用，DNA、酶、维生素、脂质、蛋白质和糖等引起它们的一些变化[10,11]。另外，氧对水的辐射分解也有很大影响，因为它能氧化自由基，形成H_2O_2、过氧化物和氢过氧化物。特别是在含脂肪的食品中，辐照过程中氧气的存在会加速脂质氧化，以及随后产生的异味和颜色变化，从而加剧自由基造成的损害[12,13]。关于多糖，自由基可能会诱导多糖链上的糖苷键断裂，以及其他一些不特定的化学变化[14]。

11.2.3 辐射形成的新化合物

食品辐照可引起食品成分的物理化学和结构变化，从而改变食品的化学和营养品质。当食品经辐射加工后，电离辐射的主要目标是膜脂质。通过对脂肪酸的辐照，在羰基键附近发生优先裂解，因此，在没有氧气的情况下，脂肪酸的主要辐解产物是二氧化碳、氢气、一氧化碳、碳氢化合物和醛类。由饱和脂肪酸形成的碳氢化合物多为烷烃和 1-烯烃；辐照单不饱和脂肪酸产生烯和烷二烯；辐照双不饱和脂肪酸产生烷二烯和烷三烯[3]；甘油三酯的辐射分解产物与辐照脂肪酸的产物相当，但辐照甘油三酯产生的烯类含量要低得多[3]。

此外，通过对饱和甘油三酯，即 C_6、C_8、C_{10}、C_{12}、C_{14}、C_{16} 和 C_{18} 脂肪酸的攻击，往往会形成特定的环状化合物。这些化合物被称为 2-烷基环丁酮（2-ACB），包括 2-十二烷基环丁酮（2-DCB）和 2-四乙酰环丁酮（2-TCB）。事实上，考虑到这些“独特的辐解产物”，不存在于非辐照食品中，也不存在于任何其他加工处理（切片、干燥、烟熏、腌制、烹饪、巴氏灭菌）的结果中，这些分子被广泛用作检测辐照食品的标记[15,16]。在许多辐照产品中都发现了 2-ACB，这些产品包括肉类、家禽、奶酪制品、液态全蛋、海鲜、鱼、水果、种子、坚果和谷物，反映了食品中的脂肪酸组成[15,16]。

高剂量辐照导致淀粉、纤维素和果胶等多糖的降解，通过糖苷键断裂发生的复杂降解机制难以阐明[3,9]。这一过程导致了低分子量糖的生成，如葡萄糖、麦芽糖、赤藓糖、核糖和甘露糖。补充性分解产生的辐解产物包括甲酸、乙醛、甲醇、丙酮、乙醇和甲酸甲酯[9]。此外，甲醛和丙二醛（MDA）可能在大多数含有碳水化合物的食品中形成，而已知甲醛和丙二醛具有活性，很容易与蛋白质和其他成分形成共价键[3,16]。

某些类别的蛋白质如酶和色蛋白，以及与蛋白质有关的化合物，如在生物过程中发挥重要作用的 DNA，在食品辐照方面值得特别关注。遵循与蛋白质辐照一般化学相同的基本原理，这些化合物的主要辐解产物通常是小分子的，如脂肪酸、硫醇和其他硫化合物，即使它们的含量相当低，也会成为辐照食品的次要成分。

苯及其衍生物的形成也引起了人们对其的担忧[17]。然而，许多未经辐照的食品含有防腐剂苯甲酸钾分解或烹饪过程中产生的微量苯，尽管含量低于辐照产品中的苯。苯和甲苯是由苯丙氨酸的氧化或辐射裂解产生的，在辐照牛肉和家禽中也发现了苯和甲苯。这些化合物并不通常在生食品中发现，但是在经热加工的一些熟食中产生[16]。

最近，呋喃引起了人们的注意，因为辐照可以诱导它由果糖、蔗糖和葡萄糖形成，较低水平的呋喃也可以由有机酸或淀粉形成[3,18]。然而，根据辐照条件的不同，辐照可以用来降低这种化合物的含量，通常是在水和食品的热加工过程中形成的[3]。

在过去的25年里，从辐照食品中分离出了几种挥发性化合物，特别是烃类，如烷烃、烯烃、酮和醛，但这些化合物通常也在未加工的和经过热加工的食品中发现，被认为对人体是无害的[17]。

11.3 食品主要成分的变化

本节旨在通过报告过去六年来在不同剂量和条件下，应用电子束、γ 射线和 X 射线辐照方面的研究结果，概述食品辐射化学的主要发现。

11.3.1 电子束辐照效应

关于电子束辐照（见表11.1)，几项研究报告了不同剂量对蘑菇主要成分的影响。例如，橙盖鹅膏菌、鹅膏菌和牛肝菌干燥样品，分别接受了2kGy、6kGy和10kGy的照射，而橙盖鹅膏菌的辐照样品的含糖量明显较高，这在鹅膏菌中没有观察到。事实上，我们知道辐照会导致糖的降解，在这种情况下，观察到的差异可能解释为一些多糖的水解导致释放游离糖单位的差异。就有机酸而言，辐照除了引起肉桂酸含量的急剧降低外，并未引起显著变化。饱和脂肪酸显示出最低的辐射敏感性，在辐照的样品中几乎不受影响，而单不饱和脂肪酸和多不饱和脂肪酸的百分比分别呈上升和下降趋势。

尽管如此，这些蘑菇的脂肪酸在辐照后没有明显的变化，这可能是由于这种加工方法应用于干燥的样品，而脂质辐解的一般机制更容易发生在新鲜的基质中。另外，除橙盖鹅膏菌中的 γ 生育酚外，辐照样品中的生育酚含量往往较高，这显示了辐照诱导的保护作用。在营养参数方面，除了对于两种蘑菇的能量贡献和对于鹅膏菌的水分和脂肪含量影响，高辐照剂量还引起了更显著的变化。

在相同的辐照剂量下，对美味牛肝菌的干燥样品研究显示，辐射加工导致其三酰基甘油谱的显著差异[19]。在另一项对这些蘑菇进行的研究中，在这些辐照剂量下，蛋白质、糖和有机酸水平趋于下降，而不饱和脂肪酸、生育酚和酚酸在辐照样品中含量较高[20]。

根据总有效碳水化合物、可溶性和不溶性纤维水平，评估了牛肝菌和高大环柄菇的干燥样品。在10kGy辐照剂量下，尽管可溶性纤维含量无显著变化，但牛肝菌的不溶性纤维含量和总纤维含量显著降低，总有效碳水化合物含量增加。高大环柄菇在 6kGy 辐照剂量下，样品也显示出较低的不溶性纤维和总纤维含量，但其碳水化合物含量和可溶性膳食纤维含量均高于未辐照样品[21]。对于高大环柄菇，除蛋白质、海藻糖和甘露醇值较低，以及果糖含量较高外，0.5kGy的电子束辐照对其化学成分没有显著影响。α-生育酚水平随辐照剂量的增加而降低，就脂肪酸而言，0.5kGy

表 11.1 食品基质的电子束辐照、评估的化学参数和应用剂量

食品基质	评估化学参数	应用剂量	参考文献
蘑菇			
橙盖鹅膏菌	营养价值、游离糖、生育酚、脂肪酸、有机酸和酚类化合物	2kGy、6kGy 和 10kGy	[76]
鹅膏菌	营养价值、游离糖、生育酚、脂肪酸、有机酸、酚类化合物	2kGy、6kGy 和 10kGy	[76]
牛肝菌	三酰甘油	2kGy、6kGy 和 10kGy	[19]
	营养价值、游离糖，脂肪酸、生育酚、有机酸和酚类化合物	2kGy、6kGy 和 10kGy	[20]
	总有效碳水化合物及可溶性和不溶性膳食纤维	2kGy、6kGy 和 10kGy	[21]
高大环柄菇	总有效碳水化合物及可溶性和不溶性膳食纤维	0.5kGy、1kGy 和 6kGy	[21]
	营养价值、游离糖、生育酚和脂肪酸	0.5kGy、1kGy 和 6kGy	[22]
红菇	三酰甘油	2kGy、6kGy 和 10kGy	[19]
	营养价值、游离糖、脂肪酸、生育酚、有机酸和酚类化合物	2kGy、6kGy 和 10kGy	[20]
夏块菌	芳香族化合物	1.5kGy 和 2.5kGy	[23]
黑孢块菌	芳香族化合物	1.5kGy 和 2.5kGy	[23]
水果			
欧洲板栗 1	营养价值、游离糖、有机酸、脂肪酸和生育酚	1kGy	[24]
欧洲板栗 2	灰分、能量、脂肪酸、游离糖和生育酚	0.5kGy、1kGy、3kGy 和 6kGy	[25]
欧洲板栗 3	有机酸	0.5kGy、1kGy、3kGy 和 6kGy	[26]
	三酰甘油	0.5kGy、1kGy 和 3kGy	[27]
辣椒	辣椒素和辣椒红色素	2kGy、4kGy、6kGy、8kGy 和 10kGy	[66]
苹果	挥发性有机化合物	0.5kGy 和 1kGy	[29]
杏	水分、总酸度、总糖、抗坏血酸和β-胡萝卜素	1kGy、2kGy、3kGy、4kGy 和 5kGy	[28]

续表

食品基质	评估化学参数	应用剂量	参考文献
植物			
柠檬马鞭草	营养参数、酚类和黄酮类、游离糖、有机酸、生育酚和脂肪酸	1kGy 和 10kGy	[30]
无心菜	营养价值、糖、有机酸、脂肪酸和生育酚	1kGy 和 10kGy	[31]
柠檬香蜂草	营养价值、酚类和黄酮类、游离糖、有机酸、生育酚和脂肪酸	1kGy 和 10kGy	[30]
欧洲蜜蜂花	营养价值、酚类和类黄酮、游离糖、有机酸、生育酚和脂肪酸	1kGy 和 10kGy	[30]
巧克力薄荷	营养价值、酚类和类黄酮、游离糖、有机酸、生育酚和脂肪酸	1kGy 和 10kGy	[30]
其他基质			
草鱼鱼糜	脂肪酸和挥发物	1kGy、3kGy、5kGy 和 7kGy	[33]
婴儿配方奶粉	氨基酸、总挥发性碱性氮、脂肪酸和矿物质	5kGy、10kGy、15kGy、20kGy 和 25kGy	[32]
猪肉	蛋白肌原纤维	2kGy、4kGy、6kGy、8kGy 和 10kGy	[69]
干腌火腿	挥发性化合物	3kGy 和 6kGy	[63]

的辐照导致己酸含量较高，十四烷酸含量较低，而以 1kGy 辐照样品的十五烷酸百分比最低[22]。

卡勒尔等研究者分析了夏块菌和黑孢块菌在 1.5kGy 和 2.5kGy 的电子束辐照后的芳香族化合物，并报告了这种加工产生了一些变化，但不足以在感官检测中检测到。在 1.5kGy 辐照剂量下，样品的差异最大，导致黑孢块菌芳香族化合物发生了重大变化[23]。

对于水果，根据卡罗乔等研究者的研究，电子束辐照已应用于不同品种的欧洲板栗，他研究了 1kGy 对三种不同的板栗品种的影响，以全面了解每个品种对辐照的反应。尽管不同品种之间存在着预期的差异，但辐照并没有引起化学和抗氧化剂参数的变化，这些参数可以确定辐照的和未辐照的板栗之间的独特特征。例外的是，未辐照样品中蛋白质和蔗糖含量较高，碳水化合物水平也较低[24]。此外还评估了 0.5kGy、1kGy、3kGy 和 6kGy 剂量对朱迪亚板栗和朗格尔板栗营养价值和化学成分变化的影响。

一般而言，未辐照样品的蔗糖和总糖水平较低，仅在辐照样品中检测到棉子糖，生育酚含量也较高，不同剂量辐照样品间无显著差异。这种差异对营养价值参数的影响也不明显，未辐照样品中二十碳二烯酸的含量较高[25]。关于有机酸，我们对朗格尔板栗进行了评估，辐照对个体和总有机酸含量都没有引起任何明显的变化[26]。对于该品种，使用了 0.5kGy、1kGy 和 3kGy 的剂量，得出的结论是用较高剂量辐照的样品在其三酰基甘油谱图中显示出较大的变化[27]。

在对杏进行的一项研究中，电子束辐照的剂量范围为 1～3kGy，表明在不影响其感官特性的情况下，高水平的 β-胡萝卜素、抗坏血酸、可滴定酸度、总糖和颜色的保鲜得到了改善。事实上，可滴定酸度和总糖含量在 1～3kGy 加工后立即检测到，在 10 个月后没有明显变化[28]。另外，研究了用 0.5kGy 和 1kGy 剂量的电子束加工的苹果样品的挥发性有机化合物的水平。一些挥发性化合物的含量发生了变化，在 0.5kGy 辐照样品中，与对照组和 1kGy 辐照样品相比，检测到两种新的挥发性化合物。尽管如此，辐照苹果的总产率和主要成分与未辐照苹果相似，甚至更好[29]。

对于芳香植物的电子束加工，佩雷拉等研究者在 1kGy 和 10kGy 时获得的结果显示，总的来说，10kGy 剂量比 1kGy 剂量的效果更明显。尽管高度依赖植物物种，但脂肪和蛋白质是受影响最大的参数。例如，在脂肪含量方面，柠檬马鞭草和柠檬香蜂草的脂肪含量呈上升趋势，而欧洲蜜蜂花和巧克力薄荷的脂肪含量趋于下降。就蛋白质含量而言，还不能确定总体趋势。在所有研究过的植物中，蔗糖和海藻糖是最易受影响的游离糖，果糖仅在柠檬香蜂草和欧洲蜜蜂花中发生变化，而柠檬马鞭草中的葡萄糖几乎没有变化。在有机酸中，奎尼酸和柠檬酸的数量变化最为明显，且含量最高的物种数量变化更为显著。在辐照后的柠檬香蜂草和欧洲蜜蜂花样品中，有机酸含量较低。观察到的生育酚含量的变化趋势包括：在 10kGy 剂量下，柠檬香蜂草和巧克力薄荷以及 1kGy 处理的柠檬马鞭草中，生育酚含量增加。尽管对植物种类有依赖性，但可以观察到辐照样品中的单不饱和脂肪酸（MUFA）比例较高，而欧洲蜜蜂花除外。对于某些特别不饱和脂肪酸（PUFA），也观察到了同样的趋势。柠檬香蜂草是脂肪酸谱变化最小的一种[30]。

关于在相同剂量下辐照无心菜的有机酸，除了蔗糖和总糖水平，游离糖含量在加工后没有显著改变，与多不饱和脂肪酸相比，饱和脂肪酸和单不饱和脂肪酸含量的增加对脂肪酸含量的影响更为显著；生育酚含量也受到辐照的显著影响，特别是在 10kGy 时[31]。

此外，还使用电子束以 5kGy、10kGy、15kGy、20kGy 和 25kGy 的剂量辐照婴儿配方奶粉，以评估此类配方奶粉营养成分的化学变化。根据所获得的结果，可以验证辐照不会影响脂肪酸、氨基酸和矿物质谱。在所有被辐照样品中检测到的三个主要蛋白谱带，并没有随着辐照剂量的增加而导致尺寸降低；不存在由微生物活性引起的蛋白质降解。脂质过氧化只在剂量为 25kGy 的样品中观察到。因此，脱水配方具有低的水活度这一事实可以最大限度地减少电离辐射对营养成分影响，从而保护营养成分不受化学变化的影响[32]。

在草鱼鱼糜中，还评估了电子束辐照对脂肪酸组成和挥发性化合物的影响，结果表明，经辐照后的草鱼鱼糜中有三种新的挥发性化合物，即庚烷、2,6-二甲基壬烷和二甲基二硫。在这些样品中，醇、醛和酮的相对比例也增加了，5kGy 和 7kGy 的剂量也增加了饱和脂肪酸的水平，降低了不饱和脂肪酸的水平，而不会影响反式脂肪酸的水平。此外，辐照对二十碳五烯酸（EPA）水平无显著影响，但降低了六烯酸（DHA）的含量[33]。

11.3.2　γ 射线辐照的影响

对几种食品进行了 γ 射线辐照时主要成分的化学变化的评估如表 11.2 所示。例如，关于蘑菇的辐照，菌种如白牛肝菌、褐红盖牛肝菌、白色伞菌、美味齿菌、高大环柄菇、松乳菇、夏块菌和黑孢块菌的营养和化学参数进行了研究。费尔南德斯等研究者对野生蘑菇进行了几项研究，包括白牛肝菌、褐红盖牛肝菌和高大环柄菇的新鲜样品，以及干燥和冷冻的野生蘑菇样品，这些样品均以 0.5～2kGy 的 γ 辐射剂量加工。在其三酰基甘油谱中评估该加工的效果。在干燥的过程中，这种效果比在新鲜和冷冻样品中更明显[19]。

作者还评估了白牛肝菌和美味齿菌的化学和营养参数的变化，其中对蛋白质含量的影响最为明显，在两种情况下，蛋白质含量在辐照后都有所下降；其余的营养参数在加工后没有显示出任何明显的变化，并且在接受辐照的样品中鉴定出的糖含量较低[2]。但是，在 α-、γ-和 δ-生育酚中检测到的异构体，辐照的影响更为显著，在 1kGy 辐照样品中出现最大值；α-生育酚仅在未辐照样品中检测到。辐照还改变了脂肪酸谱，降低了不饱和脂肪酸的含量，这表明辐照可以通过催化其自身氧化或通过高能辐射本身的作用引起脂质改变[34]。

表 11.2　食品基质的 γ 射线辐照、化学参数评估和应用剂量

食品基质	评估的化学参数	应用剂量	参考文献
蘑菇			
白牛肝菌	三酰甘油	1kGy 和 2kGy	[19]
	营养价值、游离糖、生育酚、脂肪酸和有机酸	1kGy 和 2kGy	[35]
褐红盖牛肝菌	三酰甘油	2kGy	[19]
	营养价值、游离糖、生育酚、脂肪酸、有机酸和酚类化合物	2kGy	[37]
白色伞菌	营养价值、游离糖、生育酚、脂肪酸、有机酸和酚类化合物	2kGy	[37]
美味齿菌	营养价值、游离糖、生育酚、脂肪酸和有机酸	1kGy 和 2kGy	[35]
松乳菇	营养价值、游离糖、脂肪酸和生育酚	0.5kGy 和 1kGy	[38]
高大环柄菇	营养价值、游离糖、脂肪酸和生育酚	0.5kGy	[40]
	营养价值、游离糖、脂肪酸和生育酚	0.5kGy 和 1kGy	[41]
	有机酸和酚类化合物	0.5kGy 和 1kGy	[42]
	三酰甘油	0.5kGy 和 1kGy	[19]
夏块菌	芳香族化合物	1.5kGy 和 2.5kGy	[23]
黑孢块菌	芳香族化合物	1.5kGy 和 2.5kGy	[23]
水果			
蓝莓	营养价值	0.15kGy、0.4kGy 和 1kGy	[46]
辣椒	辣椒素和辣椒红色素	2kGy、4kGy、6kGy、8kGy 和 10kGy	[66]
欧洲板栗 1	酚类和黄酮类	0.27kGy 和 0.54kGy	[45]
	营养价值、游离糖、脂肪酸和生育酚	0.25kGy、0.5kGy、1kGy 和 3kGy	[43]
	游离糖、脂肪酸和生育酚	0.27kGy 和 0.54kGy	[44]
欧洲板栗 2	营养参数、游离糖、有机酸、脂肪酸和生育酚	1kGy	[24]
欧洲板栗 3	三酰甘油	0.5kGy、1kGy 和 3kGy	[27]

续表

食品基质	评估的化学参数	应用剂量	参考文献
杏	理化参数	1kGy、1.5kGy、2kGy、2.5kGy 和 3kGy	[47]
	总酚和类黄酮、酚酸和类黄酮、抗坏血酸和脱氢抗坏血酸	3kGy	[48]
树莓	营养价值	0.15kGy、0.4kGy 和 1kGy	[46]
植物			
柠檬马鞭草	营养参数、酚类和类黄酮、游离糖、有机酸、生育酚和脂肪酸	1kGy 和 10kGy	[49]
无心菜	营养价值、糖、有机酸、脂肪酸和生育酚	1kGy 和 10kGy	[31]
茶叶	氨基酸和糖	5kGy 和 10kGy	[51]
	总酚和类黄酮	1kGy、1.5kGy、2kGy、2.5kGy、5kGy、7.5kGy 和 10kGy	[10]
	挥发性有机化合物	5kGy、10kGy、15kGy 和 20kGy	[52]
银杏	营养价值、生育酚、脂肪酸、游离糖和有机酸	1kGy 和 10kGy	[53]
柠檬香蜂草	营养价值、酚类和类黄酮、游离糖、有机酸、生育酚和脂肪酸	1kGy 和 10kGy	[49]
欧洲蜜蜂花	营养价值、酚类和类黄酮、游离糖、有机酸、生育酚和脂肪酸	1kGy 和 10kGy	[49]
巧克力薄荷	营养价值、酚类和类黄酮、游离糖、有机酸、生育酚和脂肪酸	1kGy 和 10kGy	[49]
豆瓣菜	总可溶性固体、pH、营养值、糖、脂肪酸、有机酸和生育酚	1kGy、2kGy 和 5kGy	[54]
菜豆	营养价值、脂肪酸和酚	0.25kGy、1kGy、5kGy 和 10kGy	[55]
牧豆	近似值	2.5kGy、5kGy 和 7kGy	[56]
菠菜	总酚和类黄酮、抗坏血酸、脱水抗坏血酸和总抗坏血酸、总类胡萝卜素和总叶绿素	0.25kGy、0.5kGy、0.75kGy、1kGy、1.2kGy 和 1.5kGy	[57]
胡芦巴	总酚和类黄酮、抗坏血酸、脱水抗坏血酸和总抗坏血酸、总类胡萝卜素和总叶绿素	0.25kGy、0.5kGy、0.75kGy、1kGy、1.2kGy 和 1.5kGy	[57]
松露花	酚类化合物	1kGy、5kGy 和 10kGy	[58]

续表

食品基质	评估的化学参数	应用剂量	参考文献
乌头叶豇豆	营养和抗营养参数	2kGy、5kGy、10kGy、15kGy 和 25kGy	[59]
毛叶枣	维生素和总酚	2.5kGy、5.0kGy、7.5kGy、10.0kGy 和 12.5kGy	[60]
其他基质			
芒果	pH、可滴定酸度、总可溶性固形物、总糖和还原糖，以及有机酸	2.5kGy、10kGy、15kGy 和 25kGy	[61]
薯类淀粉	羧基含量、pH、表观直链淀粉和水分	2.5kGy、5.0kGy、7.5kGy、10.0kGy 和 12.5kGy	[62]
干腌火腿	挥发性化合物	3kGy 和 6kGy	[63]
酸樱桃果汁	总可溶固体、总酸度、总酚类、总单体花青素和有机酸	0.5kGy、1.5kGy、3kGy、4.5kGy 和 6kGy	[11]
大豆、花生和芝麻	脂肪酸	0.5kGy、1kGy、2kGy、3kGy、5kGy 和 7.5kGy	[64]
豇豆	水分、粗蛋白、脂肪和灰分	0.25kGy、0.5kGy、0.75kGy、1kGy 和 1.5kGy	[65]

在辐照样品中发现了较高数量的有机酸，除白牛肝菌中草酸外[35]，在 2kGy 的 γ 射线辐照下，褐红盖牛肝菌和白色伞菌的干物质、灰分和碳水化合物产生了显著的变化。正如前文所述，在白牛肝菌样品中所观察到的那样，褐红盖牛肝菌的蛋白质含量也显著降低。两种蘑菇的糖分含量都有所降低，但白色伞菌中的甘露醇除外。关于脂肪酸，由于其脂肪含量较低，褐红盖牛肝菌没有表现出显著的变化，而在白色伞菌中发现了显著的差异，检测到的脂肪酸大多略有减少[36]。在白色伞菌中观察到 α-生育酚和褐红盖牛肝菌中的 δ-生育酚也有类似的降低作用。

另外，有机酸对辐照的耐受性最强，使辐照样品中富马酸含量显著增加。在酚酸方面，辐照样品中白色伞菌和褐红盖牛肝菌中的原儿茶酸和肉桂酸含量显著降低，而对羟基苯甲酸含量则在白色伞菌样品的营养成分研究中增加[37]。

在一项对松乳菇样品的营养成分进行的研究中，只有干物质含量对辐照有显著的反应，如预期的那样，在加工后增加。一些脂肪酸似乎不受氧化的影响，辐照样品的单不饱和脂肪酸含量更高，海藻糖浓度也有同样的趋势。相反，生育酚对辐射表现出更高的敏感性，除了辐照样品中 α-和 δ-生育酚水平的降低，只有未辐照的样品呈现出 β-和 γ-生育酚，证实了这些化合物对辐射程序的敏感性[38,39]。以 0.5kGy 和 1kGy 对高大环柄菇的辐照似乎增加了饱和脂肪酸和单不饱和脂肪酸的比例、α-和 γ-生育酚的含量，以及海藻糖和松三糖的浓度[40]。

关于营养参数，辐照的影响不明显，未辐照样品中灰分含量较高是唯一的显著差异。同样的观察结果也出现在总糖的含量上，经 1kGy 辐照的高大环柄菇中总糖的含量略高。此外，脂肪酸和生育酚的比例也没有明显的改变[41]。在有机酸的成分方面，γ 射线辐照并没有影响到这些化合物的总量，但在 1kGy 辐照的样品中以较低浓度存在的奎尼酸除外。

相反，酚酸似乎受到 γ 射线辐照的保护，特别是在 1kGy 剂量下[42]。卡勒尔等研究者报告了 γ 射线辐照对夏块菌和黑孢块菌的芳香族化合物的影响，剂量分别为 1.5kGy 和 2.5kGy。这种辐照对黑孢块菌没有产生显著的变化，但对夏块菌的芳香族特征却不能作出同样的结论，因为 γ 射线辐照对其有明显的改变。

研究还证实了 2.5kGy 的剂量对该蘑菇的芳香族谱没有实质性的影响，而 1.5kGy 在更大程度上扭曲了这种蘑菇的芳香。此外，在接受辐照的样品中，已醛、(E,E)-2,4-壬二烯醛和壬醛的检出量较高[23]。

关于板栗，根据费尔南德斯等研究者的研究，除了亚油酸在 3kGy 辐照的样品中含量较高，3kGy 剂量的辐照对板栗子样品的近似成分和主要化合物的组成都没有引起任何特殊的变化[43]。当对板栗样品施加 0.27kGy 和 0.54kGy 的剂量时，检测到糖含量没有显著变化。另外，非辐照样品的生育酚含量较低，除棕榈酸的含量较高外，其他脂肪酸的含量均未受到影响[44]。在相同条件下辐照的样品中，板栗果实和果皮的酚类和黄酮类物质的含量比上述样品有所增加[45]。

关于水果，将 0.15kGy、0.4kGy 和 1kGy 的 γ 射线辐照剂量应用于树莓和蓝莓样品，这些剂量均未显著影响整个果实品质和营养或近似的含量，即灰分、碳水化合物、膳食纤维、能量、水分、蛋白质、钠、钾、总糖、果糖、抗坏血酸、单体花青素，以及柠檬酸和苹果酸。从这项研究中还可以得出结论，不同的辐射剂量不会改变这些果实的贮藏时间[46]。侯赛因等研究者报告称，进行 3kGy 的 γ 射线辐照的李子，在贮存 18 个月后保留了较高水平的 β-胡萝卜素、抗坏血酸和总糖，且不影响其口感[47]。笔者还采用了这种优化剂量来评估其对酚类成分和来自同一水果的样品的抗氧化活性，并证明总酚和类黄酮均显著增加，并且与未辐照样品相比，抗氧化活性有所提高[48]。

为了了解所引起的化学变化，还对几种植物进行了 γ 射线辐照，例如，柠檬马鞭草、无心菜、茶叶、银杏、柠檬香蜂草、欧洲蜜蜂花、巧克力薄荷、豆瓣菜、菜豆、牧豆、菠菜、胡芦巴、松露花、乌头叶豇豆和毛叶枣（滇刺枣、印度枣）。佩雷拉等研究者[49]研究了 1kGy 和 10kGy 的 γ 射线辐照对柠檬马鞭草、柠檬香蜂草、欧洲蜜蜂花和巧克力薄荷的营养参数和化学成分的影响，并观察到，与柠檬马鞭草和巧克力薄荷相比，10kGy 的剂量增加了柠檬香蜂草和欧洲蜜蜂花的糖含量，辐照后这些化合物趋于减少。

另外，在以 1kGy 剂量照射的样品中检测到有机酸水平发生了重大变化，这可能表明，由于 10kGy 的高剂量所引起的氧离子化效应，一些通常由分子氧引发的降解过程可能会减少。所有植物物种的生育酚含量都被辐射大大改变，特别是在 1kGy 剂量时，除了巧克力薄荷中的 γ-生育酚具有更高的氧化稳定性，受辐射的影响小于 α 或 β 异构体[50]。

在笔者进行的另一项研究中，无心菜的化学成分在辐照后并没有显示出显著的变化，除了蔗糖，在 10kGy 剂量辐照的样品中检测到较高浓度的蔗糖，其次是未辐照的样品和 1kGy 剂量加工的样品。有机酸含量随辐照剂量的增加而增加，这也导致了所有脂肪酸相对比例的显著变化。在生育酚方面，在 10kGy 辐照的样品中发现了最显著的变化[31]。

在照射茶叶（绿茶、红茶和乌龙茶）的样品上，5kGy 和 10kGy 的 γ 射线辐照显示氨基酸水平增加，如亮氨酸、丙氨酸和谷氨酸，组氨酸的含量减小；糖、蔗糖、葡萄糖和果糖的含量在加工后显著增加[51]。在其他对绿茶进行的研究中，可以观察到 5kGy 是确保微生物安全而不干扰主要儿茶素和抗氧化活性的适当剂量[10]。关于气味挥发物，辐照增加了已鉴定化合物的含量，主要形成于 10kGy 的样品中，其次是 5kGy 和 20kGy 的样品；15kGy 的剂量对气味挥发物没有影响[52]。

银杏叶在 1kGy 和 10kGy 的辐照下，大量营养素、脂肪酸、γ-和 δ-生育酚、果糖、海藻糖、奎尼酸和牛磺酸含量均保存良好。总的来说，为了保持营养状况，1kGy 是推荐剂量，以保护特定分子和增加银杏叶浸膏和甲烷提取物的抗氧化能力[53]。

当应用于豆瓣菜时，1kGy、2kGy 和 5kGy 的 γ 射线辐照剂量不会引起任何明显的颜色变化。此外，在冷藏过程中，2kGy 的剂量被发现最适合保存该新鲜切割植物的整体采后质量，有利于多不饱和脂肪酸水平。然而，5kGy 的剂量在保持抗氧化活性和总黄酮含量方面效果更好，并且提高了单不饱和脂肪酸、生育酚和总酚含量[54]。

当剂量为1kGy时，γ射线不会影响菜豆的感官特性，但在10kGy剂量下，气味和味觉值降低，尽管在可接受的范围内。此外，还观察到基质质量的显著改善和烹饪时间的减少，在干样品和烹饪样品中，酚醛含量和抗氧化活性都略有改善。此外，在贮存的六个月间，样品的感官、烹饪和抗氧化性能没有显著变化[55]。在未辐照和辐照2.5kGy、5kGy和7kGy的样品中，未观察到牧豆的近似成分发生显著变化。结果表明，在辐照后，水分、蛋白质、脂肪、灰分和纤维水平基本保持不变[56]。

在一项研究中，用0.25～1.5kGy的剂量照射胡芦巴和菠菜，γ射线可显著提高生物活性成分（如酚类化合物）的含量；还可观察到抗氧化活性的提高[57]。为了评估松露花液和提取物的酚类成分和抗氧化活性，样品分别在1kGy、5kGy和10kGy剂量下辐照，加工仅影响阴干样品的脂质过氧化抑制能力及部分酚类化合物的含量[58]。

以2kGy、5kGy、10kGy、15kGy和25kGy剂量辐照乌头叶豇豆种子，与对照样品相比，辐照样品的含水量有所降低。加工还表明，辐照种子的粗脂肪、粗纤维和灰分含量显著降低，而粗蛋白水平没有显著变化。辐照样品中纤维含量的下降归因于植物基质的解聚和脱木素[59]。在对毛叶枣进行的一项研究中，γ射线辐射加工以剂量依赖的方式显著提高了植物化学物质的浓度。经12.5kGy加工的样品中，鞣质、皂甙、酚类和类黄酮含量最高[60]。

此外，还对其他基质进行了分析，例如，发现用1kGy和3kGy的γ射线辐照剂量对来自不同种植者获得的芒果汁样品有效，其中颜色是唯一受加工显著影响的参数，因为它对样品的可滴定酸度、pH、总可溶性固形物、糖和有机酸含量没有显著影响[61]。

对于酸樱桃果汁，γ射线辐照对总可溶性固形物和总酚含量没有显著影响，而总酸度在6kGy剂量下显著增加。辐照样品中苹果酸和草酸的浓度也增加了，抗坏血酸、柠檬酸、富马酸和琥珀酸的浓度降低[11]。关于红色和白色马铃薯淀粉，5kGy、10kGy和20kGy剂量降低了表观直链淀粉含量、pH和湿度，随着辐射剂量的增加，羧基含量也呈现相反的效果[62]。

在一项关于干腌火腿的研究中，分析了在应用3kGy和6kGy剂量时，γ射线和电子束辐照对挥发性化合物的影响。这些加工导致十六烷乙基七硫氧烷和十六酸甲酯的损失，并形成了（*Z*）-7-十六烯醛、顺9-十六烯醛、十四烷和（*E*）-9-十四烯-1-醇甲酸酯。此外，检出的（*Z*）-8-十六碳烯、十六烷、十八烷、2-十七烷酮、2-十八酮、*n*-壬基环己烷、十六酸甲酯和*N*-（叔丁氧羰基）甘氨酸含量较低，而8-十七烯、1-十六醇和十五烷的浓度增加。

尽管挥发性化合物的种类和含量发生了显著变化，但笔者将辐照样品的阳性气味分数降低归因于癸酸乙酯的损失和十六烷酸甲酯的含量较低。然而，在两种辐照下观察到的挥发性化合物的显著变化中，电子束在保持火腿原始气味方面表现出更好的效果，γ射线辐照降低了（*E,E*）-2,4-癸二烯和十八烷的含量，这两种物质被称为肉类中最强烈的气味剂。此外，γ射线诱导了十一烷和邻苯二甲酸-2-环己基乙基丁酯的形成，并增加了 1-戊烯、8-十七烯、（*Z*）-7-十六烯和（*E*）-9-十四烯-1-醇甲酸酯的含量[63]。

在另一项研究中，用 γ 射线对大豆、花生和芝麻以 0.5kGy、1kGy、2kGy、3kGy、5kGy 和 7.5kGy 辐照，脂肪酸剖析显示，不饱和脂肪酸与饱和脂肪酸的比例和总碳氢化合物与甾醇的比例因加工而发生了明显的变化。在所研究的油脂中，从辐照芝麻中提取的油脂变化最大，但在所有情况下，观察到的主要变化都是不饱和脂肪酸 C18:1 和 C18:2 数量的减少。遵循相反的趋势，甾醇部分如胆固醇、菜油甾醇、豆甾醇和 β-谷甾的数量，在非辐照样品中更高[64]。通过对四种不同的面粉样品进行的研究，使用 0.25kGy、0.5kGy、0.75kGy、1kGy 和 1.5kGy 剂量，可以得出结论：水分和蛋白质含量没有受到辐照的明显影响，这些参数表明没有剂量依赖性。对脂肪成分也进行了同样的观察，在测定剂量的 γ 射线辐照后，脂肪成分没有显著变化[65]。

11.3.3　X 射线辐照效应

X 射线以 2kGy、4kGy、6kGy、8kGy 和 10kGy 的剂量照射辣椒时（见表 11.3），并没有显著影响辣椒红色素和辣椒素水平。而这与红辣椒的红度和辛辣程度有关。笔者也报道了在相同剂量下的 γ 射线和电子束辐照的类似结果[66]。

表 11.3　X 射线对食品基质的辐照、化学参数的评价和使用剂量

食品基质	化学参数评价	剂　量	参考文献
水果			
辣椒	辣椒素和辣椒红色素	2kGy、4kGy、6kGy、8kGy 和 10kGy	[66]
柑橘	总抗坏血酸、黄烷酮苷和总酚	0.03kGy、0.054kGy 和 0.164kGy	[67]
植物			
番薯	水分和花青素	0.25kGy、0.5kGy、0.75kGy 和 1kGy	[68]
其他基质			
猪肉	肌原纤维蛋白	2kGy、4kGy、6kGy、8kGy 和 10kGy	[69]

在 0.03kGy、0.054kGy 和 0.164kGy 的剂量辐照下研究了辐照后柑橘的总抗坏血酸、二氢黄酮甙和总酚含量。与对照样品相比，辐照样品的总抗坏血酸水平更高，呈剂量依赖性。随着辐照剂量的增加，二氢黄酮甙含量增加。相反，低剂量的 X 射线辐照对样品的总酚类成分没有产生显著的变化[67]。

对番薯的鲜切样品也用 0.25kGy、0.5kGy、0.75kGy 和 1kGy 剂量进行加工，研究结果表明，与未辐照样品相比，辐照样品的水分值没有明显的差异。对总单体花青素的含量，也得出了类似的结论[68]。信等研究者还研究了 X 射线和电子束辐照引起的瘦猪肉馅纤维蛋白的变化，结果表明，辐照以剂量依赖的方式增加了盐溶性蛋白的溶解度，以 10kGy 剂量辐照的样品在两种辐照装置下都呈现出最高的含量[69]。

11.4 受辐照条件限制的化学变化

辐射在食品基质上引起的化学变化高度依赖辐照条件，这些条件包括含水量、温度、pH、氧的存在、剂量和剂量率，以及辐照与其他处理的组合等。

含水量通过作为初级放射性分解产物的有效“转运体”来影响化学反应的扩展，它可以与其他初级产物和/或其他食品成分移动并相互作用。相反，在干燥材料中，由于缺乏便利的介质，这种机制不太容易发生，因此，观察到的化学反应主要归因于辐射的直接影响。另外，水分的存在可以以某种方式保护食品成分，例如，蛋白质由于部分入射能量被水分子吸收，蛋白质的脱氨、脱羧和巯基氧化和芳香族的氧化作用较低[1]。关于碳水化合物，在具有足够水量的基质中会发生特定的化学反应，从而允许水分解产物发挥作用。低分子量的糖可能会发生氧化降解，这可能是由于初级效应，也可能是由于当前水的辐射分解形成的自由基的攻击。就脂类而言，与碳水化合物和蛋白质不同，这些化合物在食品中是以完全不同的相态存在的，与水相分离，这一事实解释了为什么辐射化学的基本考虑只适用于脂类，而食品中的水分含量对脂类影响不大。因此，这些化合物还可以直接受到辐射的影响，包括激发和电离，以及辐射的间接影响，这些辐射是通过形成中间体（主要是自由基）而形成的，它们以各种方式反应生成稳定的最终产物[1,5]。

同样，如前几节所述，在辐照过程中或之后，氧的存在对食品主要成分的化学变化起着至关重要的作用。由于有两个未配对的电子，这种分子可以起到双向作用，能够与其他自由基反应形成过氧自由基，而过氧自由基可以进一步反应。这种分子也是一种强氧化剂。含脂食品通过形成氢过氧化物、醛类和酮类等来增强和加速自氧化作用，并增加了在不饱和脂肪酸辐照下形成的二聚体和聚合物的数量。关于碳水化合物的辐照，众所周知，氧增加了酸和酮酸的生产率，但是减少了诸如 $HO^{\bullet}$ 的自由基破坏糖苷键的作用。

所施加的剂量对于食品化学改性也具有重要作用，因为当增加剂量时可以影响更多的分子。然而，食品辐照有其允许的极限水平，在一些特殊情况下，这种技术不能被应用。为了达到预期的效果，就会超过允许的剂量。例如，在电离辐射剂量超过 10kGy 时，纤维碳水化合物可在结构上被降解，脂质可发生某种酸败，还有一些食品化学成分会发生变化[6,70]。另外，高剂量率有利于形成的自由基之间的重组反应，而不是与被辐照产品的其他成分的反应，从而减少间接影响的程度[5]。

温度对辐照食品化学反应的影响与其对活化能的影响有关，活化能因每种反应类型而异，并随温度而变化，从而改变了辐射分解产物的生产率。除此之外，足够低的温度通常会损害自由基和其他反应物在食品基质中的移动，从而降低它们相互作用的能力。事实上，低温会使化学反应变慢。因此，温度虽然不会影响其直接作用，却可以影响辐射二次效应的发生和扩展[5,71]。

关于 pH，我们知道提高食品基质的 pH 会增加碳水化合物辐照形成的脱氧化合物的数量，对于大多数食品来说，正常 pH 下丙二醛的产量都很小。反过来，酸性环境有利于溶液中电子的消失，电子倾向于与 H^+反应形成 H[1,3,5,9]。

11.5　化合物的改性和萃取能力的提高

食品辐照可对不良化合物产生显著影响，包括呋喃、丙烯酰胺、亚硝胺、生物胺、过敏原、抗营养化合物和真菌毒素等。如 11.2.3 小节所述，辐照可诱导食品中有害化合物的产生，然而，根据辐照条件的不同，辐照可能会产生相反的效果。事实上，这种方法已被用于减少或消除有毒物质，如食品过敏原[72]、致癌的挥发性 N-亚硝胺[73]、生物胺[74]、棉酚的胚胎毒性[75]。然而，正如 11.4 节中所述，辐照也可以用于提高食品中某些化合物的含量，此外，还可增强食品的生物活性和抗氧化活力[11,20,22,35,38,40,41,45,48,64,76]。

关于辐照食品中化学成分的可萃取性，佩雷拉等研究者[4]的报告说，与 1kGy 辐照样品和未辐照样品相比，剂量为 10kGy 的 γ 辐照可导致银杏叶浸膏和甲醇或水提取物中酚类化合物的含量。卡塔克等研究者[77]测试了不同溶剂对酚类化合物的萃取率，并对每种萃取溶剂得出了不同的结果，然而，这些化合物的可萃取性在所有情况下都随着辐照剂量的增加而增加。在另一项研究中，瓦里亚尔等研究者[78]观察到随着辐射剂量的增加，糖苷结合物减少，苷元含量增加。侯赛因等研究者[79]发现，在 1.6～2.0kGy 的剂量范围内，通过增强苯丙氨酸氨解酶的活性，总酚类化合物含量增加。辐照样品中酚类化合物含量增加，可能是由于这些分子从糖苷成分中释放出来，以及电离辐射的辐解作用将较大的酚类化合物降解为较小的酚类化合物，这可能是提高萃取产量的原因[80,81]。

11.6　最佳辐射源是 γ 射线、电子束，还是 X 射线

关于食品中的化学诱导效应，γ 射线、电子束和 X 射线辐射加工中的任一种都没有比其他两种方法好得多的结果。然而，我们观察到了一些差异。例如，佩雷拉等研究者报道说，就主要成分的变化而言，电子束是最适合芳香植物消毒灭菌的技术（如 11.3 节所述）[49]。对于肉类的挥发性化合物，电子束显示了比 γ 射线辐照更好的保持效果，因为后者降低了肉类主要气味的水平，但同时也诱导了不良化合物的形成[63]。

一般来说，用 γ 射线、电子束和 X 射线辐照进行的研究表明，就不同的辐射源而言，食品成分的化学变化没有显著差异[66,69]。

11.7 未来视角

11.7.1 食品加工和辐射化学研究的趋势

最常用的食品保藏加工技术包括传统方法，如干燥、盐渍、糖渍、冷冻、冷却、加热、腌渍、罐头或胶凝等；工业方法有巴氏灭菌、气调包装、真空包装、低温等离子体、生物保存、人造食品添加剂、脉冲电场细胞电穿孔等。

辐照是一种替代加工方法，它具有在不显著升高加工温度或烹饪温度的情况下保藏食品的能力，将食品保持在最自然的状态，且外观基本不变。此外，这是唯一可以带着外包装材料进行食品加工的方法，而包装材料通常不能承受热加工的温度。它的明显优势是，最终包装的食品一旦被辐照，就可以避免产品的二次污染或感染。

正如本章中广泛讨论的那样，食品辐照不仅具有抑制发芽、减缓成熟、破坏或减少引起产品变质和影响健康的细菌、寄生虫、真菌和昆虫的能力，而且还具有减少 N-亚硝胺等有毒物质、生物胺和食品中的致敏性等明显的优势[82-85]。辐照对食品主要成分的影响最小，因此对其营养和功能特性的影响最小，这一事实解释并证实了对这一问题所进行的大量研究的重要性。在这些研究中，几种基质的食品辐照被证明是有效的，可用于卫生、植物检疫，以及延长保质期的目的，主要用于冷冻青蛙腿、香草、香料和蔬菜调味料（干）、家禽、干菜和水果、脱水血液、血浆和凝固剂、冷冻去皮或去头虾，以及蛋清[86]，也展示了在蘑菇、板栗和其他被研究的食品基质上的潜在应用（见 11.3 节）。

11.7.2 需要进一步研究：已知和不足

了解辐照对食品基质化学成分的影响，有助于更好地应用这种物理过程来控制和保存食品。过去几十年来，已经对辐照的食品化学成分进行了几次研究调查，揭示了这种保存方法引起的主要改变：

（1）在水分子存在的情况下，不同食品基质电离的主要和次要影响；

（2）负责主要后续化学反应的辐射分解产物；

（3）影响最大、抵抗力最强的食品成分；

（4）与辐照条件的可能关系。

在这一领域的广泛研究，使人们对于辐射对食品基质的主要影响，以及这些变化所涉及的机制有了更深入的了解，然而，还需要进一步的研究来扩展这些发现，以便通过具有较低检测限和较高特异性的新的改良技术，来探索残留在辐照食品中的、新的中间产物和最终辐解产物的形成。

参考文献

[1] W. M. Urbain, *Food Irradiat.*, 1986, 37.

[2] R. A. Molins, *Food irradiation: Principles and Applications*, Wiley, 2001.

[3] X. Fan, in *Food Irradiation Research and Technology*, ed. C. H. Fan and X. Sommers, John Wiley & Sons, Inc., Ames, Iowa, USA., 2nd edn, 2013, p. 75.

[4] E. Pereira, L. Barros, M. Dueñas, A. L. Antonio, C. Santos-Buelga and I. C. F. R. Ferreira, *Ind. Crops Prod.*, 2015, **74**, 144.

[5] W. M. Urbain, *Food Irradiat.*, 1986, 23.

[6] R. B. Miller, *Electronic Irradiation of Foods - An introduction to The Technology*, Springer, 2005.

[7] S. Le Caër, *Water*, 2011, **3**, 235.

[8] M. Curie, https://three.jsc.nasa.gov/articles/RadiationChemistry2.pdf, 2010, accessed January 2017.

[9] M. E. Stewart, in *Food Irradiation: Principles and Applications.*, ed. R. A. Molins, John Wiley & Sons, Inc., USA, 2001, p. 37.

[10] G. B. Fanaro, N. M. A. Hassimotto, D. H. M. Bastos and A. L. C. H. Villavicencio, *Radiat. Phys. Chem.*, 2015, **107**, 40.

[11] E. Arjeh, M. Barzegar and M. Ali Sahari, *Radiat. Phys. Chem.*, 2015, **114**, 18.

[12] Z. Niyas, P. S. Variyar, A. S. Gholap and A. Sharma, *J. Agric. Food Chem.*, 2003, **51**, 6502.

[13] J. J. Lozada-Castro, M. Gil-Díaz, M. J. Santos-Delgado, S. Rubio-Barroso and L. M. Polo-Díez, *Innovative Food Sci. Emerging Technol.*, 2011, **12**, 519.

[14] T. Katayama, M. Nakauma, S. Todoriki, G. O. Phillips and M. Tada, *Food Hydrocoll.*, 2006, **20**, 983.

[15] M. Driffeld, D. Speck, A. S. Lloyd, M. Parmar, C. Crews, L. Castle and C. Thomas, *Food Chem.*, 2014, **146**, 308.

[16] E. Sommers, C. H. Delincée, H. Smith, J. S. Marchioni, in *Food Irradiation Research and Technology*, ed. C. H. Fan, X., Sommers, John Wiley & Sons, Inc., Ames, Iowa, USA, 2nd edn, 2013, p. 53.

[17] J. S. Smith and S. Pillai, *Food Technol.*, 2004, **58**, 48.

[18] X. Fan, *J. Agric. Food Chem.*, 2005, **53**, 7826.

[19] A. Fernandes, J. C. M. Barreira, A. L. Antonio, A. Martins, I. C. F. R. Ferreira and M. B. P. P. Oliveira, *Food Chem.*, 2014, **159**, 399.

[20] A. Fernandes, J. C. M. Barreira, A. L. Antonio, M. B. P. P. Oliveira, A. Martins and I. C. F. R. Ferreira, *Innovative Food Sci. Emerging Technol.*, 2014, **22**, 158.

[21] A. Fernandes, J. C. M. Barreira, A. L. Antonio, P. Morales, V. FérnandezRuiz, A. Martins, M. B. P. P. Oliveira and I. C. F. R. Ferreira, *LWT - Food Sci. Technol.*, 2015, **60**, 855.

[22] A. Fernandes, J. C. M. Barreira, A. L. Antonio, M. B. P. P. Oliveira, A. Martins and I. C. F. R. Ferreira, *Food Bioprocess Technol.*, 2014, **7**, 1606.

[23] L. Culleré, V. Ferreira, M. E. Venturini, P. Marco and D. Blanco, *Innovative Food Sci. Emerging Technol.*, 2012, **13**, 151.

[24] M. Carocho, A. L. Antonio, J. C. M. Barreira, A. Rafalski, A. Bento and I. C. F. R. Ferreira, *Food Bioprocess Technol.*, 2014, **7**, 1917.

[25] M. Carocho, J. C. M. Barreira, A. L. Antonio, A. Bento, I. Kaluska and I. C. F. R. Ferreira, *J. Agric. Food Chem.*, 2012, **60**, 7754.

[26] M. Carocho, L. Barros, A. L. Antonio, J. C. M. Barreira, A. Bento, I. Kaluska and I. C. F. R. Ferreira, *Food Chem. Toxicol.*, 2013, **55**, 348.

[27] J. C. M. Barreira, M. Carocho, I. C. F. R. Ferreira, A. L. Antonio, I. Kaluska, M. L. Botelho, A. Bento and M. B. P. P. Oliveira, *Postharvest Biol. Technol.*, 2013, **81**, 1.

[28] M. Wei, L. Zhou, H. Song, J. Yi, B. Wu, Y. Li, L. Zhang, F. Che, Z. Wang, M. Gao and S. Li, *Radiat. Phys. Chem.*, 2014, **97**, 126.

[29] H. P. Song, S. l. Shim, S. L. Lee, D. H. Kim, J. H. Kwon and K. S. Kim, *Radiat. Phys. Chem.*, 2012, **81**, 1084.

[30] E. Pereira, A. L. Antonio, A. Rafalski, J. C. M. Barreira, L. Barros and I. C. F. R. Ferreira, *Ind. Crops Prod.*, 2015, **77**, 972.

[31] E. Pereira, L. Barros, J. C. M. Barreira, A. M. Carvalho, A. L. Antonio and I. C. F. R. Ferreira, *Innovative Food Sci. Emerging Technol.*, 2016, **36**, 269.

[32] A. Tesfai, S. K. Beamer, K. E. Matak and J. Jaczynski, *Food Chem.*, 2014, **149**, 208.

[33] H. Zhang, W. Wang, H. Wang and Q. Ye, *Radiat. Phys. Chem.*, 2017, **130**, 436.

[34] W. W. Nawar, *Food Rev. Int.*, 1986, **2**, 45.

[35] A. Fernandes, J. C. M. Barreira, A. L. Antonio, P. M. P. Santos, A. Martins, M. B. P. P. Oliveira and I. C. F. R. Ferreira, *Food Res. Int.*, 2013, **54**, 18.

[36] P. S. Elias, A. J. Cohen and International Project in the Field of Food Irradiation, *Radiation Chemistry of Major Food Components: Its Relevance to the Assessment of the Wholesomeness of Irradiated Foods*, Elsevier Scientific Pub. Co, 1977.

[37] A. Fernandes, J. C. M. Barreira, A. L. Antonio, M. B. P. P. Oliveira, A. Martins and I. C. F. R. Ferreira, *LWT - Food Sci. Technol.*, 2016, **67**, 99.

[38] A. Fernandes, A. L. Antonio, J. C. M. Barreira, M. L. Botelho, M. B. P. P. Oliveira, A. Martins and I. C. F. R. Ferreira, *Food Bioprocess Technol.*, 2013, **6**, 2895.

[39] A. P. Dionísio, R. T. Gomes and M. Oetterer, *Braz. Arch. Biol. Technol.*, 2009,

52, 1267.

[40] A. Fernandes, L. Barros, J. C. M. Barreira, A. L. Antonio, M. B. P. P. Oliveira, A. Martins and I. C. F. R. Ferreira, *LWT - Food Sci. Technol.*, 2013, **54**, 493.

[41] A. Fernandes, J. C. M. Barreira, A. L. Antonio, M. B. P. P. Oliveira, A. Martins and I. C. F. R. Ferreira, *Food Chem.*, 2014, **149**, 91.

[42] A. Fernandes, L. Barros, A. L. Antonio, J. C. M. Barreira, M. B. P. P. Oliveira, A. Martins and I. C. F. R. Ferreira, *Food Bioprocess Technol.*, 2014, **7**, 3012.

[43] A. Fernandes, J. C.M. Barreira, A. L.Antonio, A. Bento, M. L.Botelhoand I. C. F. R. Ferreira, *Food Chem. Toxicol.*, 2011, **49**, 2429.

[44] A. Fernandes, A. L. Antonio, L. Barros, J. C. M. Barreira, A. Bento, M. L. Botelho and I. C. F. R. Ferreira, *J. Agric. Food Chem.*, 2011, **59**, 10028.

[45] A. L.Antonio, A. Fernandes,J. C.M. Barreira, A. Bento, M. L.Botelhoand I. C. F. R. Ferreira, *Food Chem. Toxicol.*, 2011, **49**, 1918.

[46] J.B.Golding, B.L.Blades, S.Satyan, A.J.Jessup,L.J.Spohr, A. M.Harris, C. Banos and J. B. Davies, *Postharvest Biol. Technol.*, 2014, **96**, 49.

[47] P. R. Hussain, R. S. Meena, M. A. Dar and A. M. Wani, *Radiat. Phys. Chem.*, 2011, **80**, 817.

[48] P. R. Hussain, S. Chatterjee, P. S. Variyar, A. Sharma, M. A. Dar and A. M. Wani, *J. Food Compos. Anal.*, 2013, **30**, 59.

[49] E. Pereira, A. L. Antonio, J. C. M. Barreira, L. Barros, A. Bento and I. C. F. R. Ferreira, *Food Res. Int.*, 2015, **67**, 338.

[50] K. Warner, J. Miller and Y. Demurin, *J. Am. Oil Chem. Soc.*, 2008, **85**, 529.

[51] T. Kausar, K. Akram and J. H. Kwon, *Radiat. Phys. Chem.*, 2013, **86**, 96.

[52] G. B. Fanaro, R. C. Duarte, M. M. Araújo, E. Purgatto and A. L. C. H. Villavicencio, *Radiat. Phys. Chem.*, 2011, **80**, 85.

[53] E. Pereira, L. Barros, A. Antonio, A. Bento and I. C. F. R. Ferreira, *Food Anal. Methods*, 2015, 154.

[54] J. Pinela, J. C. M. Barreira, L. Barros, S. C. Verde, A. L. Antonio, A. M. Carvalho, M. B. P. P. Oliveira and I. C. F. R. Ferreira, *Food Chem.*, 2016, **206**, 50.

[55] S. A. Marathe, R. Deshpande, A. Khamesra, G. Ibrahim and S. N. Jamdar, *Radiat. Phys. Chem.*, 2016, **125**, 1.

[56] P. Joshi, N. S. Nathawat, B. G. Chhipa, S. N. Hajare, M. Goyal, M. P. Sahu and G. Singh, *Radiat. Phys. Chem.*, 2011, **80**, 1242.

[57] P. R. Hussain, P. Suradkar, S. Javaid, H. Akram and S. Parvez, *Innovative Food Sci. Emerging Technol.*, 2016, **33**, 268.

[58] J. Pinela, A. L. Antonio, L. Barros, J. C. M. Barreira, A. M. Carvalho, M. B. P. P. Oliveira, C. Santos-Buelga and I. C. F. R. Ferreira, *RSC Adv.*, 2015, **5**, 14756.

[59] P. S. Tresina, K. Paulpriya, V. R. Mohan and S. Jeeva, *Biocatal. Agric. Biotechnol*, 2017, **10**, 30.

[60] K. F. Khattak and T. U. Rahman, *Radiat. Phys. Chem.*, 2016, **127**, 243.

[61] K. Naresh, S. Varakumar, P. S. Variyar, A. Sharma and O. V. S. Reddy, *Food Biosci.*, 2015, **12**, 1.

[62] A. Gani, S. Nazia, S. A. Rather, S. M. Wani, A. Shah, M. Bashir, F. A. Masoodi and A. Gani, *LWT - Food Sci. Technol.*, 2014, **58**, 239.

[63] Q. Kong, W. Yan, L. Yue, Z. Chen, H. Wang, W. Qi and X. He, *Radiat. Phys. Chem.*, 2017, **130**, 265.

[64] A. M. R. Afify, M. M. M. Rashed, A. M. Ebtesam and H. S. El-Beltagi, *Grasas Aceites*, 2013, **64**, 356.

[65] B. Darfour, D. D. Wilson, D. O. Ofosu and F. C. K. Ocloo, *Radiat. Phys. Chem.*, 2012, **81**, 450.

[66] K. Jung, B. S. Song, M. J. Kim, B. G. Moon, S. M. Go, J. K. Kim, Y. J. Lee and J. H. Park, *LWT - Food Sci. Technol.*, 2015, **63**, 846.

[67] A. Contreras-Oliva, M. B. Pérez-Gago, L. Palou and C. Rojas-Argudo, *Int. J. Food Sci. Technol.*, 2011, **46**, 612.

[68] M. E. Oner and M. M. Wall, *Int. J. Food Sci. Technol.*, 2013, **48**, 2064.

[69] M. Shin, J. Lee, Y. Yoon, J. H. Kim, B. Moon, J. Kim and B. Song, *Korean J. Food Sci. An.*, 2014, **34**, 464.

[70] M. S. Brewer, *Meat Sci.*, 2009, **81**, 1.

[71] M. Uygun-Saribay, E. Ergun and T. Köseo lu, *J. Radioanal. Nucl. Chem.*, 2014, **301**, 597.

[72] K. C. M. Verhoeckx, Y. M. Vissers, J. L. Baumert, R. Faludi, M. Feys, S. Flanagan, C. Herouet-Guicheney, T. Holzhauser, R. Shimojo, N. van der Bolt, H. Wichers and I. Kimber, *Food Chem. Toxicol.*, 2015, **80**, 223.

[73] M.-W. Byun, H.-J. Ahn, J.-H. Kim, J.-W. Lee, H.-S. Yook and S.-B. Han, *J. Chromatogr. A*, 2004, **1054**, 403.

[74] M. A. Rabie and A. O. Toliba, *J. Food Sci. Technol.*, 2013, **50**, 1165.

[75] C. Jo, H. S. Yook, M. S. Lee, J. H. Kim, H. P. Song, J. S. Kwon and M. W. Byun, *Food Chem. Toxicol.*, 2003, **41**, 1329.

[76] A. Fernandes, J. C. M. Barreira, A. L. Antonio, A. Rafalski, M. B. P. P. Oliveira, A. Martins and I. C. F. R. Ferreira, *Food Chem.*, 2015, **182**, 309.

[77] K. F. Khattak, T. J. Simpson and Ihasnullah, *Food Chem.*, 2008, **110**, 967.

[78] P. S. Variyar, A. Limaye and A. Sharma, *J. Agric. Food Chem.*, 2004, **52**, 3385.

[79] P. R. Hussain, A. M. Wani, R. S. Meena and M. A. Dar, *Radiat. Phys. Chem.*, 2010, **79**, 982.

[80] K. Harrison and L. M. Were, *Food Chem.*, 2007, **102**, 932.

[81] D. Štajner, M. Milošević and B. M. Popović, *Int. J. Mol. Sci.*, 2007, **8**, 618.

[82] A. R. Shalaby, M. M. Anwar, E. M. Sallam and W. H. Emam, *Int. J. Food Sci. Technol.*, 2016, **51**, 1048.

[83] Y.-H. Kuan, R. Bhat, A. Patras and A. A. Karim, *Trends Food Sci. Technol.*, 2013, **30**, 105.

[84] A. F. M. Vaz, M. P. Souza, M. G. Carneiro-Da-Cunha, P. L. Medeiros, A. M. M. A. Melo, J. S. Aguiar, T. G. Silva, R. A. Silva-Lucca, M. L. V. Oliva and M. T. S. Correia, *Food Chem.*, 2012, **132**, 1033.

[85] ICGFI, *Int. Consult. Gr. food Irradiat*, 1999, 1.

[86] E. Comission, *Rep. from Comm. to Eur. Parliam. Counc. food food ingredients Treat. with Ionis. Radiat. year 2015*, 2016.

第 12 章　与辐照相结合的食品保藏方法

何塞·皮内拉[1]，阿米尔卡·L. 安东尼奥[1]，伊莎贝尔·C. F. R. 费雷拉[1]

12.1　引言

近年来，消费者一直在寻找更安全、更优质的食品，同时追求更方便的即食食品。通过消除病原微生物来保证质量，一直是食品工业关注的重点。然而，令人震惊的是许多疾病仍然是由不同的食源性病原体引起的，造成了数百人死亡[1]。大肠埃希菌和单核细胞增生李斯特菌是经常与微生物暴发有关的引起食物中毒的微生物。为确保食品在贮存过程中的安全和稳定，已开发出多种物理、化学和生物保藏方法，并在食品工业中得到应用[2-4]。

在食品保藏的非热物理技术中，辐照已成为世界范围内的一种标准的除虫和灭菌方法[5]。此过程包括利用 ^{60}Co（或较少使用的 ^{137}Cs）放射性同位素发射的 γ 射线、加速器产生的高能电子束和 X 射线，使包装或散装食品接受控制剂量的电离能量[5,6]。它有效地提升了食品安全，并提供了一个安全的检疫解决方案[7]。辐照还可用于防止发芽和包装后的污染，延迟收获后的成熟和衰老过程，从而延长保质期[8]。然而，通过消除病原性和腐败性微生物来确保安全所需的剂量有时会对食品质量产生不利影响。为了避免损失和提高辐照效果，已将辐照与其他保藏方法结合使用。这些组合方法可以减小为消除或减少微生物种群所需的剂量，因为所应用的保存因素之间存在协同或累加效应[9-12]。因此，可以增强微生物的辐射敏感性，更有效地保持食品的质量属性[13-15]。

本章将详细介绍涉及使用 γ 射线、X 射线或电子束辐照与杀灭微生物、灭菌、预防和保护或多功能屏障相结合的几种保存处理方法，强调在设计这些加工方法时需要考虑的方面，以及这些组合的优缺点，即对病原微生物和质量参数的影响。

12.2　综合加工：屏障概念

屏障（也称栅栏）技术是将一些较温和的保藏因素（屏障）同时或先后结合起

---

1. 布拉干萨理工大学圣阿波罗尼亚校区，山地研究中心（CIMO），ESA，5300-253，布拉干萨，葡萄牙。

来，以获得更高的食品安全和稳定性水平。这种方法通过应用智能和可持续的保藏因素组合来限制或防止微生物的生长[16,17]。微生物和病原体需要克服这些屏障，才能在食品环境中生存。如图 12.1（a）所示，设置的屏障必须“足够高”，以便微生物不能超过所有屏障，从而实现食品安全和稳定。如果屏障方法不足以减少初始微生物负载并确保贮存期间的稳定性，食品将无法得到充分保存［见图 12.1（b）］。但如果应用的强度或数量过大，则可能会对质量属性产生负面影响，造成不必要的资源损失［见图 12.1（c）］。

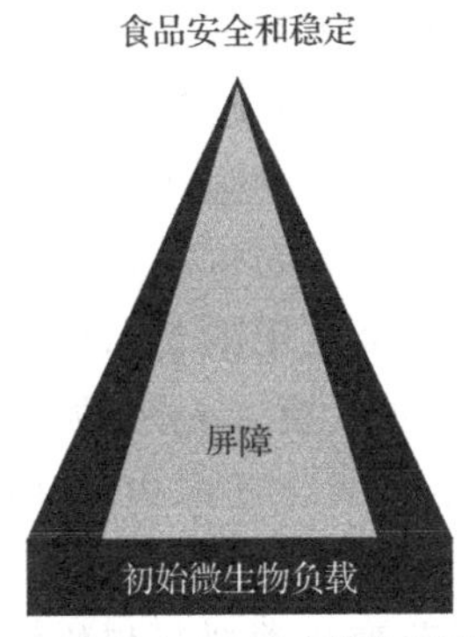

（a）食品安全和稳定性是通过使用智能组合屏障来实现的

（b）使用的屏障在降低初始微生物负载方面效率不高

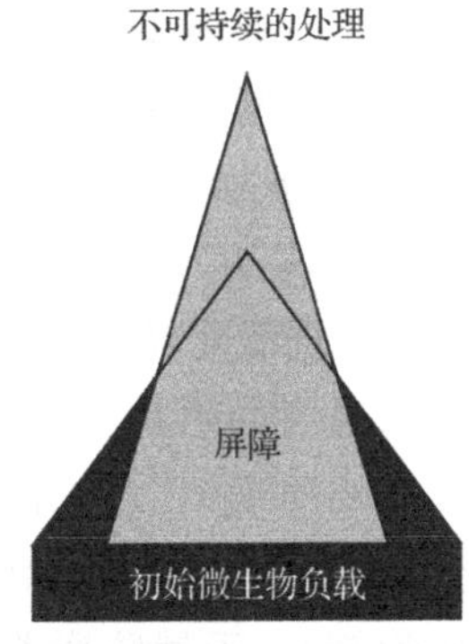

（c）使用的屏障降低了初始微生物负载，但使用的强度或数量较高，会对食品质量产生负面影响

图 12.1　用于食品保藏的屏障加工的例子

每个屏障都有一个影响食品污染物的最佳的最低水平。当单独使用屏障保存食品时，通常会使用超出所需水平的条件，但会对食品质量产生不利影响。屏障的强度可以根据不同的目标进行单独调整。然而，考虑屏障之间可能存在的协同或拮抗作用是非常重要的（见图 12.2）。当发生协同作用时，可以使用强度低于单独应用时所需强度的屏障。

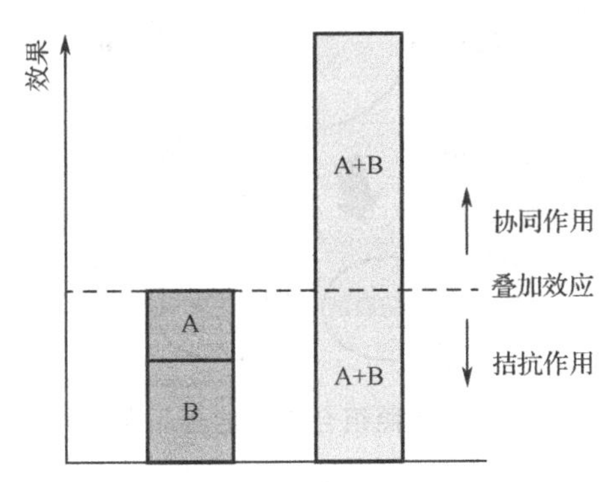

图 12.2　用于食品保藏加工的两个屏障（A 和 B）的三个可能结果的示意图

注：组合处理的结果一是叠加，各个屏障的效果简单地加在一起的加法；二是具有协同作用，当屏障的组合比单个屏障的影响之和具有更大的抑制作用时，屏障水平较高，但所需强度低于单独构成屏障的强度；三是当屏障组合的效果不如单独应用时，则具有拮抗作用。

这种贮存加工的设计应考虑几个标准，即屏障方法之间可能的相互作用（电离辐射与选定的屏障方法）、食品的物理和化学性质、微生物类型和污染程度、目标货架期[18-20]。这一食品贮存的概念符合消费者对最低限度加工和即食食品的需求，并在研究和工业或实践层面上广受欢迎。

12.3 食品保藏因素和技术

通过消除或减少致病微生物和腐败微生物，或通过延迟或阻止其生长，以及通过降低食品的代谢活性和对酶的灭活，不同的食品保藏因素和技术被用于贮存食品[2,18]。屏障方法可分为物理、化学和生物方法，或者根据其主要功能分为灭菌（如辐照、超声波和防腐剂）、抑菌（如冷藏、冷冻和防腐剂）、预防和保护（如包装）及多功能（如具有抗氧化特性的天然提取物）。图 12.3 显示了与辐照组合使用的食品保藏方法，即高温（如热加工）、低温（如冷藏、冷加工和冷冻）、低水活度（a_w）（如通过干燥和盐渍实现）、增加酸度（如通过使用有机酸实现）、降低的氧化还原电位（E_h）[如通过真空包装、气调包装（MAP）控制的气氛等实现]、竞争性微生物菌群（如生物防治剂）、天然防腐剂（包括植物提取物、精油、发酵葡萄糖和香料）和化学防腐剂[包括硝酸盐、亚硝酸盐、乳酸钙、乳酸链球菌肽（尼辛）、二氯异氰尿酸钠、氯化钙等]。

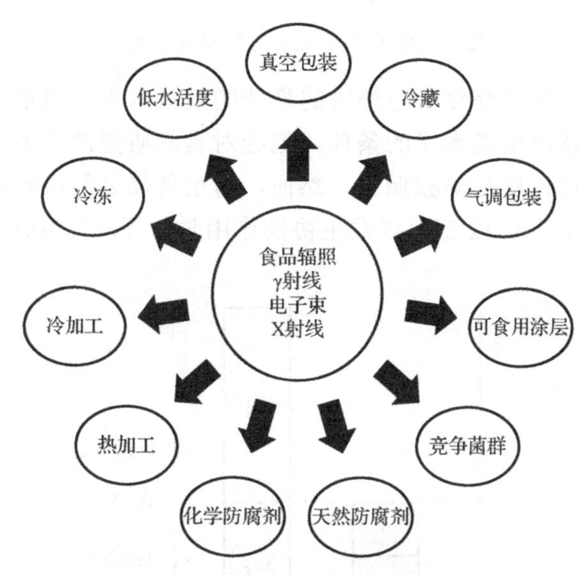

图 12.3 与辐照组合使用的食品保藏方法

通常，使用低强度屏障的多目标加工比使用单一高强度屏障更有效。例如，当γ射线、X 射线或电子束照射与不同作用方式的保存因素结合时，会影响不同的微生物或食品目标系统，如细胞壁、膜转运、受体功能、信号传导过程、基因表达控制、酶系统等[16-20]。目标微生物消耗了大量的能量和物质资源来维持稳定的内部环境。

因此，当微生物的稳态受到屏障的干扰时，它们将继续处于滞后阶段，有些甚至可能在稳态恢复之前就消失了[19]。许多屏障依赖微生物生理状态的改变，从而导致压力。因此，随后的屏障会变得更加有效。

12.4　屏障方法中的辐照

下面讨论将 γ 射线、X 射线或电子束辐照与图 12.3 中提出的保鲜方法结合起来的食品保鲜加工方法，其中强调了这种组合的优点和缺点。表 12.1～表 12.7 列出了不同的组合加工方法，其中所用的屏障是按照它们应用于食品的先后顺序排列的。尽管几乎所有的组合都涉及包装和冷藏贮存，但表 12.1 列出了只使用这些预防和保护与微生物静止屏障法的加工方法。

12.4.1　包装与冷藏相结合

包装在大多数食品辐射加工中都是必不可少的。它被用来防止食品的再污染和再传染，以保持食品的完整性，或者只是在辐照过程中去处理它。在辐照过程中使用聚苯乙烯和纸板箱，以及热封塑料袋作为包装材料。由于聚合物中的辐解产物的形成及其在食品中的迁移是与食品辐照相关的主要安全问题之一，因此只有经批准的包装材料才能在辐照过程中与食品接触（见第 8 章）[5]。正如第 8 章所讨论的那样，电离辐射还可用于改善活性包装薄膜中活性化合物的释放，并开发可生物降解的聚合物[21-24]。

冷藏是延长生鲜农产品货架期的最广泛使用的方法之一。与允许保质期相对较长的冷冻贮存不同，冷藏贮存通常是食品保藏的短期解决方案。通过降低温度，除嗜冷菌和嗜冷微生物外，变质和食物中毒生物的生长速度均有所降低，但嗜冷菌和嗜冷微生物通常在 0℃以上快速生长，并且会破坏冷藏食品[25]。辐射加工可以减少或消除食品腐败的微生物，并且包装和冷藏条件分别防止了保存期间存活微生物的再污染和生长。事实上，γ 射线、电子束或 X 射线辐照、包装和冷藏的结合使用，在确保食品安全和延长保质期方面具有很大的潜力。

表 12.1 显示了将 γ 射线、电子束或 X 射线辐照与包装和冷藏贮存相结合的食品保藏加工。格雷罗等研究者[26]指出，3.2kGy 剂量（^{60}Co 辐照室）可使樱桃番茄 99%的原生微生物群灭活，并有可能使接种的食源性病原体（大肠埃希菌、肠道沙门氏菌和金黄色葡萄球菌）的负载减少 5～11 个对数单位，而对品质属性的影响可忽略不计，即在 4℃下，货架期可延长至 14 天。所选剂量降低了樱桃番茄的紧实度，但总体接受度与非辐照样品相似。侯赛因等研究者[27]证明，在 1.2～1.5kGy 这一剂量范围内，青梅在环境条件下的货架期可延长为 16 天，在（3±1）℃的冷藏条件下可延长到 28 天。在冷藏和环境条件下贮存的样品中，酵母和霉菌的数量都减少了。辐照和冷藏贮存可使李子长达 35 天不腐烂，而非辐照样品的 35 天腐烂率为 12.5%。在

另一项研究中[28]，低剂量 γ 射线辐照（高达 0.15kGy）和 12℃的贮存被成功地用作有效的马铃薯收获后加工，以保持马铃薯在其保质期内的质量。这些组合屏障（包装、辐照和冷藏贮存）有助于克服检疫障碍，并将不同的水果分销到遥远的市场，特别是在供过于求的季节。

最少加工的蔬菜生产通常包括清洗、去皮、切片或切碎、包装和冷藏贮存等操作。这些易腐烂食品的保质期由于组织破裂、呼吸频率增加和快速变质而大大降低[2]。使用化学消毒剂可以减少食品表面的微生物数量，但不能减少组织缝隙中的微生物数量。如前所述，冷藏温度对延长货架期有效，但对容易引起食源性疾病的嗜冷微生物如单核增生杆菌和气单胞菌无效。辐照已成为提高最少加工食品安全性和保质期的有效处理方法。以 0.5kGy 辐照为条件，最少加工花椰菜的微生物质量和货架期提高了 7 天，并在 4℃下贮存长达 21 天而无明显质量损失（见表 12.1），同时抗氧化剂活性和总酚含量增加[29]。在贮存 14 天后，经辐照的花椰菜样品比非辐照的样品具有更好的外观和可接受性。特里帕蒂等研究者[30]得出结论，对置于聚苯乙烯托盘上并包裹在保鲜膜中的冬瓜块，2kGy 辐照剂量和 10℃贮存是最佳的保存条件。与非辐照样品相比，这些最佳条件可将保质期延长 7 天。辐照后的样品还显示出较高的抗氧化活性和酚类含量，并在贮存过程中保持其视觉和感官特性。对于菠菜叶来说，一个 1.5kGy 的剂量已被证明能有效地减少天然微生物种群，并在（6±1）℃的冷藏条件下将保质期延长至 14 天[31]。叶绿素、类胡萝卜素、多酚和其他抗氧化剂得以保留，但辐照后抗坏血酸水平降低了 80%以上。辐照后的菠菜叶在第 14 天之前都是良好的。此外，1.5kGy 剂量显著改善了菠菜的一些感官特性，即在研究的第二天对菠菜的整体外观的评价。

浆果作为一种功能性食品，由于其富含抗氧化剂并且有益于健康而广受欢迎。将电子束辐照（0.5～3.0kGy）、聚苯乙烯托盘包装和冷藏（4℃）相结合的保鲜加工方法应用于蓝莓（见表 12.1）[32]，剂量≤3kGy 可有效抑制大肠埃希菌，延长蓝莓的货架期，而不会影响抗坏血酸水平、总单体花青素或抗氧化活性。然而，该加工法并不能防止在贮存 7 天和 15 天后的抗氧化能力和抗坏血酸含量的降低。还有报道称，用 3.13kGy 剂量辐照的蓝莓在冷藏下衰变降低 72%，在室温下衰变降低 70%。有趣的是，我们报道了培养基和蓝莓中大肠埃希菌的 D_{10} 值[2]，分别为 0.43kGy 和 0.37kGy。

为了找到更有效和可持续的食品保藏方法，我们对 X 射线辐照进行了测试，并将其与包装和冷藏相结合（见表 12.1）。沃纳和华尔[33]研究了 X 射线辐照（0.25kGy、0.kGy、0.7kGy 和 1.0kGy）对（4±1）℃条件下贮存的鲜切番薯块的质量属性的影响。14 天后，以 1kGy 辐照的样品中的总需氧细菌数、霉菌和酵母菌数分别为 3.2 个和 3.0 个对数单位。这些样品在整个贮存过程中保持了原有的硬度，以及水分和花青素的含量。样品的典型颜色保持了一周，但 1kGy 剂量导致颜色变暗。在另一项研究中，通过应用 X 射线辐照，在 22℃下贮存 20 天的过程中，整个哈密瓜的初始固有微生

2. 消除 90%的细菌种群所需的剂量［使细菌种群减少 10 倍（=1lgCFU/g)］。

表 12.1　辐照与包装和冷藏贮存相结合的食品保藏加工

目标食品	加工 1	加工 2	加工 3/贮存条件	参考文献
樱桃番茄	聚苯乙烯包装盒	γ 射线 1.3kGy、3.2kGy 和 5.7kGy	4℃冷藏达 14 天	[26]
李子	硬纸板包装	γ 射线 0.2～1.5kGy	（3±1）℃冷藏（相对湿度 80%）和环境温度（25±2）℃（相对湿度 70%），长达 35 天	[27]
马铃薯	LDPE[a] 袋充气包装	γ 射线 0.05kGy、0.15kGy 和 0.5kGy	在储藏柜中潮湿环境（相对湿度 85%～90%）温度（12±1）℃下贮存，长达 120 天	[28]
最少加工的花椰菜	聚苯乙烯包装托盘，周围有保鲜膜全部包裹	γ 射线 0.5kGy、1kGy、1.5kGy 和 2kGy	4℃冷藏，长达 21 天	[29]
最少加工的冬瓜块	聚苯乙烯包装托盘，周围有保鲜膜全部包裹	γ 射线 0.5kGy、1.0kGy、1.5kGy、2.0kGy 和 2.5kGy	4℃和 15℃冷藏，长达 14 天	[30]
菠菜叶	聚烯烃包装 PD960 袋	γ 射线 1.5kGy 和 3.0kGy	（6±1）℃冷藏，长达 15 天	[31]
蓝莓	聚苯乙烯包装蚌壳	电子束 0.5～3.0kGy	4℃和环境温度冷藏，长达 26 天	[32]
鲜切番薯块	拉链包装袋包装	γ 射线 0.5kGy、0.75kGy 和 1.0kGy	（4±1）℃冷藏，长达 14 天	[33]
哈密瓜	聚氯乙烯薄膜包装	X 射线 0.1kGy、0.5kGy、1kGy、1.5kGy 和 2kGy	在 22℃下贮存，长达 20 天	[34]
带壳鸡蛋和鸡胸肉片	用无菌塑料袋和用蛤壳式容器包装聚氯乙烯薄膜包裹	X 射线 0.1kGy、0.5kGy、1kGy 和 2kGy	5℃冷藏，长达 20 天	[35]
烟熏三文鱼片	无菌塑料袋包装	X 射线 0.1kGy、0.5kGy、1kGy 和 2kGy	5℃冷藏，长达 35 天	[99]
鲜金枪鱼片	无菌塑料袋包装	X 射线 0.1kGy、0.2kGy、0.3kGy、0.4kGy、0.5kGy 和 0.6kGy	在 5℃、10℃和 25℃下贮存，分别为 25 天、15 天和 5 天	[36]

[a]LDPE：低密度聚乙烯。

物菌群（嗜温菌数、嗜冷菌数，以及酵母和霉菌数）显著降低（0.1kGy、0.5kGy、1.0kGy、1.5kGy 和 2.0kGy）[34]，果实颜色和紧实度得到保持。应用 2kGy 的剂量后，可以减少整个哈密瓜中接种的大肠埃希菌 O157:H7、单核细胞增生李斯特菌、肠杆菌和屈氏志贺氏菌等病原体在 5 个对数单位以上。

由马哈茂德[35]报告的结果表明，X 射线辐照在家禽和鸡蛋行业是一种很有前途的消毒方法。辐照鸡胸肉片（0.1kGy 和 2kGy）和带壳鸡蛋（0.1kGy 和 1kGy）分别包装在无菌塑料袋或聚氯乙烯（PVC）薄膜包装的托盘中，在 5℃下贮存长达 20 天（见表 12.1），并分析了嗜温菌和嗜冷菌的计数。0.5kGy 剂量显著减少鸡胸肉片和蛋类中的沙门氏菌群（3 株肠炎链球菌混合）1.9 个和 3.0 个对数单位；在这些样品中，2kGy 和 1kGy 时的菌落形成单位分别减少了≥6 个对数单位。

对于海鲜产品，由一台 RS 2400 X 射线装置产生的 2kGy 的辐照剂量能够将烟熏三文鱼片中的嗜温菌和嗜冷菌计数维持在可接受的水平，在 5℃下可贮存 35 天（见表 12.1）。在 1kGy 辐照的样品中，单核细胞增生李斯特菌的数量显著减少到无法检测的水平。对于包装好的鲜金枪鱼片[36]，0.6kGy 的剂量使沙门氏菌（三种肠道沙门氏菌的混合物）减少了≥6 个对数单位。样品的颜色受到辐照的显著影响（可能是由于脂质氧化引起的），但这种差异在贮存期间减弱了。

12.4.2 与气调包装相结合

目前，在市场上可以找到几种真空包装的食品。这种简单的方法包括在密封前将顶空气体从包装中除去。因此，氧含量降低，需氧微生物的生长受到限制，氧化反应也受到限制[2]。这种包装方法成本较低，具有很大的经济效益。科科勒等研究者[37]评估了 γ 射线照射（0.5kGy、1kGy 和 1.5kGy）对真空包装榛子仁的保藏适宜性（见表 12.2），在 20℃条件下贮存 18 个月。0.5kGy 辐照对榛子仁的感官特性无有害影响，并保留了其游离脂肪酸成分、维生素 E 水平和过氧化物值等品质特性。因此，这一剂量值结论是，对于天然榛子仁的贮存是可接受的。

辐照是减少肉制品中病原体的有效技术。该方法可以与真空包装和冷藏相结合，以确保更好地保留这些食品的营养价值和理化特性（见表 12.2）。卡瓦等研究者[38]研究了电子束辐照（5kGy 和 10kGy）对真空包装的伊比利亚干腌里脊肉片在 4℃下的氧化和颜色稳定性的影响。在无氧袋中贮存是减少与辐射加工相关的不良变化的适当方法。贝内迪托等研究者[39]研究了真空包装即食火腿，在感官特性变化降至最低并通过灭活单核细胞增生李斯特菌实现其安全性所需的电子束辐照剂量。0.96kGy 的剂量能保持感官品质长达 80 天。在不影响产品外观、气味或风味的情况下，高达 2kGy 的剂量可确保即食火腿的微生物安全。卡贝萨等研究者[40]也证明了 2kGy 剂量的适宜性，以确保冷藏（4℃）真空包装即食火腿的微生物安全性。即使温度（10℃）轻微变化，产品安全性也不会受到影响。在不影响感官品质的前提下，即食火腿的保质期得到了大幅延长。仅在 10℃下贮存 8 天或 7℃下贮存 18 天后，才能在非辐照的样品中检测到与腐败相关的感官异常特征。

水产品是易因变质微生物污染而腐烂的食品，但是将辐照与真空包装和冷藏一起使用有可能延长这些食品的保质期（见表 12.2）。麦地那等研究者[41]研究了电子束辐照在确保真空包装的冷熏三文鱼片的微生物安全性和保质期方面的潜力。笔者基于单核细胞增生李斯特菌对射线的反应计算得出的 D_{10} 值为 0.51kGy，笔者报告说 1.5kGy 是达到 2 个对数单位的足够剂量，在 5℃下保质期为 35 天。但是，如果提高贮存温度（5℃+8℃），则需要 3kGy。也有报道称，在 5℃下放置 35 天后，2kGy 使微生物种群保持在 6 个对数单位以下。气味变化非常轻微。高压处理（450MPa，5min）可实现减少相同的对数单位，但会对冷熏三文鱼片样品的外观造成负面影响。根据感官和生化特性，杨氏等研究者[42]报告了用电子束辐照的真空包装大西洋三文鱼片可达到 12 天的货架期，而对于非经辐照的样品的货架期较短，为 6 天。在 4℃的冷藏温度下保持三文鱼片品质的最小有效剂量确定为 0.5kGy。另外，高达 3kGy 的辐照不会显著影响凝胶的形态，而在长时间的贮存过程中，肌球蛋白的重链含量略有降低。

由于电子束辐照的穿透力有限，在食品工业中的应用有一定的限制[43]，为了扩大电子束辐照在这一领域的应用，已经使用了 10MeV 电子直线加速器（而不是 5MeV 电子直线加速器），以便更深地穿透高密度食品。张氏等研究者报告了电子束辐照结合真空包装对草鱼糜在冷藏（4℃）期间的货架期有积极的影响（见表 12.2）[44]，产品货架期从不足 3 天延长到 12 天。试验的辐照剂量（1kGy、3kGy、5kGy 和 7kGy）显著降低了总活体数和总的挥发性碱性氮含量（水产品的腐烂程度指标）。虽然在贮存过程中，腐胺、尸胺、组胺和酪胺的含量增加，但辐照明显抑制了这些化合物的形成。然而，5kGy 和 7kGy 的剂量会诱导产品形成一种不需要的“金属”或“辐照”气味。根据所研究的感官和生化参数，提出 3kGy 为使用 10MeV 电子直线加速器保存草鱼糜的最佳剂量。阿弗拉基等研究者[45]也报告了在冷藏期间（4℃），非辐照真空包装的鲤鱼片中腐胺、尸胺、组胺和酪胺的含量增加，然而，1kGy 和 2kGy 的电子束辐射加工能有效降低这些生物胺的形成，这些生物胺与感官特性相关，因此被提出作为鲤鱼片的质量指标。这些辐照剂量分别使样品的货架期延长了 63 天和 77 天，而非辐照样品的货架期只有 7 天。

此外，还研究了辐照与被动式（空气）气调包装和低温冷藏贮存相结合的方法，用于蔬菜和蘑菇的质量保证和货架期延长的影响（见表 12.2）。皮内拉等研究者[46]评估了 γ 射线辐照（1kGy、2kGy 和 5kGy）和气调包装的适宜性，以保留鲜切豆瓣菜在 4℃条件下 7 天的质量参数。使用的剂量对颜色没有产生负面影响。2kGy 剂量能更好地保持样本采后的总体质量。由于保留了抗氧化剂活性和总类黄酮含量，以及生育酚、总酚和单不饱和脂肪酸（MUFA）含量的增加，以 5kGy 照射的贮存样品显示出改善的功能。对于蘑菇，里维拉等研究者[47]报告了电子束和γ射线照射（1.5kGy 和 2.5kGy）对黑孢块菌在被动式气调包装中以 4℃贮存 35 天的微生物种群、呼吸活动和感觉特性的影响。辐照清除了假单胞菌和肠杆菌。然而，在这些样品中存活并生长的两种抗辐射酵母菌（*Candida sake* 和 *Candida membranifaciens var. santamariae*）

（计数达到≥7.0 个对数单位），影响了它们的感官质量。此外，在 γ 射线辐射剂量最高的情况下，包装好的黑孢块菌的质地受影响最大。结果表明，剂量≥1.5kGy 不能使黑孢块菌的质量属性和保质期超过 28 天。因此，笔者建议测试低剂量，只是为了消毒灭菌和抑制菌丝体的生长，这样就不会对黑孢块菌的天然菌群产生如此大的影响。在另一项研究中，里维拉等研究者[48]证明了在 2.5kGy 的电子束照射、使用微穿孔薄膜进行气调包装和在 4℃的冷藏条件下，成功地将夏块菌的保质期延长至 42 天。1.5kGy 和 2.5kGy 的剂量减少了假单胞菌和肠杆菌计数（<1.0 个对数单位），以及采后感官损失。根据里维拉等研究者[47]对黑孢块菌的观察，辐照后酵母和乳酸菌对微生物的影响较小（贮存期间微生物数量增加至 7.1 个对数单位）。食品通常在包装后进行辐照，以防止辐照后污染。然而，在之前的两项研究中，块菌都是在辐照后包装的。

柯克等研究者[49]报告说，应在无氧气氛下辐照香料，以最大限度地减少质量损失。在他们的研究中（见表 12.2），在 100%氮气气氛下，辐照了百里香、迷迭香、孜然和黑胡椒，用 γ 射线照射 7kGy、12kGy 和 17kGy。辐照使迷迭香和黑胡椒样品（包装在空气中）的颜色发生明显变化，但与气调包装的组合降低了黑胡椒的变色。组合加工还保留了黑胡椒和孜然的精油产量，并降低了含氧化合物的形成。7kGy 的剂量使酵母菌和霉菌计数降低至检测不到的水平，而 12kGy 的剂量使总活菌计数降低至检测不到的水平。

低剂量辐照气调包装下新鲜农产品的正面效应也已得到证实（见表 12.2）。朱基和哈扎伊[50]证实，γ 射线辐照（1kGy）气调包装中的草莓在 4℃下贮存 21 天，比贮存在空气中的草莓外观和质地更好。5%的氧气（O_2）、10%的二氧化碳（CO_2）和 85%的氮气（N_2）的顶空气体成分比氧含量较高的大气［10%的氧气（O_2）、5%的二氧化碳和 85%的氮气（N_2）或空气］更好地保存了辐照草莓的外观和质地。有趣的是，当将辐照与第一种气体成分（5% O_2、10% CO_2 和 85% N_2）相结合时，草莓的保质期延长到 14 天，而外观没有变化，也没有受到真菌的侵袭。继而，在经辐照的包装样品中，没有灰霉病菌的情况持续了 7 天，而在空气气氛下包装的未经辐照的样品中检测到了霉菌。史密斯等研究者[51]报告了在冷藏条件下（4℃），将 1kGy 的电子束辐照和气调包装（5%O_2、10%CO_2 和 85%N_2）组合对西瓜块的微生物生长抑制作用具有协同作用[51]。笔者证明了低剂量辐照对细菌和真菌数量的显著影响，在贮存的前 7 天并未发生变化；而使用气调包装时，最初的细菌计数最多可维持 21 天。此外，感官特性（颜色和硬度）和消费者可接受性（包括气味和风味）没有受到负面影响。因此，这些研究表明，美国食品药品监督管理局批准的 1kGy 剂量与气调包装的结合可用于延长新鲜的易腐产品（如草莓和西瓜块）的保质期。预期这些互补的屏障技术的结合，将成为水果和蔬菜加工行业的一种趋势。

气调包装能影响昆虫对辐射的耐受性。巴斯卡利特等研究者[52]报告了混合粉甲虫在 N_2 环境下辐照前后的协同效应。但是，由于呼吸过程减慢，昆虫在低氧气环境下对辐射有耐受性。因此，这种气体使昆虫血淋巴中的浓度和自由基的生成都会降低。

表 12.2 辐照与真空包装或气调包装相结合的食品保藏加工

目标食品	加工 1	加工 2	加工 3/贮存条件	参考文献
榛子仁	聚乙烯袋真空包装	γ 射线 0.5kGy、1kGy 和 1.5kGy	贮存温度（20±0.5）℃（相对湿度 55%～60%），长达 18 个月	[37]
伊比利亚干腌里脊肉片（用盐、亚硝酸盐、橄榄油和香料如西班牙辣椒、牛至和大蒜等混合调味）	尼龙真空包装/聚乙烯袋	电子束 5kGy 和 10kGy	4℃避光冷藏，长达 90 天	[38]
即食火腿	低透气性层压薄膜袋真空包装	电子束 1kGy、2kGy、3kGy 和 4kGy*	4℃冷藏，长达 18 天	[39]
即食火腿	低透气性层压薄膜袋真空包装	电子束 2kGy 和 3kGy	在 4、7 和 10℃冷藏和贮存，长达 18 天	[40]
冷熏三文鱼片	真空包装	电子束 1kGy 和 4kGy	5℃冷藏，长达 35 天	[41]
大西洋三文鱼片	聚乙烯袋真空包装	电子束 0.5kGy、1kGy、2kGy 和 3kGy	（40±0.5）℃冷藏，长达 12 天	[42]
草鱼糜	聚乙烯袋真空包装	电子束 1kGy、3kGy、5kGy 和 7kGy	4℃冷藏，长达 12 天	[44]
鲤鱼片	聚酰胺袋真空包装	电子束 0.1kGy、0.5kGy、1kGy 和 2kGy	4℃冷藏，长达 90 天	[45]
沙棘叶	被动式（空气）改性气调包装消毒 LDPE[a] 袋	γ 射线 1kGy、2kGy 和 6kGy	4℃冷藏，长达 12 天	[100]
鲜切豆瓣菜	被动式（空气）改性气调包装消毒 LDPE 袋	γ 射线 1kGy、2kGy 和 5kGy	4℃冷藏，长达 7 天	[46]
黑孢块菌	γ 射线或电子束 1.5kGy 和 2.5kGy	被动式（空气）改性气调包装，聚丙烯托盘上覆盖带微穿孔聚碳酸酯薄膜	4℃冷藏，长达 35 天	[47]
夏块菌	电子束 1.5kGy 和 2.5kGy	被动式（空气）改性气调包装，聚丙烯托盘上覆盖带微穿孔聚碳酸酯薄膜	4℃冷藏，长达 42 天	[48]

续表

目标食品	加工1	加工2	加工3/贮存条件	参考文献
百里香、迷迭香、黑胡椒和孜然	被动式（空气）改性气调包装（100%氮气）高阻隔多层（PET/聚乙烯 EVOH[b]共聚物聚乙烯）袋包装	γ射线 7kGy、12kGy 和 17kGy	—	[49]
草莓	被动式（空气）改性气调聚乙烯袋包装（10%二氧化碳；5%氧气；85%氮气和 5%二氧化碳；10%氧气；85%氮气	γ射线 1kGy	4℃冷藏，长达 21 天	[50]
西瓜块	被动式（空气）改性气调聚乙烯尼龙袋包装（5%氧气，10%二氧化碳，85%氮气）	电子束 1kGy	4℃冷藏，长达 21 天	[51]

* 此处原文误为℃。

[a]LDPE：低密度聚乙烯。

[b]PET：聚对苯二甲酸乙二酯；EVOH：乙烯-乙烯醇共聚物。

[c]PP：聚丙烯。

12.4.3　与可食用涂层相结合

可食用涂层已被用于通过延缓脱水和呼吸速率、抑制微生物生长、延缓成熟、防止冷冻和机械损伤、保存或改善食品的物理属性（质地和光泽）来防止食品变质[2]。由于在涂层配方中使用的一些化合物随着时间的推移并不稳定，因此可以使用密封技术来延长或改善它们的生物活性和功效。此外，还描述了辐照涂层食品的协同效应[9]。关于水果（见表 12.3），侯赛因等研究者[53,54]测试了单独使用羧甲基纤维素（CMC）涂层［0.25%～1.0%（*w/v*）］，以及与 γ 射线辐照（1.5kGy）结合使用对李子和梨的品质保持和货架期延长。与单独使用加工相比，组合加工［CMC 1%（*w/v*）+ 1.5kGy］比单独加工更能保持果实品质，延缓果实在冷藏过程中的腐烂进程。以李子为例[53]，该组合在冷藏后贮存在约 25℃条件下，保质期可延长 11 天。在（3±1）℃下放置 45 天后，单独使用辐照和 CMC 涂层［1%（*w/v*）］，保质期分别可延长 8 天和 5 天。当只使用浓度≤0.75%（*w/v*）的 CMC 涂层时，李子的货架期没有延长。以梨为例[54]，在冷藏 60 天和 45 天之后，辐照延长了 4 天和 8 天的货架期，但在使用浓度为 1%（*w/v*）的 CMC 涂层时，冷藏 45 天和 60 天后，保质期分别延长 6 天和 2 天。而在约 25℃条件下进行冷藏后贮藏，冷藏 60 天和 45 天后，两种加工联合使用，其货架期分别延长 6 天和 12 天。阿巴德等研究者[10]报告了将 γ 射线辐射（0.5kGy）与商业可食用涂层（Sta-Fresh 2505）结合在一起对金黄色和紫红色番茄收获后品质属性的协同效应。经加工过的水果在 5℃（相对湿度 90%）下保存长达 10 周，再在 20℃（相对湿度 80%）下保存 7 天，以模拟货架期。与对照组（未辐照样品）相比，经过屏障加工的水果更坚硬且外观更好，呼吸频率和重量损失也有所降低。与单独加工或对照组样品相比，保质期可延长多达 2 周或 4 周。

经过最低限度加工的蔬菜在切割或切片操作中很容易受到污染，这会增加组织损伤并促进细胞内容物的释放，从而支持并增加微生物的活性[2]。常见的污染是单核细胞增生李斯特菌的污染，需要加以控制。表 12.3 已经描述了抗菌涂层和辐照对即食胡萝卜中接种的单核细胞增生李斯特菌辐射敏感性的综合影响[13,55]。蒂尔吉等研究者[13]研究了一种由经反式肉桂醛［0.5%（*p/p*）］和 γ 射线照射（0.25kGy 和 0.5kGy）组成的可食用涂层。屏障处理具有协同抗菌作用，在 4℃贮藏 21 天后，气调包装的即食胡萝卜中单核细胞增生李斯特菌减少 1.29 个对数单位，而无活性物质的涂层无抑菌作用，因此提高了细菌的辐射敏感性，减小了所施加的辐射剂量。恩多蒂・嫩贝等研究者[55]将胡萝卜浸在含有香芹酚（carvacrol）和乳链菌肽（nisin）的溶液或香芹酚、乳链菌肽和山香菜精油的溶液中，然后用 γ 射线以 0.5kGy 和 1kGy 的剂量对涂布包装的样品进行辐照。当应用的抗菌涂层与 1kGy 剂量相结合时，单核细胞增生李斯特菌（接种浓度约为 7 个对数单位）被有效消除。塞维里诺等研究者评估了辐照结合生物活性涂层对接种单核细胞增生李斯特菌的花椰菜的抗菌效应（见表 12.3）[11]，涂层溶液是基于原生的和改性的壳聚糖加上香芹酚、佛手柑、柠檬或柑橘精油的纳米乳液配制的。改性壳聚糖基涂层加柑橘精油在4℃下贮存6天后，负荷减少1.46个对数单位。与γ射线照射（0.25kGy）相结合，可使单核细胞增生李斯特菌的相对辐射敏感性提高1.33倍。验证了这两种屏障之间的协同效应，提高了单核细胞增生李斯特菌的辐射敏感性，从而使13天后的细菌数减少了2.5个对数单位。这样，利用涂层配方中低剂量的γ射线和低浓度的精油，就可以控制花椰菜小花中的微生物负载。笔者还将可食用涂层与臭氧水和UV-C照射相结合。第一种加工在贮藏的前3天表现出很高的抗菌效应，虽然在第5天后有所降低（13天后降低1.3个对数单位），但与单独的涂层的效应相比，第二种加工对单核细胞增生李斯特菌没有引起任何附加效应。本・法迪勒等研究者[56]证明了不同的抗菌剂可与γ射线照射的协同作用，对花椰菜小花进行去污和延长保质期（见表12.3）。首先，研究了不同挥发油、有机酸盐和纳他霉素（一种天然抗真菌药）对单核细胞增生李斯特菌、大肠埃希菌O157:H7、鼠伤寒沙门氏菌和黑曲霉的效果。百里香、蒙大拿、肉桂、香茅、二醋酸钠盐、纳他霉素等挥发油对所有被测微生物均具有较高的体外抗菌活性。在不同的抗菌药物组合中也发现了添加剂和增效作用。含有香茅挥发油（300ppm）、二醋酸钠（5 000ppm）和纳他霉素（80ppm）的配方特别有效，显示出对单核细胞增生李斯特菌的协同作用，以及对大肠埃希菌、鼠伤寒杆菌和黑曲霉的加性作用。随后，将抗菌化合物包封在不同的海藻溶液中，用浸渍法涂布在花椰菜小花上，并以0.4kGy和0.8kGy的剂量照射被包裹的样品。该联合加工在4℃条件下具有协同抗菌作用，延长了即食花椰菜的货架期。塔卡拉等研究者[12]也证明了细菌的辐射敏感性取决于所应用的活性涂层。在这项研究中（见表12.3），将接种了单核细胞增生李斯特菌、大肠埃希菌和鼠伤寒沙门氏菌的花椰菜小花浸泡在含有有机酸+乳酸菌代谢物、有机酸和柑橘提取物+香料混合物，或有机酸+迷迭香的提取物中，然后用高达3.3kGy的γ射线照射涂布样品。所有被检测涂层均以同样的方式提高了单核细胞增生李斯特菌的敏感性。含有有机酸和柑橘提取物的配方对提高大肠埃希菌的辐射敏感性最有效，而添加有机酸和乳酸菌代谢物的涂层对提高伤寒杆菌的辐射敏感性最有效。笔者还建议在γ射线照射前将这些涂层应用于其他蔬菜，以提高食源性病原体的敏感性，防止交叉污染。

可食用涂层（含乳酸、柑橘提取物和柠檬草精油）的加工和单独的γ射线照射能够减少花椰菜小花中大肠埃希菌、李斯特菌和中温细菌的数量（见表12.3）[57]。当组合使用时，这种协同作用将细菌种群降低至检测限度以下的水平。反过来，具有空气负离子作用的可食用涂层与臭氧结合只会引起附加效应。据瓦塔拉等研究者报告[58]，假单胞菌在冷冻和最高3kGy低剂量的照射下，对去皮虾（对虾）和冷藏即食披萨中细菌生长的减少（总计数和恶臭假单胞菌）的协同效应如表12.3所示，与未涂覆和未辐照的对照组样品相比，观察到更长的滞后时间和更低的生长速度，这使对虾的保质期延长了3天至10天，即食披萨的保质期延长了7天至20天。此外，诸如气味、味道和外观的感官特性没有受到显著影响。

表 12.3　辐照与可食用涂层和冷藏相结合的食品保藏加工

目标食品	加工 1	加工 2	加工 3	加工 4/贮存条件	参考文献
李子	可食用涂层浸渍应用：在 0.5%（*w/v*）、0.75%（*w/v*）和 1%（*w/v*）羧甲基纤维素基溶液中浸渍 5～10min	纸板箱包装	γ 射线 1.5kGy	冷藏于（3±1）℃（相对湿度 80%）和在环境温度（25±2）℃（相对湿度 70%），可达 45 天	[53]
梨	可食用涂层浸渍应用：在 0.25%（*w/v*）、0.5%（*w/v*）、0.75%（*w/v*）和 1.0%（*w/v*）的羧甲基纤维素基溶液中浸渍 5～10min	纸板箱包装	γ 射线 1.5kGy	冷藏于（3±1）℃（相对湿度 80%）和在环境温度（25±2）℃，（相对湿度 70%），可达 60 天	[54]
金黄色和紫红色番茄	商业化可食用涂料（Sta-Fresh 2505）	γ 射线 0.5kGy	—	冷藏于 5℃（RH 90%）下长达 10 周+在 20℃（RH 80%）下 7 天	[10]
即食胡萝卜	应用可食用抗菌剂的涂料［反式肉桂醛，0.5%（*p/p*）］	由聚酯组成和 EVA[a] 共聚物袋无菌包装	γ 射线 0.25kGy 和 0.5kGy	4℃冷藏，可达 21 天	[13]
胡萝卜	可食用涂层应用：含山胡椒精油、卡瓦多酚和/或乳链菌肽中浸渍 1min	无菌袋包装	γ 射线 0.5kGy 和 1kGy	4℃冷藏，可达 9 天	[55]
花椰菜	可食用涂层应用：1%改性壳聚糖+2.5%柑橘精油纳米乳液	γ 射线 0.25kGy	无菌金属化聚酯 EVA 共聚物袋包装	4℃冷藏，可达 13 天	[11]
花椰菜小花	海藻酸盐浸涂可食用抗菌涂层的应用：含有精油、有机酸盐（二醋酸钠、醋酸钠、乳酸钾、丙酸钙和柠檬酸钠）和纳他霉素的溶液	γ 射线 0.4kGy 和 0.8kGy	用 Whirl-Pak™ 无菌取样袋包装	4℃冷藏，可达 14 天	[56]
花椰菜小花	用含有多种抗菌剂混合物［有机酸（OA）乳酸菌代谢物］、柑橘提取物（CE）、香料混合物和迷迭香提取物的甲基纤维素溶液浸渍为可食用涂层	金属化聚酯 EVA 共聚物袋包装	γ 射线 3.3kGy	—	[12]

续表

目标食品	加工1	加工2	加工3	加工4/贮存条件	参考文献
花椰菜小花（甘蓝属，花椰菜属）	由2.5g/L甲基纤维素、7.5g/L麦芽糊精、7.5g/L甘油和34g/L抗菌化合物（乳酸、柑橘提取物和柠檬草精油）的混合物组成的可食用涂层	金属化聚酯 EVA 共聚物袋包装	γ射线0.25kGy	4℃冷藏，可达7天	[57]
对虾	大豆分离蛋白与乳清分离蛋白复合可食用涂层	γ射线3kGy	—	4℃冷藏，可达21天	[58]
即食披萨	蛋白质基可食用涂层	γ射线1kGy和2kGy	—	4℃冷藏，可达21天	[58]

[a]EVA：醋酸乙烯酯。

12.4.4　与天然和化学防腐剂的组合

苹果的采后品质和货架期受到诸如扩张青霉（蓝霉）和灰葡萄孢（灰霉病）等真菌的极大影响。甲基溴由于具有广谱活性，因此被广泛用于隔离检疫性有害生物。但是，因为这种熏蒸剂会对人类健康和环境造成不利影响，所以已经研究了更多可持续的替代品[59]。可以使用拮抗性微生物作为生物防治剂和电离辐射来控制苹果收获后的疾病和损失。后一种处理可能会延缓成熟过程。当组合使用时，可以使用较低的辐射剂量，因此，不影响诸如质地的质量参数。从这个意义上说，穆斯塔法维等研究者[60]研究了 γ 射线照射（0.2kGy、0.4kGy、0.6kGy、0.8kGy）和生物控制剂荧光假单胞菌（一种产生抗生素的根状菌）结合使用的潜力，以避免金冠苹果在 1℃贮存期间产生扩张青霉（见表 12.4）。同时还研究了其对理化参数的影响。生物防治剂与 0.2kGy 和 0.4kGy 的照射具有相似的作用，可抑制扩张青霉的生长，从而抑制了病变直径。随着剂量和贮存时间的增加，果实的结实度下降，但组合加工降低了样品在贮存期间的软化。有趣的是，0.2kGy 和 0.4kGy 辐照的样品显示出更高的抗氧化活性和酚类含量。因此，证明了这种双重屏障加工对于降低采后损失、保存或改善金冠苹果品质参数的适用性。

在另一项研究中[61]，蛇果在 0.4kGy 的 γ 射线辐照前，将其浸泡在浓度为 0.5%～2%（*w*/*v*）的氯化钙溶液中 1 小时（见表 12.4）。辐照样品经 2%（*w*/*v*）氯化钙处理后，其硬度、抗坏血酸水平和出汁率均保持较好。然而，这些样品显示水溶性果胶含量较低。这些屏障的组合使酵母和霉菌数量减少了约 4.3 个对数单位。因此，笔者认为在（17±2）℃（相对湿度 75%）下冷藏 90 天后，蛇果的货架期延长了 20～25 天。郑氏等研究者[62]报告说，在富士苹果和新高梨样品中，由于剂量≤1kGy 没有抗真菌作用，因此需要 2kGy 以上的剂量来抑制灰霉病杆菌的生长。然而，将 1kGy 剂量的水果样品浸入 0.5ppm、1ppm 和 1.5ppm 的纳米银颗粒和纳米级二氧化硅银溶液中，5min 后，观察到协同灭菌作用（见表 12.4）。这种屏障的结合减小了所需的剂量，并降低了单纯由辐照引起的水果伤害（保持水果外观、硬度和糖含量）。因此，可以得出结论，这种使用低剂量辐照，以及纳米银颗粒和纳米级二氧化硅银溶液的加工对于富士苹果和新高梨在冷藏过程中的品质保鲜效果很好。

红辣椒的灰霉病影响了全球红辣椒的生产效率和采后保质期。为了寻找比传统化学熏蒸更有效、更安全的采后消毒方法，尹氏等研究者[63]研究了用 γ 射线照射和二氯异氰尿酸钠氯化法在控制灰霉病的潜在组合，在红辣椒样品中进行人工接种，减小所需辐射剂量（见表 12.4）。用 4kGy（D_{10} 值为 0.99kGy）辐照或用 50ppm 的二氯异氰尿酸钠氯化来完全灭活灰霉菌，样品没有出现真菌症状。联合加工将 D_{10} 值从 1.06kGy（单独辐照）显著降低到 0.88kGy（10ppm 二氯异氰尿酸钠+辐照）、0.77kGy（20ppm 二氯异氰尿酸钠+辐照）和 0.58kGy（30ppm 二氯异氰尿酸钠+辐照）（分别对应 4.15 个、4 个、3.5 个、2.15 个对数单位），以及真菌症状在减少真菌负载和消除真菌所需的辐照剂量之间存在协同效应，这支持了其可能保持红辣椒、其他水果和蔬菜采后质量的工业应用。在未来，必须证明该组合加工方法的应用要求概况是合理的。

塔维玛等研究者[64]测试了天然抗菌制剂（包含牛至或柠檬草精油、柑橘提取物和乳酸）与γ射线照射（0.5kGy 和 1kGy）或 UV-C 照射（$5kJ/m^2$ 和 $10kJ/m^2$）之间的组合，以抑制致病细菌（单核细胞增生李斯特菌和大肠埃希菌 O157:H7）及总酵母和霉菌的在鲜切花椰菜（芸苔属、花椰菜属）中的生长。如表 12.4 所示，食品在使用防腐剂后会被共同辐照；尽管在本研究中，包装的花椰菜样品首先经过辐照，然后被喷上天然抗菌制剂（每 100g 样品 5mL），因为据笔者称，这种方法可以提高长期效力。然而，辐照后被污染的可能性更大。1kGy 剂量与少量天然抗菌制剂相结合是抑制鲜切花椰菜在 5℃下贮藏期间目标微生物生长的最合适的加工方法。在联合加工中，每个屏障的负效应都会降低，此方法适宜于延长鲜切花椰菜的保质期。

真空浸渍法是一种用于提高食品营养价值和改变其理化性质的技术。这是一种将涂层涂在食品上的替代方法，因为它能改善涂层溶液的分散性，并能形成更厚、更有效的涂层。为了寻找更合适的蘑菇保鲜处理方法，将防褐变溶液应用于新鲜切片的双孢蘑菇上，然后对包装样品进行电子束辐照，以延长蘑菇的货架期（见表 12.4）[65]。在 4℃下贮存过程中，研究了蘑菇切片样品的理化、微生物和感官特性的影响。首先，通过颜色和质地分析，选择了最适宜的防褐变溶液和真空浸渍条件。其次，在 1.3MeV 电子束加速器中以 1kGy 的剂量辐照样品 50mmHg 下真空浸渍抗坏血酸（2g/100g）和乳酸钙（1g/100g）5min，并随后辐射样品，在贮存 15 天后，其是唯一具有可接受颜色的样品。与未加工的样品相比，经组合屏障加工的样品具有更好的感官接受性，因为在这些样品中未产生腐败微生物。

不同的笔者曾研究了通过应用灭菌剂、抑菌剂和预防性屏障来保存新鲜香肠（见表 12.4）[66-68]。迪索等研究者[66]评估了发酵葡萄糖（一种天然抗菌剂）在浓度为 0.25%、0.5%、0.75%，与 1.5kGy 的γ射线辐照组合（在 UC-15A 的 ^{60}Co 源辐照装置上），对包装好的鲜猪肉香肠在 4℃下贮存 13 天后的微生物质量影响。单纯辐照时，嗜温菌和嗜冷菌减少了≥2 个对数单位。天然抗菌剂能使香肠的保质期从 5 天延长到 13 天。通过组合加工，还可使微生物减少了 1 个对数单位，从而减缓了嗜温菌和嗜冷菌的生长。这种屏障的组合表现出协同效应，因此是实现包装新鲜香肠长期保存的合适方法。加布雷等研究者[67]评估了含有亚硝酸盐、乳链菌肽、中国肉桂和肉桂树皮精油，以及有机酸盐（乙酸钠和乳酸钾）的 16 种微胶囊抗菌制剂的抗梭菌作用，结合真空包装和 1.5kGy 辐射剂量条件下对接种在鲜猪肉香肠中的梭状芽孢杆菌进行检测，在 4℃的温度下贮存长达 7 天。为了在贮存过程中赋予防菌活性，低亚硝酸盐含量低（100ppm）的制剂必须包括高浓度的有机酸盐或香精油，或当亚硝酸盐浓度较高（200ppm）时，则使用高含量的乳链菌肽+有机酸盐或精油+有机酸盐。一般来说，单独使用制剂比组合加工更有效（第 1 天的三种制剂除外）。此外，在贮存 4 天后，组合加工的效率显著降低，而仅微胶囊抗菌制剂保持其活性。可能，电离辐射

表 12.4 辐照与天然和化学防腐剂组合在食品保藏加工中的应用

目标食品	加工 1	加工 2	加工 3	加工 4 /贮存条件	参考文献
金冠苹果	荧光假单胞菌接种	γ 射线 0.2kGy、0.4kGy、0.6kGy 和 0.8kGy	—	冷藏 1℃，最多达 9 个月	[60]
蛇果	恒定浓度的氯化钙溶液[0.5%(*w/v*)、1.0%（*w/v*）、1.5%（*w/v*）和 2%（*w/v*）] 浸渍 1h	纸板箱包装	γ 射线 0.4kGy	冷藏贮存温度为（2±1）℃（相对湿度 90%），最多可达 90 天	[61]
富士苹果 新高梨	在 0.5ppm、1.0ppm 和 1.5ppm 下浸入纳米银颗粒和纳米级二氧化硅银溶液 5min	γ 射线 0.2kGy、0.4kGy、0.6kGy、0.8kGy、1.0kGy 和 1.2kGy	—	4℃冷藏 24 小时	[62]
红辣椒	γ 射线 0.2kGy、0.4kGy 和 0.8kGy	二氯异氰尿酸钠氯化（10～30ppm）	—	—	[63]
鲜切花椰菜	无菌熟食（尼龙/EVA[a]/聚乙烯）袋包装	γ 射线 0.5kGy 和 1kGy	喷洒含有牛至或柠檬草精油、柑橘提取物和乳酸的天然抗菌制剂（5mL/100g）	5℃度冷藏，可达 14 天	[64]
菜豆	浸入柠檬酸（4.1～20g/L）水溶液中 5min	保鲜膜包裹聚苯乙烯托盘包装	γ 射线 0.51kGy、1.25kGy、1.99kGy 和 2.5kGy	10℃冷藏，可达 20 天	[69]
双孢蘑菇片	在不同的真空压力（50mmHg、75mmHg、100mmHg 和 125mmHg）下，真空浸渍抗坏血酸（2g/100g）+乳酸钙（1g/100g）；柠檬酸（2g/100g）+乳酸钙（1g/100g）；壳聚糖（1g/100g）+乳酸钙（1g/100g）；乳酸钙（1g/100g），时间（5min 和 10min）和大气恢复时间（5min 和 10min）	聚酯薄膜包装/聚乙烯/铝箔/ LLDPE[b]	电子束 1kGy	4℃冷藏，最多达 15 天	[65]
鲜猪肉香肠	添加 0.25%、0.5%和 0.75%的右旋糖（天然抗菌素）	无菌袋包装	γ 射线 1.5kGy	在 4℃下冷藏，存放长达 13 天	[66]

续表

目标食品	加工 1	加工 2	加工 3	加工 4 /贮存条件	参考文献
鲜猪肉香肠	包含精油（中国肉桂和肉桂皮（0.025%～0.05%）、乳链菌肽（12.5～25ppm）、亚硝酸盐（100～200ppm）和有机酸盐（1.55%～3.1%）的微囊化抗微生物制剂	真空包装	γ 射线 1.5kGy	4℃冷藏保存 1 天、4 天、7 天	[67]
新鲜香肠	浸入无菌柠檬酸溶液［5%和 10%（w/v）］中 60s	聚乙烯袋包装	γ 射线 1.5kGy 和 3.0kGy	4℃冷藏保存	[68]
牛肉馅	加入肉桂醛［1.47%（w/w）］、肉桂醛加抗坏血酸［0.5%（w/w）］、肉桂醛加焦磷酸钠十水合物［0.1%（w/w）］	聚乙烯袋有氧包装	γ 射线 2kGy	4℃冷藏保存	[70]
牛肉馅	添加牛至、迷迭香、欧芹的抗氧化剂提取物［0.04%（v/w）］	γ 射线 2kGy 和 4.5kGy	PE 袋中的好氧包装	在 5℃冷藏，存放长达 48 天	[71]
猪里脊肉片	加入盐［1.6%（w/v）］，硝酸盐、亚硝酸盐［0.025%（w/w）］，抗坏血酸钠（0.080%）和香料（1.4%的白胡椒粉/辣椒粉混合物［（2/12）（w/w）］，揉按 15min，在 2～4℃下浸泡 2 天	在低渗透性塑料（聚酰胺/聚乙烯共聚物）袋，空气包装	电子束 0.2kGy、0.5kGy、1kGy、1.5kGy、2kGy、2.5kGy 和 3kGy	4℃和 8℃下冷藏贮存长达 25 天	[14]
猪里脊肉片	用植物提取物和香料腌制（即芒果，咖喱和其他配料，如大蒜、洋葱、盐、葡萄糖果糖、低芥酸菜子油和醋；pH=3～4）	真空不透明袋包装（96%）	γ 射线 2.5kGy、5kGy 和 10kGy	4℃下冷藏贮存长达 30 天	[15]

[a] EVA：聚乙烯乙酸乙烯酯。
[b] LLDPE：线性低密度聚乙烯。

诱导了孢子菌的植被细胞的应激和随之形成的内孢子，从而使其具有更强的抗药性，但有必要进一步研究。在另一项研究中[68]，将柠檬酸浸泡（5%和 10%）和 γ 射线辐照（1.5kGy 和 3kGy），加工新鲜香肠。辐照可显著降低蜡样芽孢杆菌和金黄色葡萄球菌的对数单位计数，而柠檬酸加工对金黄色葡萄球菌有轻微抑制作用，但对蜡样芽孢杆菌无抑制作用。电离辐射的杀伤力通过先前浸泡在柠檬酸中而得到改善，不会对香肠的颜色、硬度、脂肪酸或脂质氧化产生负面影响。类似的加工方法也适用于最小加工的菜豆[69]。发现柠檬酸预加工降低了样品的电离辐射引起的软化。组合加工（柠檬酸 8.4g/L+0.7kGy 的 γ 射线）显著降低了样品的微生物污染，这些样品具有可接受的感官（香气、味道和质地）、营养（维生素 C）和抗氧化（酚类、类黄酮和抗氧化活性）品质。

辐照已被用来控制肉类和肉制品中的微生物污染。然而，由于脂质氧化、脂质和蛋白质的辐解，辐照生肉中可能会产生异味，这些现象会降低这些食品的感官质量和消费者的接受度。因此，人们对在这些食品中使用防腐剂很感兴趣[70]，尤其是能最大限度地减少脂质氧化和异味的天然成分[71]。阿亚里等研究者证明[70]，2kGy 的 γ 射线照射可显著降低有氧包装牛肉馅样品中的微生物污染，但与含有肉桂醛、抗坏血酸和+水焦磷酸钠的生物活性制剂相结合是一种更有效的保存方法（见表 12.4）。与未经加工的对照组相比，这些屏障组合显著降低了加工样品的微生物负载。此外，这些组合加工保留了牛肉馅样品原有的物理和化学性质。然而，单独辐照或肉桂醛加工的样品中硫代巴比妥酸反应性物质（TBARS）和过氧化物的浓度增加；使用抗坏血酸，可以克服电离辐射对肉的促氧化作用。为了最大限度地降低射线照射对颜色和脂质氧化的影响，并减少冷藏期间肉中异味的形成，穆罕默德等研究者[71]在牛肉馅样品辐照（2kGy 和 4.5kGy）前，添加了马郁兰、迷迭香和鼠尾草的抗氧化提取物［0.04%（*v/w*）］。加工后样品在 5℃下贮存长达 48 天，并分析其感官特性、硫代巴比妥酸反应物和嗜冷菌计数。在辐照前向样品中添加天然提取物具有显著的有益效果。所有受试提取物的硫代巴比妥酸反应物和异味的形成显著减少，颜色和可接受性评分都有所提高。与单独进行辐照的样品相比，组合加工分别延长了 2kGy 和 4.5kGy 辐照样品的保质期为 1 周和 2 周。

腌制肉制品的辐照可以作为一种提高细菌辐射敏感性、降低食品安全所需剂量的策略[14,15]，也是实现肉制品品种多样化、满足消费者心理需求的一种简单方法。腌制基于几种防腐剂的水结合能力，如乳酸、乳酸钙、乳酸钠、氯化钠和氯化钙。腌料通常包含香草和香料，以使食品更加美味。食盐作为一种抑菌剂，可以延长肉类的保质期，并改善其鲜嫩度和总体可接受性。结果表明，1kGy 和 2kGy 剂量辐照的腌制猪里脊肉片在 4℃下贮存期间的保质期分别从 7 天延长到 16 天或 20 天（见表 12.4）[14]。所用盐水由盐［1.6%，（*w/v*）］、硝酸盐、亚硝酸盐［0.025% (2/1), *w/w*］、抗坏血酸钠（0.080%，*w/v*）和香料混合物［1.4%的白胡椒和辣椒粉（2/12，*w/w*）］组成。将猪里脊肉片在 2～4℃下用盐水腌制 2 天，该加工实际上保证了肉制品在保质期内不含病原菌（沙门氏菌和李斯特菌）。经加工的肉类在烹饪后，在流变学和感官特性上能检测到微小的变化，但它被认为足以实现商业化。本·法迪勒等研究者[15]报告说，包括腌制、真空包装和γ射线辐照（1kGy、1.5kGy和3kGy）等在内的加工方法显示出协同作用，可确保猪里脊肉片的安全食用性和延长保质期，而不会影响营养或感官特性。在这项研究中，使用了含有芒果、咖喱和其他成分（如大蒜、洋葱、盐、葡萄糖果糖、低芥酸菜籽油和醋）的商业腌料，其pH为3～4。将其与1.5kGy的辐照相结合，将致病性芽孢埃希菌、大肠埃希菌O157:H7和鼠伤寒沙门氏菌的种群减少到了无法检测的水平。它还可以防止在辐照过程和存储过程中肉类样品中的脂质氧化现象。此外，通过组合加工改善了肉的发红程度。

香精油和辐照的组合使用在植物检疫中也是有利的。侯赛因等研究者[72]研究表明，罗勒精油能够协同增加包装大米中米象的辐射敏感性。此外，还观察到迷迭香精油和γ射线辐照组合使用对红粉甲虫的死亡率有协同效应[73]。

12.4.5 与热加工相结合

热加工（热水、热风、蒸汽等）可应用于许多食品，以控制害虫，防止真菌生长，延缓衰老和成熟过程，并降低冰冻伤害。然而，食品的物理化学、营养、感官和生物活性等质量属性可能会受到温度升高的有害影响。因此，遵循屏障技术的原理，这些加工与较低强度的辐照相结合，以增加杀伤力而不损害质量属性。扎曼等研究者[74]报告说，在室温（约25℃，相对湿度70%）下，低剂量γ射线照射与热水浸泡处理（40℃和60℃，1min）相结合时，桃的贮藏质量得到了更好的保持（见表12.5）。处理过的桃在大小、形状、颜色和总体可接受度方面都比未加工的桃要好。抗坏血酸水平随温度和辐照剂量的增加而降低。结果表明，在40℃、0.5kGy辐照条件下，桃的采后总体品质较好。综合加工可使桃在常温下的货架期延长至17天。拉希德等研究者[75]将木瓜在温度为50℃的水中浸泡10min，并以0.08kGy的剂量进行γ射线照射，在11℃条件下将木瓜的保质期延长了13天（见表12.5）。木瓜表面真菌感染得到控制（与单一屏障加工的样品相比），并保持了商业可接受性；保持了颜色（表面和内部）、硬度、可溶性固形物、酸度和维生素C含量的可接受值。在这两项研究中，水果都是在热加工后辐照的，而在格兰特和帕特森的研究中[76]，先是辐照了食品（见表12.5）。用绞碎的速冻烤牛肉和肉汁接种单核细胞增生李斯特菌和鼠伤寒沙门氏菌，并分为三组：第一组在60℃、65℃、70℃的热水中浸泡；第二组在0.8kGy辐照后加热；第三组在辐照后加热并在2～3℃下贮存14天。预辐照样品的热*D*值（在特定温度下，获得减少1个对数单位所需的时间）低于未辐照样品，这证明了辐射诱导的单核细胞增生李斯特菌的热敏性。在加热前，这种现象在2～3℃的温度下贮存长达2周。基于0.8kGy的预辐照也会降低*Z*值（将*D*值降低90%所需的温度升高）。根据本研究的结果，笔者认为，如果在制造过程中进行低剂量辐照，则在低温烹饪食品中存在的单核细胞增生李斯特菌将更容易消除。

关于热加工的其他组合（见表12.5），优素福等研究者[77]报告说，在2kGy的γ射线辐照之前，将芒果蒸 12min，可以将果肉在（3±1）℃下贮存时间延长至 270 天。与未蒸过辐照样品的 90 天及未蒸过未辐照对照样品的 15 天相比，组合加工改善了芒果果肉的卫生和微生物学质量，而化学、流变学和感官特性没有受到明显影响。此外，从未经加工的芒果果肉中分离出 6 个属的酵母菌种，包括念珠菌、酵母菌和接合酵母。由于在热加工之前进行辐照可能会对营养细菌的辐射敏感性产生协同效应，因此穆尔穆勒等研究者[78]对一种名为伊德利（Idli，印度蒸米糕）的食品，用电子束辐照 2.5kGy（真空密封袋中）后，在 80℃的热风烤箱中对该食品加热 20min（见表 12.5），以获得具有延长保质期的即食产品。此外还测试了 2.5kGy、5kGy 和 7.5kGy 的单独辐照。“Idli”样品在 7.5kGy 辐照并进行顺序组合加工后，在环境温度下可保持 60 天的货架稳定性，而剂量为 2.5kGy 和 5kGy 的样品只能保存 14 天。然而，虽然 7.5kGy 的剂量对“Idli”的感官质量产生了负面影响，但在贮藏期间，组合加工只引起了轻微的变化。因此，低剂量电子束辐照与热加工相结合可以更好地保存即食“Idli”长达 60 天。在另一项研究中，张氏等研究者[79]表明，微波加热可减少真空包装草鱼糜电子束辐射加工产生的挥发性化合物的数量，并有可能减弱异味的形成（见表 12.5）。这些研究支持热加工与辐照相结合的方式适合于保证食品的卫生质量和保质期的延长，因为所需的剂量、温度或加工时间都会降低或减少，所以，对食品质量的负面影响也会减轻。

12.4.6　与低温加工和冷冻相结合

为了克服国际贸易壁垒，必须对某些食品进行强制性低温检疫处理。但是，由于许多食品不能忍受低温（如柑橘），因此正在研究替代和补充方法，如使用电离辐射。如今，最广泛使用的消灭地中海果蝇的方法是将其暴露在接近冰点的温度下[80]。孔特雷拉斯·奥利维亚等研究者[81]证明了高达 0.16kGy 的 X 射线辐射剂量与低温冷藏检疫相结合（1.5℃下，6～12 天），能缩短柑橘所需的检疫时间（与标准低温检疫处理相比）。当在 20℃下贮存长达 7 天时，不会对柑橘的营养（包括抗坏血酸）和抗氧化性能产生不利影响（见表 12.5）。尽管如此，增加辐射剂量也增加了黄酮苷的含量。

与冷藏相比，冷冻贮存可以使食品保藏更长的时间。这种方法具有抑制（或使嗜冷菌减低活性）微生物活性的能力[25]。然而，某些食品特性可能会部分地受到水的热物理性质的剧烈变化的影响。因此，建议快速冷冻以保持质地[25]。贾凡马尔等研究者[82]证明，5kGy 的 γ 射线照射与-18℃下的冷冻贮存相结合，显著减少了鸡肉中的微生物，并将其保质期延长至 9 个月，而其化学和感官特性不发生显著变化（见表 12.5）。马哈托等研究者[83]证明了低剂量 γ 射线照射（2.5～5kGy）与冷冻贮存相结合，在 56 天的贮存期内保存两种虾的质量（视觉和感官）属性和微生物安全性。剂量高达 10kGy 时，辐照样品的力学性能和微观结构没有显著影响。然而，高达 3kGy 的辐射剂量足以显著减少细菌和霉菌总数，并消除大肠菌群和沙门氏菌。在剂量大

表 12.5　辐照与热加工或冷加工相结合的食品保藏加工

目标食品	加工 1	加工 2	加工 3	加工 4/贮存条件	参考文献
热加工桃	在 40℃或 60℃热水中浸泡 1min	γ 射线 0.5kGy 和 1kGy	—	在常温（25±1）℃下最多可存放 17 天	[74]
热加工木瓜	在 50℃热水中浸泡 10min	纸箱包装	γ 射线 0.08kGy	在（11±1）℃（相对湿度 80%～90%）的环境温度下可保存 28 天（24±1）℃+7 天	[75]
速冻烤牛肉和肉汁	γ 射线 0.8kGy	气孔袋包装	分别在 60℃、65℃或 70℃的水中浸泡 3min、1min 或 20s	2～3℃冷藏，贮存 14 天	[76]
热加工芒果	蒸 12min	用聚乙烯袋包装	γ 射线 0.5kGy、1.0kGy、1.5kGy 和 2kGy	在（3±1）℃下冷藏，贮存 270 天	[77]
草鱼糜	聚乙烯袋真空包装	电子束 1kGy、3kGy、5kGy 和 7kGy	微波炉加热 10 分钟使食品内部温度达到 70℃	—	[79]
伊德利（Idli，印度发酵食品）	真空包装在多层袋中（PET[a]/铝/尼龙/CPP[b]）	2.5kGy 电子束	80℃热风加热 20min	在环境温度下可贮存 60 天	[78]
冷加工和冷冻柑橘	X 射线 0.03kGy、0.05kGy 和 0.16kGy	在 1.5℃温度下冷藏 12 天	—	20℃下，可存放 7 天以上	[81]
鸡肉	冷冻袋包装	γ 射线 0.75kGy、3kGy、5kGy	-18℃冷冻	贮存可达 9 个月	[82]
罗氏沼虾和斑节对虾	LDPE[c] 袋包装	γ 射线 0.5kGy、1.5kGy、2.5kGy、3kGy、5kGy、10 和 20kGy	-20℃冷冻	贮存可达 56 天	[83]
高大环柄菇	-20℃下冷冻	γ 射线 0.5kGy 和 1kGy	—	—	[84]

[a]PET：聚对苯二甲酸乙二醇酯。

[b]CPP：聚丙烯浇注料。

[c]LDPE：低密度聚乙烯。

于 10kGy 的虾样品中发现了结构变形。在其他对野生蘑菇如高大环柄菇的研究中（见表 12.5），费尔南德斯等研究者[84]报告说，γ 射线照射可以作为辅助加工，因为它可以减弱冷冻造成的负面影响。但是，笔者没有指出冷冻贮存的时间。这种屏障式的方法（辐照加冷冻）可以满足人们对最少加工、高质量食品的日益增长的需求，也有助于进入遥远的市场。

12.4.7 与低水活度的组合

水活度（Water Activity，a_w）有一个临界水平，低于这个水平时微生物不能生长或不能产生毒素。这个值取决于特定的微生物或微生物种类[20]。虽然致病细菌的生长 a_w 值不会低于 0.85，但酵母和霉菌的抗性更强，其必需的 a_w 值约 0.6。通过降低水活度，营养微生物失去水分，以与培养基保持渗透平衡。这取决于失水程度，如果 a_w 的急剧降低超过了细胞渗透调节能力，微生物的代谢活性可以降低或阻止甚至停止生长。可以通过干燥、盐渍和腌制等保存方法降低食品的水活度。在辐照之前已经应用了此屏障法（水含量）以保存不同类型的食品（见表 12.6）。干燥是蘑菇合适的保存方法，但可能发生褐变反应和某些营养物质的氧化。根据费尔南德斯等研究者的研究[84,85]，电子束照射可能会减弱野生蘑菇烘干后样品中长期保存引起的一些不必要的变化。贾姆菲和玛哈米[86]报告说，与机械或室内干燥相比，γ 射线辐照改善了干辣木的微生物质量，尤其是那些晒干的叶子。室内干燥的样品显示，总存活的细胞、大肠埃希菌、酵母菌和霉菌的总计数更高。笔者建议用 5kGy 的剂量来改善干燥材料的微生物质量。皮涅拉等研究者[87]也报告说，与阴干相比，如果事先通过更合适的方法（如冷冻干燥）脱水，则可能会减弱多年生斑点岩玫瑰由 γ 射线照射所引起的化学变化。

在郑氏等研究者的一项研究中[88]，杏仁和核桃样品接种了肠道沙门氏菌 PT30 和田纳西沙门氏菌，使用不同的饱和盐溶液调理至水活性值为 0.2～0.84，然后在中试规模的低能 X 射线辐照器中辐照，以达到沙门氏菌减少 5 个对数单位的效果（见表 12.6）。总的来说，除核桃样品外，其他样品的感官特性没有明显改变，因为核桃样品出现了可察觉的味道变化（当辐射剂量达到减少 5 个对数单位时所需的剂量时）。杏仁表面的灭菌效率（D_{10} 值）（最高为 0.4kGy）高于核桃仁的灭菌效率（最高为 0.9kGy），并且不受水分活度的影响。辐照包装的样品在 120 天内在微生物方面是安全的。

卡纳特等研究者[89]通过将 a_w 值调节为 0.85，使用低密度聚乙烯（LDPE）袋包装，以及以 2.5kGy 的 γ 射线照射作为屏障来制备货架期稳定的熟虾仁（见表 12.6）。通过在 60℃的热风炉中对煮熟的腌制虾进行部分脱水，达到降低 a_w 的目的。笔者观察到，总活菌数和葡萄球菌的剂量依赖性降低，在环境温度下贮存 15 天后，非辐照样品中出现了霉菌生长。经加工的产品的感官特性（外观、气味、风味和口感）没有受到明显的影响。在常温下，保质期延长了两个月。为了开发耐贮存的肉制品，恰

表 12.6 辐照与低水活度（通过干燥或脱盐实现）相结合的食品保藏加工

目标食品	加工 1	加工 2	加工 3	加工 4/贮存条件	参考文献
高大环柄菇	30℃下烘箱干燥	电子束 0.5kGy、1kGy 和 6kGy		贮存期长达 12 个月	[84,85]
辣木	在 50℃下进行热风干燥 30min，在 35～55℃下进行日晒干燥 4 小时，然后在室温 28～32℃下进行室温干燥 4 天	聚乙烯薄膜袋包装	γ 射线 0kGy、2.5kGy、5kGy、7.5kGy 和 10kGy	—	[86]
斑点岩玫瑰	冷冻干燥或在室温（～21℃和 RH50%）下放置 30 天	无菌聚乙烯袋包装	γ 射线 1kGy、5kGy 和 10kGy	—	[87]
去壳生杏仁和核桃仁（核桃）	用不同的饱和盐溶液（分别为 CH_3COOK、K_2CO_3、$NaNO_2$ 和 KCl）半脱水至 a_w（0.23、0.45、0.64 和 0.84）	Whirl-Pak®无菌样品袋包装	X 射线 0.3～5.5kGy	4℃冷藏，可达 120 天	[88]
熟虾仁	在热风炉（60℃）中 3 小时，半脱水至 $a_w \leqslant 0.85$	LDPE[a]包装	γ 射线 1kGy、2.5kGy 和 5kGy	环境温度（25±3）℃下，可达 60 天	[89]
肉制品（羊肉串）	通过烧烤或热风干燥半脱水至 a_w 约 0.85	多层袋（金属化聚酯/聚乙烯）真空包装	γ 射线 2.5kGy、5kGy 和 10kGy	环境温度下，可达 3 个月	[90]

[a]LDPE：低密度聚乙烯。

维拉和钱德尔[90]将降低水活度、真空包装和 γ 射线照射的方法相结合（见表 12.6）。屏障 a_w=0.85 和真空包装阻止了羊肉串中金黄色葡萄球菌、产孢梭菌和蜡状芽孢杆菌在室温下贮存三个月的生长。酵母菌和霉菌通过辐照被有效地灭活。2.5kGy 剂量从肉制品中完全消除了接种的金黄色葡萄球菌和蜡状芽孢杆菌。两项研究均表明，低 a_w 值、包装和辐照的结合可以确保不同食品的微生物学安全性和保质期，从而生产出货架期稳定的即食食品。

12.4.8 多屏障方法中的辐照

γ 射线、电子束和 X 射线照射已包含在多屏障方法中（见表 12.7）。这些加工方法的基础是使用多种应激源。当同时或先后应用这些应激源时，它们会耗尽目标微生物细胞的资源，从而使其适应过程更加困难。具有不同分子靶点的应激源通常被用作屏障，因为它们在组合使用时趋于协同作用（见图 12.2）。另一个优点是，可以在较低强度下使用具有协同作用的屏障方法，以提供更好的成本效益。另外，可以设计多组分活性配方以达到所需的特异性。塞韦里诺等研究者[91]评估了改性的基于壳聚糖的涂层的抗菌活性，该涂层含有香芹酚、柑橘、佛手柑和柠檬精油、MAP（60%O_2、30%CO_2 和 10%N_2）和 γ 射线对在菜豆中接种的大肠埃希菌 O157:H7 和鼠伤寒沙门氏菌进行照射（见表 12.7）。首先，笔者选择了香芹酚纳米乳液作为最有效的抗菌活性中间体，将其掺入改性的壳聚糖中形成活性涂层。然后，在涂覆涂层和 MAP 后，对接种样品的电离辐射的辐射敏感性进行了评估。这些含有香芹酚纳米乳剂的涂层提高了大肠埃希菌 O157:H7（1.32 倍）和鼠伤寒沙门氏菌（1.30 倍）的辐射敏感性。在 MAP 下，与活性涂层实现了协同效应。即大肠埃希菌的辐射敏感性提高了 1.80 倍，鼠伤寒沙门氏菌的辐射敏感性提高了 1.89 倍。单独使用 MAP 不能有效减少两种革兰氏阴性菌的生长。在 4℃下 13 天的贮存期内对抗菌涂层与 MAP 和射线辐照结合的抗菌效果进行了评估。这种组合加工在整个贮存期间将大肠埃希菌种群减少到无法检测到的水平，而鼠伤寒沙门氏菌种群数量从第 7 天到贮存结束呈下降趋势。

加博里苏特等研究者[92]研究了 X 射线照射（2kGy 和 3kGy）对厌氧菌、嗜冷菌和乳酸菌的影响，以及在 100% CO_2 气氛下、4℃（用冰块覆盖）贮存的冰鲶鱼片的理化参数（见表 12.7）。两种施用剂量都能消除单核细胞增生李斯特菌和鼠伤寒沙门氏菌（分别为 4.8 个和 4.7 个对数单位），而单独的 CO_2 气氛使鼠伤寒沙门氏菌减少不到 1 个对数单位。在暴露于 2kGy 辐射剂量的样品中，贮存 16 天后出现了变质菌；但在用 3kGy 辐射剂量加工的样品中，变质菌在 24 天内没有生长。辐照增加了鲶鱼片的 pH 和 TBARS，降低了鲶鱼片的黄度（*b* 值），但对鲶鱼片的质地和保水能力没有影响。该加工适合于安全延长鲶鱼片保质期至 24 天以上。

李氏等研究者[93]报告，在 55℃下用 5%乳酸预处理可以增强电子束辐照对接种在牛肉片样品中的大肠埃希菌、非 O157 VTEC（其产生垂直细胞毒素能力不同的大肠埃希菌）和沙门氏菌的抗菌作用（见表 12.7）。有氧或真空包装的新鲜样品以 1kGy 剂量辐照并保存在 4℃下，冷冻样品暴露于 1kGy、3kGy 和 7kGy 辐射剂量并保存在 20℃下。1kGy 剂量对沙门氏菌的抗菌作用在乳酸的作用下得到加强，使其额外减少到小于 1.8 个对数单位。在冷藏的新鲜样品中，该剂量使非 O157 VTEC 的存活力减少了 4.5 个对数单位。乳酸并不能改善这种减少，但是冷冻后发现了其添加剂的作用。在以 3kGy 辐照的样品中，沙门氏菌减少了 2（单独辐照）和 4（通过乳酸和辐照）个对数单位。辐照 7kGy 后诱导的细菌灭活有轻微的增强作用。因此，乳酸预处理与低剂量辐照结合使用尤其有用，特别适用于冷冻肉。此外，这种组合降低了高剂量对肉品质的不利影响。

哈氏等研究者[94]评估了 γ 射线辐照（0.1kGy、0.2kGy 和 0.3kGy）与次氯酸钠（600～1 000ppm）和超声处理（5～20min）组合使用对大米中蜡样芽孢杆菌 F4810/72 孢子（初始浓度为 2.9 个对数单位）的降低效果（见表 12.7）。单独照射（分别为 0.1kGy、0.2kGy 和 0.3kGy）时，孢子数量减少了 1.3 个、1.4 个和 1.6 个对数单位，而组合加工时则完全消灭。有趣的是，本研究的笔者还认为，将次氯酸钠与低剂量辐照结合起来，可能比单独使用高剂量或高浓度的加工方法更能有效地消灭生米中的蜡样芽孢杆菌芽孢。这种屏障加工也可用于减少不同食品中的一些食源性病原体，因为有些微生物对物理处理有抗性，但对化学药剂敏感，反之亦然。

在另一项研究中，库玛等研究者[95]报告说，刚剥离的甜玉米粒经过包括次氯酸钠（200ppm）洗涤、热水焯烫（60℃）、风干（2 小时）、无菌 LDPE 袋包装、γ 射线辐照（5kGy）等多种屏障的组合，冷藏（4℃）30 天内在微生物学上是安全且稳定的（见表 12.7）。相比之下，未经加工的对照组在 3 天内变坏，单独加工的效果不太明显。所开发的多屏障方法在贮存期间保留了新鲜甜玉米粒的物理、营养、感官和抗氧化特性。

荔枝是一种多汁、营养丰富的水果，但由于微生物和生理性变质，极易腐烂，常温下仅能保存 2～3 天。库玛等研究者[96]在研究中，将两个品种的荔枝（Shahi 和 China）依次在次氯酸钠（0.2%，4min，52℃）、焦亚硫酸钾（3%，30min，26℃）和含抗坏血酸的盐酸（0.25N）（2%，10min，26℃）中进行浸渍处理，然后进行 γ 射线辐照（见表 12.7）。该加工显著降低了多酚氧化酶的活性（参与褐变反应的酶），保留了主要的花青素，并将微生物负载降低到不可检测的水平。在 4℃条件下，非加工的对照果实在 15 天内变质，而屏障加工的“Shahi”和“China”品种的保质期分别为 45 天和 30 天。设计的保藏加工方法可能有助于扩大非产区荔枝的市场准入。

哈克等研究者[97]将抗菌剂与 γ 射线辐照相结合，以研究针对即食火腿的单核细胞增生李斯特菌可能存在的协同效应（见表 12.7）。制备了包含牛至（250μg/mL）、肉桂（250μg/mL）和乳链菌肽（16μg/mL）的精油制剂，并将其微囊化以保护其在贮存过程中的抗菌功效。微囊化抗菌剂的使用与 1.5kGy 的 γ 射线辐照具有协同的抗李斯特菌作用（与游离的非微囊化制剂相比），显著提高了肉类样品中单核细胞增生李斯特菌的辐射敏感性，其种群数量减少到检测限以下。此外，笔者得出的结论

表 12.7　辐照在食品保藏的多屏障方法中的应用

目标食品	加工 1	加工 2	加工 3	加工 4	加工 5/贮存条件	参考文献
菜豆	基于 1%改性壳聚糖+0.025%卡维醇纳米乳液的食用涂料的应用研究	被动(空气)气调包装($60\%O_2$，$30\%CO_2$，$10\%N_2$）尼龙-EVA[a]袋	γ 射线 2.5kGy	—	4℃冷藏，长达 13 天	[91]
鲶鱼片	用 Ziploc®袋包装	-70℃冷冻，6 小时	大气（100% CO_2）包装 B700 MAP 袋	X 射线 2kGy 和 3kGy	在（4±1）℃的控制气氛中（100% CO_2）贮存 24 天(不使用 MAP 袋，用冰块覆盖）	[92]
牛肉片	在 5%(v/v)的乳酸溶液中，55℃浸泡 30 秒	有氧和真空包装 Winpak 熟食袋，并分别保持在 4℃或 20℃下	1kGy（新鲜样品）或 1kGy、3kGy 和 7kGy（冷冻样品）的电子束照射	—	4℃冷藏（新鲜样品）或-20℃冷冻（冷冻样品）5 天	[93]
大米	0.1kGy、0.2kGy 和 0.3kGy 的 γ 射线照射	在次氯酸钠溶液中清洗（600～1 000ppm）持续 2min	超声波 5～20min	—	—	[94]
甜玉米粒	次氯酸钠溶液（50～200ppm）清洗 5min+水洗 5min	在 50℃、60℃、70℃的水中浸泡 5min+风干时间为 2 小时	无菌 LDPE 袋包装	γ 射线 1kGy、2.5kGy 和 5kGy	在 4℃和 10℃下冷藏，长达 30 天	[95]
荔枝	顺序浸入不同浓度和组合的次氯酸钠、偏亚硫酸氢钾和含抗坏血酸的盐酸	LDPE[b]袋包装	γ 射线 0.5kGy	—	4℃冷藏，长达 45 天	[96]
猪肉	在 162.7℃下，用防腐剂［氯化钠(1.5%)，三聚磷酸酯(0.43%)，异抗坏血酸钠（750ppm）和亚硝酸钠（50ppm)］烹饪约 1 小时。	可食用抗菌涂层的应用［(牛至、肉桂精油和乳链菌肽的游离微胶）囊制剂］	真空包装	γ 射线 1.5kGy	在 4℃下冷藏可保存 35 天	[97]
即食菠萝片	在焦亚硫酸氢钾水溶液（0.25%）中浸泡 2 小时	浸泡在 70%蔗糖水溶液中进行渗透脱水 16h+1h 红外 80℃下干燥，半脱水至 a_w 约 0.82	HDPE[c]袋包装	γ 射线 0.25kGy、0.5kGy 和 1kGy	贮存于（26±2）℃，可达 40 天	[98]

[a]EVA：乙烯-乙酸乙烯共聚物。

[b]LDPE：低密度聚乙烯。

[c]HDPE：高密度聚乙烯。

是，将牛至精油和乳链菌肽的微囊制剂应用于辐照，是一种非常有效的抗单核细胞增生李斯特菌的加工方法，可以保证即食火腿28天的安全性。

塞克森纳等研究者[98]利用屏障技术获得了微生物安全稳定的即食菠萝片。采用焦亚硫酸钾浸渍、渗透脱水、红外干燥、聚乙烯包装和γ射线辐照（见表12.7）。该加工成功地将微生物负载降低到无法检测的水平，并将样品在室温（约26℃）下的保质期延长至40天，而未经加工的对照品在6天内就变质了。焦亚硫酸钾处理对褐变的抑制是必不可少的。通过渗透脱水和红外干燥得到的低 a_w（0.82）抑制了微生物的生长。反过来，1kGy剂量消除了残余微生物负载。屏障加工的即食菠萝片在贮藏期间保持了良好的质地、色泽和感官可接受性。

12.5 结论和未来趋势

在过去的几年里，人们研究了涉及辐照的不同的食品保藏加工方法。这些组合方法可以减小辐射剂量（以及其他消除不同食品中的微生物负载所需的屏障的水平）。灭菌、抑菌、预防或保护和多功能保护因素与双屏障和多屏障方法的辐照相结合。所研究的组合涉及温和保存因素的组合，可以更有效地保存不同食品的感官和营养质量，以及其生物活性特性。这种效应通常是通过应用屏障之间存在的协同效应来实现的，由于一般涉及具有不同分子靶点的多种应激源，这种现象可以增强食品病原体的辐射敏感性。然而，本文也描述了叠加效应的影响。

深入了解多靶点加工中的屏障影响对于获得高质量和安全的食品，以及支持屏障选择及其水平至关重要。此外，重要的是，不仅要在应用屏障技术（单独或组合使用）之后，还要在保质期内研究这些影响。与非常规和新兴技术的结合，以及与各种天然防腐剂（以满足当今消费者对更多天然食品的需求）和可持续的屏障技术相结合也很有意义。屏障概念有望得到越来越多的普及和工业应用，特别是在最少加工和即食食品领域。与辐照的结合还增加免疫缺陷患者和其他有特殊饮食需求的目标群体的食品的供应量、品种和接受度。还可以通过屏障技术开发各种即食和即热的太空食品。

致谢

作者感谢葡萄牙科学技术基金会（FCT）和FEDER在PT2020方案下为CIMO提供的财政支持（UID/AGR/00690/2013）和何塞·皮内拉获得的奖学金（SFRH/BD/92994/2013），该奖学金由欧洲社会基金和MEC通过人类行动资本方案（POCH）提供。

参考文献

[1] E. Scallan, R. M. Hoekstra, F. J. Angulo, R. V. Tauxe, M.-A. Widdowson, S. L.

Roy, J. L. Jones and P. M. Griffn, *Emerging Infect. Dis.*, 2011, **17**, 7.

[2] J. Pinela and I. C. F. R. Ferreira, *Crit. Rev. Food Sci. Nutr.*, 2017, **57**, 2095.

[3] B. Ramos, F. A. Miller, T. R. S. Brandão, P. Teixeira and C. L. M. Silva, *Innovative Food Sci. Emerging Technol.*, 2013, **20**, 1.

[4] C. Barry-Ryan, in *Handbook of Natural Antimicrobials for Food Safety and Quality*, Elsevier, 2015, p. 211.

[5] D. A. E. Ehlermann, Radiat. *Phys. Chem.*, 2016, **129**, 10.

[6] J. Farkas, *Int. J. Food Microbiol.*, 1998, **44**, 189.

[7] FAO/IAEA, *Irradiation as a Phytosanitary Treatment of Food and Agricultural Commodities*, Vienna, Austria, 2004.

[8] ICGFI, *Facts about Food Irradiation: A Series of Fact Sheets from the International Consultative Group on Food Irradiation*, Vienna, Austria, 1999.

[9] M. I. Dias, I. C. F. R. Ferreira and M. F. Barreiro, *Food Funct.*, 2015, **6**, 1035.

[10] J. Abad, S. Valencia-Chamorro, A. Castro and C. Vasco, *Food Control*, 2017, **72**, 319.

[11] R. Severino, K. D. Vu, F. Donsì, S. Salmieri, G. Ferrari and M. Lacroix, *J. Food Eng.*, 2014, **124**, 1.

[12] P. N. Takala, S. Salmieri, K. D. Vu and M. Lacroix, *Radiat. Phys. Chem.*, 2011, **80**, 1414.

[13] M. Turgis, M. Millette, S. Salmieri and M. Lacroix, *Radiat. Phys. Chem.*, 2012, **81**, 1170.

[14] I. García-Márquez, J. A. Ordóñez, M. I. Cambero and M. C. Cabeza, *Int. J. Microbiol.*, 2012, **2012**, 962846.

[15] Y. Ben Fadhel, V. Leroy, D. Dussault, F. St-Yves, M. Lauzon, S. Salmieri, M. Jamshidian, D. K. Vu and M. Lacroix, *Meat Sci.*, 2016, **118**, 43.

[16] L. Leistner and G. W. Gould, *Hurdle Technologies: Combination Treatments for Food Stability, Safety and Quality*, Springer, US, 2002.

[17] L. Leistner, *Int. J. Food Microbiol.*, 2000, **55**, 181.

[18] I. Khan, C. N. Tango, S. Miskeen, B. H. Lee and D.-H. Oh, *Food Control*, 2017, **73**, 1426.

[19] P. L. Gómez, J. Welti-Chanes and S. M. Alzamora, *Annu. Rev. Food Sci. Technol.*, 2011, **2**, 447.

[20] M. S. Rahman, in *Minimally Processed Foods: Technologies for Safety, Quality, and Convenience*, eds. M. W. Siddiqui and M. S. Rahman, Springer International Publishing AG, Switzerland, 2015, p. 27.

[21] J. Han, M. E. Castell-Perez and R. G. Moreira, *J. Food Sci.*, 2008, **73**, E37.

[22] A. Khan, H. Gallah, B. Riedl, J. Bouchard, A. Safrany and M. Lacroix,

Innovative Food Sci. Emerging Technol., 2016, **35**, 96.

[23] N. Eghbalifam, M. Frounchi and S. Dadbin, *Int. J. Biol. Macromol.*, 2015, **80**, 170.

[24] N. Benbettaïeb, O. Chambin, T. Karbowiak and F. Debeaufort, *Release Behavior of Quercetin from Chitosan-Fish Gelatin Edible Films Influenced by Electron Beam Irradiation*, 2016, **vol. 66.**

[25] H. S. Ramaswamy and M. Marcotte, *Food Processing: Principles and Applications*, CRC Taylor & Francis, 2006.

[26] D. Guerreiro, J. Madureira, T. Silva, R. Melo, P. M. P. Santos, A. Ferreira, M. J. Trigo, A. N. Falcão, F. M. A. Margaça and S. Cabo Verde, *Innovative Food Sci. Emerging Technol.*, 2016, **36**, 1.

[27] P. R. Hussain, M. A. Dar and A. M. Wani, *Radiat. Phys. Chem.*, 2013, **85**, 234-242.

[28] R. Mahto and M. Das, *Radiat. Phys. Chem.*, 2015, **107**, 12.

[29] J. Vaishnav, V. Adiani and P. S. Variyar, *Food Packag. Shelf Life*, 2015, **5**, 50-55.

[30] J. Tripathi, S. Chatterjee, J. Vaishnav, P. S. Variyar and A. Sharma, *Postharvest Biol. Technol.*, 2013, **76**, 17.

[31] G. Finten, J. I. Garrido, M. C. Cova, P. Narvaiz, R. J. Jagus and M. V. Agüero, *J. Food Saf.*, 2017, e12340.

[32] Q. Kong, A. Wu, W. Qi, R. Qi, J. M. Carter, R. Rasooly and X. He, *Postharvest Biol. Technol.*, 2014, **95**, 28.

[33] M. E. Oner and M. M. Wall, *Int. J. Food Sci. Technol.*, 2013, **48**, 2064.

[34] B. S. M. Mahmoud, *Effects of X-ray Treatments on Pathogenic Bacteria, Inherent Microflora, Color, and Firmness onWhole Cantaloupe*, 2012,vol.156.

[35] B. S. M. Mahmoud, S.Chang,Y. Wu, R. Nannapaneni, C. S. Sharmaand R. Coker, *Food Control*, 2015, **57**, 110.

[36] B. S. M. Mahmoud, R. Nannapaneni, S. Chang, Y. Wu and R. Coker, *Food Control*, 2016, **60**, 569.

[37] S. Koç Güler, S. Z. Bostan and A. H. Çon, *Postharvest Biol. Technol.*, 2017, **123**, 12.

[38] R. Cava, R. Tárrega, R. Ramírez and J. A. Carrasco, *Innovative Food Sci. Emerging Technol.*, 2009, **10**, 495.

[39] J. Benedito, M. I. Cambero, C. Ortuño, M. C. Cabeza, J. A. Ordoñez and L. de la Hoz, *Radiat. Phys. Chem.*, 2011, **80**, 505.

[40] M. C. Cabeza, M. I. Cambero, M. Núñez, M. Medina, L. de la Hoz and J. A. Ordóñez, *Food Microbiol.*, 2010, **27**, 777.

[41] M. Medina, M. C. Cabeza, D. Bravo, I. Cambero, R. Montiel, J. A. Ordóñez, M. Nuñez and L. Hoz, *A Comparison between E-beam Irradiation and High Pressure Treatment for Cold-Smoked Salmon Sanitation: Microbiological Aspects*, 2009, **vol. 26**.

[42] Z. Yang, H. Wang, W. Wang, W. Qi, L. Yue and Q. Ye, *Food Chem.*, 2014, **145**, 535.

[43] J. Farkas and C. Mohácsi-Farkas, *Trends Food Sci. Technol.*, 2011, **22**, 121.

[44] H. Zhang, W. Wang, S. Zhang, H. Wang and Q. Ye, *Food Bioprocess Technol.*, 2016, **9**, 830.

[45] F. Aflaki, V. Ghoulipour, N. Saemian, S. Shiebani and R. Tahergorabi, *Int. J. Food Sci. Technol.*, 2015, **50**, 2074.

[46] J. Pinela, J. C. M. Barreira, L. Barros, S. C. Verde, A. L. Antonio, A. M. Carvalho, M. B. P. P. Oliveira and I. C. F. R. Ferreira, *Food Chem.*, 2016, **206**, 50.

[47] C. S. Rivera, M. E. Venturini, P. Marco, R. Oria and D. Blanco, *Food Microbiol.*, 2011, **28**, 1252.

[48] C. S. Rivera, D. Blanco, P. Marco, R. Oria and M. E. Venturini, *Food Microbiol.*, 2011, **28**, 141.

[49] C. Kirkin, B. Mitrevski, G. Gunes and P. J. Marriott, *Food Chem.*, 2014, **154**, 255-261.

[50] M. Jouki and N. Khazaei, *Food Packag. Shelf Life*, 2014, **1**, 49.

[51] B. Smith, A. Ortega, S. Shayanfar and S. D. Pillai, *Food Control*, 2017, **72**, 367.

[52] L. A. Buscarlet, B. Aminian and C. Bali, in *Proceedings of the Fourth International Working Conference on Stored Product Protection, Tel Aviv, Israel, 21-26 September*, Tel Aviv, Israel, 1987, vol. 1986, p. 186.

[53] P. R. Hussain, P. P. Suradkar, A. M. Wani and M. A. Dar, *Radiat. Phys. Chem.*, 2015, **107**, 136.

[54] P. R. Hussain, R. S. Meena, M. A. Dar and A. M. Wani, *J. Food Sci.*, 2010, **75**, M586.

[55] A. Ndoti-Nembe, K. D. Vu, N. Doucet and M. Lacroix, *J. Food Sci.*, 2015, **80**, M795.

[56] Y. Ben-Fadhel, S. Saltaji, M. A. Khlifi, S. Salmieri, K. Dang Vu and M. Lacroix, *Int. J. Food Microbiol.*, 2017, **241**, 30.

[57] A. Boumail, S. Salmieri and M. Lacroix, *Postharvest Biol. Technol.*, 2016, **118**, 134.

[58] B. Ouattara, S. Sabato and M. Lacroix, *Radiat. Phys. Chem.*, 2002, **63**, 305.

[59] N. R. Reed and L. Lim, in *Encyclopedia of Toxicology*, ed. P. Wexler, Elsevier, 3rd edn., 2014, p. 270.

[60] H. A. Mostafavi, S. M. Mirmajlessi, H. Fathollahi, S. Shahbazi and S. M. Mirjalili, *Radiat. Phys. Chem.*, 2013, **91**, 193.

[61] P. R. Hussain, R. S. Meena, M. A. Dar and A. M. Wani, *J. Food Sci. Technol.*, 2012, **49**, 415.

[62] K. Jung, M. Yoon, H.-J. Park, K. Youll Lee, R.-D. Jeong, B.-S. Song and J.-W. Lee, *Radiat. Phys. Chem.*, 2014, **99**, 12.

[63] M. Yoon, K. Jung, K.-Y. Lee, J.-Y. Jeong, J.-W. Lee and H.-J. Park, *Radiat. Phys. Chem.*, 2014, **98**, 103.

[64] P. Tawema, J. Han, K. D. Vu, S. Salmieri and M. Lacroix, *LWT - Food Sci. Technol.*, 2016, **65**, 451.

[65] Z.S.Yurttas,R.G.Moreira and E.Castell-Perez, *J.FoodSci.*,2014,**79**,E39.

[66] D. Dussault, C. Benoit and M. Lacroix, *Radiat. Phys. Chem.*, 2012, **81**, 1098.

[67] M. Ghabraie, K. D. Vu, S. Tnani and M. Lacroix, *Food Control*, 2016, **63**, 21.

[68] D. A. Zahran and B. A. Hendy, *Int. Food Res. J.*, 2013, **20**, 1819.

[69] S. Gupta, S. Chatterjee, J. Vaishnav, V. Kumar, P. S. Variyar and A. Sharma, *LWT - Food Sci. Technol.*, 2012, **48**, 182.

[70] S. Ayari, J. Han, K. D. Vu and M. Lacroix, *Food Control*, 2016, **64**, 173.

[71] H. M. H. Mohamed, H. A. Mansour and M. D. E.-D. H. Farag, *Meat Sci.*, 2011, **87**, 33.

[72] F. Hossain, M. Lacroix, S. Salmieri, K. Vu and P. A. Follett, *J. Stored Prod. Res.*, 2014, **59**, 108.

[73] M. Ahmadi, A. M. M. Abd-alla and S. Moharramipour, *Appl. Radiat. Isot.*, 2013, **78**, 16.

[74] A. Zaman, I. Ihsanullah, A. A. Shah, T. N. Khattak, S. Gul and I. U. Muhammadzai, *J. Radioanal. Nucl. Chem.*, 2013, **298**, 1665.

[75] M. H. A. Rashid, B. W. W. Grout, A. Continella and T. M. M. Mahmud, *Radiat. Phys. Chem.*, 2015, **110**, 77.

[76] I. R. Grant and M. F. Patterson, *Int. J. Food Microbiol.*, 1995, **27**, 117.

[77] B. M. Youssef, A. Asker, S. El-Samahy and H. Swailam, *Food Res. Int.*, 2002, **35**, 1.

[78] M. D. Mulmule, S. M. Shimmy, V. Bambole, S. N. Jamdar, K. P. Rawat and K. S. S. Sarma, *Radiat. Phys. Chem.*, 2017, **131**, 95.

[79] H. Zhang, W. Wang, H. Wang and Q. Ye, *Radiat. Phys. Chem.*, 2017, **130**, 436.

[80] USDA, *Fed. Regist.*, 2002, **67**.

[81] A. Contreras-Oliva, M. B. Pérez-Gago, L. Palou and C. Rojas-Argudo, *Int. J. Food Sci. Technol.*, 2011, **46**, 612.

[82] M. Javanmard, N. Rokni, S. Bokaie and G. Shahhosseini, *Food Control*, 2006, **17**, 469.

[83] R. Mahto, S. Ghosh, M. K. Das and M. Das, *LWT - Food Sci. Technol.*, 2015, **61**, 573.

[84] Â. Fernandes, J. C. M. Barreira, A. L. Antonio, M. B. P. P. Oliveira, A. Martins and I. C. F. R. Ferreira, *Food Chem.*, 2014, **149**, 91.

[85] Â. Fernandes, J. C. M. Barreira, A. L. Antonio, M. B. P. P. Oliveira, A. Martins and I. C. F. R. Ferreira, *Food Bioprocess Technol.*, 2014, **7**, 1606.

[86] A. Adu-Gyamfi and T. Mahami, *Int. J. Nutr. Food Sci.*, 2014, **321**, 91.

[87] J. Pinela, A. L. Antonio, L. Barros, J. C. M. Barreira, A. M. Carvalho, M. B. P. P. Oliveira, C. Santos-Buelga and I. C. F. R. Ferreira, *RSC Adv.*, 2015, **5**, 14756.

[88] S. Jeong, B. P. Marks, E. T. Ryser and J. B. Harte, *Int. J. Food Microbiol.*, 2012, **153**, 365.

[89] S. R. Kanatt, S. P. Chawla, R. Chander and A. Sharma, *LWT - Food Sci. Technol.*, 2006, **39**, 621.

[90] S. Chawla and R. Chander, *Food Control*, 2004, **15**, 559.

[91] R. Severino, G. Ferrari, K. D. Vu, F. Donsì, S. Salmieri and M. Lacroix, *Food Control*, 2015, **50**, 215.

[92] S. Gawborisut, T. J. Kim, S. Sovann and J. L. Silva, *J. Food Sci.*, 2012, **77**, M533.

[93] S. Li, D. Kundu and R. A. Holley, *Food Microbiol.*, 2015, **46**, 34.

[94] J.-H. Ha, H.-J. Kim and S.-D. Ha, *Radiat. Phys. Chem.*, 2012, **81**, 1177.

[95] S. Kumar, S. Gautam and A. Sharma, *J. Food Process. Preserv.*, 2015, **39**, 2340.

[96] S. Kumar, B. B. Mishra, S. Saxena, N. Bandyopadhyay, V. More, S. Wadhawan, S. N. Hajare, S. Gautam and A. Sharma, *Food Chem.*, 2012, **131**, 1223.

[97] T. Huq, K. D. Vu, B. Riedl, J. Bouchard and M. Lacroix, *Food Microbiol.*, 2015, **46**, 507.

[98] S. Saxena, B. B. Mishra, R. Chander and A. Sharma, *LWT - Food Sci. Technol.*, 2009, **42**, 1681.

[99] B. S. M. Mahmoud, *Food Microbiol.*, 2012, **32**, 317.

[100] J. Pinela, J. C. M. Barreira, L. Barros, S. C. Verde, A. L. Antonio, M. B. P. P. Oliveira, A. M. Carvalho and I. C. F. R. Ferreira, *J. Food Sci. Technol.*, 2016, **53**, 2943.

第13章 物理检测方法

U. 格里兹卡[1]，M. 萨多斯卡[1]，G. 古兹克[1]，W. 斯塔乔维奇[1]，
G. 利斯基维茨[1]

13.1 食品辐照和辐射保藏食品的检测

1964年，联合国粮食及农业组织、国际原子能机构和世界卫生组织（FAO/IAEA/WHO）联合召开食品辐照联合专家委员会（JECFI）会议，以评估有关食品辐照各方面的所有现有数据，并就辐照食品的营养质量和安全性发表独立意见。该专家机构批判性地分析和评估了过去12年里在世界24个国家进行和发表的广泛的毒理学、生化学、生物和化学研究的结果[1]。1980年，专家委员会发表声明称，任何种类的食品经辐照后，只要总平均剂量不超过10kGy，就不会产生毒理学危害。因此，不再需要对辐照食品进行毒理学测试[2]。他们还得出结论，对食品的辐射加工不会造成特定的营养或微生物问题[2]。考虑到上述意见，粮农组织和世卫组织食品法典委员会在1983年7月举行的第十五届会议上通过了辐照食品通用法典，随后于1984年在《食品法典》第十五卷中公布。国际标准的要求在《辐射食品通用标准》和《食品辐射加工操作规范》中给出[3,4]。《食品法典》被122个国家、委员会成员，以及许多其他未加入该机构的国家所接受。如今，食品辐照在世界范围内得到广泛应用。

根据消费者的要求，直接食用的预包装的辐照食品必须贴上标签。关于这个问题的参考可以在法典中找到[5]。目前，按照大多数国家和地区所采用的法规，辐照食品必须贴有如图13.1所示的“Radura”符号，或者在标签中注明“辐照”或“电离辐射加工”。

对贸易中证明商业辐照食品标签的可靠性进行独立控制，可以通过应用确定食品受到电离辐射的分析方法来实现。然而，当时还不知道检测受辐照食品的足够精确的方法，而控制食品质量的分析方法则根本不适合达到这个目的。因此，迫切需要研究设计检测受电离辐射影响的食品的物理、化学或生物变化的方法。关于这个主题的初步研究活动，并没有提供任何适合于监管目的的足够精确的方法。鉴于世

---

1. 核化学与技术研究所，波兰，华沙，多罗德纳第16街，03-195号。

界各地对食品辐照的兴趣日益浓厚，五个著名组织［粮农组织、卫生组织、原子能机构、联合国贸易和发展会议（UNCTAD)、国际贸易中心（ITC)］以及关税与贸易总协定于 1988 年 12 月 12 日至 18 日在日内瓦共同组织了辐照食品的接受、控制和贸易会议[6]，来自约 100 个国家的政府代表和专家参加了会议。会议期间，专家们提出了一些建议，并以协商一致的方式接受了这些建议，以创造适当的条件，促进全世界对食品辐照的接受。该文件于 1988 年 12 月 16 日由政府代表签署，其中一项建议涉及辐照食品的识别，要求各国政府鼓励开发适用于检测贸易中经辐射加工的食品的分析方法。在随后的几年里，制定了二十多种检测方法。然而，并非所有的方法都能通过所需的专家测试。十种检测方法在通过国际一级的实验室间比较研究后，得到了欧洲标准化委员会（CEN）的肯定意见，从而获得了欧洲标准的地位。目前，这些方法具有欧洲标准化委员会欧洲标准的地位，并在全世界范围内接受，已被许多专业实验室用于控制辐照食品。

图 13.1 国际食品辐照符号 Radura 获准用于标记任何贸易中的辐照食品[5]

来自《食品控制》第 20 卷，D. A. E. Ehlermann，《RADURA-术语和食品辐照》，526-528，© 2008，Elsevier 许可。

辐照与传统的食品保藏方法如巴氏灭菌或烟熏处理等类似，会使食品的主体发生一些或多或少明显的物理和/或化学变化。电离辐射与食品成分相互作用，产生电离分子，从而形成自由基，引发链反应，导致形成与母体分子完全不同的中性分子产物。在辐照食品中含有结晶成分的情况下，电离能可以被吸收并稳定在晶格的吸收位置。穿透分子晶体网络的电离能通过分离氢原子产生自由基，氢原子自由地迁移到晶体外部。辐射诱导的自由基掺入晶格中，并在其中保持稳定。上述辐射加工食品的特定变化仅在很小的范围内出现。这是因为食品中通过电离辐射产生的大多数初级离子会与母体分子快速重组，而其能量则分散在食品中，从而有效地杀灭微生物。辐射诱导的分子产物、稳定的自由基和能量吸收中心，是开发检测辐照食品的化学和物理方法的潜在目标。要检测可忽略不计的辐射引起的变化，需要使用特定且灵敏的分析方法。当前，有多种物理、化学和微生物检测方法可供使用，从而使识别食品的辐射加工成为可能。没有一种已知的检测方法适合于所有食品的检测。这是由于市场上食品的成分、结构和状态非常不同。

一种检测辐照食品的方法，必须满足几个要求才能被采用，从而达到分析的目的。预期或希望达到的技术标准如下。

- 识别性：辐照食品中测量的参数应在非辐照食品中不存在；
- 特异性：其他食品加工方法不应引起与辐照类似的变化；
- 适用性：检测方法应适用于与受检辐照食品相关的整个剂量范围；
- 稳定性：所测参数至少应适用于辐照食品的贮存寿命；
- 坚固性：该方法应不受剂量率、加工温度或范围、氧气、湿度、与其他食品的混合物等的影响；
- 独立性：该方法不应要求对被测食品进行非辐照样本的比较。

所采用的方法和测量结果应具有可再现性、可重复性、准确性和敏感性。希望达到的实用标准：简单、成本低、样本量小、检查时间短。该方法应是非破坏性的，并应适用于广泛的食品类型。

13.2 立法

在欧盟，有关辐照食品控制的最严格规定已经生效。欧洲议会和理事会于 1997 年 2 月 22 日发出的 1999/2/EC 框架指令[7]，汇编了有关食品辐照的所有基本方面，涉及经过电离辐射加工的食品和食品成分。第 6 条第 2 款（b）项规定，“如果辐照产品作为食品商品的成分使用，必须在其名称上加上相同的词（辐照或电离辐射加工）”。含量极低的辐照成分的食品商品，例如，即使只有 1%的香料，也被视为辐照食品。根据同一指令的第 7 条，每个欧盟成员国应每年向委员会提交对辐照装置进行检查的结果，包括经过电离辐射加工的食品的类别和数量，以及在市场上对产品进行检查的结果，包括用于检测辐照食品的方法。欧盟国家在检测辐照食品时，有义务只采用经过验证和标准化的分析方法。欧洲议会和欧盟委员会的第二项指令 1999/3/EC 也于 1999 年 2 月 22 日建立了一份清单[8]，列出了允许在欧盟国家进行辐照和销售的食品和食品成分。该清单汇编了三类食品，即干香草、香料和蔬菜调料。在大多数非欧盟成员的国家，包括美国在内，都没有对辐照食品在市场上的销售进行类似程度的限制。

欧洲标准化委员会（CEN）迄今已对十种用于检测辐照食品的分析方法进行了标准化。这些欧洲标准也已被食品法典委员会采纳为通用方法，并在《食品辐照通用标准》中“辐照后核查”一节中提及。

以下是检测辐照食品的标准化分析方法。

- 通过电子自旋共振（ESR）波谱法检测含骨的辐照食品—EN 1786[9]；
- 通过 ESR 检测含有纤维素的辐照食品—EN 1787[10]；
- 通过 ESR 检测含有冰糖的辐照食品—EN 13708[11]；
- 可以从中分离出硅酸盐矿物的辐照食品的热释光检测—EN 1788[12]；
- 使用光释光检测辐照食品—EN 13751[13]；
- 检测含脂肪的辐照食品—碳氢化合物的气相色谱分析—EN 1784[14]；
- 检测含脂肪的辐照食品—2-烷基环丁酮的气相色谱/质谱分析—EN 1785[15]；

- 使用直接表面荧光过滤技术或需氧板计数（DEFT/APC）检测辐照食品筛选法—EN 13783[16]；
- 用于检测辐照食品的 DNA 彗星试验筛选法—EN 13784[17]；
- 使用 LAL/GNB 程序对辐照食品进行微生物学筛选法—EN 14569[18]。

这十种标准化的 CEN 检测方法都在国际层面上积极地通过了严格的测试和实验室间的比较研究。然而，其中只有六种方法具有分析方法的地位，能够提供全面的信息，说明受检食品是否经过辐照。其中四种是筛选方法，但检查结果有一定的局限性。通常，筛选法可以识别未经辐照的食品样品，但它们无法确定样品是否受到辐照，尽管在某些情况下，它们确实可以提供明确的结果来确认辐照。

13.3　物理方法

检测辐照食品的物理方法记录了经辐照食品的特定特征，或记录了在经辐照食品中引起的特定效应。已经测试了几种方法，以确定它们对食品样品的敏感性。通过使用电子顺磁共振(EPR)波谱法鉴定被辐照食品的晶体成分中捕获的稳定自由基，以及通过测量被辐照食品释放的热量或光能量的方法，获得了积极的结果。

13.3.1　ESR/EPR 波谱法

电子自旋共振波谱法（Electron Spin Resonance spectroscopy，ESR 波谱法）是一种适用于检测含有自由基等未配对电子的化学实体的顺磁性的方法。ESR/EPR 是基于顺磁共振现象的。在正常情况下，自由基的未配对电子是随机定向的，并且具有相同的自旋（磁矩），携带相同的能量。当含有自由基的食品样品置于 EPR 波谱仪的磁场中时，未成对电子的自旋会与磁场呈平行或反平行方向，从而被分离成两个能级（高和低）。用与两个自旋能级之间的能量差相等的适当的微波能量固定样品，包括微波能量的共振吸收，以电子自旋共振波谱仪记录的吸收波谱的形式记录。为了获得更好的分辨率，将波谱记录为初级吸收波谱的一阶导数。自由基的不成对电子与自由基分子中相邻碳原子上的氢原子或氧原子的核自旋相互作用，导致电子自旋共振波谱的超精细分裂。超精细分裂可以区分从不同食品样品中获得的波谱，并得出有关 EPR 信号的结构和起源的结论。从辐照样品中识别出的 EPR 信号在非辐照食品中从未观察到，非辐照食品有时表现出与前者完全不同的微弱的天然 EPR 信号。EPR 波谱法用于检测辐照，特别是辐照产生长寿命自由基的食品组。到目前为止，在含有骨骼和贝壳、纤维素和晶体糖的食品中发现了在环境温度下稳定的长寿命 EPR 信号。由于水对微波能量的吸收率很高，因此 EPR 波谱法不适用于含水或潮湿的食品。

在实践中，ESR 波谱法包括识别辐照食品中与模型波谱相同或代表相同波谱参数的特定 ESR 信号，或随着辐射剂量的增加而记录的 EPR 信号显著增长的信号中进行识别。ESR 波谱法检测辐照食品的优点在于，它是一种无损、快速的技术，不需要耗时的样品制备过程[19]，ESR 波谱法成功地应用于各种含有矿化组织的食品，如骨骼、贝壳、角质层或蛋壳等的辐射控制。对于天然含水量较高的水果和蔬菜，ESR 波谱法适用于市场上的冻干或干制品。从水果和蔬菜的皮、壳或种子的分析中得到了很好的结果。EPR 方法也已成功地应用于含有结晶纤维素和糖类的食品的检测，其中辐射诱导的自由基是稳定的[20]。

13.3.1.1 含骨食品

用于检测食品中含有骨头和不同矿化物质的方法已由 CEN 标准化，并作为 EN1786 标准发布。在骨骼中发现的辐射诱导的 EPR 信号归因于羟基磷灰石晶格中的二氧化碳自由基离子[21]。该方法主要用于含骨动物肉（猪肉、牛肉、小牛肉、羊肉等）中的辐射检测，以及鱼类和软体动物贝壳辐射检测。辐照骨中的特征 ESR 信号是一个不对称的单峰，$g_{\perp}$=2.0017，$g_{\parallel}$=1.9973 和 ΔH_{pp}=0.85mT[22,23]。如图 13.2 所示为从牛肉中切下的骨头经辐照获取的 EPR 信号。

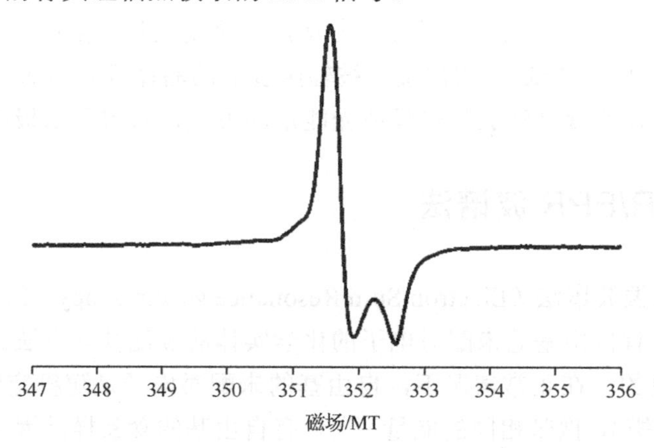

图 13.2 从 5kGy 的 ^{60}Co γ 射线辐照的牛肉中获取的致密骨的 EPR 信号

检测从受辐照的肉和鱼中提取骨头的 EPR 波谱法，适用于通过施加等于或超过 0.5kGy 的电离辐射剂量来识别这些食品中的辐照。这一剂量远低于商业辐射加工此类食品的剂量[9]。检测限值取决于骨样品中羟基磷灰石的矿化程度和结晶度。对于高度矿化的骨头，即使使用低于 0.1kGy 的剂量，也有可能进行识别。这种方法使识别部分预加工肉类、水煮或巴氏灭菌的骨头辐照成为可能，这是由于羟基磷灰石晶格中自由基离子的高稳定性造成的。在环境温度下贮存 12 个月后，受辐照骨的 ESR 信号基本保持不变。在检查辐照甲壳类动物角质层后，观察到该信号的稳定性较低[24]。该方法也适用于检测蛋壳的辐照，因为二氧化碳自由基离子也是由蛋壳成分结晶方解石的辐照形成的[25]。

13.3.1.2 含纤维素食品

EPR 波谱法可用于检测含有结晶纤维素的植物性食品中的辐照，结晶纤维素是构成植物壁的多糖。EPR 波谱法已在 EN 1787 标准[10]中被标准化，并建议用于开心果果壳、辣椒粉、新鲜草莓和浆果的分析。辐射加工的证据是在 EPR 波谱上以 6mT 的间距检测到两条谱线。辐照过的含纤维素食品的特征性 EPR 信号是一个三重态，其特征在于 g 因子值为 2.0060±0.0005，并在（3.00±0.05）mT 处发生超细分裂，这归因于纤维素中产生的自由基。然而，辐照食品中记录的 EPR 信号的中心线重叠，大概归因于半醌的顺磁性衍生物的相对强的单峰，半醌是一种天然自由基，出现在大多数具有硬壁成分的植物源非辐照食品中[26]。因此，辐照食品中纤维素自由基识别的标准不是先前给出的纤维素自由基的波谱参数，而是信号的低场和高场 ESR 谱线之间的间距等于 6.0mT。辐射诱导纤维素自由基的两条谱线都相当弱，有时这些谱线无法在记录的波谱中分辨出来。在这种情况下，波谱中心线的 g 因子和中心线与可探测谱线之间的间距约 3.0mT，这是辐射加工检测的标准。辐照开心果壳的 EPR 信号如图 13.3 所示。

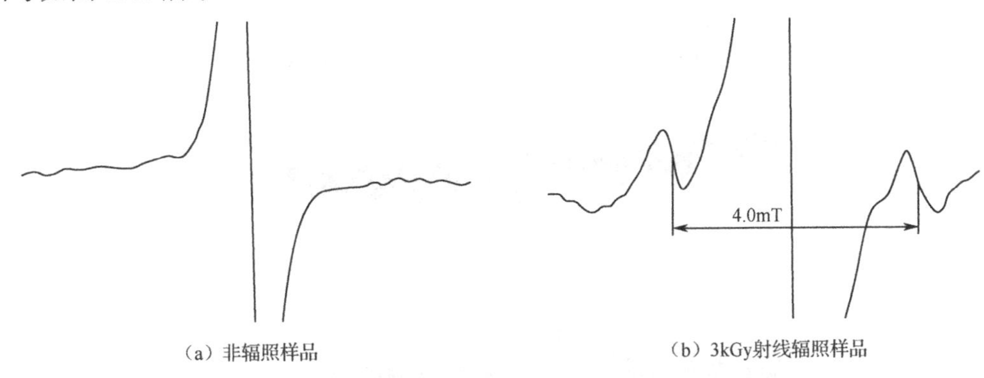

（a）非辐照样品　　（b）3kGy射线辐照样品

图 13.3　从开心果中提取的外壳碎片的 EPR 信号

注：两条卫星线之间的 6mT 距离证实了辐射加工。经 K. Lehner，W. Stachowicz 许可复制。INCT 报告 B，2003，4，8.[29]。

EPR 波谱法已被验证，可用于检测 2kGy 及以上剂量的辐照开心果，检测 5kGy 及以上剂量的辐照辣椒粉，检测 1.5kGy 及以上剂量的辐照新鲜草莓，检测 0.5kGy 或更高剂量的辐照浆果[10]。对于其他新鲜水果，如橙子、柠檬、苹果或西瓜，以 0.5kGy 或更高的剂量辐照会引起种子中心信号的增加；但是，在这些试验中没有观察到与自由基产生有关的典型信号[27]。

EPR 波谱法的主要缺点是，纤维素自由基的稳定性在很大程度上取决于多糖的结晶度，以及贮存条件（尤其是湿度），而且这种稳定性可能比产品的保质期短。

正如一系列试验所证明的那样，坚果和干香草或香料在环境温度下贮存期间，辐射产生的纤维素自由基的稳定性非常不同。经过辐照的核桃、榛子和开心果的果壳被证实具有令人满意的长达 12 个月的稳定性。然而，在辐照过的香料和香草中观察到的自由基的 EPR 信号稳定性是有限的。对市场上 26 种辐照香料进行的纤维素自由基衰变研究显示，咖喱、月桂叶、红辣椒、洋葱和辣椒的自由基稳定，即使在环境温度下贮存 11 个月后，仍会产生特定的 EPR 信号。然而，其他常用香料的情况却并非如此，如黑胡椒或白胡椒、龙蒿、牛至、孜然等不同香料中纤维素的 EPR 信号可观察时间不超过两个月[28,29]。

13.3.1.3 含结晶糖食品

含结晶糖食品辐照的检测方法已由 CEN 标准化，并作为 EN 13708 标准发布[11]。标准推荐用于检测经电离辐射加工的干果，如无花果干、芒果干、木瓜干、菠萝干和葡萄干等。辐照会在糖的结晶区产生自由基，而自由基在预加工（新鲜水果的热干燥或冻干）后存在于大多数干果中。稳定在糖晶格中的辐射诱导自由基产生特定的 ESR 波谱，同时记录了单糖自由基和双糖自由基。辐照样品的 EPR 信号很复杂，直到目前尚未识别出相对较宽的多线波谱（50mT）。我们进行了一些工作，努力去确定产生光谱的特定自由基[30]。非辐照和辐照干果的 ESR 信号如图 13.4～图 13.6 所示。

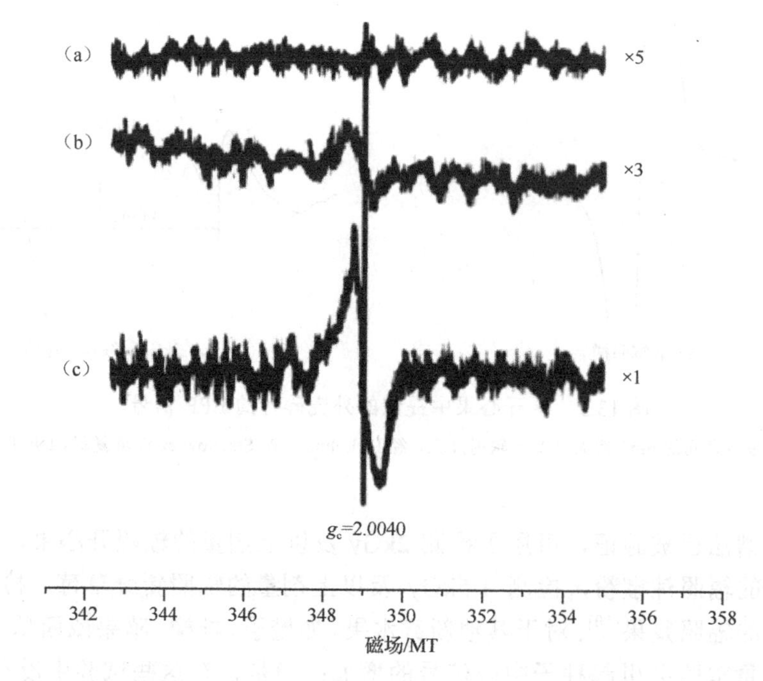

图 13.4 非辐照干果的 ESR 信号：（a）木瓜、（b）无花果和（c）香蕉

注：垂直线表示 ESR 信号的中心。

试验证明，即使在干果存放一年后，也能检测出辐射加工的情况[31]，该方法检测辐照的适用性，与干燥过程后样品，以及在测试前贮存和加工过程的所有阶段的结晶糖的含量密切相关。如果是新产品，建议对部分样品进行辐照和 EPR 检测。例如，李子干、杏干和某些浆果干中不存在结晶糖[32]。因此，这些干果暴露于辐射下的波谱并没有显示出任何辐射引起的 EPR 信号。

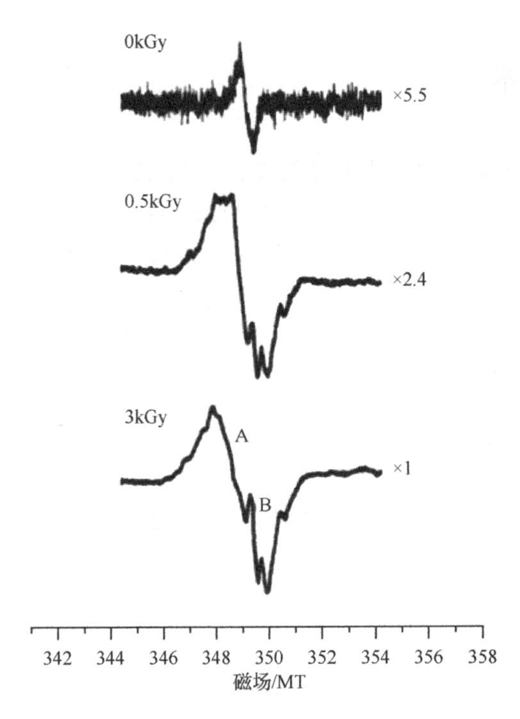

图 13.5 非辐照和辐照香蕉干在 0.5kGy 和 3kGy 剂量下的 ESR 信号

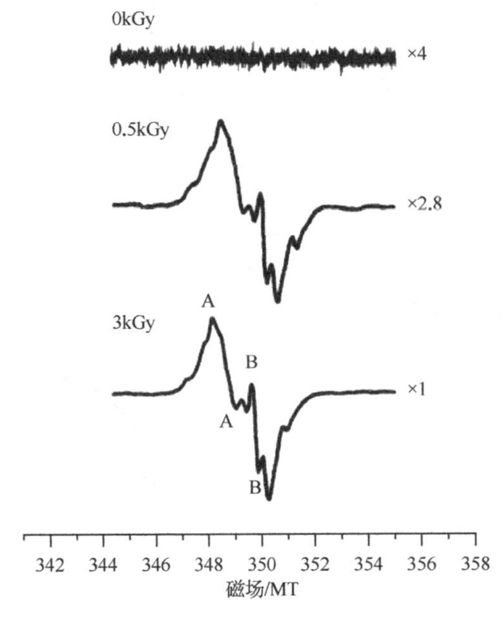

图 13.6 非辐照和辐照菠萝干在 0.5kGy 和 3kGy 剂量下的 ESR 信号

注：信号增益显示在右侧。

13.3.2 发光技术

已经发现荧光法是用于检测几种类型的干燥食品中的商业辐射加工的有效方法，这些食品包括香料，它们是经辐照的主要产品。所有通过热干燥进行预处理以获得香料的植物的叶子、果实或根部，都含有来自土壤的矿物污染物。这些污染物中的大多数（如石英或长石）仅以结晶形式出现。当接受电离辐射时，晶体矿物会吸收部分来自初级电子的能量，并稳定在晶体缺陷等俘获部位。这些能量会在矿物中滞留多年。然而，通过加热（提高温度）或在适当波长的光下，能量会以发光的形式从矿物的晶格中有效释放。红外线对发光的激励最为有效。发射光的波长比用于激励的光的波长要短，而未辐照的样品无法参与这种转变[33]。为了检测食品中的辐照，可以采用热释光技术和光释光技术。这些方法的优点是不需要特殊的仪器来记录上述效果，只需要传统的测量系统，如光谱仪或发光读取器即可。

13.3.2.1 热释光技术

热释光（TL）技术是一种适用于检测含有硅酸盐矿物的干燥香草和香料中辐照的分析方法[34]。然而，虽然某些样品的辐射加工很容易检测，但在其他样品中却无法检测到[35]。桑德森等研究者已经详细解释了这种变化的原因[36]。

据报道，使用 TL 的最初工作是针对香草和香料的整个样品[37]。通过从辐照食品的有机成分中分离矿物质，提高了该方法的灵敏度和可靠性。这种方法现在被广泛使用，并被欧洲标准 EN 1788 所采用。目前，TL 分析适用于识别香料、干果和蔬菜，以及包括虾和对虾在内的贝类混合物中的辐射加工。分离矿物的 TL 测量是用配有加热装置和灵敏光电倍增管的 TL 阅读器进行的，以计算从所研究样品发射的光子数。在线性升温过程中释放的发光被记录为 TL 荧光曲线[38]。非辐照和辐照膳食补充剂样品的 TL 荧光 1 线如图 13.7 和图 13.8 所示。

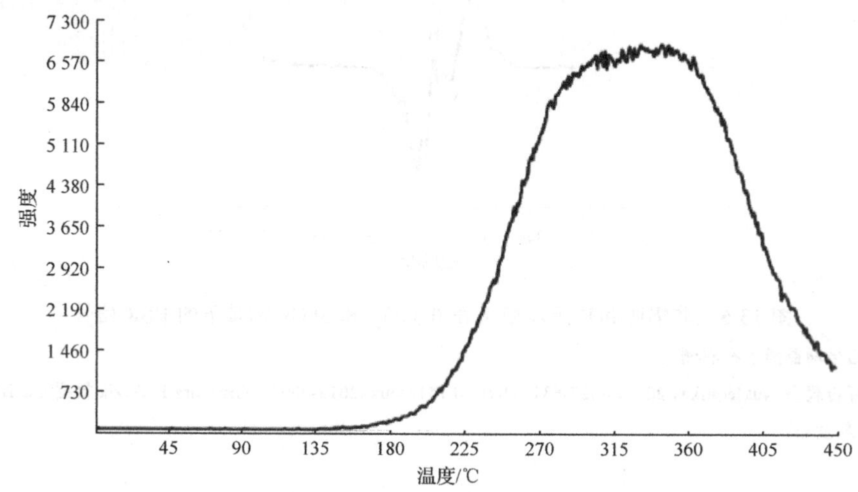

图 13.7 非辐照膳食补充剂样品的 TL 荧光 1 线

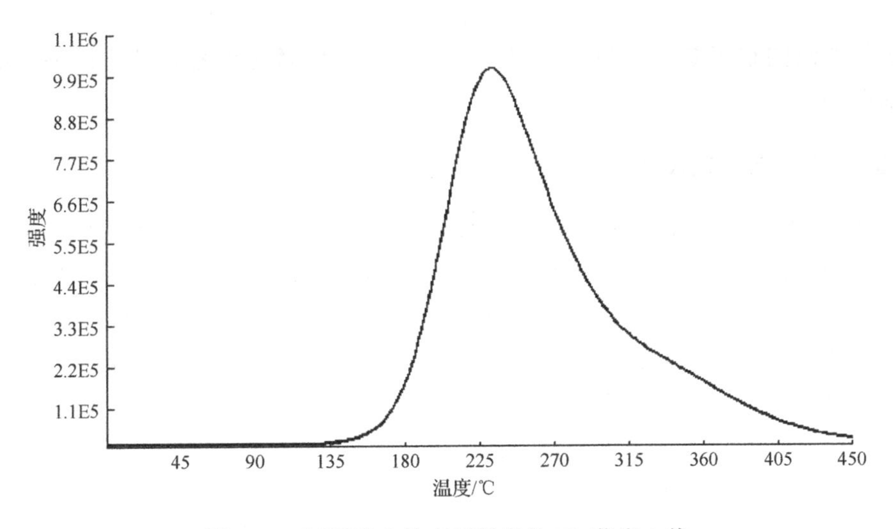

图 13.8 辐照膳食补充剂样品的 TL 荧光 1 线

在将矿物样品加热到高温时经常观察到的热释光最大值（见图 13.7），它代表了所谓的地质信号，这个信号可能是通过深层能量阱的退火而获得的，深层能量阱源于矿物长期暴露于土壤中的铀和钍发出的弱 γ 辐射。辐照样品在约 200℃处观察到最大的强热释光（见图 13.8），表示工艺辐照产生的浅层能量阱的退火。无论食品样品是否被照射，TL 检测通常会记录两条辉光曲线。如图 13.8 所示，荧光 1 线是通过测量初步研究样品的热释光获得的，而荧光 2 线是在校准电离辐射 1kGy 的曝光时从同一样品获得的。在对新鲜蔬菜和水果进行不超过 0.5kGy 低剂量电离辐射检查以延长其保质期时，采用的校准剂量为 0.25kGy。然后计算荧光 1 线与荧光 2 线的比例（荧光 1 线/荧光 2 线），这个数值是样品分类的主要标准（辐照和非辐照）。根据 EN 1788 标准，分类为辐照食品的样品必须具有高于 0.1 的荧光比的特征。

集成热释光的荧光 1 线最大值必须出现在温度为 150～250℃的范围内（见图 13.8）。

通过控制含有低浓度香料的复杂食品样品，在荧光 1 线最大值明显出现在 150～250℃的温度范围内的条件下，接受辐照样品的辉光比略低于 0.1。

热释光技术可用于控制任何类型的含硅酸盐矿物质的食品，但该方法的检测极限与加工过程中施加的辐射剂量，以及被分析产品中矿物质的含量有关。已验证辐照香草、香料及其混合物的 TL 检测适用于大约 6kGy 及以上的剂量，但研究表明该方法可用于 1kGy 以上的剂量。经验证，辐照贝类的检测范围为 0.5～2.5kGy，新鲜水果和蔬菜约 1kGy 剂量，以及脱水水果和蔬菜的辐射剂量约 8kGy 的检测方法均已通过验证[12]。

TL 方法非常灵敏，可以检测出能分离出硅酸盐矿物的各种食品的辐射加工。该方法可用于含有至少 1%硅酸盐矿物的样品。马莱克·切肖夫斯卡和斯塔乔维奇研究了使用热释光技术检测的由香草、香料和调味料组成的多组分风味混合物中辐照成分含量的最低可检测水平[39]。经证实，通过应用该技术，可以检测到 0.05%（按重量计）的辣椒粉，其辐射剂量为 7kGy，作为非辐照香料混合物的次要成分。

这种方法的缺点是，矿物分离是一种需要三天的费时过程，该方法还需要使用电离辐射源。

13.3.2.2 光释光技术

光释光（PSL）技术是一种类似于热释光分析的技术。这两种方法的原理都是释放辐射能，该能量由俘获的电荷载体存储在矿物（硅酸盐）中。不同之处在于使用了不同的刺激剂以发光（可见光）的形式从阱中释放上述能量。在 TL 方法中，这是通过加热样品（热释光）来实现的，而在 PSL 中则是通过用 IR 光脉冲（PPSL）照射样品来实现的。这种方法已经被苏格兰大学研究和反应堆中心（SURRC）的桑德森和他的团队开发并进行了令人满意的测试。与 TL 相比，PSL 不需要矿物分离，从而成为一种更简单、更快捷的方法。典型的 PSL 用作一种筛选方法。为了进行校准，必须在初始 PSL 测量之后将样品暴露在规定的辐射剂量下，然后进行测量。PSL 的局限性是由于其灵敏度低于 TL，PSL 方法不能用于分析含有食盐、谷氨酸盐或山梨醇的混合物[40]。

13.3.3 目前尚不接受的实际使用的物理方法

已经测试了几种方法来检测食品中的辐照，并或多或少地取得了成功。

13.3.3.1 电导率

这种方法已用于辐照马铃薯。用两个电极分别从两侧插入球茎内部，通过施加 5Hz 和 50Hz 的电流，测量单个马铃薯的电阻。该方法的可靠性取决于电极的适当位置、电流电压值、测量的温度和水分含量。在贮存 6 个月的马铃薯上试验，得到了令人满意的结果[41,42]。

13.3.3.2 化学发光（CL）

一种与前面描述的发光方法类似的方法是化学发光，它检测固体物质（luminal）在液体介质中溶解时发射光。该方法是基于溶解的辐照物质在某些溶剂如水中的碱卤化物或与有机化合物如糖、氨基酸等的化学反应，从而发射光。该方法已用于香草和香料检测，但成功程度和重现性有限[41]。

13.3.3.3 黏度

已经观察到，含有淀粉或果胶的馅类食品的辐照会使其水溶液的黏度增加，并受到被辐照食品聚合物型成分降解的影响。这些产品的水溶液中含有一个黏度与聚合物的分子量相关的凝胶分数。分子量越低，聚合物溶液的黏度就越低，反之亦然。该方法对含淀粉的食品进行了测试。试验证实了该方法在检测经过 8kGy 辐射剂量照射的白胡椒、黑胡椒、肉豆蔻、生姜、马郁兰、多香果和肉桂的效果，用模型系统得到的良好结果没有在进一步的测试研究中得到验证[34,41]。结论是，食品样品的不同成分、含水量或贮存条件会影响所研究的水溶液的黏度。

13.3.3.4　近红外（NIR）吸收

该方法基于反射光谱技术，将粉末状样品涂覆在石英板上。光谱记录范围为 1 000～2 500nm。黑胡椒粉和辣椒粉获得了阳性的结果。多次重复的测量可被视为辐射加工的唯一标准[42]。

13.4　向欧盟委员会报告

根据 1999/2/EC 指令，所有成员国必须每年向欧洲议会和理事会提交“关于电离辐射加工的食品和食品成分的委员会报告”。关于欧盟食品辐照状况的第一份年度报告于 2002 年发表，报告期为 2000 年 9 月—2001 年 12 月。报告的目的是确定食品辐照法规的遵守程度。这些报告提供了欧盟批准用于食品辐照的装置数量、每个成员国加工的食品数量和类型，以及应用剂量的信息。报告还提到了对市场上食品的检查结果，显示了加工产品的种类和数量。在欧盟，每年对市场上大约 6 000 个食品样本进行分析，以检测辐照。2015 年，欧盟检查的主要商品是香草和香料（45.6%），其次是谷类、种子、蔬菜和水果（21%）[43]。

在市场阶段对辐照产品的控制方面，德国在进行管制的数量上处于领先地位。2015 年，德国测试的样品数量约占所有欧盟国家样品总数的 55%[43]。据报道，2015 年，97.1%的分析样品符合欧盟要求，而 1.7%的不符合要求。在过去的十年里，检测辐照的样品数量几乎保持不变。如图 13.9 所示，观察到的不合格样品的百分比略有下降。

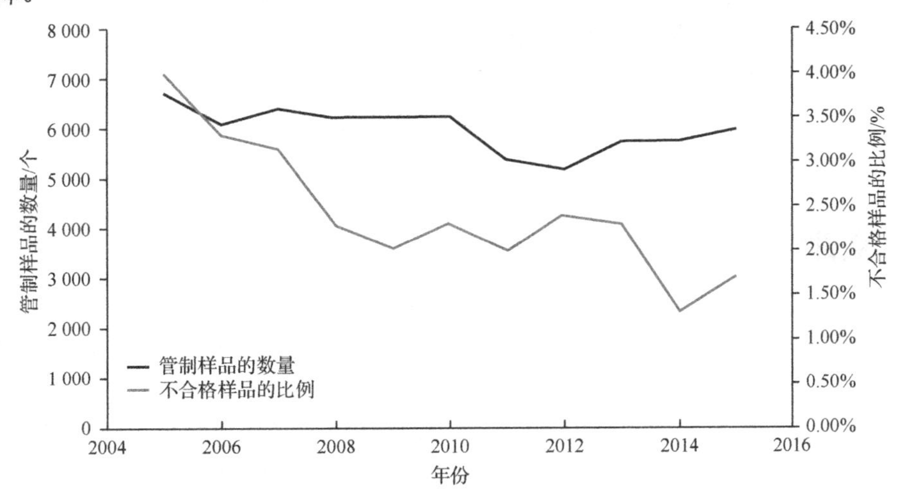

图 13.9　欧盟 2005—2015 年检测辐照的食品样品数量和不合格样品的百分比

检测到的辐照样品不合格的主要原因之一是标签不正确。根据 1999/2/EC 指令第

6 条，“辐照”或“电离辐射加工”的标注应出现在辐照产品标签上。如果使用辐照产品作为成分，则应在成分清单中注明相同的名称，即使这些成分在成品中所占的比例不到 25%。受检食品样品不合格的其他原因是禁止辐照，这可能与在未经欧盟批准的装置中进行辐照或不允许辐照的产品有关。欧盟食品辐照只能在批准的装置上进行。目前，欧盟有 26 个辐照装置被批准用于食品的辐射加工[44]。非欧盟的装置经卫生和食品安全总局检查后获得批准。迄今为止，来自南非、土耳其、瑞士、泰国和印度的 10 个装置已获得批准。经批准的辐照装置清单由欧盟委员会公布[45]。

可经电离辐射加工的食品和食品成分清单由 1999/3/EC 指令：欧盟辐照食品和食品成分清单进行管理。根据该指令，唯一授权用于辐射加工的产品包括干香草、香料和蔬菜调味料。批准用于辐照的最大总平均吸收辐射剂量为 10kGy。在七个成员国中保留了 1999 年之前在国家一级获得批准的其他食品类别，但是不能再扩展。委员会还发布了国家授权清单[46]。将未经批准的辐照产品引入欧盟市场可能包括在报告的不符合项中。

13.5 未来趋势

食品辐照的安全性和有效性已得到明确确认，这项技术已在全球许多国家和地区得到批准。关于消费者的要求和对辐照食品的接受程度（目前是这项技术最重要的问题），所有经过电离辐射加工的食品都必须贴上适当的标签。辐照食品的标签不仅有机会告知消费者：特定食品已经过辐射加工，而且还可以安全食用，不会受到食源性疾病的感染。为确保对辐照食品进行适当标记，许多国家已经开发并实施了辐照食品检测方法。尽管目前使用的检测方法种类繁多，但在实践中，还没有开发出通用的方法。即使在长时间贮存之后，也可以检测到从食品中分离的硅酸盐矿物的光释放的影响，但测量过程非常耗时。与 TL 相比，EPR 波谱法要快得多，但一些检测信号的稳定性受到限制。第三种物理和标准化的检测方法 PSL 不如 TL 方法灵敏，只能在许多情况下用作筛选方法使用。研发通用的辐照食品检测方法仍然是科学家的一项挑战。

参考文献

[1] J.F. Diehl, *Safety of Irradiated Foods*, Marcel Dekker Inc., New York, 1995, p. 210.

[2] Wholesomeness of Irradiated Food. Report of a Joint FAO/IAEA/WHO Expert Committee. Geneva: World Health Organization, 1981, Technical Report Series, 659.

[3] Codex Stan 106-1983, Rev. 1-2003, General Standard for Irradiated Foods. Available (viewed 2017-05-10) at: http://www.codexalimentarius. net/download/standards/16/CXS_106e.pdf.

[4] Codex Stan 106-1983, Rev. 1-2003, General Standard for Irradiated Foods. Available (viewed 2017-05-10) at: http://www.codexalimentarius. net/download/standards/16/CXS_106e.pdf.

[5] Codex Stan 1-1985, Amendment 7-2010, General Standard for the Labelling of Prepackaged Foods. Available (viewed 2017-05-10) at: http:// www.codexalimentarius.net/download/standards /32/CXS_001e.pdf.

[6] FAO/IAEA/WHO/ITC-UNCTAD/GATT International Conference on the Acceptance, Control of, and Trade In Irradiated Food, Conference Proceedings, Geneva 12-16 December 1988.

[7] Directive 1999/2/EC of the European Parliament and of the Council. (13.3.1999). Approximation of the Laws of the Member States Concerning Foods and Food Ingredients Treated with Ionising Radiation. OJ L 66. European Commission. (2002).

[8] Directive 1999/3/EC of the European Parliament and of the Council. (22.02.1999). Establishment of a Community List of Foods and Food Ingredients Treated with Ionising Radiation. OJ L 66/24. European Commission. (2002).

[9] European Standard: EN-1786:2000 Foodstuffs - Detection of Irradiated Food Containing Bone - Method by ESR Spectroscopy. European Committee for Standardisation (CEN), Brussels.

[10] European Standard: EN-1787:2001 Foodstuffs - Detection of Irradiated Food Containing Cellulose Method by ESR Spectroscopy. European Committee for Standardisation (CEN), Brussels.

[11] European Standard: EN-13708:2003 Foodstuffs - Detection of Irradiated Food Containing Crystalline Sugar by ESR Spectroscopy. European Committee for Standardisation (CEN), Brussels.

[12] European Standard: EN 1788: 2001 Foodstuffs - Thermoluminescence Detection of Irradiated Food From Which Silicate Minerals Can Be Isolated. European Committee for Standardization (CEN), Brussels.

[13] European Standard: EN-13751 Foodstuffs - Detection of Irradiated Food Using Photostimulated Luminescence. European Committee for Standardization (CEN), Brussels.

[14] European Standard: EN-1784 Foodstuffs - Detection of Irradiated Food Containing Fat. Gas Chromatographic Analysis of Hydrocarbons. European Committee for Standardization (CEN), Brussels.

[15] European Standard: EN-1785 Foodstuffs - Detection of Irradiated Food Containing Fat - Gas Chromatographic/Mass Spectrometric Analysis of 2-Alkylcyclobutanones. European Committee for Standardization (CEN), Brussels.

[16] European Standard: EN-13783 Foodstuffs - Detection of Irradiated Food Using

Direct Epifluorescent Filter Technique/Aerobic Plate Count (DEFT/APC) - Screening Method. European Committee for Standardization (CEN), Brussels.

[17] European Standard: EN-13784 Foodstuffs - DNA Comet Assay for the Detection of Irradiated Foodstuffs - Screening Method. European Committee for Standardization (CEN), Brussels.

[18] European Standard: EN 14569 Foodstuffs - Microbiological Screening for Irradiated Food Using LAL/GNB Procedures - Screening Method. European Committee for Standardization (CEN), Brussels.

[19] W. Stachowicz, *Appl. Magn. Reson.*, 1998, **14**, 337.

[20] W. Stachowicz, G. Burlinska, J. Michalik, A. Dziedzic-Goclawska and K. Ostrowski, in *Detection Methods for Irradiated Foods Current Status*, ed. C. H. McMurray, E. M. Stewart, R. Gray and J. Pearce, The Royal Society of Chemistry, Cambridge, 1998, pp. 23-32.

[21] P. Moens, F. Callens, P. Matthys, F. Maes, R. Verbeeck and D. Naessen, *J. Chem. Soc., Faraday Trans.*, 1991, **87**(19), 3137.

[22] T. Cole and A. H. Silver, *Nature*, 1962, **200**, 700.

[23] W. Stachowicz, K. Ostrowski, A. Dziedzic-Goc+awska and J. Komender, *Nukleonika*, 1970, **15**, 131.

[24] E. M. Stewart, M. H. Stevenson and R. Gray, in *Detection Methods for Irradiated Foods Current Status*, ed. C.H.McMurray, E. M.Stewart,R.Gray and J. Pearce, The Royal Society of Chemistry, Cambridge, 1996, p. 33.

[25] I. A. Bhatti, K. Akram, J.-J. Ahn and J.-H. Kwon, *Food Anal. Methods*, 2013, **6**, 265.

[26] J. J. Raff and J.-P. Agnel, *Int. J. Radiat. Appl. Instrum., Part C*, 1989, **34**(6), 891.

[27] N. S. Marin-Huachaca, M. T. Lamy-Freund, J. Mancini-Filho, H. Delincee and A. L. C. H. Villavicencio, *Radiat. Phys. Chem.*, 2002, **63**, 419.

[28] J. Raff, N. D. Yordanov, S. Chabane, L. Douifi, V. Gancheva and S. Ivanova, *Spectrochim. Acta Part A*, 2000, **56**, 409.

[29] K. Lehner and W. Stachowicz, *INCT Rep. B*, 2003, **4**, 8, (in Polish).

[30] G. Vanhaelewyn, P. Lahorte, E. Proft, W. Mondelaers, P. Geerlings and F. Callens, *Phys. Chem. Chem. Phys.*, 2001, **3/9**, 1709.

[31] G. P. Guzik, W. Stachowicz and J. Michalik, *Nukleonika*, 2008, **53**(Suppl. 2), 89.

[32] G. P. Guzik, W. Stachowicz and J. Michalik, *Nukleonika*, 2015, **60**(3), 627.

[33] D. C. W. Sanderson, L. D. Carmichael, S. Ni Riain, J. D. Naylor and J. Q. Spencer, *Food Sci. Technol. Today*, 1994, **8**, 93.

[34] L. Heide and K. W. Boegl, *Int. J. Radiat Biol.*, 1990, **57**, 201.

[35] L. Heide, R. Guggenberger and K. W. Boegl, *Int. J. Radiat. Appl. Instrum., Part C*, 1989, **34**(6), 903.

[36] D. C. W. Sanderson, C. Slater and K. J. Caims, *Int. J. Radiat. Appl. Instrum., Part C*, 1989, **34**(6), 915.

[37] L. Heide and K. W. Boegl in *Report of the Institute for Radiation Hygiene of the Federal Health Offce*, BGA Berlin, 1984, ISH Heft 58.

[38] L. Botter-Jensen, *Radiat. Meas.*, 1997, **27**(5-6), 749.

[39] K. Malec-Czechowska and W. Stachowicz, *Nukleonika*, 2003, **48**(3), 127.

[40] G. P. Guzik and W. Stachowicz, *Nukleonika.*, 2008, **53**(Suppl. 1), S25.

[41] Analytical Detection Methods for Irradiated Foods FAO/IAEA Division of Nuclear Techniques in Food and Agriculture, 1991 IAEA Report TECDOC-587, ISSN 101-4289, Vienna.

[42] FAO/IAEA Co-ordinated Research Programme on Analytical Detection Methods for Irradiation Treatment of Food (ADMIT), Joint FAO/IAEA Final Report 1994.

[43] Report from the Commision to the European Parliment and the Counsil on Food and Food Ingredients Treated with Ionising Radiation for the Year 2015. Brussels, 25.11.2016, COM(2016) 738 final. Available (viewed 2017-05-10)at: http://eur-lex.europa.eu/legal-content/EN/TXT/?uri= CELEX: 52016DC0738.

[44] Offcial Journal of the European Union C 51/59. Volume 58, 13 February 2015. List of approved facilities for the treatment of foods and food ingredients with ionising radiation in the Member States. Available (viewed 2017-05-10) at: http://eur-lex.europa.eu/legal-content/EN/ALL/? uri=CELEX:52015XC0213(02).

[45] Available (viewed 2017-05-10) at: https://ec.europa.eu/food/safety/biosafety/irradiation/approved_establishments_en.

[46] Offcial Journal of the European Union C 283/5. List of Member States' authorisations of food and food ingredients which may be treated with ionising radiation. 24.11.2009. Available (viewed 2017-05-10) at: http:// eur-lex.europa.eu/legal-content/EN/ALL/?uri =CELEX:52009XC1124(02).

第14章 化学方法

约阿·奥马尔·巴雷里拉[1]，阿米尔卡·L. 安东尼奥[1]，
伊莎贝尔·C.F.R. 费雷拉[1]

14.1 引言

辐射加工可能会诱导自由基等化学物质的激发态的形成，这些物质与食品基质中的其他成分发生反应，产生多种不同的辐射降解产物。然而，大多数这些化合物的形成并非仅在辐照加工后发生，因此需要仔细选择专门用作化学标记的化合物。此外，测定这类化合物所需的分析技术通常需要高级技术技能和特殊的设备。为了被视为有效的辐照标记，所选化合物至少应在产品保质期内稳定一段时间。

本节分为两个主题：一是作为辐照标记具有最大潜力的化合物被彻底修订；二是用更常用的技术比较所述化合物的特征。

14.2 潜在的目标化合物

14.2.1 过氧化反应的产物

众所周知，脂质自由基是由$HO^{\bullet}$（由于多不饱和脂肪酸的电离辐射形成）与氧气反应而产生的，产生脂质过氧自由基（$LOO^{\bullet}$），随后经历了双键共轭模式的分子重排。另一种常见的情况是加合物的形成，这是由于其他脂质过氧化产物（如丙二醛）与细胞DNA结合的结果，这将在15.1.2小节中详细介绍[1,2]。硫代巴比妥酸（TBA）是一种常用的检测过氧化产物的化合物，TBA和丙二醛之间形成的加合物就是一个例子（见图14.1）[3-9]。

脂质过氧化反应被认为是电离辐射的一个关键结果[10]。这种效应提供了使用过氧化产品作为辐射加工的潜在化学标记的可能。此外，正如一些对受辐照肉类进行

1. 布拉干萨理工大学圣阿波罗尼亚校区，山地研究中心（CIMO），ESA，5300-253，布拉干萨，葡萄牙。

的研究所证实的那样，辐照样品中的过氧化物水平随所吸收的剂量的增加呈线性增加，并且与样品的温度或剂量率无关。另外，过氧化物指数已经被证明是随着存储时间的推移而逐渐增加的，而非辐照样品在同一时期保持大约相同的值[11]。

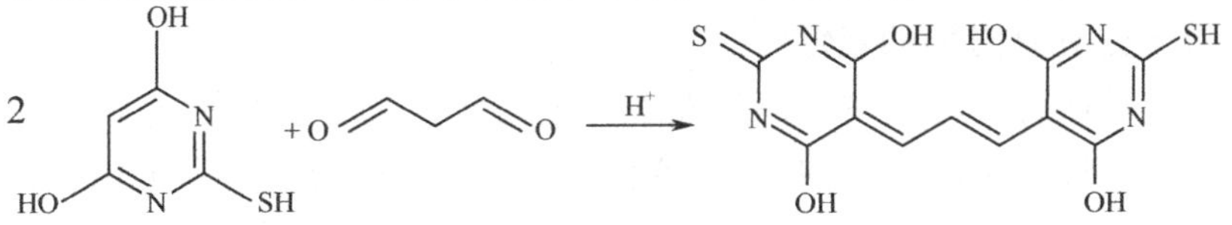

图 14.1　硫代巴比妥酸和丙二醛加合物（生色团）的形成

在辐射加工过程中，三酰基甘油中的酰基-氧键被裂解，生成与母脂肪酸碳原子数相同的 2-烷基环丁酮（2-ACB）。因此，了解脂肪酸谱就可以预测生成了哪些 2-烷基环丁酮。烷基环丁酮、2-十二烷基环丁酮（2-DCB）和 2-十四烷基环丁酮（2-TCB）分别由棕榈酸和硬脂酸生成，常用做辐射加工引起的脂质过氧化的标志物。有趣的是，正如报告的牛肉馅样品一样，这两种辐照标记物的含量在整个贮存时间内显著减少。然而，即使在低辐照剂量（2kGy）的情况下，贮存 12 个月后仍有可能检测到 2-DCB 和 2-TCB[12]。

辐照过的鱼类样品中也证实了 2-DCB 的存在，与辐射剂量无关（2～8kGy）[13]。

在分析 2-ACB 的单不饱和烷基侧链的基础上，特别是通过检测顺式 2-（十二-50-烯基）-环丁酮（顺式 2-dDeCB）和顺式 2-（十四-50-烯基）-环丁酮（顺式 2-tDeCB）的生成，还为家禽肉建立了另一种辐照检测方法，并取得了可喜的结果[14]。

在对 γ 射线辐照（1～4kGy）的液态蛋白和液态蛋黄中，也评估了辐射诱导的过氧化作用作为一种检测方法的可能性，但结果表明，除了液态蛋黄样品中的总胡萝卜素含量降低，对脂质谱没有明显影响[15]。

另外，碘值（IV）也普遍用于测定双键的不饱和卤化和油脂的过氧化值。这种检测方法以前曾用于 γ 射线（1～15kGy）照射的椰油粉末样品。然而，在这种情况下，已证实碘值（4.8～6.4）不受辐照处理的影响[16]。

14.2.2　脂肪酸和辐照诱导的碳氢化合物

不同鸡蛋成分的脂肪酸经辐照处理后（0.5kGy、1kGy、3kGy）产生差异显著[17]。经 γ 射线辐照过的猪肉、培根和火腿也尝试了类似的操作，以确定是否可以有效利用脂肪酸谱以识别辐照的样品。事实上，在 0.5 kGy 或更高剂量辐照的猪肉、培根和火腿中检测到 8-十七烯（C17:1）、1,7-十六碳二烯（C16:2）、6,9-十七碳二烯（C17:2）和 1,7,10-十六碳三烯（C16:3），但在未辐照的样品中则未检测到（C17:1 除外）[18]。此外，用气相色谱或质谱法对剂量高达 10kGy 的牛肉、猪肉和鸡肉中生成的碳氢化合物进行了定量，确定只有在至少 0.5kGy 的辐照样品中才能检测到这些物质（牛肉中 C16:3 和 C17:0 含量除外）。此外，辐照剂量与碳氢化合物浓度之间的相关性很高，相关系数为 0.87～0.99[19]。

一般来说，当脂肪酸被辐照时，主要生成两种碳氢化合物：一种是相应的碳氢化合物比母体脂肪酸少一个碳；另一种是相应的碳氢化合物比母体脂肪酸少两个碳，并且在位置 1 处具有附加的双键[20]。

以奶酪样品研究了辐射诱导的挥发性碳氢化合物（来自菌酸、棕榈酸和硬脂酸），得出结论：十三烷、1-十二烷、1-十四烯和 1-十六烷，以及戊烷和庚烷水平的增加可以作为辐照标记，特别是由于辐射诱导的碳氢化合物在成熟和贮存期间保持稳定外，还显示出对辐射剂量的线性增长[21]。

14.2.3 稳定的辐解大分子衍生物

辐射加工可能会导致该化学物质的自由基和其他激发态的形成，而它们随后会与食品基质中的其他成分发生反应，从而产生不同的辐射产物。这些产品应至少在保质期限内保持稳定，以便被视为可能的辐照标记。

14.2.3.1 辐照诱导的碳水化合物衍生物

有相关的参考文献描述了水溶性碳水化合物的辐解[22]，但是该过程在食品碳水化合物中更为复杂。它们的辐解除了改变分子量和甲基化程度，还提供了酸和羰基，从而改变了食品的黏度[23]。然而，以碳水化合物辐解产物为重点的检测方法总是无济于事，主要是因为这些产物的形成似乎并不只发生在辐照产品中，还取决于辐解产物的浓度、食品黏度、产地、成熟阶段、收获和贮存条件的变化[24]。

14.2.3.2 辐照诱导的蛋白质衍生物

这种方法的基础是在多种食品中存在的苯丙氨酸的辐照诱导形成邻、间和对酪氨酸[25]。然而，当发现邻酪氨酸不是最初认为的唯一辐解产物（URP）时，其潜在的分子成功受到了影响。事实上，这种分子也在非辐照的食品中存在，并且可以通过光解作用形成[26]。据报道，邻酪氨酸是一种天然产物，其在食品辐照中的使用只有在可以定义最大的“天然”阈值时，才有可能进行检测。然而，这种方法从未在常规分析中得到验证[27]。

14.2.3.3 辐照诱导的脂质衍生物

在所有大分子中，对脂质辐解的研究最多，特别是因为食用脂肪的辐解产物（如醛、氧固醇、酮、酯和过氧化物）可能会降低辐照食品的风味[28]。

根据前面解释的反应动力学（见表 14.2），由脂肪酸形成的挥发性碳氢化合物和 2-ACB 是研究最多的辐解产物。食品中的挥发性碳氢化合物，通常用气相色谱法和火焰电离检测法识别。虽然挥发性碳氢化合物并不完全存在于辐照产品中，但 $Cn_{-1:}m$ + $Cn_{-2:}m_{+1}$ 对（其中 n 为碳原子数，m 为母体脂肪酸的双键数）的存在是辐射加工一个有力的指标[28]。同样，2-烷基环丁酮通常被认为是第一个由辐照专门形成的化学化合物[29]。2-dDCB、2-tDCB 和 2-tDeCB（分别由棕榈酸、硬脂酸和油酸形成）的存在通常被认为是良好的辐照证据[30]。在实验室间试验（四个欧洲实验室）中，用辐照鸡肉馅和液体鸡蛋对 2-DCB 作为区分辐照和非辐照食品样品进行了评估。在所有情况下，辐照和非辐照样品都被正确地识别出来，所开发的方法似乎有可能用于对大量食品样品的常规筛选[31]。但是，当发现 2-DCB 自然存在于非辐照食品（如腰果）中时，这种方法的有效性面临着一个重大缺陷[32]。

总体而言，当三酰基甘油含量超过 1%且辐射剂量超过 0.5kGy 时，建议检测碳氢化合物和 2-烷基环丁酮[29]。

14.2.3.4 挥发性化合物

食品提取物中存在的挥发性化合物的色谱图的一个共同特征是它们的复杂性（大量的峰）。即使这样，当比较从辐照的和未辐照的食品提取物中获得的色谱图时，也可以观察到一些特定峰的存在，以及它们强度的变化。然而，所获得的色谱图也可以根据食品的某些内在特征，如其地理来源或所应用的加工而改变。因此，所观察到的差异不能完全归因于辐射加工[33,34]。

14.2.4 氢气成分变化

测量冷冻食品解冻样品中释放出的氢气，可以提供一种可靠、快速和稳健的辐照检测方法。这项技术基于一个简单的顶空分析仪内的电子传感器，因此可以进行现场确定。当将其用于冷冻鸡肉和虾样品时，这种方法没有出现假阳性结果，但未能检测到氢气不能被视为非辐照的确凿证据。此外，该技术仅限于可以在分析仪内部解冻的冷冻食品[35]。

除了氢气，其他低分子气体，如食品成分（水、糖、蛋白质和脂类）辐照产生的一氧化碳或硫化氢，也被提议作为可能的辐照标记，特别是在干燥和冷冻食品中[36-38]。事实上，这些气体可以很容易地被多个气体传感器检测到，但整体技术从未被其他研究小组验证过。

14.3 高效液相色谱

高效液相色谱（HPLC）可以用于分析不同性质的化合物（当然，高挥发性化合物除外）和各种分子质量的化合物。这种技术常常与光谱或分光技术（如质谱仪、核磁共振或傅里叶变换拉曼光谱仪）结合使用，以实现对所分析化合物的完整表征[39]。

例如，将反相 HPLC 用于确定蛋白、鸡肉、虾中 γ 射线辐照诱导的色氨酸衍生物。在所有样品（0.02～1.97mg/kg 蛋白）中识别和量化了辐照产生的四种羟色氨酸异构体，在辐照和非辐照样品中显示出很大的差异，特别是在蛋白和鸡肉剂量超过3kGy 的情况下。高达 5kGy 时，在虾样品中未观察到羟基色氨酸异构体含量的显著增加[40]。

其他常见的靶向氨基酸衍生物是邻、间和对酪氨酸，其形成高度依赖游离苯丙氨酸的浓度。这些化合物在富含蛋白质的食品中进行了筛选，如虾、液态蛋和香肠等，并进行了 γ 射线辐照（0.5～6kGy）[41]。此外，酪氨酸异构体的形成随着 γ 射线辐射剂量的增加而增加，在辐照剂量高达 10kGy 的食品中也得到了证明[42]。

HPLC，特别是与蒸发光散射检测相结合，也被应用于检测辐照栗子[43]和蘑菇[44]中三酰甘油的变化。

除了整个食品，HPLC 还被应用于检测辐照成分，如用于生产海绵蛋糕的液态蛋，特别是经 γ 辐照（1kGy、3kGy、5kGy）处理的液态蛋，其中的碳氢化合物被评价为辐照标记物，并取得了一些有用的结果[45]。

14.4 气相色谱/质谱

气相色谱/质谱（GC/MS）技术已被证明在检测 2-ACB 的饱和和单不饱和烷基侧链作为辐照食品的潜在标记时具有较高的灵敏度和选择性。事实上，在鳄梨水果中检测低至 0.1kGy 的辐照剂量已经被证明是可行的，并且 GC/MS 方法有能力检测非辐照的烹饪食品中的辐照成分［即使是低于 5%（*w*/*w*）的数量］[46]。自 1996 年以来，EN1784 和 EN 1785 依法承认了该方法的巨大潜力，几种类型的检测方法表明了其广泛的适用性（见表 14.1）。EN 1784 规定了一种基于检测辐照诱导的碳氢化合物来识别含脂肪辐照食品的方法，该方法已成功进行了生鸡肉、猪肉、牛肉、卡门培尔奶酪、鳄梨、木瓜和芒果的实验室间测试。然而，饱和碳氢化合物经常作为污染物或天然产生的化合物存在于食品中，需要另外的检测方法[47]。采用 GC 与 MC 相结合的方法克服了这一主要限制，该技术通过专门检测 2-ACB，对鸡肉、猪肉、液态全蛋、三文鱼和卡门培尔奶酪进行了有效应用[48]。

2-ACB 与任何给定基质的脂质部分一起提取，通常使用正己烷或正戊烷（不应使用乙醚或戊烷/2-丙醇），然后对提取物进行分馏（使用吸附色谱法），并通过 GC/MC 方法对 2-ACB 进行分离和定性[47]。已经应用了多种不同的提取技术，例如，一项评估二氯化碳作为牛肉馅样品中潜在的辐照标记物的研究就采用了固相微萃取（SPME）技术。此外，考虑到其快速、简单、溶剂量少和易得性，SPME 可能是一种有利的提取方法[49]。事实上，SPME 也被用于检测挥发性化合物方法的提取步骤。挥发性化合物作为 γ 射线辐照（1kGy、3kGy、5kGy 和 10kGy）粉末食品的标记物，其中 1,3-二（1,1-二甲基乙基）苯被发现是辐照牛肉提取物粉末的可行标记物，随辐照剂量的增加呈线性增加，并在整个贮存时间内保持不变[50]。

表 14.1 作为辐照加工指标评价的化学参数

检测方法	目标参数	辐照条件	产品	参考文献
GC	癸醛和（*E*）-2 癸醛	γ 射线（1kGy、2kGy 和 3kGy）	新鲜香菜	[58]
	碳氢化合物	γ 射线（0.5kGy、1kGy、5kGy 和 10kGy）	大豆	[59]
	十三烷、1-十二烯、1-十四烯和 1-十六烷	γ 射线（1kGy、2kGy 和 4kGy）	奶酪（乳酪）	[21]
GC/FID	碳氢化合物	γ 射线（0.5kGy）	植物油、鳄梨、橄榄、花生油、沙丁鱼和禽肉	[55]
	碳氢化合物和 2-烷基环丁烷	电子束（0.5kGy、3kGy、4kGy、100kGy）	奶酪、鸡蛋、鸡肉、鳄梨的冻干样本	[51]
GC/MS	2-DCB 和 2-TCB	γ 射线（2kGy、4kGy、6kGy 和 8kGy）	牛肉馅	[12]
		γ 射线（2kGy、4kGy、6kGy 和 8kGy）	鱼（新鲜及海产品）	[13]
		γ 射线（1kGy、3kGy 和 5kGy）	鸡肉、猪肉和芒果	[54]
		γ 射线和电子束（3～6.5kGy）	鸡肉、牛肉和鸡蛋	[61]
		γ 射线（0.7～7kGy）	牛肉、猪肉、鸡肉和大马哈鱼	[62]
	2-DCB 1,3-二（1,1-二甲基乙基）苯	电子束（2kGy、4kGy 和 8kGy）	牛肉	[50]
	2-DCB	电子束（0.05kGy 和 0.1kGy）	豇豆和米饭	[52]
		γ 射线（3kGy 和 5kGy）		[56]
	碳氢化合物	γ 射线（0.1kGy、0.5kGy、1kGy、3kGy、5kGy 和 10kGy）	牛肉、鸡肉和猪肉	[19]
		γ 射线（3kGy 和 5kGy）	鸡肉、猪肉和牛肉	[20]
	正十五烷、1-十四烷、正庚烷和 1-十六烷	电子束（2kGy 和 4kGy）	奶酪	[53]
GC/FCC	碳氢化合物	γ 射线（0.5kGy）	猪肉、培根和火腿	[18]

续表

检测方法	目标参数	辐照条件	产品	参考文献
GC/PFP	硫化氢、二氧化硫、甲硫醇和二甲基二硫化物	γ射线（1kGy、2kGy、3kGy、4kGy和5kGy）	火鸡胸肉	[63]
HPLC	羟色胺酸异构体	γ射线（3kGy和5kGy）	冷冻蛋白、鸡肉和大虾	[40]
	己醛	γ射线（1kGy、3kGy和5kGy）	液体全蛋	[45]
GC/MS	邻酪氨酸和间酪氨酸	γ射线（0.5kGy、1kGy、2kGy、4kGy和6kGy）	虾、鸡蛋和香肠	[41]
	三酰甘油	电子束与γ射线（0.5kGy、1kGy和3kGy）	栗子	[43]
		电子束（2kGy、6kGy和10kGy）	蘑菇	[44]
		γ射线（1kGy和2kGy）		
放射性气体（H_2）	自由基	γ射线（0.1kGy和4kGy）	冷冻鸡和大虾	[35]
TBA分析	过氧化物	γ射线（5kGy、10kGy和15kGy）	椰子奶油粉	[16]
GC/MS	2-DCB 1,3-二（1,1-二甲基乙基）苯	γ射线（1kGy、3kGy、5kGy和10kGy）	牛肉	[50]

同样，通过应用超临界流体萃取（SFE）提取豇豆（50Gy）和大米（100Gy）辐照样品的脂质，大大改善了 2-ACB 的萃取，后者通过 GC/MS 进行了检测[51]。事实上，SFE 这一方法用于获得不同辐照含脂肪食品的碳氢化合物馏分。该方法不需要有机溶剂，因为通过简单的热解吸即可回收分析物。通过 GC/MS 对提取物进一步定性，结果显示，经电子束辐照（2kGy、3kGy 和 4kGy）的奶酪样品具有良好的潜力，SFE 可作为辐照检测方法[52]。另一项成功的应用是对牛肉和鸡肉样品进行了 8kGy 的辐照，利用二氧化碳作为超临界流体，在所有辐照样品中检测到了显著的 2-DCB 和 2-TCB 含量[53]。SFE 技术作为迈向 2-ACB 分离的第一步，已应用于低脂淡水鱼和海水鱼类样品。

在一项类似的研究中，对顺式 2-二癸二烯和顺式 2-癸二烯化合物用五氟苯肼的衍生化处理，并用 GC/MS 对其进行了定量。这种灵敏可靠的方法足以检测经过辐照（1～5Gy）的鸡肉、猪肉和芒果，顺式 2-二癸二烯和顺式 2-癸二烯化合物含量与辐射剂量之间的线性关系表明了这一点[54]。

GC 还被应用于评价辐照植物油、鳄梨、沙丁鱼和家禽肉类的三酰甘油和挥发性特征，并取得了不同程度的成功。虽然它被证明是一种对鳄梨和家禽肉类快速和可靠的检测方法，但由于在辐照前已经存在大量的挥发性化合物，它不可能应用于新鲜的沙丁鱼[55]。同样的技术也成功地用于检测辐照鸡肉中的 2-DCB，但主要是在经过至少 5kGy[56]和 2-ACB 处理的辐照冷冻干燥样品［奶酪、鸡肉、鳄梨、巧克力和液态蛋（后两种用作配料）］中检测[57]。

另一种应用 GC/MS 检测辐照（γ 射线辐照剂量高达 3kGy）样品的方法是对香菜叶进行分析其挥发性化合物。然而，尽管在辐照样品中观察到一些次要化合物（如芳樟醇和十二醛）减少，但最丰富的化合物［二醛和（*E*）-2-十二烯］在辐照后并没有持续改变[58]。

在大豆样品中，经过不同的焙烧、粉化和辐照组合，GC 被用来表征大豆油中的碳氢化合物模式，但在辐照和非辐照样品中检测到的轻微变化不足以将此方法视为检测辐照食品的可替代方法[59]。

GC/MS 还可用于分析辐照脂肪酸产生的碳氢化合物[60]。

14.5 结论

尽管有明显的限制，但辐照食品的检测（过去被认为是极具挑战性的）似乎是目前的一种可能性，特别是在现有方法的标准化和验证之后。

六种参考方法（EN 1784、EN 1785、EN 1786、EN 1787、EN 1788 和 EN 13708），以及欧洲标准化委员会（CEN）认可的四种筛选方法（EN 13751、EN 13783、EN 13784 和 EN 14569）可能满足大多数辐照食品的检测要求。选择最适当的方法将取决于产品类型、化学成分和辐照时的物理状态。事实上，基于化学的检测方法中的一个主要限制因素涉及目标化合物在特定食品中的假定自然存在。因此，期望任何辐照检测方法适用于所有类型的食品一般是不合理的。

提取过程是另一个重要因素，特别是考虑到与任何特定方法的检测限相关的可能限制。

一般来说，如果考虑技术发展水平和法律认可程度，含脂肪食品一般采用基于化学指标的检测方法。

参考文献

[1] D. Dubner, P. Gisone, I. Jaitovich and M. Perez, *Biol. Trace Elem. Res.*,1995, **47**, 265.

[2] R. M. Samarth and A. Kumar, *Indian J. Exp. Biol.*, 2003, **41**, 229.

[3] A. L. Antonio, Â Fernandes, J. C. M. Barreira, A. Bento, M. L. Botelho and I. C. F. R. Ferreira, Food Chem. Toxicol., 2011, **49**, 1918.

[4] Â . Fernandes, A. L. Antonio, J. C. M. Barreira, M. L. Botelho, M. B. P. P. Oliveira, A. Martins and I. C. F. R. Ferreira, *Food Bioprocess Technol.*, 2012, **6**, 2895.

[5] Â . Fernandes, J. C. M. Barreira, A. L. Antonio, P. M. P. Santos, A. Martins,M. B. P. P. Oliveira and I. C. F. R. Ferreira, *Food Res. Int.*, 2013, **54**, 18.

[6] Â . Fernandes, J. C. M. Barreira, A. L. Antonio, M. B. P. P. Oliveira, A. Martins and I. C. F. R. Ferreira, *Food Chem.*, 2014, **149**, 91.

[7] Â . Fernandes, J. C. M. Barreira, A. L. Antonio, A. Rafalski,M. B. P. P. Oliveira, A. Martins and I. C. F. R. Ferreira, *Food Chem.*, 2015, **182**, 309.

[8] E. Pereira, A. L. Antonio, A. Rafalski, J. C. M. Barreira, L. Barros and I. C. F. R. Ferreira, *Ind. Crops Prod.*, 2015, **77**, 972.

[9] J. Pinela, A. L. Antonio, L. Barros, J. C. M. Barreira, A. M. Carvalho, M. B. P. P. Oliveira, C. Santos-Buelga and I. C. F. R. Ferreira, *RSC Adv.*,2015, **5**, 14756.

[10] Agrawal and R. K. Kale, *Indian J. Exp. Biol.*, 2001, **39**, 291.

[11] S. Qi, S. Yuan, J. Wu and X. Fang, *Radiat. Phys. Chem.*, 1998, **52**, 119.

[12] I. Tewfik and S. Tewfik, *Food Sci. Technol. Int.*, 2008, **14**, 519.

[13] I. H. Tewfik, H. M. Ismail and S. Sumar, *Int. J. Food Sci. Nutr.*, 1999, **50**, 51.

[14] P. Horvatovich, M. Miesch, C. Hasselmann, H. Delincee and E. Marchioni, *J. Agric. Food Chem.*, 2005, **53**, 5836.

[15] H. M. Badr, *Food Chem.*, 2006, **97**, 285.

[16] N. Yosuf, A. R. A. Ramli and F. Ali, Radiat. *Phys. Chem.*, 2007, **76**, 1882.

[17] K. T. Hwang, J. H. Yoo, C. K. Kim, T. B. Uhm, S. B. Kim and H. J. Park, *Food Res. Int.*, 2001, **34**, 321.

[18] K. T. Hwang, *Food Res. Int.*, 1999, **32**, 389.

[19] K. S. Kim, J. M. Lee and C. H. Hong, *LWT - Food Sci. Technol.*, 2004, **37**, 559.

[20] A. Spiegelberg, G. Schulzki, N. Helle, K. W. Bögl and G. A. Schreiber, *Radiat. Phys. Chem.*, 1994, **43**, 433.

[21] M. Bergaentzle, F. Sanquer, C. Hasselmann and E. Marchioni, *Food Chem.*, 1994, **51**, 177.

[22] C. VonSonntag, in *The Chemical Basis of Radiation Biology*, ed. P. O'Neill,Taylor and Francis, London, UK, 1999, p. 515.

[23] J. Farkas, A. Koncz and M. M. Sharif, *Radiat. Phys. Chem.*, 1990, **35**, 324.

[24] H. Delincée and D. A. E. Ehlermann, *Radiat. Phys. Chem.*, 1989, **34**, 877.

[25] M. G. Simic, M. Dizdaroglu and E. DeGraff, *Radiat. Phys. Chem.*, 1983, **22**, 233.

[26] R. J. Hart, J. A. White and W. J. Reid, *Int. J. Food Sci. Technol.*, 1988, **23**, 643.

[27] E. Marchioni, in *Food Irradiation Research and Technology*, ed. C. H. Sommers and X. Fan, John Wiley & Sons, 2008, p. 336.

[28] W. W. Nawar, *Food Rev. Int.*, 1986, **21**, 45.

[29] B. Ndiaye, G. Jamet, M. Miesch, C. Hasselmann and E. Marchioni, *Radiat. Phys. Chem.*, 1999, **55**, 437.

[30] M. H. Stevenson, A. V. J. Crone and J. T. G. Hamilton, *Nature*, 1990, **344**, 202.

[31] I. Tewfik, *Food Sci. Technol. Int.*, 2008, **14**, 277.

[32] P. S. Variyar, S. Chatterjee, M. G. Sajilata, R. S. Singhal and A. Sharma, *J. Agric. Food Chem.*, 2008, **56**, 11817.

[33] C. Hasselmann, L. Grimm and L. Saint-Lèbe, *Med. Nutr.*, 1986, **22**, 121.

[34] A. J. Swallow, in *Health Impact, Identification, and Dosimetry of Irradiated Foods*, ed. K. W. Bögl, D. F. Regulla and M. J. Suess, *Report of a WHO Working Group. ISH - HEFT 125*, Bundesgesundheitsamt, Neuherberg,Germany, 1988, p. 128.

[35] C. H. S. Hitchcock, *J. Sci. Food Agric.*, 2000, **80**, 131.

[36] M. Furuta, T. Dohmaru, T. Katayama, H. Toratani and A. Takeda, *J. Agric. Food Chem.*, 1995, **43**, 2130.

[37] P. B. Roberts, D. M. Chambers and G. W. Brailsford, in *Detection Methods for Irradiated Foods-Current Status*, ed. C. H. McMurray, E. M. Stewart, R. Gray and J. Pearce, The Royal Society of Chemistry, Cambridge, UK,1996, p. 331.

[38] H. Delincée, in *Detection Methods for Irradiated Foods-Current Status*, ed. C. H.McMurray, E. M. Stewart, R. Gray and J. Pearce, The Royal Society of Chemistry, Cambridge, UK, 1996, p. 326.

[39] A. Sass-Kiss, in *Modern Techniques for Food Authentication*, ed. D.-W. Sun, Elsevier, New York, 1st edn, 2009, vol. 11, p. 361.

[40] K. K. Kleeberg, B. Van Wickern, T. J. Simat and H. Steinhart, *Adv. Exp.Med. Biol.*, 2000, **467**, 685.

[41] C. Krach, G. Sontag and S. Solar, *Food Res. Int.*, 1999, **32**, 43.

[42] M. Miyahara, H. Ito, T. Nagasawa, T. Kamimura, A. Saito, M. Kariya,K. Izumi, M. Kitamura, M. Toyoda and Y. Saito, *J. Health Sci.*, 2000, **46**, 192.

[43] J. C. M. Barreira, M. Carocho, I. C. F. R. Ferreira, A. L. Antonio, M. L. Botelho, A. Bento and M. B. P. P. Oliveira, *Postharvest Biol. Technol.*, 2013, **81**, 1.

[44] Â. Fernandes, J. C. M. Barreira, A. L. Antonio, A. Martins, I. C. F. R. Ferreira and M. B. P. P. Oliveira, *Food Chem.*, 2014, **159**, 399.

[45] G. Schulzki, A. Spiegelberg, K. W. Bogl and G. A. Schreiber, *Radiat. Phys. Chem.*, 1995, **46**, 765.

[46] P. Horvatovich, D. Werner, S. Jung, M. Miesch, H. Delincée, C. Hasselmann and E. Marchioni, *Appl. Radiat. Isot.*, 2006, **52**, 195.

[47] EN 1784, 1996, *Foodstuffs - Detection of Irradiated Food Containing Fat Gas Chromatographic Analysis of Hydrocarbons*. https://ec.europa.eu/food/sites/food/files /safety/docs/biosafety-irradiation-legislation-1784-1996_en.pdf (last accessed December 2016.

[48] EN 1785, 2003, *Foodstuffs - Detection of Irradiated Food Containing Fat*.European Committee for Standardization, Brussels, Belgium. (https://ec.europa.eu/ food/sites/food /files/safety/docs/biosafety-irradiationlegislation-1785-2003_en.pdf (last accessed December 2016).

[49] M. M. Caja, M. L. Ruiz del Castillo and G. P. Blanch, *Food Chem.*, 2008, **110**, 531.

[50] H. Kim, W. J. Cho, J. S. Ahn, D. H. Cho and Y. J. Cha, *Microchem. J.*, 2005, **80**, 127.

[51] P. Horvatovich, M. Miesch, C. Hasselmann and E. Marchioni, *J. Chromatogr.A*, 2002, **968**, 251.

[52] C. Barba, M. M. Calvo, M. Herraiz and G. Santa-Maria, *Food Chem.*, 2009, **114**, 1517.

[53] I. H. Tewfik, H. M. Ismail and S. Sumar, *LWT - Food Sci. Technol.*, 1998, **31**, 366.

[54] D. W. Sin, Y. C. Wong and M. W. Y. Yao, *Eur. Food Res. Technol.*, 2006, **222**, 674.

[55] G. Lesgards, J. Raffi, I. Pouliquen, A. A. Chaouch, P. Giamarchi and M. Prost, *J. Am. Oil Chem. Soc.*, 1993, **70**, 179.

[56] A. Parlato, E. Calderaro, A. Bartolotta, M. C. D'Oca, S. A. Giuffrida,M. Brai, L. Trachina, P. Agozzino, G. Avellone, M. Ferrugia, A. M. Di Noto and S. Caracappa, *Radiat. Phys. Chem.*, 2007, **76**, 1463.

[57] P. Horvatovich, M. Miesch, C. Hasselmann and E. Marchioni, *J. Chromatogr.*

A, 2000, **897**, 259.

[58] X. Fan and K. J. B. Sokorai, *J. Agric. Food Chem.*, 2002, **50**, 7622.

[59] K. T. Hwang, J. E. Kim, J. N. Park and J. S. Yang, *Food Chem.*, 2007, **102**, 263.

[60] J. R. Kavalam and W. W. Nawar, *J. Am. Oil Chem. Soc.*, 1969, **46**, 387.

[61] H. Obana, M. Furuta and Y. Tanaka, *J. Health Sci.*, 2006, **52**, 375.

[62] H. Obana, M. Furuta and Y. Tanaka, *J. Agric. Food Chem.*, 2005, **53**, 6603.

[63] X. Fan, C. H. Sommers, D. W. Thayer and S. J. Lehotay, *J. Agric. Food Chem.*, 2002, **50**, 4257.

第 15 章　生物技术

罗德里格斯[1]，韦南西奥[2]

15.1　辐照食品中的生物变化

DNA 是一种对电离辐射特别敏感的大分子，电离辐射会造成以下几种损伤：单链和双链断裂造成的碎裂、DNA 螺旋的变性、交联（如产生胸腺嘧啶二聚体，或者 DNA 与蛋白质之间的交联）和碱基损伤[1-3]。它主要导致基因组 DNA 中的单链断裂（SSB），此外还引起双链断裂（DSB），SSB/DSB 的比例为 20/1～70/1，以及一些可检测到的膜损伤[4]。在食品中，这种 DNA 易感性是导致大多数（即使不是全部）生物污染物（如微生物、昆虫或寄生虫）死亡的原因[4]，也是食品 DNA 本身发生变化的原因，这可以反映出各种形态和生理特征。

DNA 损伤主要发生在 γ 射线的间接作用下，它与其他原子或分子相互作用，特别是水，产生反应性自由基[5]。细胞死亡（定义为增殖细胞是指繁殖能力的丧失）主要是由 DNA 中的双链断裂引起的，断裂的间隔只有几个碱基对，一般不能由细胞修复[6]。由于仅用 1Gy 的辐照就会使每个细胞产生约 1 000 个 DNA 单链断裂和约 50 个双链断裂[7]，因此，食品辐照中采用的辐射剂量大多为几千戈瑞（Gy），会对 DNA 产生影响。这种 DNA 的变化（主要是 DNA 的片段）是检测食品中辐射加工的最佳候选生物标记。

辐射加工最明显的影响之一是微生物菌群的负荷和分布发生了显著变化。这种转变是基于这样一个事实，即微生物通常会被辐射加工灭活，因此辐照食品中的最终活细胞数量明显低于未辐照食品中的活细胞数量[8]。因此，微生物菌群的变化可以作为食品辐射加工的指标。不同的微生物对辐照有不同的敏感性，如第 10 章所述。

由于 DNA 的大量降解，细胞和组织的形态和生理特征发生了深刻的变化，大部分发生在植物的分生组织中。细胞分裂被细胞周期中不可修复的缺陷所抑制，种子发芽被强烈延迟或阻碍，幼苗形态（根和芽）异常[9]。生理活性组织中的酶活性也发

1．布拉干萨理工大学圣阿波罗尼亚校区，山地研究中心（CIMO），ESA，5300-253，布拉干萨，葡萄牙。

2．米尼奥大学瓜尔塔校区生物工程中心，4710-057，布拉加，葡萄牙。

生了变化[10]。辐射加工的目标是抑制马铃薯、洋葱和大蒜的发芽，或延缓许多水果的成熟，虽然这些作用是主要的，但它们也可作为辐照标记。

15.2 辐照食品的生物学检测

检测辐照食品最常用的生物学方法是直接表面荧光过滤技术和有氧平板计数（DEFT/APC）、DNA 彗星检测和内毒素法（LAL）。这些方法目前是标准化的方法，但也有其他方法被测试出检测辐照食品的能力。

理论上，所有类型的食品贮存或加工，不仅仅是辐照，都会引起食品产品的某种变化，无论是 DNA、细胞学或生理学特征，还是微生物负载和分布。因此，基于检测食品生物变化的辐照检测方法通常是假定的，只能作为筛选方法使用。由于它们通常不具有辐射特异性，因此只能说明可能受到过电离辐射。

下面介绍目前正在使用或测试的检测辐照食品中生物变化的标准方法和替代方法，并在表 15.1 和表 15.2 中进行了总结。

15.2.1 DNA 变化的测量

15.2.1.1 彗星检测

DNA 链断裂可以通过单个细胞或细胞核的微凝胶电泳来监测，这种技术通常被称为“彗星检测”（Comet Assay，CA）。在这项技术中，单细胞或细胞核的 DNA 在适当的缓冲液中通过细胞裂解从样品中提取 5～60min（取决于组织类型），悬浮在融化的琼脂糖中，并放在显微镜幻灯片上。在一个快速的电泳分离后，凝胶用荧光染料染色，通过显微镜观察，并通过摄影或图像分析进行记录。DNA 的迁移模式预示着可能的辐射加工。在辐照样品中，辐射引起的 DNA 片段在电泳过程中从细胞核中漏出，在阳极方向形成一条“尾巴”。在未经辐照的样本中，如果不进行其他 DNA 片段处理，细胞看起来完好无损。因此，受损和未受损的细胞很容易分化。尾巴的大小和形状，以及“彗星”内 DNA 的分布，随着 DNA 损伤的程度而变化，而 DNA 损伤的程度又与所施加的剂量有关[11,12]。

CA 技术最初是由奥斯特林和约翰逊[13]开发的，用于监测哺乳动物细胞在辐照处理后的 DNA 降解，后来被切尔达和其同事用于辐照食品的敏感检测[14]。此后，CA 越来越多地被研究和认可，作为检测和量化植物与动物来源的辐照食品的宝贵工具，并且显示出快速、灵敏、廉价和易于执行的特点[12,15]。第一次在食品基质上进行的试验采用了与人类细胞相似的低严格条件。在这些试验过程中，观察到在辐照样品中也出现了表面上完整的没有“彗星”的细胞，这可能是由于细胞或细胞核的膜没有充分裂解造成的。在此基础上，对反应条件进行了优化：将溶解剂十二烷基硫酸钠（SDS）的浓度从 0.1%提高到 2.5%，采用三硼酸乙二胺四乙酸（TBE）缓冲液。

表 15.1　经验证可筛选辐照食品的标准生物学方法

标准方法	方法原理	照射条件	验证食品
EN 13783：2001 使用直接表面荧光过滤技术或需氧板计数（DEFT/APC）进行辐照食品检测—筛选方法	比较 APC 获得的存活细胞数与 DEFT 获得的总计数	γ 射线（5kGy 和 10kGy）	香草和香料（五香粉、辣椒、豆蔻、姜、百里香、马郁兰、罗勒、牛至等）
EN 13784：2001 DNA 辐射测定法检测辐照食品的筛选方法	通过单细胞或细胞核的微凝胶电泳定量 DNA 损伤	γ 射线（0～5kGy）	各种肉类（鸡肉、猪肉、牛肉、小牛肉、羊肉、鱼）和植物（种子、干果、香料）产品
EN 14569：2004 使用 LAL/GNB 程序对辐照食品进行微生物筛选	使用内毒素法（LAL）测试和计数样本中总革兰氏阴性菌（GNB）的计数识别异常微生物谱	γ 射线（2.5kGy 和 5kGy）	家禽肉（新鲜、冷藏或冷冻的鸡脯肉、鸡腿、鸡翅、有皮或无皮的禽体等）

表 15.2　为检测辐照食品而测试的替代生物学方法

标准方法	方法原理	照射条件	验证食品	参考文献
实时 PCR	通过 PCR 扩增 DNA 损伤的大小	γ 射线（0.25～9kGy）	虹鳟鱼	[3]
线粒体 DNA	琼脂糖凝胶电泳测量线粒体 DNA 断裂	γ 射线（2～4kGy）	肉	[62]
流式细胞仪	检测 DNA 含量的变化	γ 射线（0.06～0.09kGy）	洋葱	[64]
微生物负载和剖面变化	基于对辐射的不同微生物敏感性检测微生物计数或分布的变化	γ 射线（2.0～2.5kGy）	草莓、禽肉	[25,65]
细菌腐败概况	通过测定总挥发性酸（TVA）和总挥发性碱性氮（TVBN）的产生来确定细菌引起腐败的能力	γ 射线（0～5kGy）	龙头鱼、印度鲭鱼、白鲳鱼、马鲛鱼、虾、牛肉、鸡肉、羊肉、猪肉、风尾鱼干	[81,82]
发芽和半胚胎试验	定量引起的生理疾病，例如，严重延迟或抑制种子发芽，以及异常根和芽生长	γ 射线（0.025～10kGy）	小麦、玉米、鹰嘴豆、扁豆、黑眼豆、西瓜、甜瓜、柑橘、洋葱、大蒜、马铃薯	[29,36,49,77,85-94]

此外，调节电泳条件以优化区分度，并施加2V/cm的电势，持续2min[11,16]。利用这些改进，对新鲜的和冷冻的鸡，其他家禽如鸭、鹌鹑、牛、猪，以及野味和鱼类如三文鱼等进行试验[17]，都取得了良好的效果，从而证实了该方法的适用性。因此，该程序通常被确立为一种常规协议。塞尔达和他的同事们已经对该协议进行了详细的描述[15]。除了描述的调整外，该技术还可以在碱性或中性条件下进行。一般来说，在碱性条件下，测量DNA单链和双链的断裂和碱稳定位点，而在中性条件下只观察到DNA双链断裂[15]。

在电泳后，CA可以通过视觉评分进行分析，不需要使用图像分析软件，根据尾部的大小和形状将“彗星”进行目测分类[2,4,12,15,18-21]。虽然在同一张电泳载玻片上可以观察到各种不同形状的“彗星”，但决定样品分类的是DNA损伤的最低限度[11]。对所给辐射剂量的视觉评估可以借助一组参考载玻片，这些载玻片是由接受研究的食品在已知辐射剂量下制备的，并与未知样品一起运行，以确保相同的条件[15]。CA也可以通过计算机图像分析软件进行分析[22,23]。用于CA评估的图像分析系统可能通过避免个别分析仪的变化来加强这种方法[22]，主要是用于没有经验的实验室和非常低的辐射剂量（例如，0.1kGy用于抑制马铃薯、洋葱和大蒜的发芽）[24]。此外，它们允许对辐照样品和未受辐照的样品进行充分的定量区分，并能够建立标准的剂量—响应曲线，从而得到足够准确的剂量估计[25]。然而，视觉评分和基于图像的DNA损伤测量参数（尾部长度、尾部中DNA的百分比、尾矩）之间的良好相关性已经有报道[20]。在将CA作为筛选技术来检测受辐照食品的情况下，可能不需要使用图像分析仪。

几种食品，如新鲜和冷冻肉类（鸡肉、火鸡肉、猪肉、牛肉、鸭肉、羊肉、小牛肉、雉鸡肉、鹿肉等）、冷冻汉堡、鱼（虹鳟鱼、三文鱼）、无花果、鹰嘴豆、豆类、谷类、坚果、干果、新鲜水果（柑橘、苹果、西瓜、番茄、木瓜、哈密瓜）和香料等，都已经用这种技术进行过分析[2,4,12,18,23-40]。

哈瓦和他的同事分析了干食品（种子）和湿食品（肉、水果和蔬菜）[12]。此外，可汗和他的同事[2]还成功地检测到了几种类型的全豆类（绿豆、红豆和黄扁豆、绿豌豆和黄豌豆、豇豆）及鹰嘴豆（黑色、红色和白色鹰嘴豆）的辐照处理。塞廷卡亚和他的同事[23]将其用于量化对各种柑橘使用的低剂量应用。在这项研究中，检测到的应用剂量低至0.1kGy，并提出了一种潜在的检验员用的检疫控制方法。

已经成功地对一些食品如各种肉类、种子、干果和香料等进行了实验室间研究[11,16]，产生了很高的识别率（>90%）。在斯堪的纳维亚的一项关于辐照冷冻鸡的合作研究中，所有样品均被正确识别为已辐照或未辐照[41]。在另一项试验中，5名参与者能够识别在不同辐射剂量（0kGy、1kGy、2kGy、3kGy和5kGy）下加工的虹鳟鱼、三文鱼和鸡肉样品，正确识别率超过94%。一项有9个实验室参与的实验室间试验，参与者并非都是技术经验丰富的人员，他们研究了辐照的和未辐照的鸡骨髓、鸡肉和猪肉制成的细胞悬浮液，其辐射剂量在0～5kGy变化。总共报告了148项结果，正确识别出138项（93%）[15]。进一步的合作试验是对植物、杏仁、无花果、扁豆、亚麻籽、玫瑰花椒、芝麻、大豆和葵花籽进行照射，剂量为0kGy、0.2kGy、

1kGy 和 5kGy[42]。结果表明，CA 也可用于植物组织的辐照检测，具有较高的识别率。对其他植物产品（草莓、豆类）[43]的试验证实了该方法即使在低剂量水平（0.5kGy）下也是适用的。

瑞典曾对进口食品进行 DNA 的 CA，发现一些肉类样本显示经过辐射加工。对疑似样品进行了气相色谱分析，确认了 CA 的结果。

2001 年，欧洲标准化委员会（CEN）在欧洲标准 EN 13784：2001 中采用了 DNA 彗星检测法，成为目前被批准的十种检测辐照食品的标准方法之一。该标准将这种测定作为对含有 DNA 的食品的筛选方法，即肉类、种子、干果和香料。它已被用作一种检测受辐照食品的筛选方法，但尚未正式考虑用于确定所使用的剂量[23]。

尽管如此，该技术并不是没有缺点，而且必须考虑对其应用的一些限制。经过其他处理或加工（如烹调、焯水、反复冻融或中长期贮存）的食品也会引起 DNA 碎片，其“彗星特征”可能与从辐照样品中获得的食品相似[3,4,11,15,21,22,27,31,44]。然而，一些研究报告称，即使在长达六个月的长时间贮存后，该技术也已成功应用于冷冻肉类（鸡肉、牛肉汉堡）[31,40,45]。干食品（种子和坚果）获得的结果通常比新鲜食品（肉、蔬菜和水果）获得的结果更清晰，这很可能是因为在干食品中消除了其他因素对 DNA 的破坏[12,19,29]。事实上，在海鲜等自然降解速度快的食品中不宜使用这种测定方法[31]。某些金属在动物器官中的积累似乎也会引起 DNA 断裂，类似于辐照造成的断裂[46]。

技术上的局限性也是存在的，因为在一些干的食品中，特别是在坚果、种子和豆类中很难获得合适的 DNA 物质[30,32,39,47-49]。例如，从巴西腰果和开心果中无法提取合适的 DNA 物质，而在松果中，几乎没有观察到圆形完整细胞和大多数“彗星”，使筛选变得困难[32]。细胞或细胞核也很难从一些新鲜的海鲜样品（如鱿鱼和三文鱼）中提取[31]。不同类型的组织对辐照的敏感性也不同[19]。因此，必须针对每种食品材料优化细胞悬浮液的制备[39,47]。

由于非特异性 DNA 降解，这种技术可以导致高水平的假阳性。曼吉亚科蒂和其同事[44]在一间由官方控制的认可实验室检测到高达 26%的假阳性，而其他方法，如光释光（PSL，也是一种筛选方法）产生了 11%的假阳性。CA 假阳性与冻融过程相关。在这项研究中，有人指出 PSL 是一种用于多种食品基质的多功能筛选技术，比 CA 更准确、更快和更简单，并且具有更低的耗材成本。相比之下，切尔达法和梅里诺[20]发现 CA 和碳氢化合物检测法之间有很大的一致性。在超过 15 个分析样品中，发现只有一个样品显示两种方法不一致。

这些限制性产生了两个主要的后果。一方面，考虑观察到的高基质效应，该方法必须对每种食品进行优化和验证[2,12]。另一方面，由于 CA 检测到的 DNA 损伤的非特异性，必须通过其他辐射特异性的识别方法来确认阳性结果。

15.2.1.2 实时 PCR

γ 射线辐照可引起随机的密集病变，包括双链 DNA（dsDNA）断裂在 10～20 个碱基对（bp）范围内，在相对链上断裂的单链 DNA（ssDNA）大约是其断裂数量的两倍[50]。聚合酶链反应（PCR）的成功扩增通常取决于靶向 DNA 序列的完整性，只有在平均 DNA 链不短于需要扩增的 DNA 序列的情况下，降解的 DNA 才可能被扩增。辐照的结果是，基因组 DNA 的断裂，无论是通过改变引物结合位点，还是通过将 DNA 还原成比目标更小的片段，都妨碍了 PCR 的有效扩增[51-53]。

通过实时 PCR 分析，可以量化辐照处理造成的 DNA 损伤。在常规 PCR 中，扩增的 DNA 产物或扩增子，通常可以通过凝胶电泳在终点分析中检测到。在实时 PCR 中，扩增产物的积累是随着反应的进行而实时测量的，该产物的含量在每个周期后被量化。PCR 产物的实时检测由荧光报告分子辅助，该荧光报告分子产生的荧光随着产物 DNA 量的增加而增加，随着时间的推移，被用来计算正在产生的扩增子的数量。与传统 PCR 相比，实时 PCR 有几个优点，最重要的一个是能够量化样本中存在的初始 DNA 数量（靶向序列的初始复制数量），因此也被称为定量 PCR。其他优点包括提高了速度，减少了如凝胶电泳等 PCR 步骤的操作，因此缩短了检测时间，提高了产量。DNA 提取的细胞浓度用于建立基因组靶点对数［由组织的菌落形成单位数（CFU/g）得出］与 DNA 扩增获得的阈值周期（*Ct* 值）之间的标准曲线。*Ct* 值将决定模板 DNA 的数量；*Ct* 值越低，靶向核酸的数量越高。

对于暴露于辐照下的活细胞，存活率（CFU）和 *Ct* 值之间的最大相关性严重依赖于几个因素[52]。其中，第一个关键因素是辐射剂量，它决定了 DNA 链断裂的平均长度。这使该技术可用于辐射剂量的定量测定。为此，需要建立一个与辐射剂量相关的标准曲线。第二个关键因素是可用于扩增的基因组靶点的数量，每个细胞的单个基因组靶点将产生更密切的相关性，而多复制序列将引入这种相关性的偏差。第三个关键因素是要检测的扩增子的大小，扩增子越大，相关性越强。

只有少数研究使用不同的方法测试了实时 PCR 检测食品的辐照处理[3,52-55]。一种方法依赖于承认每一种未加工的食品都与给定的微生物负载（通常是细菌）有关。这样，就可以通过量化测试产品中存在的微生物 DNA 来评估食品的辐照。为此，高度保守的 16S rRNA 基因可以作为通用的细菌 DNA 序列，可以识别任何污染产品的细菌的存在。16S rRNA 基因在大多数细菌物种的基因组中作为多个复制品存在，但在动物、植物、病毒或真菌基因组中都不存在[56]。同样的方法可以应用于使用相应的泛真菌 18S rRNA 基因的真菌基因组。该靶点在基因组中的多个复制品的存在增加了测定的灵敏度，但也引入了存活率和 *Ct* 值之间相关性的偏差，正如特拉姆兹及其同事所证明的那样[56]，另外，可以使用来自与特定食品材料密切相关的细菌的高度保守的物种特异性 DNA 靶区引物。已经成功地在蛤蜊组织匀浆中测试了海洋弧菌[52-54]，并在鸡胸肉中测试了鼠伤寒沙门氏菌的致病基因 *hilD*[55]。

在这项技术中，从食品中提取和扩增的 DNA 至少有两对引物，这些引物对针对的是大小明显不同的 DNA 序列。一对引物针对的是长尺寸的序列，只有在非降解的模板 DNA 存在的情况下才可扩增。另一对引物针对一个小尺寸的序列，该序列同时存在于降解和非降解的 DNA 中，因此表明受辐照的目标细胞的近似初始数量。李氏和莱文[52]将海洋弧菌的可存活细胞悬液（密度为 1.0×10^6 CFU/mL）——一种通常与渔业产品相关的病原体，暴露于 0kGy、1kGy、3kGy 和 5kGy，并使用物种特异性引物对其进行实时 PCR，获得大小为 1 000bp、700bp 和 70bp 的扩增子。当 γ 射线辐射剂量为 1kGy 及以上时，1 000bp 序列扩增失败，表明该序列适用于辐照消灭海洋弧菌的快速检测。另外使用引物对扩增小的扩增子（70bp）作为对照，在金黄色葡萄球菌和大肠埃希菌的细胞悬浮液中使用 528bp 的靶向序列，特拉姆兹和其同事[56]未能建立 *Ct* 值和辐照之间的明确相关性。李氏和莱文[54]在随后的一项研究中，用悬浮在蛤蜊组织匀浆中的海洋弧菌细胞，报告了蛤蜊组织的检测限为 10^3～10^5CFU/g。对小于 10^3CFU/g 的组织破坏的检测，主要取决于实时 PCR 检测系统的检测灵敏度。然而，这些都是来自组织匀浆的结论，而不是来自原始的食品基质。

溴化乙锭单叠氮化物（EMA）允许对许多食品中的活菌病原体进行实时 PCR 检测[57]。EMA 仅穿透膜损伤的细胞和交联双链 DNA，阻止其扩增和检测。EMA 通过 PCR 与来自暴露于增加辐射剂量的细胞的 DNA 进行 PCR，进一步减少靶向序列的可检测数量的能力增加，可以被认为是反映了随之而来的膜损伤的增加，这使 EMA 能够穿透细胞。在这样的条件下，无法通过 PCR 检测到大量降解的 DNA 可以作为细胞死亡的证据。李氏和莱文首次用 EMA 实时 PCR 检测了海洋弧菌的辐照效果[53]。该研究能够在辐射剂量为 0.15～1kGy 的细胞悬浮液中通过实时 PCR 来区分辐照损伤细胞和活细胞。EMA 能抑制溴化乙锭介导的 DNA 荧光[58]，并降低实时 PCR 荧光信号[59]；因此，定量研究必须基于从 EMA 处理细胞中提取的 DNA 生成的标准曲线。

最近，萨卡拉和摩尔[3]测试了另一种方法，应用实时 PCR 直接对食品组织进行辐照检测。通过实时 PCR 方法检测了射线照射对虹鳟鱼 DNA 的影响。虹鳟鱼受到 γ 射线辐照的剂量为 0.25～9kGy。针对不同长度的核（18S rRNA 基因）和线粒体（12 rRNA 基因）DNA 的区域设计引物，利用每个引物扩增辐照样品的 DNA，发现辐照可以大大降低 DNA 的分子大小。核 DNA 比线粒体 DNA 对辐照技术更敏感。原因之一可能是 18S rRNA 基因重复次数的冗余[60]。此外，核 DNA 比线粒体 DNA 更长[61]。线粒体和含有 DNA 的数量因物种、组织和细胞而异。作者还发现 DNA 检测（扩增子）和所施加的辐射剂量之间有显著的相关性，即使在贮存三个月后也是如此。在这项研究中，通过实时 PCR 定量的辐照鱼肉被 CA 方法证实。因此，开发了一种定性分析辐照鱼肉并估计给定辐射剂量的分子方法。

在特拉姆兹及其同事的研究中[56]，对活菌细胞中的 DNA 进行辐照，然后进行提取，与已经提取的 DNA 的辐照相比，对其影响较小。即使是在高辐射剂量下，可扩增的 DNA 也是如此。此外，必须对每种食物基质验证标准化的 DNA 提取方法，因为不同的方法和不同的基质会导致不同数量的 DNA 提取[55]，以及不同的 DNA 质量。对 PCR 扩增的影响，如受污染的 DNA、基质效应、提取 DNA 的数量和质量、贮存期间 DNA 的物理和酶降解，以及更好地了解剂量—效应关系，特别是低剂量时的剂量—效应关系，都需要进一步研究。与 CA 等其他方法相反，目前还没有足够的研究来确定实时 PCR 作为食品中辐照检测方法的有效性。尽管现有的几项研究可以预见其成功，但在验证实时 PCR 之前，其灵敏度、精确度和特异性必须通过实验室间的测试明确界定。

15.2.1.3 线粒体 DNA 变化的测量

通常，在肉类和鱼类等新鲜农产品中发生的基因组 DNA 的强烈酶降解，会阻碍由辐照引起的 DNA 片段的识别。例如，萨卡拉和摩尔[3]最近直接将琼脂糖电泳应用于从辐照和非辐照鱼肉中提取的基因组 DNA，从暴露于 0～9kGy 辐照范围的鱼中获得的 DNA 分子量显著下降，随着辐射剂量的增加，可见降解也会增加。但是，没有应用关于辐照特异性的研究，也可能发生酶降解。

由于线粒体壁的存在，线粒体 DNA（mtDNA）被认为可以防止酶促反应，但不能保护它免受辐射。基于此假设，可以认为 mtDNA 断裂是辐射特异的变化[25]。在动物源食品中，mtDNA 分子量低（约 16 个碱基对），通常呈超卷曲形式，在辐照（2～4kGy）后松弛成环状，然后变成线性 DNA[62]。这三种形式可以通过琼脂糖凝胶电泳分离，并用作辐照检测器。在未辐照食品中，超卷曲的 mtDNA 保持完全稳定，即使在 4℃下贮存 25 天，以及温度急剧变化（-20℃冻结和 20℃解冻）也保持稳定。对于植物产品来说，DNA 越复杂、分子量越大（200～250kb），分析就越困难[63]。

尽管该方法被认为可用于肉类分析[62]，但 mtDNA 的提取过程却相当复杂，从而降低了其实际应用。另外，还没有足够的研究来证明它的有效性。

15.2.1.4 流式细胞仪

流式细胞仪（FCM）很少作为检测辐射引起的 DNA 变化的技术装置来进行测试。赛尔凡和托马斯[64]使用 FCM 来监测辐照洋葱球茎中 DNA 含量的变化，使用了荧光染料（荧光染料 4,6-二氨基-2-苯基吲哚），它的作用是特异性与双链区域结合。由于洋葱球茎分生组织（内芽）中的核酸含量高于其贮藏在薄壁组织中的核酸含量，因此辐照对核酸的影响应该可以在分生组织细胞中观察到[64]。在低 γ 剂量（0.06～0.09kGy）下辐照洋葱，表现出更广泛的 DNA 分布，与未辐照的样品（cv=2.39%）相比，显示出 G_0/G_1 峰的高变异系数（cv=4.78%）。对照洋葱二倍体细胞的 DNA 指数（DI）为 1，而辐照样品的 DNA 指数为 0.74，说明辐照洋葱分生组织细胞中存在 DNA 含量异常的 G_0/G_1 细胞。即使在环境条件下贮存 150 天后，也能检测到这些差异。这些结果表明了 FCM 在区分受辐照洋葱和非辐照洋葱方面的潜力。

15.2.2 微生物变化的测量

15.2.2.1 微生物负载和分布的变化

不同的微生物对辐射的敏感性不同，革兰氏阴性菌（GNB）比革兰氏阳性菌和酵母菌敏感得多。为此，在食品辐照中，预计会对前者进行选择性破坏。人们已经对水果、蔬菜产品和生禽肉进行了研究。对于生禽肉，典型的微生物特征通常是大量的革兰氏阴性菌，主要是假单胞菌属。相比之下，以 2.5kGy 的剂量照射后的生鸡菌群主要由革兰氏阳性菌和酵母组成[25]。对于草莓，最初的假单胞菌在 2kGy 照射后被完全去除[65]。然而，这种方法有相当大的缺点，因为它非常依赖初始微生物负载，而微生物负载随地区和农艺习惯的不同而不同（如传统栽培与温室栽培）。因此，在特定条件下从特定食品获得的数据可能对另一种食品无效，甚至对在不同条件下获得的相同食品都可能无效。

15.2.2.2 直接表面荧光过滤技术与有氧平板计数相结合

该方法是基于直接表面荧光过滤技术（DEFT）的细胞总数和传统的有氧平板计数（APC）法的活细胞计数的组合使用。APC 表示分析样品中存在的能够在所用培养条件下生长的微生物数量。DEFT 计数是样品中曾经存在的可存活和不可存活的微生物总数[66]。对于未辐照样品，DEFT 计数与 APC 获得的值一致。如果发现 APC 值明显小于通过 DEFT 获得的计数，则表明样品可能曾受辐照。

DEFT 是一种最初用于快速计数生乳样品中微生物的方法[67]，它已用于检测多种食品，如香料、豆类、禽类、肉类和最少加工的蔬菜[66,68-75]。在这种方法中，特定体积的样品通过薄膜过滤器将微生物浓缩在过滤器上，然后用荧光色素吖啶橙对微生物进行染色。染色后，冲洗薄膜并放置在显微镜载玻片上。当在 450～490nm 的蓝光照射下，滤光片中的微生物会产生橙色和橙色—黄色的荧光，并且很容易使用荧光显微镜轻松计数以得出 DEFT 计数。整个过程只需 30min 即可完成[76]。

APC 法由同一测试样本的另一部分来确定。它的结果是普遍用于计算食品样本中可行细胞的标准化方法，其中样品被连续稀释和镀在营养琼脂（通常是平板计数琼脂，PCA）中。

奥氏及其同事[75]对香料施用了高达 10kGy 的剂量，未辐照和 1.0kGy 辐照样品的 DEFT/APC 对数比值分别为 1.14 和 2.38，且 DEFT/APC 对数比值随剂量增加而增加。一般来说，在应用任何卫生处理之前，香料的初始微生物含量可能达到 10^5～10^8。如果对食品进行辐照，则活微生物的水平一般会下降到 10^4 以下。对最少加工的莴苣、甜菜、豆瓣菜、生菜、菊苣、菠菜和卷心菜样品辐照后立即进行检测[76]。所有研究的蔬菜尽管经过辐照，但都显示出相似的 DEFT 计数；APC 与辐射剂量呈负相关。即使在 0.5kGy 的最小辐射剂量下，活菌数（APC 的对数）也减少了约 2 个对数单位，而 DEFT 计数仍保持在相同水平[76]。对谷物和豆类[73,74]进行的研究发现，在 0.5kGy 或更高的剂量下，DEFT/APC 对数比值为 2.0～3.0。沃塔南及其同事[69]应用 DEFT/APC 方法来评估冷冻禽肉样品的可能辐照处理，并使用 2.0 的对数比值水平作为阈值，成功地识别出受到 3kGy、5kGy 和 7kGy 剂量辐照的禽肉。

作为上述研究的结果，建议将 DEFT/APC 对数比值为 2.0 作为 0.5kGy 或更高剂量下样品辐照的阈值标准。尽管如此，当样品中的微生物（APC < 10^3 CFU/g）太少

时，该方法仍然存在一定的局限性，因为 DEFT/APC 对数比值会随初始污染程度而变化[69,76]。因此，建议的 DEFT/APC 对数比值不应作为绝对标准。此外，其他食品加工也会导致 DEFT 和 APC 值之间存在相似的差异，从而导致微生物的死亡，如加热、使用防腐剂或贮存。一些香料如丁香、肉桂、大蒜和芥末，含有具有抑菌活性的成分，可能会导致 APC 减少（假阳性），因此，可能会增加在草药和香料中筛选辐照的阈值。沃塔南及其同事[69]的报告说，该方法在香料和禽肉中的应用存在一些差异，这是由于肉中高脂肪和高蛋白质含量会干扰过滤过程。对于肉类产品的分析，作者还认为样品材料的条件至关重要。使用此方法时，应以深度冷冻状态（-20℃以下）辐照家禽肉，或在辐照后立即冷冻。此外，他们还发现，从生产结束到分析之前，样品必须保持冷冻状态。尽管处于深度冷冻状态，但几个月的存储时间后，样品中的微生物水平可能会更高一些。由此产生的较高的活体微生物负载，导致 DEFT 和 APC 评估之间的差异较小，以及较低的表面辐照水平[69]。微生物法的一个优势在于，它可以提供有关食品卫生质量的更多信息[77]。

在 EN 13783: 2001 中指定了 DEFT/APC 方法作为筛选香草和香料辐射加工的检测方法，建议采用 3 到 4 的照射阈值标准。该方法已在香草和香料的实验室间成功进行了测试[66]，但必须使用标准化方法确认阳性结果，以特别证明对可疑食品的辐照。

15.2.2.3　减少活革兰氏阴性菌：内毒素和革兰氏阴性菌计数

斯考特和其同事[78-80]提出了一种包括内毒素法（也称变形细胞溶解物试验，LAL）和革兰氏阴性菌（GNB）计数的微生物方法，作为辐照处理假定检测的筛选方法。当样本中存在大量的 GNB 时，将得到高 LAL 滴度，反之亦然。然而，当检测到高的 LAL 滴度而没有相应的高 GNB 负荷时，表明有大量的死细胞。在受辐照的食品基质中，假定 GNB 很容易灭活，而以脂多糖（LPS 层）形式存在于其表面的细菌内毒素却没有被处理所破坏。分析时存在的活 GNB 数量由 GNB 平板计数测试确定，而细菌内毒素的浓度（显示加工前产品中 GNB 的总数）由 LAL 对应者确定[25]。如果 GNB 计数和 LAL 滴度之间的差异很大，则假定样品经过了可能是辐照的保存方法处理。斯考特和其同事[80]对辐照和未辐照的鸡块进行了试验，发现以 2.5kGy 的剂量辐照的鸡肉样本中 GNB 含量较低，但两组鸡肉样本之间没有观察到毒素的差异。

LAL/GNB 方法在 EN 14569：2004 中被指定为通过识别异常微生物特征来进行微生物筛选的方法，适用于家禽肉（如新鲜、冷藏或冷冻的鸡脯肉、鸡腿、鸡翅、带皮或不带皮的禽体等），这种筛选方法已在实验室间试验中成功地进行了测试[79,80]。由于细菌灭活率高的原因有好多种，建议使用检测辐照食品的标准化参考方法确认阳性结果。

15.2.2.4　细菌腐坏情况

几十年前，一些研究人员提出，细菌腐败状况可以用作识别受辐照的肉类食品

（海鲜和肉类）的工具[81-83]。这基于这样一个前提，即辐照食品对细菌性腐败的敏感性要低于未经辐照的食品。在这种方法中，用已知数量的一种或多种细菌（如嗜水气单胞菌、鼠伤寒沙门氏菌、巨大芽孢杆菌和假单胞菌）接种辐照和未辐照（对照）食品，并培养数小时以允许细菌生长[81,82]，细菌引起破坏的能力是通过测量总挥发性酸（TVA）和总挥发性碱性氮（TVBN）的产生来确定的。虽然细菌在经过处理的和未经处理的食品基质中都保持着生长能力，但它们的新陈代谢会产生不同的破坏特征。

阿卢尔和其同事[81]研究了低γ辐射剂量（0～5kGy）对水产品（龙头鱼、印度鲭鱼、白鲳鱼和虾）、几种细菌（嗜水气单胞菌、鼠伤寒沙门氏菌、巨大芽孢杆菌和假单胞菌）和混合菌群破坏潜力的影响，包括它们在辐射消毒鱼类中增殖和产生 TVA 和 TVBN 的能力。关于它们在辐照消毒鱼类中增殖和产生 TVA 和 TVBN 的能力，研究人员得出的结论是，细菌在非辐照和辐照鱼类中增殖都很好，但后者的 TVA 和 TVBN 的形成明显较低（是非辐照对照组的 30%～50%）。后来，阿卢尔和其同事[82]对肉制品应用了类似的方法。牛肉、鸡肉、羊肉和猪肉暴露在 5kGy 的γ辐射下，然后在 3℃和-11℃下贮存 7 天和 15 天后接种嗜水气单胞菌。在 30℃下培养 18 小时或在 37℃下培养 6～7 小时后，发现辐照样品的 TVA 和 TVBN 值比未辐照样品低 40%～50%。

在另一项研究中，将未辐照和辐照（5kGy）的干燥凤尾鱼的样品从韩国运至印度[83]。在 25℃下贮存 4 个月后，非辐照的凤尾鱼出现了霉菌生长，总细菌数比初始负荷增加了 3 个对数单位。然而，经过 5kGy 辐照的样品即使在贮存 6 个月后，每克显示出 10^2 个细菌细胞。TVBN 水平的差异与辐照和非辐照样品相关。

这种方法似乎与辐照食品有很好的相关性，但这些测试是在二十多年前进行的，据我们所知，尚无关于最新应用的报道。需要使用最新的技术，如气相色谱法（或与质谱联用）或反射光谱法进行最新测试，以确认其作为辐照筛选的方法。

15.2.3 组织学和形态的测量变化：发芽和半胚胎试验

现在人们已经完全同意：电离辐射会使种子产生代谢紊乱，并对胚芽或胚胎的活力产生不可逆的影响，这可能是由于辐照产生的自由基引起的影响[84]。这些影响的后果是明显延迟甚至完全抑制种子发芽，以及异常的根和芽生长。基于这些变化，提出了辐照和未辐照蔬菜商品的发芽试验方法。在这项试验中，种子通常在蒸馏水中浸泡数小时，然后放置在蒸馏水湿润的脱脂棉层上，并在 28℃左右的植物生长室中培养。根据种子的类型，定期测量发芽率，以及根和芽的生长（长度）一周到两周。参数 50%抑制剂量率（IDR50）可用作辐射敏感性的量度。IDR50 是将根部长度减少至未辐照种子根部长度的 50%辐射量[85]。发芽测试已成功用于检测辐照过的谷物和豆类[85-89]。这种简单而低廉的测试显示出能够区分所有辐照和未经辐照的测试种子，并且不需要训练有素的技术人员或昂贵的设备。但是，这很耗时，因为种子发芽至少需要4天。

河村和他的同事[90]开发了一种被称为“半胚胎试验”的改进的发芽试验，用于快速检测辐照的葡萄柚和其他水果。在这个试验中，种子从果实中取出，从周围组织中分离出半胚（由一个子叶和胚轴组成）。因此，未经辐照的半胚胎比内部部分切除（外种皮去除）的种子发芽要快。在后续研究中[91]，对半胚胎试验进行了优化，以缩短所需的发芽期。通过将发芽温度提高至35℃，可以缩短用于识别γ射线辐照的葡萄柚的半胚期的持续时间，并在3天内达到最高发芽率。剂量为0.15kGy时，可以在2～4天内检测到辐照处理。施用植物激素赤霉素可进一步使培养时间缩至两天。从辐照过的橙子和柠檬中提取的半胚与葡萄柚的结果相似。因此，这项半胚胎试验被提议作为一种辐照柑橘的识别方法，在辐照柑橘3～4天后进行辐照评估时，发芽率应大于50%。茎伸长也较快，在6天内发生。在这次试验中，辐照的半胚的根系生长明显放缓，而茎的伸长几乎完全被阻止。辐照和未辐照半胚之间的差异不受品种、收获日期和果实贮藏条件的影响。乔杜里[85]还报道了一种类似的标准化发芽和幼苗试验，用于识别辐照扁豆种子。根据种子的发芽率和根或芽长度，在0.1～0.5kGy的临界剂量范围内易于识别，即使在辐照后贮存12个月内也是如此。

一项合作研究使用半胚胎试验检测辐照柑橘果实[92]。将种子从果实中取出，在35℃下培育几天。培育4天或7天后发芽不超过50%的种子作为辐照的指示。0.2kGy和0.5kGy辐照样品易于识别。哈瓦和他的同事[93]测试了发芽试验在区分未辐照和辐照小麦、玉米、鹰嘴豆和黑眼豆样品方面的适用性。样品经γ射线照射，吸收剂量达10kGy。在所有的辐照样品中，根和茎的长度都随着辐射吸收剂量的增加而减短，并且在高于2kGy的吸收剂量下，所有种子的发芽都受到完全抑制。然而巴罗斯和他的同事[29]将发芽试验应用于辐照剂量高达2kGy的小麦种子上，发现变异系数很高，表明试验的精确度较低。此外，在马勒恩·瓦恰卡及其同事的一项研究中[36]，哈密布瓜籽以0.5kGy和0.75kGy的剂量进行辐照，在培育后的第一天，辐照和非辐照的样品都达到100%发芽。西瓜在培育的第二天，所有高达0.75kGy的半胚胎发芽，而在1.0kGy照射的样品发芽率为92%。只有在哈密瓜和西瓜培育后的第二天和第三天的根生长中，才能观察到辐照样品和非辐照样品之间有明显的差异。辐照样品的根明显受抑制，并观察到次生根的延伸率非常有限。在本研究中，根延长抑制显示是一个比发芽更好的分化参数。在柑橘种子的半胚胎测试中，马勒恩·瓦恰卡及其同事报告了芽伸长和根在0.5kGy剂量下，生长被明显抑制，特别是对于橙子和柠檬，但不能建立剂量依赖性的估计，因为在0.5kGy或更高剂量下照射的样品显示出相似的发芽延迟水平。

与物理和化学方法相比，甚至与大多数其他生物方法相比，发芽试验的主要优势之一是它能够检测低至0.025kGy的辐照剂量，如洋葱、大蒜和马铃薯在贮藏期间用于控制发芽的剂量[94]。赛尔凡和托马斯[94]评价了0.15kGy以下辐照的洋葱和大葱的生根特性和根的伸长率，还比较了收获前喷洒马来酰肼抑制发芽的洋葱根系形态。他们发现，对照组和辐照组球茎的根数和根系伸长率有非常显著的差异，而根长测量是区分它们的更好方法。他们的研究结果还表明，马来酰肼处理的洋葱的根系生长与未辐照的洋葱的根系生长相似，因此有可能区分辐照洋葱和化学处理洋葱。卡特鲁比尼斯和其同事[49]对辐照大蒜进行了发芽试验。结果表明，即使对于休眠状态下的 0.025kGy 处理的样品，发芽试验作为检测方法也是可靠的。

辐照对马铃薯发芽的抑制作用是不可逆的，可以作为辐照的证据，但该方法速度太慢，即使使用生长激素加速萌芽，也无法进行常规分析[77]。

15.3 结论

众所周知，γ 射线会引起食品及其成分的生物学变化。电离辐射的主要细胞靶点是 DNA，据报道，1Gy 可引起多达 1 000 个 DNA 断裂。这种降解很容易被不同的方法检测到，但它主要用于辐射的定性筛选，只有少数情况下用于辐射剂量的估算。

在食品中，辐照会影响食品本身的 DNA，以及存在于食品表面或与之混合的其他生物的 DNA。目前的方法能够筛选出这两个靶点中的任何一个的 DNA 变化，由于不同的微生物对辐射有不同的敏感性，存活的微生物群的变化也会影响辐射的效果，也可用于辐照筛选。检测辐照食品最常用的生物学方法是直接表面荧光过滤技术和需氧平板计数、DNA 彗星检测和内毒素法，这些方法已被确定为欧洲标准。然而，辐射对 DNA 的损伤并不是特定的，许多其他食品加工操作也会产生同样的影响。此外，规范化生物方法的验证仍然局限于特定类型的食品，而应用于更广泛的食品基质仍然缺乏验证。因此，生物方法仅用于筛选，需要随后通过标准的化学或物理方法进行确认。随着 DNA 知识和技术的发展，预计基于 DNA 的方法（实时 PCR 和使用流式细胞仪）虽然尚未充分探索，但作为潜在的高特异性辐照检测方法，将被开发和/或进一步测试和验证，用于各种基质和加工条件，而无须进一步确认。还需要对定量生物学方法进行验证，以确定是否符合辐照授权剂量的要求。

致谢

罗德里格斯感谢葡萄牙科学和技术基金会（FCT）和 FEDER 在 PT2020 计划下为 CIMO 提供的财政支持（UID/AGR/00690/2013）。韦南西奥感谢葡萄牙科学和技术基金会（FCT）在 UID/BIO/04469/2013 单元、竞争 2020（POCI-01-0145-FEDER-006684）和北欧生物技术（NORTE-01-0145-FEDER-000004）战略资助范围内，由欧洲区域发展基金在北欧 2020—北部区域业务方案的范围内资助。

参考文献

[1] R. Stefanova, N. V. Vasilev and S. L. Spassov, *Food Anal. Methods*, 2010, **3**, 225.

[2] H. M. Khan, A. A. Khan and S. Khan, *J. Food Sci. Technol.*, 2011, **48**, 718.

[3] E. Sakalar and S. Mol, *Food Chem.*, 2015, **182**, 150.

[4] A. L. C. H. Villavicencio, M. M. Araújo, N. S. Marín-Huachaca, J. ManciniFilho and H. Delincée, *Radiat. Phys. Chem.*, 2004, **71**, 187.

[5] T. Calado, A. Venâncio and L. Abrunhosa, *Compr. Rev. Food Sci. Food Saf.*, 2014, **13**(5), 1049.

[6] E. J. Hall and A. J. Giaccia, *Radiobiology for the Radiologist*, 6th edn. Philadelphia, PA: Lippincott Williams & Wilkins, 2006.

[7] G. Ahnström and K. Erixon, *DNA Repair: A Laboratory Manual of Research Procedures*, ed. E. C. Friedberg and P. C. Hanawalt, Marcel Dekker, New York, 1989, pp. 403-418.

[8] H.-P. Song, M.-W. Byun, C. Jo, C.-H. Lee, K.-S. Kim and D.-H. Kim, *Food Control*, 2007, **18**(1), 5.

[9] I. S. Arvanitoyannis, C. S. Alexandros and T. Panagiotis, *Crit. Rev. Food Sci. Nutr.*, 2009, **49**, 427.

[10] Z. Wang, Y. Ma, G. Zhao, X. Liao, F. Chen, J. Wu, J. Chenand and X. Hu, *J. Food Sci.*, 2006, **71**(6), 215.

[11] H. Delincée, *Radiat. Phys. Chem.*, 1995, **46**, 677.

[12] A. Khawar, I. A. Bhatti, Q. M. Khan, A. I. Khan, M. R. Asi and T. Ali, *J. Food Sci. Technol.*, 2011, **48**, 106.

[13] O. Östling and K. J. Johanson, *Biochem. Biophys. Res. Commun.*, 1984, **123**, 291.

[14] H. Cerda, B. Hofsten and K. J. Johanson, *Recent Advances on Detection of Irradiated Food*, ed. M. L. Conardi, J. L. Belliardo and J. J. Raffi, Commission of the European Communities, Luxembourg, 1993, EUR 14315, pp. 401-405.

[15] H. Cerda, H. Delincée, H. Haine and H. Rupp, *Mutat. Res.*, 1997, **375**, 167.

[16] H. Delincée, *Radiat. Phys. Chem.*, 1993, **42**, 351.

[17] H. Cerda, *Changes in DNA for the Detection of Irradiated Food*, ed. H.Delincée, E.Marchioni and C.Hasselmann, *Proceedings of a Workshop, Strasbourg, 25-26 May 1992*, Commission of the European Communities, Luxembourg, 1993, EUR-15012, pp. 5-6.

[18] L. Merino and H. Cerda, *Eur. Food Res. Technol.*, 2000, **211**, 298.

[19] M. Miyahara, A. Saito, H. Ito and M. Toyoda, *Radiat. Phys. Chem.*, 2002, **63**, 451.

[20] V. W. C. Wong, Y. T. Szeto, A. R. Collins and I. F. F. Benzie, *Curr. Top. Nutraceutical Res.*, 2005, **3**, 1.

[21] R. C. Duarte, M. M. Araújo, D. C. Salum, E. Marchioni and A. L. C. H.

Villavicencio, *Radiat. Phys. Chem.*, 2009, **78**, 631.

[22] Y. Erel, N. Yazici, S. Özvatan, D. Ercin and N. Cetinkaya, *Radiat. Phys. Chem.*, 2009, **78**, 776.

[23] N. Cetinkaya, D. Ercin, S. Özvatan and Y. Erel, *Food Chem.*, 2016, **192**, 370.

[24] G. Koppen and H. Cerda, *Lebensm. Wiss. Technol.*, 1997, **30**, 452.

[25] S. K. Chauhan, R. Kumar, S. Nadanasabapathy and A. S. Bawa, *Compr. Rev. Food Sci. Food Saf.*, 2009, **8**, 4.

[26] H. Delincée, *Trends Food Sci. Technol.*, 1998, **9**, 73.

[27] J. H. Park, C. K. Hyun, S. K. Jeong, M. A. Yi, S. T. Ji and H. K. Shin, *Int. J. Food Sci. Technol.*, 2000, **35**, 555.

[28] A. L. C. H. Villavicencio, J. Mancini-Filho and H. Delincée, *Radiat. Phys. Chem.*, 2000, **57**, 295.

[29] A. C. Barros, M. T. L. Freund, A. L. C. H. Villavicencio, H. Delincée and V. Arthur, *Radiat. Phys. Chem.*, 2002, **63**, 423.

[30] A. A. Khan, H. M. Khan and H. Delincée, *Radiat. Phys. Chem.*, 2002, **63**, 407.

[31] A. A. Khan, H. M. Khan and H. Delincée, *Eur. Food Res. Technol.*, 2003, **216**, 88.

[32] A. A. Khan, H. M. Khan and H. Delincée, *Food Control*, 2005, **16**, 141.

[33] A. A. Khan, H. M. Khan and M. A. Wasim, *J. Chem. Soc. Pak.*, 2005, **27**, 65.

[34] N. S. Marín-Huachaca, M. T. Lamy-Freund, J. Mancini-Filho, H. Delincée and A. L. C. H. Villavicencio, *Radiat. Phys. Chem.*, 2002, **63**, 419.

[35] N. S. Marín-Huachaca, J. Mancini-Filho, H. Delincée and A. L. C. H. Villavicencio, *Radiat. Phys. Chem.*, 2004, **71**, 191.

[36] N. S. Marín-Huachaca, H. Delincée, J. Mancini-Filho and A. L. C. H. Villavicencio, *Meat Sci.*, 2005, **71**, 446.

[37] T. S. Kumaravel and A. N. Jha, *Mutat. Res., Genet. Toxicol. Environ. Mutagen.*, 2006, **605**, 7.

[38] M. Cutrubinis, D. Chirita, D. Savu, C. E. Secu, R. Mihai, M. Secu and C. Ponta, *Radiat. Phys Chem.*, 2007, **76**, 1450.

[39] A. A. Khan and H. M. Khan, *J. Radioanal. Nucl. Chem.*, 2008, **275**, 337.

[40] H. M. Khan and A. A. Khan, *J. Chem. Soc. Pak.*, 2009, **31**, 726.

[41] T. Leth, H. Eriksen, A.-M. Sjöberg, A. Hannisdal, H. Nilson and H. Cerda, *TemaNord*, 1994, **609**, 1.

[42] H. E. Haine, H. Cerda and J. L. Jones, *R&D Report No. 10, MAFF Project No. 19456*, Campden & Chorleywood Food Research Association, 1995, 1-16.

[43] H. Delincée, *Acta Aliment.*, 1996, **25**, 319.

[44] M. Mangiacotti, G. Marchesani, F. Floridi, G. Siragusa and A. E. Chiaravalle, *Food Control*, 2013, **33**, 307.

[45] H. Delincée, *Trends Food Sci. Technol.*, 2002, **63**, 443.

[46] M. Hayashi, T. Kuge, D. Endoh, K. Nakayama, J. Arikawa, A. Takazawa and T. Okui, *Biochem. Biophys. Res. Commun.*, 2000, **276**, 174.

[47] H. Delincée, A. A. Khan and H. Cerda, *Eur. Food Res. Technol.*, 2003, **216**, 343.

[48] H.-W. Chung, H. Delincée, S.-B. Han, J.-H. Hong, H.-Y. Kim, M.-C. Kim, M.-W. Byun, J.-H. and Kwon, *Radiat. Phys. Chem.*, 2004, **71**, 181.

[49] M. Cutrubinis, H. Delincee, G. Bayram and A. C. H. Villavicencio, *Eur. Food Res. Technol.*, 2004, **219**, 178.

[50] B. M. Sutherland, P. V. Bennett, O. Sidorkina and J. Laval, *Proc. Natl. Acad. Sci. U. S. A.*, 2000, **97**, 103.

[51] R. E. Levin, *Food Biotechnol.*, 2004, **18**, 97.

[52] J.-L. Lee and R. E. Levin, *J. Microbiol. Methods*, 2008, **73**, 1.

[53] J.-L. Lee and R. E. Levin, *J. Appl. Microbiol.*, 2008, **104**, 728.

[54] J.-L. Lee and R. E. Levin, *Food Biotechnol.*, 2009, **23**, 121.

[55] S. Lim, J. Jung, M. Kim, S. Ryu and D. Kim, *Radiat. Phys. Chem.*, 2008, **77**(9), 1112.

[56] A. Trampuz, K. E. Piper, J. M. Steckelberg and R. Patel, *J. Med. Microbiol.*, 2006, **55**, 1271.

[57] J. Minami, K. Yoshida, T. Soejima, T. Yaeshima and K. Iwatsuki, *J. Appl. Microbiol.*, 2010, **109**, 900.

[58] I. Hein, G. Flekna and M. Wagner, *Appl. Environ. Microbiol.*, 2006, **72**, 6860.

[59] G. Flekna, P. Stefanic, M. Wagner, F. Smulders, S. Mozina and I. Hein, *Res. Microbiol.*, 2007, **158**, 405.

[60] A. Meyer, C. Told, N. T. Mikkelsen and B. Lieb, *BMC Evol. Biol.*, 2010, **10**, 70.

[61] T. A. Brown, *Genomes*, 2nd edn. Oxford: Wiley-Liss, 2002, ISBN-10: 0-47125046-5.

[62] E. Marchioni, M. Tousch, V. Zumsteeg, F. Kuntz and C. Hasselmann, *Radiat. Phys. Chem.*, 1992, **40**, 485.

[63] M. Bergaentzle, C. Hasselmann and E. Marchioni, *Food Sci. Technol.*, 1994, **8**(2), 111.

[64] E. Selvan and P. Thomas, *J. Sci. Food Agric.*, 1995, **67**, 293.

[65] S. K. Tamminga, R. R. Beumer, J. G. Kooij and E. H. van Kampelmacher, *Eur. J. Appl. Microbiol.*, 1975, **1**, 79.

[66] G. Wirtanen, A. M. Sjöberg, F. Boisen and T. Alnko, *J. AOAC Int.*, 1993, **70**(3), 674.

[67] G. L. Pettipher, R. Mansell, C. H. McKinnon and C. M. Cousins, *Appl. Environ. Microbiol.*, 1980, **39**, 423.

[68] F. Boisen, N. Skovgaard, S. Ewalds, G. Olsson and G. Wirtanen, *J. AOAC Int.*, 1992, **75**(3), 465.

[69] G. Wirtanen, S. Salo, M. Karwoski and A.-M. Sjöberg, *Z. Lebensm. Unters. Forsch.*, 1995, **200**, 194.

[70] K. L. Jones, S. Macphee, T. Stuchey and R. P. Betts, *Food Sci. Technol.*, 1994, **8**(2), 105.

[71] K. L. Jones, S. MacPhee, A. Turner, T. Stuchey and R. P. Betts, *Food Sci. Technol.*, 1995, **9**(3), 141.

[72] K. L. Jones, S. MacPhee, A. Turner and R. P. Betts, *Food Sci. Technol.*, 1996, **10**(3), 175.

[73] K. N. Oh, S. Y. Lee and J. S. Yang, *Food Sci. Biotechnol.*, 2002, **11**(3), 257.

[74] K. N. Oh, S. Y. Lee and J. S. Yang, *Food Sci. Technol.*, 2002, **34**(3), 380.

[75] K. N. Oh, S. Y. Lee, H. J. Lee, K. E. Kim and J. S. Yang, *Food Control*, 2003, **14**, 489.

[76] M. M. Araújo, R. C. Duarte, P. V. Silva, E. Marchioni and A. L. C. H. Villavicencio, *Radiat. Phys. Chem.*, 2009, **78**, 691.

[77] IUPAC, *Analytical methods for post-irradiation dosimetry of foods* - technical report; International Union of Pure and Applied Chemistry, Applied Chemistry Division, Commission on Food Chemistry, *Pure Appl. Chem.*, 1993, **65**, 165.

[78] S. L. Scotter, R. Wood and D. J. McWeeney, *Radiat. Phys. Chem.*, 1990, **36**, 629.

[79] S. L. Scotter, K. Beardwood and R. Wood, *Food Sci. Technol.*, 1994, **8**, 106.

[80] S. L. Scotter, K. Beardwood and R. Wood, *J. Assoc. Public Anal.*, 1995, **31**, 163.

[81] M. D. Alur, V. Venugopal, D. P. Nerkar and P. M. Nair, *J. Food Sci.*, 1991, **56**, 332.

[82] M. D. Alur, S. P. Chawla and P. M. Nair, *J. Food Sci.*, 1992, **57**, 593.

[83] J. H. Kwon, M. W. Byun, S. B. Warrier, A. S. Kamat, M. D. Alur and P. M. Nair, *J. Food Sci. Technol.*, 1993, **30**, 256.

[84] J. Kumagai, H. Katoh, T. Kumada, A. Tanaka, S. Tano and T. Miyazakit, *Radiat. Phys. Chem.*, 2000, **57**, 75.

[85] S. K. Chaudhuri, *Radiat. Phys. Chem.*, 2002, **64**, 131.

[86] Y. Kawamura, N. Suzuki, S. Uchiyama and Y. Satio, *Radiat. Phys. Chem.*, 1992, **39**, 203.

[87] Y. Kawamura, N. Suzuki, S. Uchiyama and Y. Satio, *Radiat. Phys. Chem.*, 1992, **40**, 17.

[88] L. Qiongying, K. Yanhua and Z. Yuemei, *Radiat. Phys. Chem.*, 1993, **42**, 387.

[89] S. Zhu, T. Kume and I. Ishigaki, *Radiat. Phys. Chem.*, 1993, **42**, 421.

[90] Y. Kawamura, S. Uchiyama and Y. Saito, *J. Food Sci.*, 1989, **54**, 379.

[91] Y. Kawamura, S. Uchiyama and Y. Saito, *J. Food Sci.*, 1989, **54**, 1501.

[92] Y. Kawamura, T. Sugita, T. Yamada and Y. Saito, *Radiat. Phys. Chem.*, 1996, **48**(5), 665.

[93] A. Khawar, I. A. Bhatti, Q. M. Khan, H. N. Bhatti and M. A. Sheikh, *Pak. J. Agric. Sci.*, 2010, **47**, 279.

[94] E. Selvan and P. Thomas, *Radiat. Phys. Chem.*, 1999, **55**, 423.

第16章 辐照食品的毒理学

拉耶夫·拉文德兰[1]，阿米特·贾斯瓦尔[1]

16.1 引言

食品辐照是指在食品上使用电离辐射或电子束，通过使微生物和昆虫灭活，延缓块茎的成熟和发芽等，以改善食品安全和延长食品的保质期。这一过程中使用的电离辐射，与食品中的原子和分子，以及食品污染物如细菌、真菌、酵母菌和霉菌等相互作用，引起化学和生物变化。食品辐照采用的是低能量辐射，这与传统意义上的高能量水平相关的电离辐射概念不同。食品经辐照后所产生的变化，在外观和营养效果上是可以接受的。

1970 年，国际食品辐照项目（IPFI）启动，旨在研究和验证辐射对食品健康的影响，以及辐射引起的营养成分的变化。由联合国粮食及农业组织（FAO）、国际原子能机构（IAEA）和世界卫生组织（WHO）组成的联合委员会审查了该项目的结果。联合委员会的结论是，将食品暴露于强度低于 10kGy 的电离辐射下，不会造成任何毒理学危害、营养或微生物问题[1]。因此，各国政府和国际机构成立了食品辐照问题国际协商小组（ICFGI），以交流有关食品辐照的信息。1997 年，FAO、IAEA 和 WHO 进行了一项小组研究，审查了将食品暴露于超过 10kGy 建议剂量的辐射的结果，发现很少有食品样品能经受如此高的剂量而不丧失感官品质。然而，用高于 70kGy 的辐射剂量照射动物饲料时，发现试验对象没有出现与健康有关的问题。因此得出的结论是，将食品暴露于任何剂量的电离辐射都是安全的，只要是为了达到技术目标，不会使食品营养缺乏，而且食品仍可安全食用[2]。

电离辐射包括一定水平的能量，在撞击原子时产生能量转移。从光子到电子的能量转移导致电子从原子的轨道上移出。这个过程与原子在分子中的位置无关。电离的结果是形成未成对的电子，而残留的带电原子（称为离子）则带正电，称为阳离子。如果辐射具有激发电子所需的阈值能量，则可称为“电离”。原子中的电子通常处于最小的能级，称为基态。然而，这些电子可以在原子的范围内并在原子核的控制下被激发到更高的能级。拥有高于基态的能级电子的原子被称为“电子激发”。

1．爱尔兰共和国都柏林 1 号，都柏林理工学院，食品科学与环境健康学院。

当电子吸收了足够的能量后，它们就会达到离开各自原子所需的势能，这就是所谓的电离。电子离开原子中各轨道所需的最小能量称为电离势。价电子的电离势取决于相关原子。不过，价电子的电离势值为 4～20eV。

电子吸收的任何高于其电离势的多余能量都会转化为动能，使电子能够远离其母原子。一些电离辐射的粒子属于紫外线区域，直至电磁波谱中的 X 射线和 γ 射线区域。电子激发所引起的能量转移比电离所需要的能量转移要小。此外，辐射传递的能量可以转化为热和其他效应，如振动、旋转和平移。电离辐射为电子提供的能量相当于其电离势的许多倍。因此，一个电子只要转移一部分能量，就可以激发几个分子。这就导致了新物种和自由基的产生，以及单分子的解体。电子束的应用对原子和分子也有类似的影响，如双链结构（微生物 DNA）的断裂和高活性自由基的形成[3]。这些化学变化构成了食品辐照的基础。

安全方面仍然与辐照食品的毒理学研究密切相关。在食品辐照装置中，食品吸收的能量或剂量由设定的速度决定。在受控环境下，食品本身从不直接接触辐射源。将食品暴露在较高剂量的辐射下，会导致部分成分具有放射性。在一项涉及牛肉馅的研究中，当暴露于 7.5MeV 电子产生 X 射线时，观察到了感生的放射性。然而，其放射性活度明显低于食品的天然放射性，这使个人摄入辐照食品的风险可以忽略不计[4]。原子能机构进行的另一项研究得出的结论是，用钴 60 和铯 137 的 γ 射线、以低于 60kGy 的剂量照射食品，所发出的束能量低于 5MeV，因此可视为微不足道[5]。

16.2 辐解产物的形成

食品辐照的基本原理在于电子轰击水分子时形成的水合电子和自由基等反应性物种的产生。这些活性物种与致病菌的相互作用，导致了食品辐照的积极结果。然而，除了微生物消毒外，还引发了其他化学反应，这些反应会产生一些化学物质，也会改变辐照食品的某些特性，所形成的新化学物质取决于食品的成分。例如，在辐照香肠时，会产生十五烷、十六烷和十七烷等碳氢化合物，以及其他含硫的挥发物，如二硫化碳和二甲基硫化物[6]。目前尚无食品辐照后形成的化合物的正式分类。表 16.1 简要介绍了不同食品特别是肉类和家禽在经辐照后所形成的不同化合物。食品加工（包括辐照）过程中最常见的化学物质是呋喃、2-烷基环丁酮和氨基均聚物。

辐照食品的安全性是通过进行食用研究来检验的。这些研究确定了辐射剂量的最高“无影响”水平，以及照射和使用信息。一个研究辐照对食品整体性的各种影响的委员会报告说，用 1Mrad 的剂量辐照每 1kg 食品，会产生 300g 辐解产物（1Mrad=10kGy）。尽管该产量相对较高，但只有特异性的辐解产物会引起关注。非辐照食品通常不存在特异性辐解产物。尽管如此，它们仍被认为是人类饮食的一部分。而且，辐照食品特有的辐解产物被发现存在于采用其他加工技术的食品中。此外，考虑到这种技术的稀缺性和对不同种类的食品进行辐照的高成本，最终成为人类常规饮食一部分的辐解产物不到 10%。

表 16.1　食品辐照后形成的化合物

复合物	食品原料	剂量	参考文献
二甲基二硫化物、甲烷、1-十四烷、十五烷、十七烷、8-十七烯、二十烷、1,7-十六二烯和十六烷	香肠	0kGy、2.5kGy、5kGy或10kGy	[6]
1-十四烷（C1-14:1）、正十五烷（C15:0）、1-十六烯（C1-16:1）、正十七烷（C17:0）和8-十七烯	熟火腿	0.5kGy、2kGy、4kGy和8kGy	[65]
1-十四烷（C14:1）、十五烷（C15:0）、1-十六碳烯（C16:1）、1,7-十六二烯（C16:2）、十七烷（C17:0）和8-十七烯（C17:1）	牛肉、猪肉和鸡肉	0kGy、0.1kGy、0.5kGy、1kGy、3kGy、5kGy、10kGy	[66]
2-烷基环丁酮和碳氢化合物	脂肪酸和甘油三酯	10kGy	[67]
1,7-十六二烯（1,7-C16:2）和8-十七烯（8-C17:1）	冷冻牛肉	≥0.5kGy	[68]
1-十六烷、1,7-十六烷和2-烷基环丁酮	干调味里脊鱼	0～10kGy	[69]
甲硫醇、乙硫醇、二甲基二硫化物、苯、甲苯、乙苯、甲烷、羰基硫化物和硫化氢	牛肉蛋白	0～10kGy	[33]
C1-C12 正构烷烃、C2-C15 正构烷烃、C4-C6 正构烷烃、丙酮和醋酸甲酯	牛肉脂肪	0～10kGy	[33]
C1-C14 正构烷烃、C2-C14 正构烷烃、二甲基硫化物和丙酮	牛肉脂蛋白	0～10kGy	[33]

许多消费者没有意识到，有些食品，无论其来源（天然或人工），都含有致癌元素。几项研究称，烹调肉类及其脂肪会形成自然界中的致癌化合物。此外，肉类腌制和其他烹饪过程会产生亚硝胺，而亚硝胺可能会导致基因突变。肉类和家禽中脂肪、油脂、血红素和胆固醇的氧化过程会产生肿瘤促进剂。高温油炸和以淀粉为基础的油炸会形成丙烯酰胺，已知丙烯酰胺会致癌。呋喃是在食品热加工过程中形成的一种致癌物质。其他食品加工技术如腌制、盐渍和烟熏工艺，也与人类胃肠癌的发生有关[7]。因此，任何有关食品辐照毒理学的讨论，都必须结合与食品加工方法和添加剂有关的风险来进行，因为这些方法和添加剂已被确认会导致动物和人类患癌症。

在辐照过程中产生的化合物中，苯、甲苯、甲醛和丙二醛引起了人们对食用辐照食品安全性的关注。

16.2.1　2-烷基环丁酮的形成

将富含脂肪的食品暴露在辐照下，会形成一系列环状化合物，并沿着这些化合物生成 2-取代环丁酮。四种主要脂肪酸，即棕榈酸、硬脂酸、油酸和亚油酸，分别转化为 2-十二烷基、2-十四烷基、2-十四烯基和 2-十四烯基-环丁酮[8]。它们仅在含脂肪的食品中被发现，到目前为止，还从未在非辐照的食品或经过冷冻、加热、微波加热、高压等其他加工程序的食品中发现过[9]。莱特利尔和纳瓦尔[10]首先报道了 2-烷基环丁酮（2-ACB）的形成，这是合成甘油三酯暴露在高剂量照射下形成的一类化合物。这些化合物广泛存在于辐照过的含脂肪的肉类如家禽、牛肉、猪肉和羊肉，以及辐照过的液态全蛋中[11,12]。进一步的研究表明，经辐照的鱼类（沙丁鱼和虹鳟鱼）、芒果、奶酪、木瓜、三文鱼，甚至低剂量（0.1kGy）辐照的大米中都含有 2-ACB[13]。2-ACB 是由三酸甘油酯经辐照裂解后形成的。其碳原子数与脂肪酸前体相同，环的第 2 位有一条碳原子的烷基链。非辐照食品或经微波加热、紫外线照射、冷冻、加热和其他加工方法处理过的食品中从未检测到它们，因此，它们是有用的辐照标记[14]。

直到 2000 年，尚未对 2-ACB 的毒性进行任何相关的科学调查。这是因为缺乏 2-ACB 的标准，而且人们普遍认为，这些化合物的低含量（每克脂肪含 0.2～2μg）在作为饮食的一部分食用时一般是无害的[15]。然而，饮食中经常引入辐照食品，以及 FAO/IAEA/WHO 的联合委员会的研究结果称，暴露于高剂量辐照的食品是安全的，可供食用且营养充足，这可能导致 2-ACB 的持续暴露。一项关于各种 2-ACB（浓度低于 50μmol）对两种哺乳动物细胞系，即 HT 29 人结肠肿瘤细胞和 HeLa 细胞的影响的研究中，都检测到了以链断裂和 DNA 氧化修饰形式出现的 DNA 损伤。此外，发现 2-ACB 可抑制鼠伤寒沙门氏菌的生长。细胞毒性作用取决于烷基侧链的长度：侧链越短，细胞毒性越高。在对小鼠进行喂养研究时，发现 2-ACB 可以促进肿瘤生长，尽管它们本身并未引发癌症[16]。

16.2.2　食品中呋喃的形成

呋喃是一种无色的挥发性化合物（C_4H_4O），常见于食品中，含量极低。大多数呋喃的性质不稳定，在食品中的浓度很低。此外，当食品经过传统的加工方法如煮食和制成罐头时，也有记录显示呋喃的存在[17]。国际癌症研究机构将呋喃列为“可能对人类致癌”（IARC 第 2B 组）[18]。此外，美国食品和药物管理局公布了一份报告，指出各种经过热加工的食品（特别是罐头和罐装食品）中含有呋喃。

食品中呋喃化合物的检测，取决于分析技术检测此类物质极低含量的能力。据报道，在一项涉及罐头和罐装食品的研究中[19]，比利时、意大利、葡萄牙、西班牙和荷兰提供的所有婴儿食品（74 份）、成人食品（63 份）和 70 份咖啡样品中均含有可检测到的呋喃类，平均浓度为 37ng/g。一些意大利咖啡样品中的呋喃含量高达 200ng/g。据刘氏和蔡氏[20]的报告，中国台湾市场的婴儿食品、咖啡、酱汁和肉汤中含有 0.4～150ng/g 的呋喃。含有肉和蔬菜的罐头和罐装食品中的呋喃含量较高，介于 28.2～31.2ng/g。这意味着一个六个月大的婴儿按每千克体重每天可能会接触到 20ng 的呋喃[21]。

呋喃的形成可能是由于热降解的结果或糖在有或没有氨基酸时的美拉德反应，氨基酸的热降解，抗坏血酸的热氧化，多不饱和脂肪酸，类胡萝卜素。食品中的呋喃类物质主要是葡萄糖、乳糖和果糖等碳水化合物热降解的结果。范学通[22]首次报告了辐照产生呋喃的情况。在这项研究中，苹果和橙子果汁被暴露在不同的辐射剂量（0～5kGy）下。因此，辐照对所形成的呋喃含量有积极影响。据报道，在贮存三天后，呋喃的水平由于辐射的残余影响而增加。辐射由水的辐解产生反应性自由基，这些自由基的半衰期较短（几秒）。然而，有些自由基可以存活数天，从而促成呋喃的形成。

范学通接着研究了辐照对几种食品的影响，包括即食产品及其原料、鲜切果蔬等。即食肉和家禽产品，如牛肉汉堡和火鸡法兰克福香肠，含有抗坏血酸钠、异抗坏血酸钠、亚硝酸钠、葡萄糖、蜂蜜和玉米糖浆等成分。这些化学物质是形成呋喃的前体。在水溶液中以4.5kGy的剂量辐照这些化学品，会产生呋喃。大多数即食食品的呋喃含量少于 1ng/g。然而，牛肉汉堡包和火鸡法兰克香肠可能含有 6～8ng/g的呋喃。即食食品（如法兰克福香肠）经辐照后，其呋喃含量可进一步降低至3ng/g[23]。辐照还可消除鲜切果蔬中的呋喃含量。鲜切果蔬在4℃时5kGy的辐射剂量条件下，几乎可以将呋喃的含量全部去除。高浓度的单糖和较低的pH在辐照时仅会产生极低水平的呋喃[24]。

16.2.3 肉类中挥发物和香味的形成

“风味”是一个与感官品质有关的术语，如味道、气味等，这些品质使食品更受消费者欢迎。味道和风味与食品中的水溶性化学物质和挥发性化合物有关。这些化合物大多是酸、醛类、醇类、芳香族化合物、酯类、碳氢化合物、呋喃等。含有氮或硫的杂环化合物，如吡嗪和噁唑，会给肉带来特有的气味。赋予肉的味道和气味的化合物根据其浓度有不同的感知，在不同的浓度下，味道或气味可能有所不同[25]。暴露在辐照下的肉类，其挥发物的形成是其特征。这些挥发物会在辐照后的肉中形成气味和异味。其中一些气味和味道可以描述为臭鸡蛋味、烤玉米味、酸腐味、酒精味、辛辣刺鼻味、血腥味和甜味等[26]。

肉中存在的氨基酸和脂肪酸是产生挥发物的前体。挥发物是氨基均聚物与辐照过程中形成的自由基发生化学反应的结果。大多数氨基酸的侧链容易受到自由基的攻击，从而产生各种新的辐解产物。这些产物参与二次反应，并进一步形成新的化合物。只有含硫氨基酸（尤其是蛋氨酸）的辐解会产生气味[27]。帕特森和史蒂文森研究[28]发现，在辐照鸡肉中发现的臭味物质有乙基三硫化物、顺式3-反式6-壬烯醛、oct-1-en-3-one和双（甲硫基）甲烷。脂质或肉类外部成分照射产生的气味化合物不同于辐照肉类产生的化合物。与形成复杂食品系统一部分的相同物质相比，纯物质的辐射化学性质显著不同[29]。气味化合物在很大程度上取决于肉的脂质和蛋白质部分，而这两种成分的相互作用在很大程度上影响所形成的辐解产物的类型。

在辐照食品中产生的几种化合物中，苯和甲苯的出现引起了消费者的普遍关注。目前认为，富含蛋白质的食品中的苯丙氨酸是形成苯和甲苯的前体。研究表明，食品中的β-胡萝卜素、苯丙氨酸和萜烯在电离辐射的作用下，会被分解成苯[30,31]。苯及其衍生物并非天然存在于生鲜食品中，而是作为包括烹调、烟熏、烘烤和辐照等食品加工过程中形成的副产品[32]。梅里特等研究者[33]报告了在辐照牛肉蛋白、脂肪和脂蛋白中含有适量的苯、甲苯、二甲基二硫酸酯和丙酮。美国实验生物学学会联合会进行的研究发现，经过辐照的肉类中含有 18～19ppb 的苯（1ppm=1 000ppb），而在烹饪后，这一含量降低到 15ppb。加拿大卫生部在 2002 年的一项研究报告称，以 1.5～4.5kGy 的典型剂量辐照牛肉时，会形成 3ppb 的苯，这对身体健康而言并不重要[34,35]。牛肉和猪肉中形成的碳基化合物随剂量的增加而增加。此外，碳基化合物的性质也有所不同[36]。防腐剂的存在也可引发肉中苯的形成。M.J. 朱等研究者[37]检测到火鸡肉卷中存在苯，这与电子束辐照后苯甲酸钾（一种抗菌剂）的存在有关。

甲醛（FA）和丙二醛（MDA）已被鉴定为高糖含量食品中的辐解产物。果糖、蔗糖和葡萄糖暴露在 G 值为 0.042～0.134 的电离辐射下会产生 FA 和 MDA（G 值是辐射的基本单位，它定义为被介质吸收 100eV 所形成或破坏的实体），甲醛具有很高的反应性，并且很容易与蛋白质和其他成分相互作用。范学通和泰勒[38]报告说，用电离辐射加工过的苹果汁中有大量的甲醛形成。在气相色谱/质谱（GC/MS）技术用于检测辐解产物之前，人们使用非特异性方法确定 MDA 的存在。利用强酸性条件和高温的方法通常会高估 MDA 含量。MDA 的形成与辐射剂量直接相关。在一项涉及橙汁辐照的研究中，仅当剂量高于 2.7kGy 时才检测到大量的 MDA 当量。辐射剂量与 MDA 形成呈线性关系[39]。范学通[40]研究了碳水化合物和有机酸辐射后形成的副产物。因此，观察到苹果酸的照射会产生乙醛。所有醛类的发生率与糖和有机酸的初始浓度有关。丙二醛的形成是一个 pH 依赖的过程。丙二醛浓度随 pH 从 7 到 2 逐渐降低。

从好的方面来看，辐射已显示出减少了肉中亚硝胺和相关亚硝酸盐产品的形成。硝酸盐和亚硝酸盐是加工肉中的食品添加剂，能增加肉制品的颜色和风味，也是潜在的致癌物质[41]。以灭菌剂量辐照腌制肉可以彻底消除或大大降低硝酸盐和亚硝酸盐的含量，从而保持肉制品的色泽和风味。此外，在−40℃的温度和 30kGy 的灭菌剂量下辐照培根，可减少油炸后形成的亚硝胺，从而减少残留的亚硝酸盐，以及挥发性亚硝胺。辐照含有 20ppm 的亚硝酸钠和 550ppm 的抗坏血酸钠的培根，所产生的亚硝胺浓度与不含亚硝酸盐的培根中的浓度没有区别[42]。

16.3　与辐解产物有关的健康风险

醛能形成加合物或修饰 DNA，诱导突变。甲醛和丙二醛是食品中最常见的两种醛类物质[43]。它们是果汁辐射的副产品。多项研究已将甲醛视为有效的诱变剂[44]。丰蒂尼耶・胡布莱希茨[45]研究了甲醛对小鼠的影响，并观察了小鼠精子发生过程中染色体损伤的形成。另外，据报道，丙二醛可引起小鼠皮肤肿瘤。众所周知，苯是食品污染物中致癌性最高的污染物之一。儿童和不吸烟的人只能通过食品接触苯[46]。多年来长期摄入苯可能会导致白血病的发生[47]。研究表明，小鼠中高水平的甲苯暴露可导致海马神经再生减少，而所有其他器官（如肺、肝脏和肾脏）都未受影响[48]。

呋喃由细胞色素 P450 酶（主要是 CYP2E1）代谢为顺式-2-丁烯-1,5-二醛（BDA，马来酸二甲醛)。BDA 是一种高活性的亲电性物质，是呋喃细胞毒性和遗传毒性的主要诱因。在大鼠和人的肝脏中发现了 CYP2E1 的活性相似，因此关于摄入呋喃对肝细胞的影响的研究大多是在大鼠身上进行的[49]，由于 CYP2E1 的高活性，摄入呋喃会对肝脏造成损害。对大鼠食用呋喃的影响的研究表明，单剂量按每千克体重 30mg 的呋喃给药 24 小时后，可诱发肝细胞坏死、炎症和血清中肝酶活性增加。在涉及较小剂量的研究中，根据典型的人类呋喃摄入水平，F344 雄性和雌性大鼠均被施以每千克体重 0mg、0.03mg、0.12mg、0.5mg、2.0mg 和 8.0mg 呋喃的剂量。在试验动物的肝脏中观察到，特别是尾叶和左侧叶的形态变化，如结节性结构等的变化[50]。此外，呋喃已被证明能引起小鼠淋巴瘤细胞的突变。呋喃作为诱变剂的确切机制尚不清楚。大剂量的呋喃不会诱导大鼠肝细胞的 DNA 合成。但是，呋喃可以与靶细胞 DNA 相互作用以诱导肿瘤。呋喃活性的一种机制是通过诱导三磷酸腺苷（ATP）的丢失，进而导致肝细胞中的线粒体氧化磷酸化。这会激活细胞毒性酶，如核酸内切酶，从而导致双链 DNA 断裂，最终导致细胞死亡[51]。

关于 2-ACB 的生物利用度，这些化合物已经在用水中饲喂纯 2-ACB 的大鼠的粪便和脂肪组织中发现。在一项包括大鼠和人结肠细胞的体外研究中，通过彗星检测和通过测量 DNA 链断裂，研究了 2-ACB 的基因毒性效应[52]。使用彗星检测和荧光原位杂交（FISH）[53]，观察到在施用 2-十二烷基环丁酮后 LT97 人结肠腺瘤细胞和原代人结肠细胞中 DNA 断裂的发生率增加[9]。哈特维希等研究者[9]对最纯净形式的 2-ACB 光谱，以及 *g*-硬脂酸内酯（2-十四烷基环丁酮的潜在氧化产物）对硫菌株和人类结肠肿瘤细胞系的影响进行了广泛的研究。他们发现了 2-ACB 在人类和细菌中均显示出细胞毒性作用。然而，这些化合物的作用根据实际化合物的性质而不同。在细菌中，碳链较短的 2-ACB 有更明显的效果。人类细胞被发现对 2-ACB 的有害影响具有耐药性，需要高浓度的 2-二烷基环丁酮和 2-十二烷基环丁酮，才能产生与细菌细胞中相同的作用。随着 2-ACB 中碳原子的数量加倍，细菌细胞的生存能力增加了 10 倍。这个数字只是人类细胞的 1.5 倍。然而，发现 2-ACB 对人类细胞的毒性取决于化合物中单个不饱和键的存在。因此，发现 2-十四碳烯环丁酮的毒性是 2-十四烷基环丁酮的 1.5 倍。此外，2-ACB 的代谢产物 *g*-硬脂酸内酯的毒性是其前体的两倍。与真核细胞相比，真核细胞对 2-ACB 毒性作用的抗性可能归因于代谢途径的不同。短链 2-ACB 在细菌中和不饱和 2-ACB 中的作用增强，可能是由于化合物亲水性增强所致。然而，作者发现他们的观察结果是推测性的，并建议进行进一步的研究以解读活细胞中 2-ACB 的毒性机制。

16.4 减少辐解产物的影响

尽管通常辐照肉类会导致挥发物的形成，但在贮存过程中挥发物的含量高度依赖包装的性质。氧气的有效性已被证明是包装后挥发物发生的最大决定因素。包装肉类中的氧导致脂质氧化。与厌氧条件相比，在有氧条件下贮存的经过辐照的猪肉馅饼，挥发物的浓度较高[54]。这可以归因于在贮存过程中由于氧的可用性而引起的脂质氧化。硫代巴比妥酸反应性物质（TBARS）是在肉类和家禽辐照后通常检测到的化合物。在受辐照的鸡胸肉中形成的 TBARS 的数量与辐射剂量成正比。在有氧环境中包装肉类会导致产生 TBARS，无论是否对肉类或家禽进行了辐照，最终都会产生异味[55]。

贮存和包装气氛对挥发物的形成和去除有不一致的影响。与挥发物的形成和去除有关的变化取决于肉类或家禽的性质。在猪肉、牛肉和火鸡等肉类包装中是否存在氧气的情况下贮存，对产生气味的化合物的形成和去除具有明显的影响。例如，将火鸡肉放在有氧环境中会导致脂质氧化而产生醛类[56]。在另一项研究中，安氏等研究者研究了真空包装下挥发性化合物的变化[57]，这项研究用了猪肉馅饼。经观察，经过五天的贮存，真空包装的猪肉馅饼的总挥发性含量没有变化。然而，个别成分的浓度发生了变化：二甲基硫化物和丙烷的含量增加，而二甲基二硫化物、辛烷醇、3-氯吡啶和 3,5-二甲基辛烷的含量降低。有氧包装能够在包装和贮存一定天数后恢复正常的风味。杜氏等研究者[58]对此进行了报道，他们观察到，在有氧包装中贮存 7 天后，辐照鸡胸肉的自然味道得以恢复，而真空包装不能去除任何气味。

辐照的不良影响取决于剂量。因此，该技术可以与其他食品加工技术结合使用，如利用加热减少病原体。加热和辐照可以在高于 43℃的温度下协同工作。当同时使用辐照和加热时，比起单独使用这两种技术，细菌的毁灭率要高得多。这是因为热量通过抑制酶修复反应自由基造成的损伤，使辐照效果永远持久化[59]。此外，还可以使细胞膜失去稳定性[60]。已发现加热和辐照的组合加工可以延长保质期，同时保持果汁的感官和营养质量[61]。

当食品在水环境中暴露于电离辐射时，辐照通过从水中产生反应性自由基去除致病细菌。自由基的迁移率和反应性取决于温度。在较低温度下，这些自由基由于扩散速率低而腐蚀性较小。用 1kGy 和−18℃的电离辐射加工猕猴桃，使有氧菌落总数减少了 2 个对数单位，对果肉的感官或营养性质并无显著变化。此外，将果肉贮存 6 个月后的质量评估显示，与原果肉相比，被辐照水果的物理、化学和感官特性没有显著差异[62]。然而，在辐射加工过程中使用低温提高了微生物的抗辐射能力。因此，在任何情况下，辐照的好处都必须弥补积极影响的减少。在 0～−20℃的温度范围内对果汁进行辐照，结果没有形成 MDA，而细菌的抗辐射能力只增加了 2～3 倍[63]。

使用抗氧化剂可以控制水的辐射分解产生的反应性自由基的不良影响。抗氧化剂如山梨酸、乳链菌肽和泰乐菌素已被用作橙汁和番茄汁中的添加剂，以减少抗坏血酸的损失。加入抗坏血酸、硫酸钠和山梨酸钾可以减少橙汁中辐射诱导的 MDA 的形成[64]。

16.5 结束语和未来趋势

近年来，通过不同的辐照技术加工的食品数量一直在上升。辐照技术对食品的影响与经过彻底科学调查确定的其他食品加工技术（包括家庭烹饪）没有什么不同。与任何其他加工方法一样，食品辐照也有其缺点。例如，2-ACB 具有致癌性，但其浓度永远不会超过对健康造成危害的阈值。研究发现，辐照的食品与天然食品一样有营养，而且食用它们不会对健康造成任何危害。辐照食品的安全已得到一些国家和国际机构的多次确认。无论食品加工的辐照技术进步如何，政府都非常不愿意允许在普通市场上销售和消费辐照食品。此外，消费者对食用辐照食品的好处和安全性缺乏了解。这些阻碍了食品行业在市场上引入受辐照的食品。

参考文献

[1] J. F. Diehl, *Radiat. Phys. Chem.*, 2002, **63**, 211-215.

[2] World Health Organization, *High-Dose Irradiation: Wholesomeness of Food Irradiatied with Doses above 10kGy*, World Health Organization, 1999. Available at: http://www.who.int/ Foodsafety/publications/fs_ management/en/irrad.pdf. (last accessed Jan 2017).

[3] H. M. Lung, Y. C. Cheng, Y. H. Chang, H. W. Huang, B. B. Yang and C. Y. Wang, *Trends Food Sci. Technol.*, 2015, **44**, 66-78.

[4] O. Grégoire, M. R. Cleland, J. Mittendorfer, S. Dababneh, D. A. E. Ehlermann, X. Fan, F. Käppeler, J. Logar, J. Meissner, B. Mullier, F. Stichelbaut and D. W. Thayer, *Radiat. Phys. Chem.*, 2003, **67**, 169-183.

[5] International Atomic Energy Agency, *Natural and Induced Radioactivity in Food*, International Atomic Energy Agency, Vienna, 2002. Available: http://www-pub.iaea.org/ MTCD/Publications/PDF/te_1287_prn.pdf (last accessed April 2017).

[6] K. C. Nam, E. J. Lee, D. U. Ahn and J. H. Kwon, *Meat. Sci.*, 2011, **88**, 184-188.

[7] S. Tsugane, *Cancer Sci.*, 2005, **96**, 1-6.

[8] L. Hamilton, C. Elliott, W. McCaughey, D. Boyd and M. Stevenson, in *Detection Methods for Irradiated Foods: Current Status. Proceedings*, Royal Society of Chemistry, Cambridge, 1996.

[9] A. Hartwig, A. Pelzer, D. Burnouf, H. Titéca, H. Delincée, K. Briviba, C. Soika, C. Hodapp, F. Raul, M. Miesch, D. Werner, P. Horvatovich and E. Marchioni, *Food Chem. Toxicol.*, 2007, **45**, 2581-2591.

[10] P. LeTellier and W. Nawar, *Lipids*, 1972, **7**, 75-76.

[11] A. V. Crone, M. V. Hand, J. T. Hamilton, N. D. Sharma, D. R. Boyd and M. H.

Stevenson, *J. Sci. Food Agric.*, 1993, **62**, 437-445.

[12] A. V. Crone, J. T. Hamilton and M. H. Stevenson, *J. Sci. Food Agric.*, 1992, **58**, 5746-5750.

[13] E. M. Stewart, S. Moore, W. D. Graham, W. C. McRoberts and J. T. G. Hamilton, *J. Sci. Food Agr.*, 2000, **80**, 121-130.

[14] B. Ndiaye, G. Jamet, M. Miesch, C. Hasselmann and E. Marchioni, *Radiat. Phys. Chem.*, 1999, **55**, 437-445.

[15] P. Gadgil, K. A. Hachmeister, J. S. Smith and D. H. Kropf, *J. Agric. Food Chem.*, 2002, **50**, 5746-5750.

[16] E. Marchioni, F. Raul, D. Burnouf, M. Miesch, H. Delincee, A. Hartwig and D. Werner, *Radiat. Phys. Chem.*, 2004, **71**, 147-150.

[17] H. Cho and K. G. Lee, *J. Agric. Food Chem.*, 2014, **62**, 5978-5982.

[18] International Agency for Research on Cancer, Lyon, France, Author, 1995.

[19] C. Crews, D. Roberts, S. Lauryssen and G. Kramer, *Food Addit. Contam.: Part B*, 2009, **2**, 95-98.

[20] Y. T. Liu and S. W. Tsai, *Chemosphere*, 2010, **79**, 54-59.

[21] D. W. Lachenmeier, H. Reusch and T. Kuballa, *Food Addit. Contam.*, 2009, **26**, 776-785.

[22] X. Fan, *J. Food Sci.*, 2005, **70**, e409-e414.

[23] X. Fan and C. H. Sommers, *J. Food Sci.*, 2006, **71**, 43-62.

[24] X. Fan and K. Sokorai, *J. Food Sci.*, 2008, **73**, C79-C83.

[25] M. S. Brewer, *Meat Sci.*, 2009, **81**, 1-14.

[26] D. U. Ahn and E. J. Lee, *J. Food Sci.*, 2002, **67**, 2659-2665.

[27] D. U. Ahn, K. C. Nam, M. Du and C. Jo, *Meat Sci.*, 2001, **57**, 419-426.

[28] R. L. S. Patterson and M. H. Stevenson, *Brit. Poul. Sci.*, 1995, **36**, 425-441.

[29] J. F. Diehl, *Safety of Irradiated Foods*, CRC Press, Roca Baton, FL, 1999.

[30] D. U. Ahn, *J. Food Sci.*, 2002, **67**, 2565-2570.

[31] D. W. Lachenmeier, H. Reusch, C. Sproll, K. Schoeberl and T. Kuballa, *Food Addit. Contam.*, 2008, **25**, 1216-1224.

[32] R. H. Stadler and D. R. Lineback, *Process-induced Food Toxicants: Occurrence, Formation, Mitigation, and Health Risks*, John Wiley & Sons, Hoboken, NJ, 2008.

[33] C. Merritt, P. Angelini and R. A. Graham, *J. Agric. Food Chem.*, 1978, **26**, 29-35.

[34] C. H. Sommers, H. Delincée, J. S. Smith and E. Marchioni, *Food Irrad. Res. Technol.*, 2012, **2**, 53-74.

[35] C. H. Sommers, H. Delincée, J. S. Smith and E. Marchioni, *Food Irradiation*

Research and Technology, ed. S.H. Sommers, X. Fan, Blackwell Publishing, Hoboken, NJ, 2006, pp. 43-61.

[36] O. F. Batzer, M. Sribney, D. M. Doty and B. S. Schweigert, *J. Agric. Food Chem.*, 1957, **5**, 700-703.

[37] M. J. Zhu, A. Mendonca, B. Min, E. J. Lee, K. C. Nam, K. Park, M. Du, H. A. Ismail and D. U. Ahn, *J. Food Sci.*, 2004, **69**, C382-C387.

[38] X. Fan and D. W. Thayer, *J. Food Sci.*, 2002, **67**, 2523-2528.

[39] X. Fan, D. W. Thayer and A. P. Handel, *J. Food Process. Preserv.*, 2002, **26**, 195-211.

[40] X. Fan, *J. Agric. Food Chem.*, 2003, **51**, 5946-5949.

[41] P. Knekt, R. Järvinen, J. Dich and T. Hakulinen, *Int. J. Cancer*, 1999, **80**, 852-856.

[42] Y. H. Hui, *Handbook of Meat and Meat Processing*, CRC Press, Roca Baton, FL, 2012.

[43] P. J. O'Brien, A. G. Siraki and N. Shangari, *Crit. Rev. Toxicol.*, 2005, **35**, 609-662.

[44] J. Schubert, *Bulletin of the World Health Organization*, 1969, **41**, 873.

[45] N. Fontignie-Houbrechts, *Mutat. Res. Genet. Toxicol.*, 1981, **88**, 109-114.

[46] D. W. Lachenmeier, N. Steinbrenner, S. Löbell-Behrends, H. Reusch and T. Kuballa, *Open Toxicol. J.*, 2010, **4**, 39-42.

[47] E. S. Johnson, S. Langård and Y. S. Lin, *Sci. Total Environ.*, 2007, **374**, 183-198.

[48] J. H. Yoon, H. S. Seo, J. Lee, C. Moon and K. Lee, Toxicol. *Ind. Health.*, 2016, **32**, 1910-1920.

[49] L. J. Chen, S. S. Hecht and L. A. Peterson, *Chem. Res. Toxicol.*, 1995, **8**, 903-906.

[50] S. Gill, G. Bondy, D. Lefebvre, A. Becalski, M. Kavanagh, Y. Hou, A. Turcotte, M. Barker, M. Weld and E. Vavasour, *Toxicol. Pathol.*, 2010, **38**, 619-630.

[51] C. Perez Locas and V. A. Yaylayan, *J. Agric. Food Chem.*, 2004, **52**, 6830-6836.

[52] H. Delincée and B.-L. Pool-Zobel, *Radiat. Phys. Chem.*, 1998, **52**, 39-42.

[53] N. Knoll, A. Weise, U. Claussen, W. Sendt, B. Marian, M. Glei and B. L. Pool-Zobel, *Mutat. Res. Fund. Mol. Mech. Mut.*, 2006, **594**, 10-19.

[54] J. L. Montgomery, F. C. Parrish and D. G. Olson, *J. Muscle Foods*, 2000, **11**, 19-33.

[55] Y. H. Kim, K. C. Nam and D. U. Ahn, *Meat Sci.*, 2002, **61**, 257-265.

[56] K. Nam and D. Ahn, *Poult. Sci.*, 2003, **82**, 1468-1474.

[57] D. U. Ahn, C. Jo, M. Du, D. G. Olson and K. C. Nam, *Meat Sci.*, 2000, **56**, 203-209.

[58] M. Du, K. C. Nam, S. J. Hur, H. Ismail and D. U. Ahn, *Meat Sci.*, 2002, **60**, 9-15.

[59] A.Y.KimandD.W.Thayer,*Appl. Environ. Microbiol.*,1996,**62**,1759-1763.

[60] K. Shamsuzzaman, B. Payne, L. Cole and J. Borse, *Can. Inst. Food Sci. Technol.* J., 1990, **23**, 114-120.

[61] B. R. Thakur and R. K. Singh, *Trends Food Sci. Technol.*, 1995, **6**, 7-11.

[62] N. Lodge, T. T. Nguyen and D. McIntyre, *J. Food Sci.*, 1987, **52**, 1095-1096.

[63] X. Fan, B. A. Niemira and D. W. Thayer, ACS Publications, 2004.

[64] A. Porretta, M. Campanini, A. Casolari and F. Lancillotti, *Ind. Conserve*, 1970, **45**, 298-300.

[65] C. Barba, G. Santa-María, M. Herraiz and M. M. Calvo, *Meat Sci.*, 2012, **90**, 697-700.

[66] K.-S. Kim, J.-M. Lee and C.-H. Hong, *LWT - Food Sci. Technol.*, 2004, **37**, 559-563.

[67] K.-S. Kim, J.-M. Lee, H.-Y. Seo, J.-H. Kim, H.-P. Song, M.-W. Byun and J.-H. Kwon, *Radiat. Phys. Chem.*, 2004, **71**, 47-51.

[68] A. Li, Y. Ha, F. Wang and Y. Li, *J. Am. Oil Chem. Soc.*, 2010, **87**, 731-736.

[69] J.-H. Kwon, T. Kausar, J. Noh, D.-H. Kim, M.-W. Byun, K.-S. Kim and K.-S. Kim, *Radiat. Phys. Chem.*, 2007, **76**, 1833-1836.

第 17 章 辐照食品的成功营销

R. F. 尤斯蒂斯[1]

17.1 引言

应大量使用认可或支持辐照食品的医学和科学组织的清单，以说服零售商和公众广泛支持辐照食品。在美国，辐照食品已经被批准用于大多数易腐食品，并得到了世界卫生组织（WHO）、疾病控制和预防中心（CDC）、美国食品药物监督管理局（FDA）、美国农业部（USDA）、美国医学会及欧盟委员会食品科学委员会的认可。事实上，数百个可信的团体都支持辐照，而反对这项技术的特殊利益群体数量非常有限，他们依靠不准确和过时的信息，以及半真半假的事实来制造无端的恐惧和怀疑。不幸的是，由于对食源性疾病的风险和后果，以及辐照的有效性和安全性普遍缺乏了解，也由于反核活动家和其他特殊利益集团的强烈反对，食品辐照作为一种公共卫生措施还没有充分发挥其潜力，也没有得到消费者的广泛接受。

通过确保零售商准备好对消费者提出的任何潜在的担忧提供准确和及时的回应，零售商和消费者的担忧都可以在很大程度上得到解决。政治和商业动机的问题，如“吃本地产品与进口产品”等，可以通过渐进式的店内商品销售来解决，提供多种选择，使消费者有能力选择满足自己独特需求和信仰的产品。通常情况下，被辐照的产品在质量和价格上都有明显的优势，而这两方面都是吸引消费者的关键决策因素。

建立对提供和监管食品辐照系统的信任至关重要。卫生和科学组织可以在提高人们对辐照好处的认识方面发挥重要作用。政府必须更加积极主动，采取科学的立场。必须创造条件，使消费者能够自由选择购买或不购买辐照食品。工业界和政府应做出更多的努力，解决诸如缺乏辐照能力、包装审批、优化供应链的可靠性，以及在食品最终包装的地方开发加工食品的设施等问题。

在这一章中，将把批评巴氏灭菌、疫苗接种和氯化等高度有益技术的人提出的论点与批评食品辐照的人提出的论点进行比较。笔者将介绍由污染食品引起的可预防的食源性疾病的统计数字，总结一流大学所做的消费者接受程度研究，然后说明

1．7040 N. Via Assisi，图森，A 亚利桑那 85704，美国。

美国和许多其他国家的超市在引进辐照食品方面正在取得的重大进展。最后，笔者将为未来的行动提出建议，以帮助扩大食品辐照的使用范围。

17.2　背景

许多创新，即使是那些具有明显优势的创新，从出现到被广泛接受也需要很长的时间[1]。例如，巴氏灭菌、疫苗接种和氯化等技术现在被卫生专家们认为是“公共卫生的支柱”，然而，这些拯救生命的创新技术在刚开始采用时都受到了怀疑和抵制。

尽管媒体广泛关注食品召回、严重疾病和死亡等问题，但食品辐射加工技术仍未得到充分利用，而且经常被误解。

辐照是一个具有多种目的的过程[2]，例如：

- 预防食源性疾病的辐照可用于有效消除导致食源性疾病的生物体，如沙门氏菌、大肠埃希菌、李斯特菌、弧菌和淋病菌等。
- 昆虫的控制辐照可用于消灭通过在进口热带水果中或进口水果上“搭便车”、威胁当地农业的昆虫。辐照还是消除病虫害的防治方法，包括热水浸泡、熏蒸和甲基溴等。
- 保藏辐照可用于破坏或灭活导致食品变质和腐烂的分解的生物体，延长食品的保质期。
- 灭虫辐照是一种灭虫工具，它可以消灭昆虫和幼虫，而这些昆虫和幼虫往往在收获农作物后到达消费者手中之前，就把农作物给毁掉了。据估计，在许多国家，由于象鼻虫，使多达 30%～40%的收获后的农作物未能到达消费者手中，而这些象鼻虫很容易被辐照杀灭。
- 延迟发芽和成熟的辐照可用于抑制发芽（如马铃薯）和推迟水果的成熟，以延长水果的新鲜度。
- 灭菌辐照可以用来对食品进行消毒灭菌，灭菌后可以在不冷藏的情况下贮存多年。消毒食品在医院对免疫系统严重受损的患者很有用，例如，艾滋病患者或正在接受化疗的患者。美国国家航空和航天局（NASA）多年来一直为太空飞行中的宇航员提供经过辐照的食品。经辐照灭菌的食品所受到的辐照剂量远远高于批准用于一般用途的食品。

17.2.1　食品安全

科学和医学协会及科学团体几乎一致认为，辐照不仅是安全的，而且其广泛使用将极大地改善我们的食品安全。食品辐照有可能降低食源性疾病的发病率，并且赢得了国际和国家医学、科学和公共卫生组织，以及食品加工者和相关行业团体的一致支持或认可。

美国疾病控制和预防中心的罗伯特·托克斯博士估计，如果美国每年有 50%的家禽、牛肉馅、猪肉和加工肉制品经过辐照，潜在的好处是将这些食品感染引起的发病率和死亡率降低 25%（见表 17.1）。这一估计的净效益是相当可观的；这项措施每年可防止近 90 万例感染、8 500 例住院治疗、6 000 多例灾难性疾病和 350 例死亡事件发生。考虑到未报告和未被发现的食源性疾病的数量可能更多，这一减少后的数字可能会更大[3]。

表 17.1　如果美国每年有 50%的肉类和家禽被辐照，可以预防潜在的健康问题

病　原　体	病例/例	住院/例	主要并发症	死亡/例
大肠埃希菌 O157:H7 和其他 STEC[a]	23 000	700	至少 250 例溶血性尿毒综合征	20
弯曲杆菌	500 000	2 600	250 例 GBS	25
沙门氏菌	330 000	4 000	6 000 例反应性关节病	140
李斯特菌	625	575	60 例流产	125
弓形虫	28 000	625	100～1 000 例先天性弓形体病	94
总计	881 625	8 500	6 660 例灾难性疾病	352

[a]STEC——产生志贺毒素的大肠埃希菌。

17.2.2　昆虫控制

辐照被普遍认为是目前最有效和最环保的植物检疫技术，可防止有害生物在进口农产品上“搭便车”入境。因此，进入国际市场的辐照农产品数量在显著增加。随着生产者、进口商和消费者开始了解辐照的好处，以及辐照往往是保护当地农业的最有效的技术，销售辐照农产品的国家名单正在迅速增加。在许多情况下，辐照是获得这种市场准入的唯一可行性选择。例如，至少有 17 种来自夏威夷的水果要进入美国本土，必须经过辐照处理。至少有十几个国家的各种水果进口到美国都必须经过辐照。其中，荔枝、芒果和番石榴等都是其中的佼佼者。

17.3　食品技术的过去

虽然市场上辐照食品的供应有了显著的增加，但在美国，人们仍然必须在超市里非常努力地寻找已经辐照过的食品。尽管在许多情况下，辐照食品特别是进口产品和宠物食品已经在货架上销售了好几年，但零售管理部门仍然对提供辐照食品感到担忧。提到“辐照”这个词，在一些社团办公室和少数消费者的心中仍然会产生一定程度的忧虑。

让我们来看看逐渐被接受的几项技术，这些技术在最初引入时是有争议的，但现在已经司空见惯。这些技术包括巴氏灭菌、疫苗接种和氯化，其中每种技术现在都被认为是拯救生命的技术，而且确实拯救了成千上万人的生命。

17.3.1　巴氏灭菌法

19 世纪初，人们认识到加热或煮沸牛奶对健康有益。在 19 世纪 50 年代，路易斯·巴斯德发现加热可以消杀细菌。这个过程被称为巴氏灭菌，在当时引起了很大的争议。

20 世纪初，随着社会的工业化，牛奶产量和消费量的增加导致了牛奶传播疾病的暴发。常见的奶源性疾病包括伤寒、猩红热、咽喉溃疡、白喉、肺结核和腹泻[4]。

20 世纪以前，在美国，大约每 4 起由食品或水引起的疾病中就有 1 起是由乳制品引起的。今天，在所有食品和水传播的疾病中，只有不到 1%可以追溯到乳制品。事实上，在所有的主要食品类别（如牛肉、鸡蛋、猪肉、家禽、农产品、海鲜）中，乳制品引起的疫情最少。在过去的 100 年里，牛奶安全性的显著提高被认为主要是由于巴氏灭菌和在新鲜牛奶制品的加工、处理、运输和贮存过程中更好的卫生和温度控制。

自从巴氏灭菌法在 20 世纪前首次出现，关于禁止销售生牛奶的争论就一直在激烈进行。在几十年的辩论中，公共卫生和医学界一直坚定不移地支持巴氏灭菌作为保护公共卫生的一项关键措施。

1908 年，芝加哥市所有出售的牛奶都必须经过巴氏灭菌，1947 年，密歇根州成为第一个要求所有出售的牛奶都必须经过巴氏灭菌的州。

直到 20 世纪 30 年代，还有许多乳制品行业的人在抵制广泛使用的巴氏灭菌法。即使在今天，仍有一些人发起了一场运动来推广未经高温消毒的生牛奶。他们表达的多重担忧之一是，推广巴氏灭菌牛奶会给未使用巴氏灭菌产品蒙上负面阴影，并迫使牛奶加工商安装“昂贵”的巴氏灭菌设备。反对巴氏灭菌的活跃人士继续散布有关巴氏灭菌的错误信息。许多争论已经持续了一个多世纪。

20 世纪 20 年代，美国乳制品行业和保险公司推广所谓的认证牛奶，是作为巴氏灭菌法更容易被接受的替代品。只有在医学和科学团体的坚持下，乳制品行业才放弃了对“好牛奶”和“坏牛奶”的担忧，转而将巴氏灭菌作为一种救命的技术，帮助将所有牛奶变得安全[5]。

巴氏灭菌法在美国花了近 70 年才被完全接受，反对它的理由几乎和今天反对食品辐照的理由一样。在批评巴氏灭菌法的人提出的 70 个问题中，有如下几点[6]。

“我们不能干预自然。”

“这个过程改变了食品的性质。”

“会形成危险的物质。”

“这个过程可能会粗心大意，发生事故。”

“巴氏灭菌会提高产品的价格。我们有一个直接和及时的食品分配系统。”

“没有必要。”

反对巴氏灭菌的运动，包括来自乳制品生产商和加工商的抵制，大大推迟了巴氏灭菌的推广，其结果是成千上万的人患上了慢性疾病，产生了长期的健康后果，甚至死亡，而造成这种痛苦的法律责任问题从未被探讨过。

17.3.2 反接种运动

疫苗接种是现代医学中最成功的项目之一，它能减少甚至消除严重的传染病。公众对疫苗接种计划的支持仍然很强烈，特别是在美国，目前的疫苗接种率达到了历史最高，大于95%[7]。

尽管疫苗在安全性和有效性方面有着悠久的历史，但疫苗总是受到批评：一些家长和一小部分医生，质疑给儿童接种疫苗是否值得他们所认为的要承担的风险。近年来，反接种运动很大程度上是建立在贫乏的科学知识和散布恐惧的基础上，已经变得更加直言不讳，甚至充满敌意[8]。

尽管越来越多的科学共识认为疫苗是安全的，但是顽固的少数人仍然宣称不是这样的，这威胁到这项公共卫生计划的有效性。

17.3.3 反氯化运动

科学表明，在饮用水中添加氯是公共卫生史上最大的进步，几乎根除了霍乱等水肺疾病。我们的大多数药物都是基于氯化学的。简单地说，氯对我们的健康是必不可少的[9]。

尽管科学研究得出结论，饮用水中的氯没有已知的健康风险，而且有很多好处，但一些环保组织20多年来一直反对使用氯[1]。

根据世界卫生组织的说法："在一项关于逐步增加氯气剂量对健康男性志愿者的影响的研究中（每剂10个），在所有的研究小组中都没有出现不良的、生理上显著的毒理学影响。"[10]

17.3.4 转基因生物

最近的技术争议涉及转基因作物，即众所周知的转基因生物（GMO）。尽管批评者提出了反对意见，但人们几乎一致认为，转基因作物是安全的。从消费者接受的角度来看，转基因生物问题比较困难，因为好处一般是给农民的，而不是给消费者的。

2014年，佛蒙特州成为美国第一个要求对转基因食品进行标识的州。当然，这并不能保证采取法律行动，但立法者、官员和转基因生物倡导者都在为该州因新法律被起诉做准备[11]。

非洲国家津巴布韦选择拒绝接受任何含有转基因成分的食品援助，而此时津巴布韦正遭受 20 年来最严重的干旱，多达 300 万人需要紧急救济[12]。

17.3.5　抵制“新”技术

在反对巴氏灭菌、疫苗接种、氯化和转基因生物的论点中，有许多（也许是大多数）与反对食品辐照的论点相似。

尽管食品辐照有时被称为“冷巴氏灭菌”，被描述为“人类历史上研究最广泛的食品加工技术”，并得到几乎所有医学和科学组织的认可或支持，但这一过程仍然被相对地认为是“新”技术。

人类的天性就是抗拒变化，害怕“未知”。“相信地球是平的”扼杀了对“新世界”的探索。反对建设性变革的论点有多种形式。休斯敦大学经济学教授、著名作家托马斯·R. 德格雷戈里说：“反对变革的一个常见论点是寻求一种无风险的替代方案。”[13]德格雷戈里说：“每一种变化都有其风险；有些是真实的，有些是想象的。无论是政治、科学还是技术方面的变革，简单的风险论断本身不应成为反对变革的论据。我们必须用不改变的风险来衡量改变的好处。”

克里斯托弗·哥伦布和其他探险家面临着众多的风险，但他们的船并没有从地球边缘掉下去。

那些希望保持现状并让他人相信利大于弊的人，往往会对零风险社会提出不可能实现的要求。那些不顾大量科学证据而选择相信“地球是平的”之人，完全有权利这样做。在一个自由的社会里，“地球扁平说”的支持者有权利发表自己的观点，但这些观点并不能改变地球明显是球形的事实。

17.3.5.1　风险与收益之比

德格雷戈里说：“如果我们研究一下过去一个世纪的许多变化，这些变化使婴幼儿的死亡率降低了 90%以上，给了美国人近 30 年的预期寿命，并使其他国家取得了类似的或更大的进步，我们会发现所有这些变化都带有风险。”[13]

诸如水的氯化、牛奶的巴氏灭菌、合成肥料、化学杀虫剂、现代医学、转基因生物、疫苗接种和辐照等技术，都面临并将继续面临各种程度的反对。大多数城市使用氯来净化他们的水，大多数父母希望他们的孩子能接受疫苗接种以预防可怕的疾病，因为已知的风险，很少有人会考虑喝未经高温消毒的（生的）牛奶。然而，这些拯救生命的技术都有其风险。氯是有毒的，疫苗接种有时会导致染上它所要预防的疾病。巴氏灭菌牛奶的味道不同于直接从奶牛身上挤出的牛奶，如果不冷藏，会再次被污染，并会变质。相比之下，辐照的风险，如果有的话，是“未知的”，因为经过多年的研究，科学家与已知的因食用含有看不见的病原体的食品而感染细菌疾病的风险进行比较，还没有发现任何风险[14]。

17.3.5.2 世界上最安全的食品供应足够安全吗

食品安全是每个食品加工商优先事项清单中的首位。公众要求安全的食品，销售不安全的产品是造成灾难的根源。召回费用昂贵，会损害品牌形象，而且几乎总是导致诉讼。导致住院治疗或死亡的食源性疾病暴发总是对公司生存能力构成严重威胁。在美国和其他高度发达的国家，经常有“我们拥有世界上最安全的食品供应”这样的话。食品工业已经投入了数亿美元的技术，以使食品更安全。任何关于生产世界上最安全食品的主张都可以接受挑战。美国疾病控制和预防中心估计，美国每年有 4 800 万例食源性疾病发生。至少有 12.8 万美国人因食用受污染的食品而住院治疗，有 3 000 人因食用受污染的食物而死亡[15]。

17.4 消费者对食品的接受程度

有几个因素减缓了消费者对辐照食品的接受程度。首先，“辐照”一词有时会让消费者感到困惑或担忧，因为它被认为与放射性有关。其次，公众对食源性疾病的原因、发病率和预防并不太了解。再次，卫生专业人员和媒体在很大程度上没有意识到食品辐照的好处。最后，因为某些激进组织对食品生产问题、核能、国际贸易、工业化，以及成功推广辐照食品技术的信念，开展了一场反辐照运动。这些群体和个人反对大多数的新技术，在许多情况下甚至反对巴氏灭菌、疫苗接种、氯化和其他被广泛接受的技术。

17.4.1 零售经验总结

现在有足够的经验表明，当贴有辐照食品标签进行零售时，消费者会购买并继续购买辐照食品，这意味着辐照食品可以在市场上有利可图，而且不会对其声誉造成影响。这一经验已经在几个国家得到了推广，包括那些拥有成熟的、知情的消费者和活跃的游说群体的国家，如美国和新西兰，他们赞成“天然”和低加工食品。尽管有时反对的声音很大，但对大多数消费者的影响似乎不大，他们在购买时根据眼前的情况和价格做出决定。这并不意味着人们一致接受辐照食品，但这确实也意味着，零售商之所以不愿将辐照食品摆上货架，其中所表达的许多担忧不是没有道理的。

没有一种食品是所有的消费者都会购买或想要的。消费者购买产品是基于他们的愿望和需求，而不是仅仅因为产品有售。零售商将根据消费者的实际购买情况做出产品未来的销售决定。

17.4.2　了解消费者态度

不难想象，为什么人们最初认为消费者的抵制是接受食品辐照的主要障碍。特殊利益集团和反食品辐照游说群体宣称，辐照产品既不是人们想要的，也不是必需的，这一观点被缓慢地接受似乎证明反对辐照食品是合理的。公众常常把辐照食品等同于放射性，尽管在医药和工业上长期使用这类技术，但涉及辐照或放射性的任何新技术都受到了怀疑。

问题是，为什么在目前已有大量成功零售例子的情况下，一些食品生产者和零售商仍然相信消费者会抗拒呢？答案很可能在于早期的消费者对食品辐照的意见调查，对结果过于简单化的解释，以及被反核和反辐照游说群体的利用。

关于消费者对食品辐照意见调查的文献已经有很多。关于美国消费者对辐照食品和辐照肉类的看法的文章也有很多，并已由尤斯蒂斯和布鲁恩进行了评论[16]。

除了美国，现在还有来自欧盟、加拿大、巴西、澳大利亚、新西兰及一些发展中国家的数据。研究方法、研究规模和分析的严谨程度差异很大，但有一些明显的趋势[17-22]。

首先，大多数受访者从未购买或消费过辐照食品。征求他们对一个抽象概念的意见，一般来说，调查发现：大多数受访者没有听说过辐照或对辐照过程知之甚少。当被问及是否会购买辐照食品时，大多数消费者的第一反应是否定的。当提供事实证据时，愿意考虑购买辐照食品的受访者人数会增加，即使被要求考虑支付额外费用，受访者的比例也往往占大多数。在提供正面信息的同时提供负面信息，会抵消受访者接受度的提高。

其次，对于新鲜农产品，如果提供了类似水平的技术信息，辐照比化学处理更受欢迎。

与受访者认为自己熟悉的冷藏等其他物理过程相比，人们对辐照的看法要差很多。现在，社会科学家们通过将基因改造、纳米技术或高压与辐照一起评估的研究，更深入地考察了消费者对新技术的反应。这些研究表明，辐照在引起普遍和有组织的反对意见方面并不是唯一的。对这些重要的最新研究结果的全面讨论超出了本文的范围，但这些研究清楚地表明：接受一项新食品技术的问题，与对监管和提供该技术的现有体系的信任有很大关系。这些问题比风险意识本身更重要。它被认为不是“自然”的技术，或者被认为是会改变食品特性的技术，比我们熟悉的或被认为更“自然”的技术会引起更多的反对。

最后，标签可以帮助消费者提供对辐照产品一定程度的控制，尽管在美国的一项调查中，三分之一的受访者认为标签上的“辐照”一词是一种警告。信息对于提高对新技术的积极反应是有价值的，但信息必须以消费者的利益为中心。技术上的细节往往会让消费者觉得自己无法理解，觉得这个过程将不在自己的控制范围之内。而被认为主要对食品行业有好处的新技术，往往会受到不信任。

据估计，2015 年，美国零售商大约销售了约 5 000t 辐照过的牛肉馅和约 20 000t 辐照过的水果，主要是荔枝、柿子、芒果、木瓜、番薯、番石榴等。自 1986 年以来，香料在商业上已经进行了辐照。在美国每年消费的商业香料中，约 1/3（约 80 000t）是经过辐照的[23]。

17.4.3 食品安全的决定性时刻

辐照牛肉馅的成功商业化引入基本上没有引起人们的注意。根据食品安全专家莫顿·萨京的说法，在引入辐照后的牛肉馅时，消费者有了一个合理的预期，希望购买到更安全、风险更低的产品。因此，未经处理的牛肉馅获得了法律上界定为产品有内在缺陷的特征。

来自多个国家的大量证据显示，经过辐照的食品（新鲜和加工肉类、新鲜农产品）已被食品零售商长期成功销售。没有任何经过辐照的食品仅仅因为经过辐照而被退市的记录。虽然有一些消费者选择不购买辐照食品，但由于有充足的市场，零售商多年来甚至十多年来一直都有辐照食品的充足库存。

食品生产者和零售商长期以来认为，消费者的抵制是主要障碍，这种看法已不再有道理，我们可以从成功的经验中吸取教训。向消费者和食品行业提供关于食品辐照的好处的事实和正面信息仍然是必要的。然而，应根据最近关于消费者对新食品技术的态度的研究，修改增加辐照食品的零售战略。

研究表明，决定消费者态度和决定采用新技术的是对制度和机构的信任，而不是对风险的看法。零售商在向消费者宣传新产品的好处方面起着至关重要的作用，零售商和食品生产商对辐照食品的正面信息很可能会引起消费者的积极响应。

历史上，大型食品连锁零售企业与食品辐照专家的接触程度有限。至关重要的是，要确保向主要的零售利益相关者持续传达辐照食品成功零售的信息，并利用一切机会将辐照食品摆上零售货架。如果食品辐照的支持者被说服，试图直接说服消费者接受这一过程不应成为他们的唯一战略，那么就可以投入更多的努力，与食品行业合作，解决诸如缺乏辐照能力、优化供应链的可靠性，以及在食品最终包装的地方开发加工食品的设施等问题。

没有任何一种干预措施能 100%保证食品的安全。这就是为什么肉类和家禽加工厂采用多重屏障的方法，利用多种类型的干预措施，如热加工与化学和抗菌处理相结合，以实现病原体的减少。这些技术成功地减少但没有消除牛肉馅中有害细菌的数量。食品辐照并不能消除对既定的安全食品加工和烹调方法的需求，但当辐照与其他技术结合使用时，包括有效的危害分析和关键控制点（HACCP）计划，辐照就成为食品和农产品的一种高效、可行的卫生和植物检疫处理方法。辐照是现有的最有效的干预措施之一，因为它在不影响营养或感官特性的情况下，大大降低了原生污染和交叉污染的危险。

17.4.4　接受的障碍

消费者对辐照食品的接受度提高的最大障碍可能是市场缺乏供应。2004 年 1 月和 2 月，美国全国肉牛协会对零售和餐饮服务牛肉购买者进行了一项调查，目的是测试有和没有提供辐照牛肉的餐饮服务和零售机构对辐照技术的认识和态度，测试那些不提供辐照牛肉的机构提供辐照牛肉的意愿，找出提供辐照牛肉的障碍或问题，包括可研究的知识差距，并确定成功的零售商，以及确定哪些做法有助于他们销售这种产品[24]。

该研究显示，在过去使用和不使用辐照牛肉馅的人中，约 2/5 的人报告说，缺乏供应是他们不向顾客提供辐照牛肉馅的主要原因。同一研究显示，受访者对购买辐照牛肉馅的态度相对积极。几乎一半的老用户非常（14%）或有可能（33%）在未来一年内购买该产品，超过 1/4 的非用户非常（4%）或有可能（23%）这样做。此外，大多数目前的购买者（58%）表示他们会增加购买辐照牛肉馅的数量（23%打算减少购买量）。这些数据表明，辐照食品的市场正在增长而不是萎缩。

17.5　未来方向

辐照食品应适当地增加更安全的食品、更有保障的食品供应和新鲜农产品的贸易。由于对辐照食品的早期销售试验，几位作者指出，在实际没有辐照食品的情况下，消费者购买辐照食品的意愿可能比他们对一般调查的最初反应所表明的要强烈[25]。这种购买辐照食品的意愿已经在美国和其他几个国家的数千家超市中得到证实。

然而，至今仍然有一种未经证实的信念，即消费者对辐射食品的巨大抵触情绪。不幸的是，这阻碍了食品贸易的关键部门对该技术的兴趣。在现实世界中，消费者购买产品是因为他们想要这种产品。一个产品经过辐照（或用其他技术加工）的事实并不在他们的考虑范围之内。

此前，辐照倡导者的反应往往是强调需要向消费者提供更多关于辐照过程的信息。大量的消费者研究表明，如果给消费者一个选择，哪怕是少量的准确信息，消费者不仅愿意购买辐照食品，与通过其他方法加工的食品相比，往往会更喜欢辐照食品。过去三十年来进行的几十项市场调查研究（主要是在美国）反复证明，80%～90%的消费者在听到事实和了解到辐照食品的好处后，会选择经过辐照的食品。研究还表明，任何信息都无法说服那些通常拒绝任何新产品的人。这些研究大多是在辐照食品开始商业化之前完成的[26]。

17.5.1　未来战略

目前，辐照食品的实际零售取得了巨大的成功，而消费者对新型食品技术的态度的复杂研究也表明，未来的战略是增加食品辐照的商业化使用，其要素如下。

- 利用一切机会，将标有辐照食品的成功的、长期销售的证据摆在食品生产者和零售商面前。
- 通过寻求创业型零售商的合作，增加零售货架上的辐照食品的数量，这些零售商很可能是小型或中型零售商。服务于民族市场的零售商很可能对销售辐照产品持开放态度，因为在许多情况下，除非产品经过辐照，否则无法进口。
- 发展由相信食品辐照的价值并得到消费者信任的利益相关者组成的联盟。消费者认为食品生产者和零售商比辐射加工者的偏见要小。
- 向生产者和零售商提供其陌生领域技术的信息和支持。这必须来自监管机构和学术界，尽管上面有很多来自辐照行业的注意事项。监管机构的作用至关重要。美国和新西兰的案例得益于食品主管部门的态度，他们制定了基于科学的规则。只要食品辐照被认为是一个过于敏感的问题，无法做出基于科学的决定，公众的辩论就会被激烈的反对者所主导。
- 强调辐照的好处是以食品和消费者为中心，而不是以加工技术为中心。例如，就肉类而言，给消费者一个不会被病原体毒害的保证才是最重要的。辐照技术可以通过非化学性的植物检疫处理，保护当地的农业文化和环境，以及提供异地或过季的农产品，这一点是消费者可以认同的。然而，对于已经习惯了新鲜（指新采摘的）农产品的消费者来说，延长新鲜农产品的保质期并不一定是一件好事。
- 考虑到在任何关于食品辐照的公众讨论中，正面和负面的观点都会并存。随着时间的推移，经过辐照的食品越来越容易获得，抵抗力会逐渐减弱，变得可以忽略不计。

确保辐照食品的标签是一致和公平的。标签是一个非常难以平衡的问题。消费者认为强制性标签是赋予他们权利，并对他们所购买的食品进行更大的控制。在澳大利亚和新西兰，辐照食品要贴标签，这在减少对辐照食品的反对意见方面发挥了重要作用。然而，食品工业认为标签是对辐照的一种障碍，因为消费者可能把它看作一种警告，因为竞争性技术通常不需要贴上标签（如竞争性的植物检疫处理），而且会带来一些额外的成本。

- 国家对标签要求的规定应该是一致的。例如，要求在加工食品的标签上提及最少量的辐照成分是极端的。
- 调整促销策略，以认识到辐照食品似乎与最近消费者意见的一些转变相悖，特别是对最小化加工、自然和“有机”，以及对当地生产的食品的吸引力。

17.5.2 食品生产者的要求

我们已经指出，长期以来，食品行业一直认为消费者不会购买经过辐照的食品。同样，食品辐照的倡导者可能长期以来一直专注于消费者的接受程度，而忽略了其他需要解决的障碍。简而言之，这些障碍如下。

- 生产者不容易接受辐照处理。考虑多年来一直在包装棚内使用热水处理或在田间使用杀虫剂喷雾的水果种植者可能的反应，新的要求是将水果送到一个需要特别授权并有危险标志的遥远的地方，那么他可能会有这样的反应，即保健品的消毒灭菌，这对种植者来说可以是一个有益的比喻。
- 辐照需要将产品运送到专门的承包商处，在这段时间内，产品不在生产者的控制范围内，运输时间和成本都在辐照公司的价格之外。这些食品一般都是易腐烂的商品，供应链物流的顺利运作比“保健品”更重要。
- 如果能在水果包装厂或肉类加工链上安装价格低廉的辐照装置，将大大有助于鼓励采用这种工艺。这种设备目前是一个研究概念，但将是 HACCP 或检疫系统中最后一步的理想答案，即它还将赋予用户权利。
- 辐照装置的数量是有限的，而且最主要的是用于辐照非食品产品，对于食品制造商或贸易商来说，这些设备不一定在合适的地方。此外，这些装置的最佳加工剂量往往比食品所需的剂量高得多。这些因素导致目前缺乏加工食品的能力，使商业量保持在低水平。其结果是让人们对食品辐照的潜力扩大产生了怀疑。
- 粮食一般涉及的量很大。如果只能处理一部分特定的粮食，就会给贸易带来了问题，可能包括两个生产流程的实际问题，也可能包括认知问题。例如，在良好的生产规范（GMP）下生产的肉类被认为是安全的，但对于一个双重市场，一个是安全的肉，另一个是更安全的经过辐照的肉，这将会带来什么问题呢？
- γ 射线辐照是目前食品辐照的主流技术。γ 辐照装置是安全的，可以对高密度的产品进行辐照，可以对托盘大小的产品进行辐照。毫无疑问，它们将在许多年内继续发挥重要作用。必须指出的是，γ 射线光子和相同能量的 X 射线光子在各方面都是相同的。

17.6　结论

路易斯·巴斯德说：“对于那些献身于科学的人来说，没有什么比发现更能给他们带来快乐，但只有当他们的研究成果得到实际应用时，他们的快乐才会满满。”[27]

巴斯德没有足够长的时间来认识他的努力所产生的巨大影响。玛丽·居里也没有料到，她在 1904 年对辐射能和辐射的里程碑式的研究为她赢得了诺贝尔奖，并为食品和医疗产品的辐照应用奠定了基础。

2000 年 5 月，明尼苏达州首次成功地销售辐照过的牛肉，当时的一些零售商开始提供经过辐照的冷冻牛肉馅。总部位于明尼苏达州的施万公司、内布拉斯加州的奥马哈牛排公司成功地销售了经过辐照的牛肉。自 2000 年以来，他们通过邮购的方式提供经过辐照的牛肉馅。今天，施万公司和奥马哈提供的所有的非煮熟牛肉都是经过辐照的。

总部位于罗切斯特（纽约）的韦格曼公司在纽约、新泽西州、宾夕法尼亚州和弗吉尼亚州拥有 90 多家超市，是辐照过程的忠实拥护者，也是辐照后的牛肉销售商之一。尽管韦格曼公司采取一切措施确保其所有的牛肉馅产品都是安全的，但该零售商将辐照工艺视为一种增值工艺，为消费者提供了多一层的食品安全保障。

尽管在将辐照食品引入市场方面取得了一定的进展，但许多消费者甚至全世界的决策者都还不知道辐照对食品的有效性、安全性和功能上的好处。需要不断地进行教育和熟练地营销来弥补这种意识的缺乏。

莫顿•萨京说[28]："病原体不遵循政治要求或道德哲学，它们只是想保持生物活性。以政治理想或神话信息为基础来控制它们的策略是不会奏效的。如果我们想摆脱病原体，就必须在它们伤害我们之前消灭它们。食品辐照是最安全、最有效的方法之一。国际社会协调努力，建立有效的知识转让机制，向政策制定者、工业界、消费者和贸易团体提供关于食品辐照的准确信息，对于满足今天的食品安全需求至关重要。"

在 20 世纪，美国人的预期寿命从 47 岁增加到 78 岁[29]。许多公共卫生专家将这一显著增加归因于公共卫生的"支柱"：巴氏灭菌、疫苗接种和氯化。其中一些专家预测，食品辐照将成为公共卫生的第四支柱。时间将会证明这一预测是正确的。

参考文献

[1] E. M. Rogers, *Diffusion of Innovations*, The Free Press, New York, 3rd edn, 1983.

[2] U. S. Food and Drug Administration (FDA), *Food Irradiation: What You Need to Know*, http://www.fda.gov/Food/ResourcesForYou/Consumers/ ucm261680.htm, (accessed November 2016).

[3] R. V. Tauxe, *Emerging Infect. Dis.*, 2001, **7**, 516.

[4] A. Weisbecker, *J. Environ. Health*, 2007, **69**, 62.

[5] Metropolitan Life Insurance Company, *All about Milk*, Metropolitan Life Insurance Company, New York, 1923, 1-24.

[6] C. Hall, G. Malcolm, *Milk Pasteurization*, AVI Pub. Co., Westport, CT, 1968.

[7] The Unvaccinated by Numbers, http://www.cnn.com/2015/02/03/health/the-unvaccinated/, (accessed November 2016).

[8] S. Novella, *Skeptical Inquirer*, 2007, **31**, 38.

[9] S. Michael. *Phthalates, Hard to Pronounce, Hard to Spell, and Unjustly Attacked*, https://www.gasdetection.com/interscan-in-the-news/magazinearticles/phthalates-hard-pronounce-hard-spell-unjustly-attacked, (accessed November 2016).

[10] World Health Organization (WHO), *Chlorine in Drinking Water; Background Document for Development of WHO Guidelines for Drinking-water*, WHO, Geneva, 2003.

[11] The Washington Post, Vermont just passed the nation's first GMO food labeling law. Now it prepares to get sued, https://www.washingtonpost. com/blogs/govbeat/wp/

2014/04/29/how-vermont-plans-to-defend-thenations-first-gmo-law, (accessed March 2016).

[12] The National, Starving Zimbabwe rejects GM maize, http://www.thenational.ae/ news/world/Africa/starving-zimbabwe-rejects-gm-maize, (accessed March 2016).

[13] T. R. DeGregori, *Zero Risk Fiction*, American Council on Science and Health, New York, 2002.

[14] Wisconsin State Journal Editorial Board, *Let Irradiation Improve Safety Of School Food*, Wisconsin State Journal, Madison, 2003.

[15] Foodborne Germs and Illnesses, http://www.cdc.gov/foodsafety/foodborne-germs.html, (accessed March 2016).

[16] R. F. Eustice, C. M. Bruhn, in *Food Irradiation Research and Technology*, ed. X. Fan and C. H. Sommers, Wiley-Blackwell, Iowa, 2nd edn, 2013, pp. 173-195.

[17] M. P. Junqueira-Goncalves, M. J. Galotto, X. Valenzuala, C. M. Dinten, P. Aguirre and J. Miltz, *Radiat. Phys. Chem.*, 2011, **80**, 119.

[18] J. H. Behrens, M. N. Barcellos, L. J. Frewer, T. P. Nunes and M. Landgraf, *Innovative Food Sci. Emerging Technol.*, 2009, **10**, 383.

[19] R. Deliza, A. Rosenthal, D. Hedderley and S. R. Jaeger, *J. Sens. Stud.*, 2010, **25**, 184.

[20] E. Gautier, *Sci. Commun.*, 2010, **32**, 295.

[21] A. M. Johnson, A. E. Reynolds, J. Chen and A. V. A. Resurreccion, *Food Prot Trends.*, 2004, **24**, 408.

[22] J. Gamble, R. Harker and A. Gunson, *New Zealand and Australian Perceptions of Irradiated Food*, Horticulture Australia, Sydney, 2002.

[23] R. F. Eustice, Correspondence with irradiation service providers, importers and retail establishments.

[24] National Cattlemen's Beef Association, *Irradiation: Consumer Perceptions*, Cattlemen's Beef Board, Centennial, 2002.

[25] A. Johnson, R. A. Estes, C. Jinru and A. V. A. Resureccion, *Food Prot. Trends.*, 2004, **24**, 404.

[26] W. Aiew, N. Rudolfo and J. Nichols, *Choices*, 2003, 31.

[27] P. Debré, *Louis Pasteur*, Johns Hopkins University Press, 1998.

[28] M. Satin, Future Outlook: International Food Safety and the Role of Irradiation. World Congress on Food Irradiation: Meeting the Challengs of Food Safety and Trade, May, Chicago, 2003.

[29] World Health Organization, *World Health Statistics* 2013, WHO Press, Geneva, 2013.

第 18 章　食品辐照中的技术和经济考虑因素

P. P. 德蒂尔[1]，B. 穆利尔[1]

18.1　食品辐照中的技术考虑因素

辐照技术都有不同的物理特性，但从加工角度看，可分为两大类：高穿透性技术（γ射线和 X 射线）和低穿透性技术（电子束）。图 18.1 显示了三种主要辐照技术的穿透性比较。

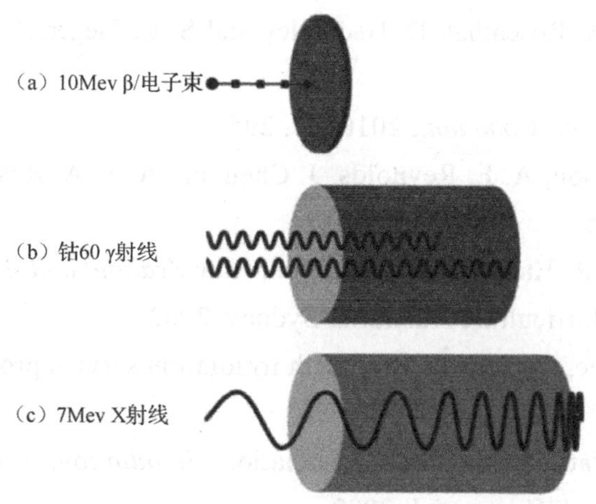

图 18.1　三种主要辐照技术的穿透性比较

18.1.1　低能电子束和低能 X 射线技术

由于低能电子束具有非常低的穿透性，因此，低能电子束非常适合应用于表面处理。低能电子束技术允许在不对产品的结构深层改性的情况下进行表面处理。这类应用的一个例子是种子的表面去污处理，在这种情况下，保护种子胚体不受辐照。

1．IBA 工业公司，Chemin du Cyclotron，3，Louvain-la-Neuve 1348，比利时。

低能电子束和 X 射线系统的主要优点是成本低、有限的空间、源和屏蔽所需的重量减轻。占地面积小的系统允许设计自屏蔽的可移动解决方案。

低能量系统的缺点是穿透力有限、吞吐量有限。

18.1.2　高能电子束

如果需要在产品中进行更深的穿透，需要使用高能电子束照射。规定允许的最大能量为 10MeV，这代表在密度为 $0.4g/cm^3$ 的典型食品中，电子束穿透力为 9cm（单面）或 22.4cm（双面）。图 18.2 显示了与 γ 射线和 X 射线剂量相比，电子束剂量在物质内部是如何快速衰减的。

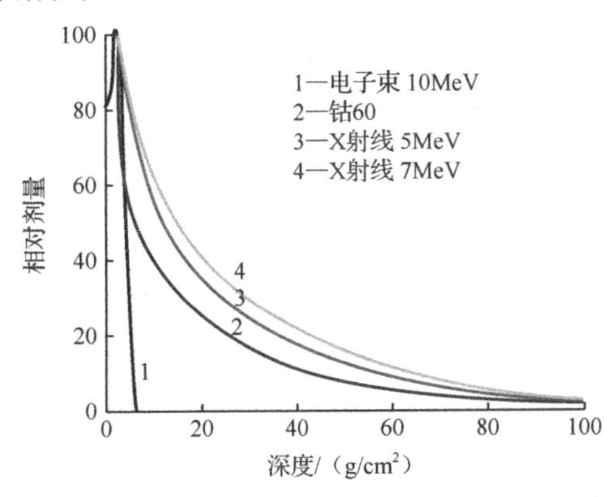

图 18.2　与 X 射线和 γ 射线相比，电子束剂量在物质内部急剧衰变

当使用箱式辐照时，采用对侧辐照是为了改善剂量分布。在用电子束辐照食品时，通常采用双侧照射，即从上、下两面照射，而不翻转箱子，因为翻转会损坏食品。

电子束的剂量率是 γ 射线的 100 倍左右，因此产品需要照射的时间很短。这也是电子束的主要优势之一：无与伦比的效率。在 10MeV 时，它所需要的功率和时间比 7MeV 的 X 射线的处理量少得多。X 射线辐照的效率低于电子束，因为在将电子束转换为 X 射线轫致辐射时，靶材会损失功率。

因此，如果电子束辐射满足必要的要求，电子束辐射将永远是首选技术。

10MeV 的电子束系统需要比低能的电子束系统（<300keV）大得多的电源和屏蔽，但其吞吐量和穿透性要高得多。

18.1.3　高能 X 射线

X 射线辐射是一种高穿透性技术。大多数情况下，食品等面密度较大的产品需要高穿透率的辐射。此外，用户通常需要将食品放在托盘上进行加工，因此 X 射线是唯一有效的选择。在托盘上加工食品的另一个优点是，由于搬运造成的损伤可以减少到最小的限度。γ 射线的穿透力最适合于（较薄的）托盘包装。当用 γ 射线照射托盘时，与X射线相比，效率和剂量均匀性会降低。

在X辐射源前旋转托盘是一种典型的适合于高密度产品的X射线装置。它可以改善辐照负荷内的剂量均匀性。托盘被带入辐照区域，在源前旋转，并在所需时间内达到所需剂量。剂量均匀性可通过调整托盘的旋转速度来进一步提高，即当托盘四角靠近源时，提高旋转速度（剂量率较高），而当托盘两侧位于源前时，降低旋转速度。

当比较能够处理类似的吞吐量的配置时，X射线的剂量率比γ射线的剂量率高，这意味着与γ射线相比，使用X射线照射食品的时间可以更短。这种较高的X射线剂量率可以缩短辐照时间，使食品更快地进入冷藏区，并降低辐照对食品及其包装的改性效应。

18.1.4 γ射线

钴60是一种放射性物质，每年会损失12.3%的活度。因此，为了使γ装置保持恒定的容量，必须定期对钴60进行补充，以保持其活度水平或容量恒定。钴60衰变是γ的主要可变成本，仅次于人工，在经济上通常与电子束和X射线的耗电量相当。

γ射线也是一种高穿透技术。这使得γ射线和X射线有类似的屏蔽要求。

在评估γ射线的经济性时，必须根据当地的具体情况，考虑增加与未来相关的监管变化、退役规定、废物处理和保险等相关的额外成本。

18.2 食品辐照的考虑因素

食用农产品可通过多种方式进行辐照。食品的包装方式可能是食品生产者规定的，也可能是辐照中心要求的。本节将重点介绍主要的食品加工方式。

18.2.1 批量连续式加工

在这种在线连续加工配置下，食品被放置在传送带上。然后，食品可以在传送带上或产品降到辐射源前时进行辐照。

确保产品在辐射源前有一个均匀的产品区域密度是至关重要的，特别是在考虑电子束辐射时。较低的厚度并不是关键，但较大的厚度可能会导致剂量不足。

通常情况下，散装食品加工采用低能量电子束或X射线系统。

18.2.2 箱式加工

用箱式包装的食品通常要接受10MeV电子束工艺。当箱子的平均密度太高，无法进行单面辐照时，可能需要将箱子翻转过来进行对侧辐照。垂直电子束配置的优点是产品可以自然地将最大面朝上，从而将产品最薄的一面呈现在电子束下。然而，如果需要两面辐照以增加穿透力，就要翻转箱体的顶部或底部，这可能会损坏和改变箱体中的产品配置，导致剂量的不确定性。另一种避免顶部或底部翻转的方法是使用一个加速器与 180° 箱式旋转系统进行横向照射。横向照射的问题是，产品最厚的一面而非最薄的一面会被呈现在电子束前。

采用电子束穿过顶部和底部的双加速器可以一次性加工产品，但需要投资两台加速器。如果两面辐照不能提供足够的穿透力，产品需要用较薄的厚度重新包装或用较高的穿透力技术加工。

18.2.3　托盘或提篮加工

食品通常是用箱子或托盘运送到辐照装置前的。箱子可以在辐照前用托盘或特殊的铝制容器重新包装，也可以在辐照前用被称为周转箱的特殊铝制容器重新包装，但换回原来的包装会增加整个过程的人工成本。托盘装是 X 射线加工的最佳选择，而 γ 射线使用托盘的效率较低。提篮更薄，并被设计成最适合 γ 射线辐照使用的加工方式。

提篮和托盘食品通常采用高穿透性 X 射线或 γ 射线进行辐照（见图 18.3）。

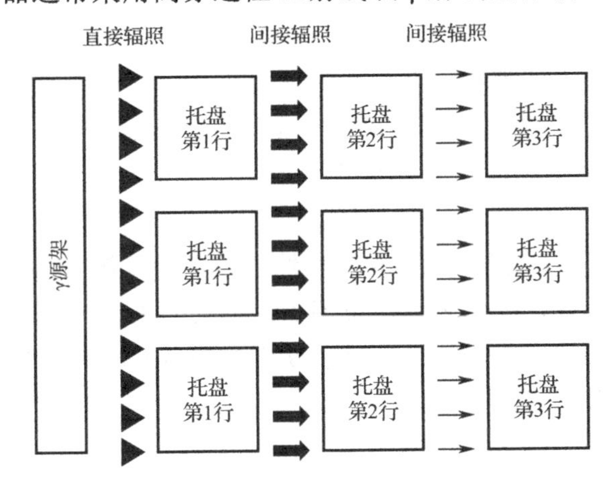

图 18.3　高穿透性 X 射线或 γ 射线对提篮和托盘食品的辐照

注：间接辐照是指未被前一排托盘吸收的剩余辐射。间接辐照度难以准确预测，因为它受托盘内容物的影响。

18.3　影响经济的主要因素

18.3.1　投资总额

投资总额可分为三大类。

- 基础设施：建筑、屏蔽、许可、冷却、压缩空气、臭氧提取系统等相关投资。
- 系统：产品输送系统、工艺管理系统、消防和安全系统、剂量测量设备、备件等。

- 辐射源：辐射源的强度（功率或活度）需要根据吞吐量要求来决定。设备的吞吐量与辐射源的强度（加速器的功率，γ 射线的活度）成正比。举例来说，通过将源强度增加一倍，照射时间缩短了两倍，系统的容量也就增加了一倍。γ 射线和电子束或 X 射线系统之间的一个主要区别是，因为辐射源会持续发射和衰变，γ 系统必须设计成 24/24 小时工作。在 γ 设备中不加工产品时，仍然需要支付不变成本，却没有相应的收入。电子束系统可以设计成在所需的时间范围内工作，并在该时间范围外停止。当电子束或 X 射线发生器停止时，大部分装置的可变成本（电力和人工）就会停止。

18.3.2 固定费用

固定的经常性费用是指装置每年无论生产负荷如何，都会遇到的费用。经常性费用主要有以下几类。

- 固定工资：管理、销售和营销、行政管理等。
- 维修费：内部或外包维修服务，包括备件费用。
- 用电基础设施：建筑物、办公室等。
- 投资摊销：通常情况下，在商业计划书中，资本费用折算成经常性摊销费用（土地和建筑物的法定摊销期一般为 20～30 年，设备的法定摊销期为 10 年）。
- 钴 60 衰减：以 γ 为例，钴 60 的自然衰减率为每年 12.3%。这种活度损失是一个固定的成本，因为无论产量多少，都会发生。为了维持装置的吞吐量，每年补充钴源的成本是按钴源总活度成本的 12.3%来计算的，在此基础上加上运输的相关费用。

18.3.3 可变成本

可变成本受装置吞吐量或活动的影响。

- 可变工资：通常包括管理食品辐照过程的操作员的工资。盒式包装或箱式包装与加工全尺寸托盘相比，劳动强度更大。
- 电子束或 X 射线辐射源的电耗：如果是基于加速器的辐射源，电耗取决于产量的多少，因此是一项可变成本。当没有生产量时，电耗下降到接近于零。

18.3.4 最小剂量

最小剂量和最大剂量通常由特定产品或产品类别的规定来确定。最小剂量是指达到食品去污、消毒或灭菌所需的剂量。最大剂量是指辐射可能损害或降低食品的质量、功能和营养特性的限度。

最小剂量要求直接影响食品辐照经济性。食品加工时间与剂量要求成正比。如果一个产品需要两倍的剂量，则需要辐照的时间为两倍，从而使装置的总产量减少到原来的三分之一。因此，将传递剂量保持在所需的最小剂量之上，将使装置的潜在吞吐量得到优化。

18.3.5 电子束或 X 射线能量

能量受全球规定的限制，电子束的能量为 10MeV，X 射线的能量为 5MeV（美国除外，在美国，X 射线的能量限制提高到 7.5MeV）。增加电子束或 X 射线的能量对产量有积极的影响，因为穿透力增加了，在相同的光束功率下可以处理更大的产品体积。例如，在相同功率的情况下，将 X 射线托盘加工系统的能量从 5MeV 增加到 7MeV，可以提高 30%～40%的吞吐量。

同样的逻辑也适用于增加电子束系统的能量。能量越高，吞吐量越大。全球规定的最大电子束能量为 10MeV。

但是，能量越高，源和屏蔽的购置成本就越高。

18.3.6 双电子束和 X 射线系统

为了降低商业风险，有时也会降低成本，一个选择是通过两种技术来分担风险，这样不仅可以解决食品市场，还可以解决其他应用（如医疗器械的灭菌、半导体掺杂等）。

双电子束和 X 射线系统主要有三种类型。第一种最基本的双技术方案是带可移动式 X 射线靶的电子束加速器。这种有限的设置的优点是降低了实施成本。其局限性在于光束线没有针对每种辐照技术进行优化（5MeV 和 10MeV 的最大功率）。第二种更先进的双系统是一个配置有一台加速器，每种技术都有一个专用的束流线和一个单一的传送带。这种解决方案可以使每种技术都有最佳的性能。由于采用了一台加速器和单一传送带的配置，获取成本也受到了限制。第三种也是最先进的双重配置，当加速器对两种技术都是通用的，但束流线和输送系统是特殊的。例如，一个 300kW 的单台加速器可以为垂直照射箱式输送机的 10MeV 电子束流线提供能量，也可以在一个单独的辐照室中为水平照射托盘输送机的 5MeV X 射线束线提供能量。

为了减少对一种应用的依赖，并通过投资两种技术来缩短投资回收期，这种双系统的额外购置成本往往是值得投资的。图 18.4 说明了能够提供 10MeV 电子束和 5MeV X 射线辐照装置的配置。

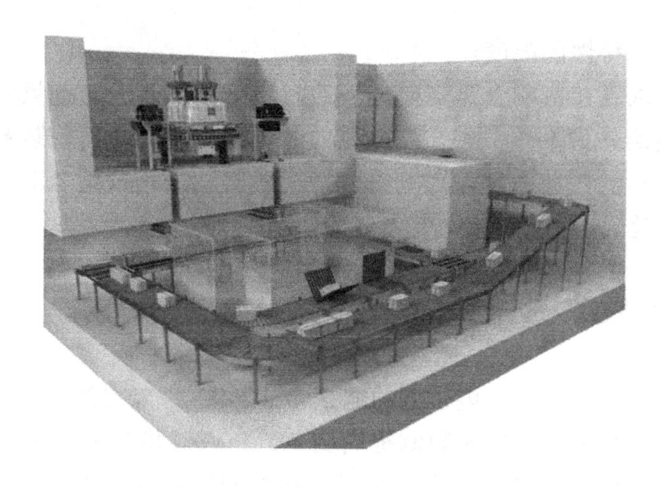

图 18.4 IBA Rhodotron DUO

注：单个加速器产生 10MeV 电子束和 5MeV X 射线，可以通过增加目标市场来分担投资风险。

18.4 经济效益比较

本节旨在提供 10MeV 电子束、5MeV X 射线和 γ 射线技术之间的经济性比较。这项评估比较了类似的系统配置，以获得同等的吞吐量。在此比较中，γ 射线和 5MeV X 射线采用托盘处理配置进行比较，而电子束系统采用箱式处理配置。

技术的比较是基于其购置成本、运行成本和可处理产品的吞吐量。这种成本评估并不能提供一个总的辐照系统的绝对成本，因为在每种情况下，总成本都是非常不同的。

成本只是比较不同的辐射加工配置时要评估的参数之一。作为一个例子，比较低能量电子束在线处理与高能量 X 射线托盘处理的采集成本没有太大的意义。在某些情况下，操作要求可能决定了最终的配置。例如，系统是移动式的，那么低能量在线系统可能是唯一的选择。另外，如果系统需要在托盘上处理食品，唯一的选择是 X 射线或 γ 射线。在其他情况下，可能有几种选择，必须根据具体情况进行逐一评估。

18.4.1 最好和最坏的情况假设

为了使这一成本模型能够适用于多种情况，成本用最坏的情况到最好的情况来表示。表 18.1 介绍了本财务比较所使用的假设。最好的情况假设对任何给定技术都是有利的，最坏的情况假设对任何给定技术都是不利的。在评估实际情况时，应根据当地的参数（电价、钴 60 的成本、钴 60 的获取难易程度等），对每项技术进行定位，在其范围内进行定位。

表 18.1　用于 10MeV 电子束、5MeV X 射线和 γ 射线的经济比较的最好和最坏的情况假设

最好的情况	最坏的情况	假　设
2.5	3	美元：1Ci 钴的费用
1.25	1.1	美元/欧元汇率[1]
0.05	0.09	美元/千瓦时电费[2]
0	0,1	USD/Ci: γ 辐射源退役准备金：
25 000	50 000	美元：钴 60 年运输费用，包括额外的交通费[3]

18.4.2　其他假设

在这项工作中，假定所有三种技术的某些成本是相似的。类似的成本包括建筑、屏蔽、输送系统、调度系统等。

X 射线和电子束加速器的成本采用了典型的加速器价格。

额外的劳动力包括了电子束处理箱的处理费用。

最小处理剂量为 400Gy，年产 8 000h，产品平均密度为 $0.4g/cm^3$。

γ 射线系统的运输费用假设为每年一次钴源补充的运输费用。

γ 射线系统和 X 射线系统是基于托盘加工配置进行比较的。因此，假设运行这两种配置所需的劳动力是相当的。

γ 射线系统的吞吐量数据（托盘配置）。

- 每 MCi 约 $2.15m^3/h$（$0.4g/cm^3$，20kGy，2 层，$3m^3$ 托盘，4 个通道）[4]；
- 每 MCi=43t/h（$0.4g/cm^3$，400Gy）；
- DUR（剂量均匀性比，最大剂量和最小剂量之比）：2.45（最小剂量 400Gy，最大剂量 980Gy）。

X 射线吞吐量数据（托盘配置）。

- 每 10kW 为 4.15t/h（5MeV，$0.4g/cm^3$，400Gy，2 层，旋转 $3m^3$ 托盘，4 个通道）；
- DUR: 1.4（最小剂量 400Gy，最大剂量 560Gy）。

电子束吞吐量数据（箱体配置）。

- 每年约 135 000m^3（10MeV，$0.15g/cm^3$，25kGy）；
- 每 10kW≈19.8t/h（10MeV，$0.4g/cm^3$，400Gy）。

根据上述数据，用于比较 γ 射线和 X 射线的等效性将是 1MCi 的钴 60 在 X 射线中相当于 104kW，在电子束中相当于 21.6kW，因为这些源在类似条件下可以处理相同体积的产品。

源的消耗成本是：

- γ 辐射源：总装源量的 12.3%的衰减率；
- X-射线和电子束：加速器的电效率（从墙式插头到电子束功率比）从 22%提高到 51%的束功率[5]。

其他X射线和电子束的不利假设：

- 电子束和X射线维护费用包括在本财务分析中，但没有考虑到与γ射线维护或钴60补充服务有关的费用；
- 不包括X射线系统可以通过在最佳时间段集中生产来优化劳动力或电力的使用的假设中。

18.4.3 辐射源的经济性比较

根据上述假设，图18.5为三种技术在不同容量下的比较。所有技术的系统容量都换算成等效的百万居里。

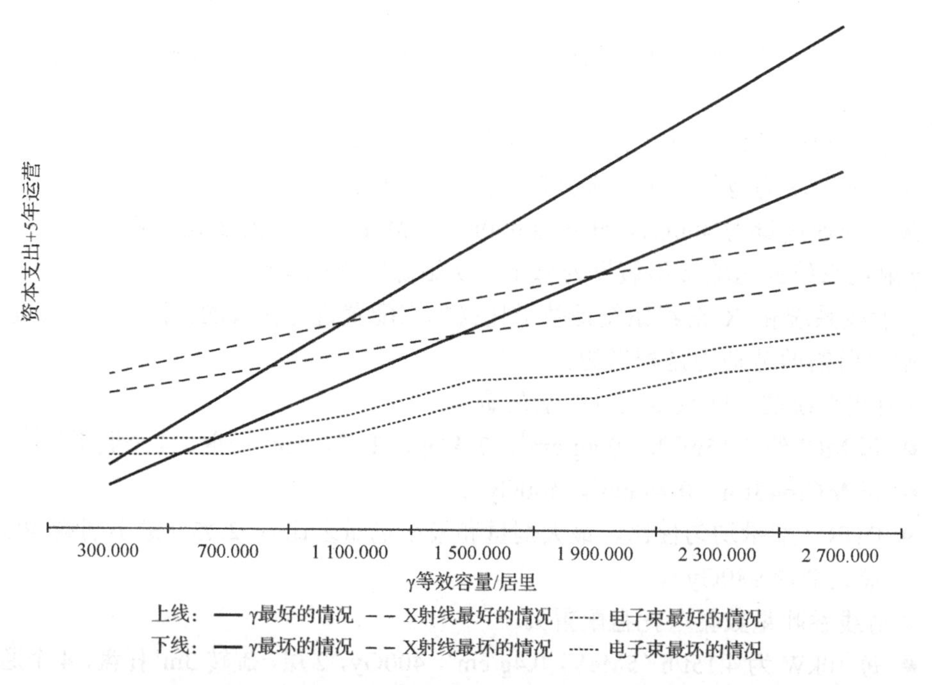

图18.5 与系统容量相关的成本比较图，包括每种技术最好的情况和最坏的情况

注：食品辐照：10MeV电子束、5MeV X射线和γ射线的比较。

结果是各种技术之间的相对成本比较，突出了特定情况下最经济的选择。

三种技术中的每一种技术都用两条线来表示：下线是最坏的情况，上线是最好的情况。从这个比较中可以得出以下结论。

- 在350kCi等效容量以下，γ辐射源总是最经济的辐照技术。这主要是由于低通量系统的辐射源投资比加速器技术的γ辐射源投资更低；
- 700kCi以上，10MeV电子束始终是最经济的辐照技术；
- 在1.9MCi以上，5MeV的X射线总是比γ辐射源更经济，因为与γ辐射源相比，X射线的任何容量的增加都比γ辐射源更便宜。

图18.6总结了不同技术之间的经济比较，显示了相对于容量要求而言，哪种技

术最经济。“个案处理”范围是指应评估区域特性以确定最经济的技术的吞吐量范围。

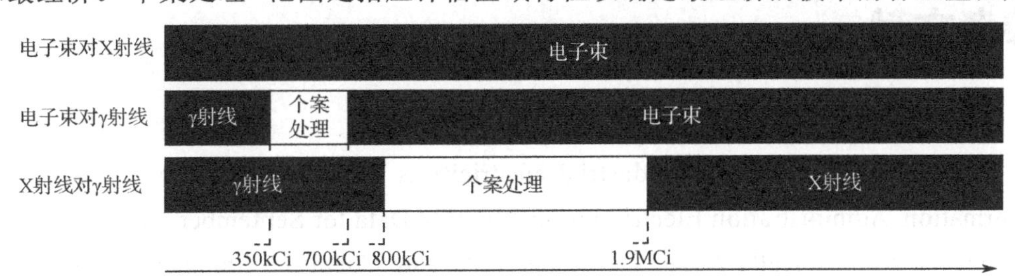

图 18.6 与容量要求相关的最经济的技术（以等效居里计算）

为特定情况确定更精确的盈亏平衡点，需要将每种技术定位在其最好的情况和最坏的情况范围内。

18.5 总结

不同辐照技术的主要特点如表 18.2 所示。辐照技术可以非常相似，但同时又有很大的不同。电子束技术和 X 射线技术在设备设置方面非常相似，但在辐射特性方面却大不相同。同样，γ 射线技术和 X 射线技术的辐射特性相似，但在辐射的产生方式上却大不相同。

表 18.2 不同辐照技术的主要特点

	低能量电子束	高能电子束	高能 X 射线	γ 辐射源
系统规模	小型可移动式	大	大	大
源能量源	电源开/关机	电源开/关机	电源开/关机	钴 60 始终开
不生产时的源消费	约为 0	约为 0	约为 0	占钴 60 总活度的 12.3%
典型的产品处理方式	散包装直排	盒子	箱子或托盘	箱子或托盘
最佳的产品	散包装直排	盒子	箱子	托盘
源采购费用（不包括屏蔽、输送装置……）	低，数十万€	高约 2M€（30kW/≈2MCi 等效）	高约 4M€（200kW/≈2MCi 等效）	高约 5M€（2MCi）
屏蔽	自屏蔽	混凝土墙体	混凝土墙体	混凝土墙体
吞吐量	低	中→高	中→高	低→高
效率	中	很高	很高	很高
源的可扩展性	良好	很好	很好	很好
产品辐照时间	快速	快速	缓慢	较慢
穿透率	表面	低	高	高
DUR	表面处理	中	优秀	很好
每年计划的停工时间	15～25 小时的维护	30～50 小时的维护时间	30～50 小时的维护时间	2～3 天钴 60 补充源和重新验证+其他维护任务

参考文献

[1] IRS historical USD Euro exchange rate.

[2] US average price for industrial electricity is 7.18 c$/kWh. Source: US Energy Information. Administration Electric Power Monthly Data for September 2015.

[3] GIPA "Typically Asked Questions Regarding Cobalt-60 Shipments" Fact Sheet March 2014.

[4] Nordion's Parallel Row Pallet Irradiator brochure.

[5] IBA Industrial - White Paper - Practical Advantages of the Rhodotrons®.

第 19 章 电离辐射装置的资格鉴定和认证

伊万·瓦伦丁·莫伊兹[1]，康斯坦丁·丹尼尔·尼古特[1]，
米哈里斯·库鲁比尼斯[1]

19.1 安装鉴定和运行鉴定

安装鉴定（IQ）是为了证明辐照装置、相关设备、测量仪器，辐照过程中涉及的任何软件均符合其规范[1]。软件验证指南由美国联邦药品管理局提供[2]。IQ 要求的验证和测试通常由供应商制定并经辐照装置操作员接受。IQ 应基于辐照装置、设备和测量仪器的测试、操作和校准的标准程序。

测试前，建议对设备和测量仪器进行校准。剂量测量系统应具有国家或国际公认标准的可追溯性[3]。应通过考虑不同的不确定度来源来评估测量的综合不确定度，如校准、剂量计响应、读出设备、校准曲线拟合、环境条件或信号的不稳定性[4]。对于某些特殊应用，如对鳍鱼和水生无脊椎动物的辐照[5]，在剂量测量系统的校准中需要考虑辐照时的温度。

对于所有类型的辐照装置（γ 射线、电子束或 X 射线），IQ 文件应至少包括对辐照装置、相关加工设备和测量仪器、辐照装置位置，用于将辐照产品与未辐照产品隔离的区域的说明。所有设备和仪器的手册和程序，由供应商提供的相应证书和报告，表明它们在规格范围内运行的报告，软件验证报告，IQ 过程中对辐照装置或测量仪器所做的任何修改，以及随后再测试的结果。

对于 γ 射线辐照装置，在 IQ 阶段需要进行剂量测量。应记录源在参考日期的活度，以及源的各个组成部分的排列。

对于电子束辐射装置，影响吸收剂量的束的主要特征是电子能谱（与电子穿透产品有关）和束流（与剂量率有关），因此，应对其进行测量和记录。影响产品中剂量分布的其他重要参数是束斑的位置和形状、扫描宽度和扫描均匀性（与受辐照产品表面的剂量均匀性有关）；在可能的情况下，还应确定这些参数。必须在束下系统不同距离处确定束的轮廓，以覆盖常规加工产品的预期高度范围。除束流外，所有

---

1. 霍里亚·胡卢贝伊国家物理与核工程研究与开发研究所（IFIN-HH），伊尔福夫马格雷尔里街 30 号，罗马尼亚 077125，PO BOX MG-6，欧洲。

其他参数的测定都意味着剂量测量。虽然在此阶段只需进行相对剂量测量，但建议使用可追溯公认标准的校准剂量测量系统。ISO/ASTM 51649 给出了电子束辐照装置的特性指南[6]。

运行鉴定（OQ）的目的是证明辐照装置能够在特定剂量范围内可重复且一致地进行辐照。OQ 辐照是在模拟产品上进行的，其密度接近常规加工中预期的密度。模拟的产品（有时称为体模材料）应该是相对均匀的材料，其衰减和散射特性类似于要辐照的实际产品。

OQ 主要通过对完全装有模拟产品并在标准操作条件下进行辐照的载体单元（容器、载体、传送带上的托盘等）进行剂量分布测试。对于每组关键的辐照参数（如电子束能量或传输路径），至少需要两个不同密度的模拟产品，以便在辐照单元中各个测试位置建立剂量率和密度之间的关系。如果在常规加工中使用了不同的传输路径，则应针对每个路径进行剂量分布测试。

模拟产品的密度范围应覆盖实际产品的预期密度。模拟产品的选择将取决于要辐照的产品类型和常规辐照中使用的包装类型。廉价的材料（碎纸、报纸、软木或锯末）可用于均匀填充整个辐照体积，密度范围为 0.1～0.4g/cm^3。通常在辐照装置设计中使用的蒙特卡罗模型也可以用于模拟产品的选择范围[7]（更多详细信息参见第 7 章）。

通常，通过将剂量计放置在辐照容器中的特定位置来进行剂量分布测试，以获得剂量的三维分布图[8]。因此，模拟产品必须允许将剂量计牢固地放置在辐照容器中。为了确定剂量计的数量和位置，以及要测试剂量分布的辐照容器的数量，可以使用以前从类似设计或数学模型的辐照装置获得的数据[9]。辐照容器中的剂量计的数量应足以准确地确定最小剂量和最大剂量的位置。另外，剂量计片/条可用于增加剂量图的分辨率或识别高剂量梯度的区域。建议采用与常规加工中相同的剂量测量系统，否则需要证明其可测量性。为了估计剂量的可变性，至少应测试三个照射单元（容器）的剂量分布；它们于辐照期间在传送带上的位置应选择为可以模拟整批均质产品的辐照。对于某些类型的辐照装置（如大流量），无法使用此剂量分布测试剂量过程。在这种情况下，剂量计会与模拟产品随机混合，并随其一起通过辐照区。剂量计的数量应足够大，以获得在最小剂量和最大剂量的统计上有意义的估计。

在对给定密度下的剂量分布获得数据的分析中，确定了一些强制性参数，如剂量分布模式、最小剂量和最大剂量的位置，以及其值的可重复性（统计不确定性），相应的剂量率和剂量均匀度（DUR），定义为照射容器内最大吸收剂量与最小吸收剂量之比。

原则上，任何辐射加工规范都限定了剂量范围，从产品达到预期效果所需的最小剂量到产品未降解的最大可接受剂量不等。因此，对于特定密度的产品完全填充辐照容器，其相应的 DUR 可能是不可接受的。有一些方法可以改善 DUR，一种选择是部分填充辐照单元。OQ 剂量分布图提供了有用的信息来确定最适合实现所需均匀性的辐照容器的区域。但是，如果实际产品仅部分填充其辐照容器，则应以相同的装载模式对模拟产品进行额外的剂量分布测试。

除了在标准条件下对模拟产品进行辐照，还应在 OQ 过程中评估辐照装置功能异常对剂量大小和分布的影响，并考虑所有可预测的原因。过程中断是所有类型的辐照装置都遇到的一个典型例子。常见的场景是，传送带停止运转，辐射源因此也停止运转，工艺流程必须重新开始。这可能对产品中吸收剂量的分布和大小产生重大影响。这种情况可以通过绘制一个或多个装满模拟产品的辐照容器来评估。在 γ 辐照装置的情况下，根据剂量测量系统的灵敏度，在一个或多个完整周期内，通过将辐射源从贮存位置移动到辐照位置，然后再向后移动，对靠近辐射源的辐照容器进行剂量测绘和辐照。对于电子束和 X 射线辐射装置，可以绘制一个参考平面，通常是最接近扫描窗口的参考平面（最有可能经历最大剂量变化）。由于其高空间分辨率，长条形剂量计片是一个不错的选择。根据从该实验获得的数据，应对照每种加工产品的工艺规范评估一个或多个过程重启的可接受性。如果在这种过程中断测试中使用的剂量测量系统的响应对分次辐照敏感，则在评估吸收剂量时应考虑这种影响。

以 γ 射线辐照装置为例，当不同密度的产品在同一次运行中进行加工时，同一辐照容器中的剂量分布可能会受到周围容器的影响。这种影响可以通过包含不同密度模拟产品的相邻辐照容器的剂量图来评估。特别是对于在高剂量率下以短暂停留模式工作的辐照装置，当用于食品辐照时，食品在源移动过程中所接收的剂量（称为传递剂量）可能是显著的。其大小可通过与过程中断讨论的相同程序进行评估。如果这种影响非常大，则应调整工艺参数，以便将输送到产品的剂量保持在规定的剂量范围内。

对于电子束辐照装置，在剂量测绘的整个过程中，辐照装置的光束特性应保持在规定的范围内。应对模拟产品表面（或参考平面）的剂量分布进行表征，以证明整个表面均受到有效辐照。建议将最有可能导致表面剂量最大不均匀性的参数组合在一起（如最大的传输速度和最大的扫描宽度）。剂量计的数量应足以记录小区域的剂量变化，因此，剂量计片是首选。对于给定的电子束能量，应在参考材料（通常是水或聚苯乙烯）中确定深度剂量分布，以检查电子射程是否达到预期。

OQ 报告应包括剂量测量及其解释、辐照容器的描述、用作模拟产品的材料、辐照几何结构、辐照装置的运行参数，以及为描述辐射场和辐照装置异常功能的影响而进行的所有测试。这些是确定常规加工界限的基准数据。

19.2　性能鉴定

为了实现对产品进行有效的、可重复的电离辐射加工，制造商单独或与辐照装置运行者必须一起进行的步骤见表 19.1[10]。

在第 6 步的工艺验证中，安装鉴定（IQ）证明所交付的设备符合其设计规范，运行鉴定（OQ）证明设备在其正常工作范围内的性能符合预期，性能鉴定（PQ）证明设备适用于某一产品的电离辐射加工。

表 19.1 有效的和可重复的电离辐射加工步骤

第 1 步 确定相关领域的范围和规范性引用文件	1.1 加工范围
	1.2 规范
	1.3 条例
第 2 步 质量管理体系要素定义	2.1 文件
	2.2 管理职责
	2.3 产品实现
	2.4 测量、分析和改进
第 3 步 处理剂、工艺和设备的特性	3.1 处理剂
	3.2 灭菌效果
	3.3 材料效果
	3.4 环境因素
	3.5 工艺
	3.6 设备
第 4 步 产品定义	4.1 产品规范
	4.2 产品系列
	4.3 加工类别
第 5 步 过程定义	5.1 最大可接受剂量
	5.2 最小加工剂量
	5.3 辐射源间最大可接受剂量和最小加工剂量的转移
第 6 步 工艺验证	6.1 安装鉴定
	6.2 运行鉴定
	6.3 性能鉴定
	6.4 工艺验证的审核和批准
第 7 步 常规监控、控制和处理后的产品放行	7.1 产品接收、搬运、装载、加工、卸载和贮存
	7.2 过程控制
	7.3 记录评审
	7.4 产品放行
第 8 步 维持过程有效性	8.1 持续有效性证明
	8.2 重新校准
	8.3 设备维护
	8.4 设备再鉴定
	8.5 变更评估

对于 PQ，使用的是用于常规加工的产品或物理特性相同的产品。试验需要确认适当的工艺参数，如定时器设置、产品负载配置和传送带速度，以便达到最小加工剂量，并不超过最大可接受剂量。

大多数制造商没有自己的辐照装置，而是与辐照装置运营商合作。在 PQ 开始之前，辐照装置运行者应与制造商一起制定一个带有验收标准的方案。一般认为，制造商应承担 PQ（在真实产品上进行）的责任，因为辐照装置运行者对产品没有任何或有限的控制。

由于剂量分布会随着产品的特性、辐照容器内产品的排列和辐照装置内的路径而变化，因此需要对常规加工中使用的精确参数集进行 PQ。

在 PQ 期间，必须使用按照规定的装载模式装入辐照容器的产品进行剂量分布测试，以便确定最小剂量和最大剂量的位置和幅度，以及整体包装内的最小剂量和最大剂量与整体包装外常规监测位置的剂量之间的关系（比率）。

用于电离辐射加工的产品的呈现方式，应由制造商在产品规格书中加以记录。这应包括单件产品的尺寸和重量、整体包装产品的尺寸和重量、产品和包装材料、最小加工剂量、最大可接受剂量，以及搬运、辐照和贮存条件等必要信息。

应制造商的要求，辐照装置运行者应在有代表性的辐照容器上绘制 PQ 剂量分布图。数量应足以确定容器（至少三个辐照容器）之间剂量的差异。在这种情况下，应对用于加工确定产品的每个输送机路径进行剂量映射。考虑到 OQ 剂量图的结果，应合理确定用于 PQ 剂量图的剂量计的数量和位置，以便准确确定实际产品中最小吸收剂量和最大吸收剂量的位置。可能需要在最小吸收剂量和最大吸收剂量区域中补充多个剂量计，并且有可能降低无用区域中的剂量计数量。

对于 γ 射线和 X 射线辐照装置，出于经济上的考虑，可能需要将不同的产品一起处理。在这种情况下，应进行剂量分布测试，以确定可与被剂量分布测试过的产品一起加工的产品或加工类别。对辐照装置中不同密度产品的剂量影响，应确定可以一起加工的产品。

如果在常规处理过程中要使用部分填充的辐照容器，则应确定并记录部分填充对辐照容器内的剂量分布，以及辐照装置中存在的其他辐照容器中的剂量和剂量分布的影响。

PQ 剂量分布图的记录必须包括制造商和辐照装置的信息，对单件产品、产品的整体包装、辐照容器、产品装载方式、传送路径、辐照装置操作条件、整体包装内的剂量和整体包装外常规监测位置剂量的测量结果，以及得出的结论。

进行 PQ 期间，辐照装置运行者在验证辐照商业负载时，是否有可能在制造商的产品规格书规定和记录的剂量范围内提供剂量，将考虑不确定性，这将导致目标剂量范围（剂量窗）不如最初指定的剂量范围那么宽。

PQ 的主要结果是针对特定产品和负载配置的工艺规范。该工艺规范应由辐照装置运行者和制造商共同审查和批准。制造商负责在产品规格中向辐照装置运行者说明剂量范围（从最小加工剂量到最大可接受剂量）。辐照装置运行者负责按照工艺规范在规定的剂量范围内对产品进行辐照。然而，辐照装置运行者并不负责实现某一特定的技术目的（电离辐射加工的范围）。

为某一产品制定和批准的工艺规范应包括：

- 单一产品和包装产品的描述；
- 所需的最小加工剂量和最大可接受剂量；
- 参考 PQ 剂量分布图的结果；
- 辐照容器内的装载配置，以及装载进入辐射源的方式；

- 辐照装置的工作条件；
- 常规参考剂量计的类型和位置；
- 参照位置的剂量与被辐照产品的最小剂量和各自的最大剂量之间的关系（比率）；
- 特殊加工、辐照和贮存条件（温度、湿度等）。

辐照装置运行者和制造商应根据产品的文件规格、PQ 剂量分布记录和辐照工艺规范建立书面技术协议。除了工艺规范外，协议还应详细说明各自的职责。制造商负责按照文件中的产品规格交付产品。辐照装置运行者负责按照记录的工艺规范辐照产品。

19.3 质量管理和认证

如今，质量要求已成为许多工业活动所固有的要求，无论这些要求是由法规（本地或国际协调）设定的，还是由公司建立信任合作关系的意愿设定的。最常见（广泛）的辐射加工应用是辐射灭菌（用于医疗器械或药品）、材料改性（交联、固化）和食品辐照。这些领域中的每一个都有特定的质量要求，但由于辐照装置（γ 射线、电子束、X 射线）具有一定的相似性，因此可以对适用的质量要求统一描述。此外，在许多情况下，合同辐照装置服务于多个应用领域（如医疗消毒和食品辐照），因此，适用于辐射加工活动的所有质量要求的概述是非常有用的。

表 19.2 描述了指导消毒灭菌和食品辐照的主要标准和条例。对材料改性的要求可能取决于加工产品的具体用途（如汽车、食品包装等），但自愿性的 ISO 9001[11] 认证已被广泛接受。医疗、制药和食品辐照有更具体的要求：根据特定的标准（ISO 13485[12]，ISO 15378[13]，ISO 22000[14]）进行质量体系认证，甚至对活动进行许可［良好生产规范-GMP[15]、危害分析和关键控制点（HACCP）[16]计划］。在认证标准之下，还有所谓的技术标准，这些标准没有自己的认证体系，但在实施时可获得认证或许可。食品辐照装置不能单独获得 ISO 14470《食品辐照——对使用电离辐射加工食品的辐照过程的开发、验证和常规控制的要求》 的认证，但该标准包括最一般的质量要求，并规定了辐照装置的一些特殊条件。

表 19.2　适用于辐射加工的质量管理体系要求的主要标准和条例

	医疗器械	药品	食品
许可法规	国家，地区	GMP	HACCP
认证标准		ISO 9001	
	ISO 13485	ISO 15378	ISO 22000
		3AQ4A	
	ISO 11137		
技术标准			ISO 14470
	ISO 14971		
		ISO 10012	

对于专门指定用于食品辐照的装置，即由于技术原因，除特定食品外不可能辐照其他产品，它只对 HACCP 感兴趣。此类情况包括新鲜蔬菜、种子、植物检疫处理或抑制芽孢的辐照，应用于几千戈瑞（kGy）或更低的剂量。许多国家和地区要求食品生产单位获得 HACCP 计划许可，如果辐照装置是内部辐照装置（属于食品加工厂的辐照装置），它将被包括在食品工厂的安全管理系统中。ISO 9001 认证不是强制性的，但 HACCP 计划推荐使用它。

对于为食品工业客户提供服务的合同辐照装置来说，HACCP 许可不是强制的，但应执行其适用的要求。在这种情况下，ISO 9001 认证也不是强制性的，但任何拥有 HACCP 许可证或 ISO 9001 认证的客户都会要求辐照工厂证明其符合客户的质量要求。自愿的 ISO 9001 认证就是提供这样的信用证明。即使质量体系未经 ISO 22000 认证，其适用要求也将包括在 ISO 9001 认证过程中。

如果辐照装置的设计允许用于食品辐照以外的其他用途，出于经济原因，最好在设计质量管理体系时尽可能多地考虑标准和准则。由于质量要求的实施主要体现在文件和记录中（根据 ISO 9001：2015，《文件化信息》），这种方法将有助于在需要时引入其他产品。

另一种情况是辐照装置主要用于（设计）医疗和药品，但其设计允许加工对剂量要求相对较高的食品（如调味品、各种肉制品等）。那些“多用途”辐照装置（几乎全是合同辐照装置）应该已经有 ISO 认证（ISO 13485、ISO 15378）或 GMP 许可证，一般认为这些认证取代了食品辐照的要求。同样在这种情况下，ISO 9001 不是强制性的，但 ISO 13485 和 ISO 15378 是它的定制版本。GMP 也接受 ISO 9001 的质量管理结构。

从以上讨论的案例中可以看出，ISO 9001 认证不是强制性的。但是，所有案例中都提到了这一点。这可能是一个很好的理由，可以将其视为设计任何辐射加工装置的质量管理系统的主要标准。在所有情况下，ISO 9001 认证仍然是一种自愿认证，但在现实生活中，它已被证明能带来巨大的好处。

设计和实施任何辐照装置的质量体系的一个可能途径是，从 ISO 9001 的基本的、广泛适用的要求开始，然后添加其他具体要求。对于食品辐照，这些将是 HACCP/ISO 22000 和 ISO 14470 的要求。对于多用途辐照装置，应考虑 ISO 13485/15378 和 GMP（及其相应的指南 ISO 11137 或 3AQ4a[17]）。

有时 ISO 9001 比其他认证标准和法规进展更快。这不应成为辐照装置质量管理体系运行中的缺陷，因为所有的质量标准最终都会与最新版本的 ISO 9001 相一致。ISO 9001 还会将其他标准的要求从“特定”的状态升级到“一般”要求的状态。例如，存在风险管理要求的情况，它们在医疗器械领域具有悠久的历史（ISO 14971）[18]。2015 年，ISO 9001 引入并将风险管理要求扩展到组织的所有活动。几乎与此同时，GMP 也引入了风险管理要求。

在辐照器操作过程中进行的内部测试（主要是剂量学）不需要特殊的认证或认可，但考虑测量管理系统的质量要求（ISO 10012）[19]可能会很有用。当组织的目标是使活动特别是食品辐照获得全球认可时，各个活动领域的标准和法规之间的紧密联系使 ISO 9001 认证更有价值。

我们不打算根据 ISO 9001 提供一个质量管理体系的模型，以便在食品辐照装置中实施（指导方针和咨询服务被广泛提供）。我们将只审查 ISO 9001 的主要要求，重点强调食品标准（ISO 22000 和 HACCP 计划）及食品辐照（ISO 14470）补充的要求。

对于任何质量管理体系，都应先明确组织机构，应定义质量管理体系的范围，以及实现组织质量目标的重要过程。在确定范围和过程时，应充分理解客户、监管机构和受组织活动影响的其他实体（相关方，根据 ISO9001：2015）的需求和期望。

ISO 9001 非常重视组织的管理。管理者应该有明确的责任来建立组织的政策、领导或执行组织过程的人员的角色、职责和权限。这应包括实施和执行 ISO 14470 要求的程序的责任和权限。领导层（ISO 9001）包括以客户为中心的重要要求。ISO 22000 特别要求制定食品安全政策。对于食品加工而言，客户关注的焦点应包括应急准备和响应。

ISO 14470 对辐照装置管理的具体要求是在“技术协议”中明确各方（辐照装置运行者和客户）的责任和权限。书面协议应包含双方的责任、产品的规格、流程规范、评估变更、一般所需的文件和记录，还应包括其他考虑因素，如不合格辐照产品管理协议，当外部机构要求提供信息、定期修订技术协议或隐私条款时，各方应采取的行动。

计划是管理层的另一项任务。质量管理体系的策划应该包括对风险和机会的评估。建立一套严格的“质量”规则并不是最好的选择，质量体系应该能够适应任何挑战。质量目标不仅推动着企业的发展，而且推动着企业实现预期目标的速度。由于外部或内部因素，变化是不可避免的，因此对变化的控制有很强的要求（ISO 9001、GMP）。

对组织过程的支持是质量管理体系的另一个重要方面。人力资源和基础设施是必不可少的，但是如果没有适当的流程运行环境，它们可能无法提供适当的结果。监测和测量资源是质量管理体系测试和分析状态的工具。最后，组织知识是应该保留和开发的另一种资源。

应认真确定操作流程的人员的能力，认识到他们在组织的复杂机制中的作用和重要性，这不仅是一项要求，也是促进组织发展的一个因素。沟通是实现这些目标的重要工具。食品安全团队负责人是 HACCP 计划/ISO 22000 环境中的关键岗位。

与辐射灭菌（医疗器械或药品）一样，食品加工对基础设施有具体要求。先决条件计划（ISO 22000）应考虑建设和布局、公用设施的供应、辅助服务、设备的适用性、采购材料的管理、产品的供应和处理（如贮存）、防止交叉污染、清洁和消毒、虫害控制、人员卫生，以及其他可能影响食品安全的方面。

文件和记录在任何质量管理体系中都很重要，“做好你所写的，记录下你所做的！”文件化的信息应该是对过程的支持。这意味着文件和记录系统要适应特定或具体过程的需要，而不是使用僵化的模型。ISO 11470 对电离辐射加工的每个阶段（技术协议、开发、验证、常规控制和产品放行）都有特别的要求。形成文件的信息应由指定人员进行审查和批准。

过程运行的质量要求包括过程的计划和控制，与客户沟通相一致的产品和服务要求（确认、审查、变更），产品和服务的设计和开发；外部提供的过程、产品和服务（采购）的控制，生产和服务提供（控制、标识和可追溯性、属于客户或外部提供者的财产、保存、交付后、变更），产品和服务的放行，以及不合格品的控制。

对于食品辐照，应在其辐照过程的设计和开发阶段中包括制订 HACCP 计划。辐照过程的危害分析是安全产品计划实现的关键措施，辐照过程的危害分析应为食品制造商开发的危害分析提供输入。

ISO 14470 给出了辐照装置（设计、辐射源、设备、人员）、产品和工艺（定义、规范）、剂量学、验证（IQ/OQ/PQ）、常规监测和控制、产品放行和保持工艺有效性的准确指导。除此之外，ISO 11470 还特别要求根据客户要求建立程序，对所有设备进行采购、识别和可追溯性，以及所有设备的校准，包括剂量测量系统（ISO 11137-3、ISO/ASTM 51261）和测试用仪器（ISO 10012）。

过程的绩效评价通过监测、测量、分析和评估，对质量管理体系的实际状态提供反馈，确定客户满意度、分析和评价、内部审计和管理评审。

自 2008 年以来，在 ISO 9001 环境中，改进一直在进行。对不符合项的处理，不仅要纠正其影响的结果，而且要通过纠正措施消除其根源。应特别注意潜在不安全产品的处理及其处置。

根据 ISO 11470 的规定，对指定为不合格品的控制程序和纠正、矫正、预防措施的程序应加以规定并形成文件。

持续改进应涉及质量管理体系的适宜性、充分性和有效性。

如上所述，辐照装置可能没有食品辐照许可证（取决于当地或地区的法规[20]）。每个国家可能有具体的法规，许可辐照装置用于加工（如药品消毒）或辐照的特定用途，该过程包括在制造商的许可证中（对于内部辐照装置）。由于辐照装置含有辐射源（γ 射线、电子束或 X 射线），辐照装置在任何情况下都应获得辐射安全许可证[21]。在许可证中，将对辐射源的安全，以及辐照装置的操作和维护进行许可。

许可证条件将提及辐射装置和场所（屏蔽等），但在许多情况下，还包括关于辐射装置操作和维护的质量要求。通常，辐射安全许可证不要求质量体系认证，但始终存在质量体系的要素（如程序和记录）。

对于任何辐射加工应用程序（医疗设备、药品或食品），设备（辐照装置）的需求都相似。辐射加工装置的设计和安全运行的一个很好的参考是 IAEA 安全标准 No.SSG-8[22]，它与世界上最先进的法规保持一致。国际原子能机构（IAEA）安全标准旨在辐射安全（运行者、公众和环境的安全），但根据其设计和运行的辐照装置将遵守与产品相关的大多数安全性和质量法规。例如，辐照装置的“调试”包括对辐照装置的安装和运行进行彻底检查，通常包括特定应用的 IQ 要求。

19.4 结论

对于食品辐照，与许多其他辐射加工应用一样，必须确认辐射加工始终如一地达到预期的结果。这种证明可以通过安装鉴定（IQ）、运行鉴定（OQ）和性能鉴定（PQ）证书来获得。ISO 14470 对如何执行这些证书有详细的说明。

辐照装置的整个操作，包括维护和鉴定，应在一个可信的环境中进行，通常是通过认证的质量管理体系实现的。每个应用领域及国家和地区的质量管理体系要求都略有不同，它们在不断地更新和发展，目的是向客户和监管机构提供证据，证明产品或服务是在受控条件下实现的，并符合有关要求。

参考文献

[1] ISO 14470:2011, Food irradiation - Requirements for the development, validation and routine control of the process of irradiation using ionizing radiation for the treatment of food.

[2] U.S. Food and Drug Administration, General principles of software validation; Final guidance for industry and FDA staff, 2002. <https:// www.fda.gov/Regulatory Information /Guidances/ucm 085281.htm>.

[3] ISO/ASTM 51261:2013, Standard practice for calibration of routine dosimetry systems for radiation processing.

[4] ISO/ASTM 51707:2005, Standard guide for estimating uncertainties in dosimetry for radiation processing.

[5] ASTM F1736-09, Standard guide for irradiation of finfish and aquatic invertebrates used as food to control pathogens and spoilage microorganism.

[6] ISO/ASTM51649:2005,Standard practice for dosimetry in an electron beam facility for radiation processing at energies between 300 keV and 25 MeV.

[7] L. Portugal, J. Cardoso and C. Oliveira, *Appl. Radiat. Isot.*, 2010, **68**(1), 190.

[8] ASTM E2303-11 Standard guide for absorbed-dose mapping in radiation processing facilities.

[9] ASTM E2232-10 Standard guide for selection and use of mathematical methods for calculating absorbed dose in radiation processing applications.

[10] ISO 11137-1:2015, Sterilization of health care products – Radiation – Part 1: Requirements for development, validation and routine control of a sterilization process for medical devices.

[11] ISO 9001:2015, Quality management systems – Requirements.

[12] ISO 13485:2016, Medical devices – Quality management systems –

Requirements for regulatory purposes.

[13] ISO 15378:2015, Primary packaging materials for medicinal products – Particular requirements for the application of ISO 9001: 2008, with reference to Good Manufacturing Practice (GMP).

[14] ISO 22000:2005, Food safety management systems – Requirements for any organization in the food chain.

[15] PIC/S GMP Guide, Pharmaceutical Inspection Convention, Pharmaceutical Inspection Co-Operation Scheme, https://www.picscheme.org/en/publications?tri=gmp (accessed 30 April 2017).

[16] Hazard Analysis and Critical Control Point (HACCP) System and Guidelines for its Application, in Codex Alimentarius – Food Hygiene - Basic Texts – Second Edition, http://www.fao.org /docrep/005/y1579e/ y1579e00.htm#Contents (accessed 30 April 2017).

[17] 3AQ4a, The use of Ionising Radiation in the Manufacture of Medicinal Products, http://www.ema.europa.eu/ema/index.jsp?curl=pages/regulation/general/general_content_000733.jsp&mid=WC0b01ac0580028e8b (accessed 30 April 2017).

[18] ISO 14971:2007, Medical devices – Application of risk management to medical devices.

[19] ISO 10012:2003, Measurement management systems – Requirements for measurement processes and measuring equipment.

[20] P. B. Roberts, *Radiat. Phys. Chem.*, 2016, **12**, 30–33.

[21] IAEA Safety Guide No. GS-G-1.5, Regulatory Control of Radiation Sources, IAEA Safety Standards, International Atomic Energy Agency, Vienna, STI/PUB/1192, 2004.

[22] IAEA Safety Standard No. SSG-8, Radiation Safety of Gamma, Electron and X Ray Irradiation Facilities, International Atomic Energy Agency, Vienna, 2010.

第20章　食品辐照的全球现状和商业应用

R. F. 尤斯蒂斯[1]

20.1　背景

在20世纪70年代末至90年代，零售商店中出现了相对少量的辐照食品。大多数接受辐照的食品都是特色菜，比如，法国和比利时的蛙腿，亚洲的海鲜、马铃薯和洋葱。从20世纪80年代开始，香料和调味料在许多国家都是常规辐照的，但没有要求贴标签。20世纪80年代，伊利诺斯州芝加哥市的零售商Carrot Top成功地销售了来自佛罗里达州的经过辐照的草莓，并发现人们对经过辐照过的草莓有强烈的偏好，因为它们的质量更高，保质期更长[1,2]。1998年，明尼苏达州的彩虹食品公司开始提供来自夏威夷的经过辐照的木瓜。在2000年之前，超市里出售的辐照食品非常有限。自2000年以来，世界各地越来越多的消费者购买并持续购买辐照过的新鲜农产品、肉类、海产品和其他食品。辐照食品进入商业市场的过程基本上已经悄无声息，消费者反应积极，负面影响微乎其微。在大多数情况下，一种产品是否经过了辐照并贴上了辐照的标签，在购买时并不是一个重要的考虑因素，除非它有明显的好处，如食品安全。

零售商在扩大辐照食品的供应方面起着关键作用，因为他们决定是否在货架上提供这些产品。商家普遍发现，消费者热衷于购买这些产品，并不是因为这些产品经过辐照，而是因为顾客想把产品放在餐桌上。

一些零售商仍然错误地认为消费者不会购买辐照食品，即使经过辐照的食品，特别是进口水果和蔬菜，已经在其货架上并成功销售了几年。最近，零售商对在货架上添加辐照食品的态度变得更加开明，辐照食品的数量急剧增加，特别是在美国、新西兰、澳大利亚和几个亚洲国家。

20.2　历史回顾

2000年5月，美国明尼苏达州首次成功销售辐照牛肉馅，当时几家零售商开始

1．7040 N.Via Assisi，图森，亚利桑那85704，美国。

供应辐照过的冷冻牛肉。在因大肠埃希菌 O157:H7 的细菌污染和随后的疾病暴发而导致的一系列大规模产品召回后，明尼苏达州卫生部在鼓励零售商向其肉类部门添加辐照的牛肉馅方面发挥了积极作用。总部位于明尼苏达州的施旺公司，是一家送货上门的全国性食品服务提供商，从 2000 年开始销售辐照牛肉馅。内布拉斯加州的奥马哈牛排公司是一家备受尊重的肉类食品公司，自 2000 年以来，通过邮购成功地销售辐照牛肉馅。今天，施旺和奥马哈牛排提供的所有未熟的牛肉馅都经过辐照。总部位于纽约州罗切斯特市的韦格曼公司，在纽约州、新泽西州、宾夕法尼亚州和弗吉尼亚州拥有 90 多家超市，一直是辐照工艺的坚定支持者，也是辐照牛肉馅最引人注目的零售商之一[3,4]。尽管韦格曼采取了一切措施确保其所有牛肉馅产品的安全，但该零售商认为辐照是一种增值工艺，为消费者提供了额外的食品安全保护。事实上，奥马哈牛排、施旺和韦格曼都是声誉完美的零售商，这促使其他零售商有了“热身”辐照的想法。更多的肉类公司已经开始在其产品线中加入辐照的牛肉馅，2016 年，至少还有两家公司对此正在积极考虑。

在 21 世纪前 10 年中，越来越多的辐照农产品开始出现在美国超市的农产品区域，这些农产品主要来自夏威夷、墨西哥和亚洲。2004—2005 年，澳大利亚开始在新西兰销售若干辐照农产品。到 2011 年，澳大利亚每年为不断增长的新西兰市场提供辐照超过 1 000t 的水果（主要是芒果）。2008 年，墨西哥开始大量销售辐照农产品，主要是供应美国市场的番石榴[5]。在几个国家的现货市场成功表明，其他零售商有充分的机会在生产部门扩大辐照水果的供应。

目前，包括英国、法国、德国、芬兰、日本、中国、韩国和印度在内的 22 个国家正在使用基于俄罗斯技术的约 515 个辐照装置。此外，俄罗斯国家原子能公司计划将食品辐照的使用范围扩大到阿联酋、毛里求斯共和国和马来西亚。

20.3 当前状态

在本节中，我们将回顾在本国消费或生产大量辐照食品的地区的情况，并介绍其他地区的最新进展，这些地区成功地扩大了辐照技术的应用，以获取市场准入（灭虫），保持产品新鲜度（延长保质期）或提高食品安全性。

以下是各洲辐照食品的状况，每个地区从主要辐照食品供应商开始，然后扩展到辐照使用的国家。

20.3.1 非洲

20.3.1.1 南非

南非目前有四个商业辐照装置。南非的辐照历史始于 1960 年年初，当时设立的佩林达巴工厂是原子能委员会在罗科・巴松博士主持下为和平利用核材料的努力的一部分。工厂生产了长寿命的耐高剂量的食品包装袋，供军方使用，还辐照了草莓等新鲜产品，表明了辐照在延长货架期方面的成功应用。

显然，辐照技术在商业上是可行的，这促成了 20 世纪 70 年代初期在约翰内斯堡一个辐照装置的建立，用于加工包括医疗和食品在内的多种产品。该装置目前归 Steris 所有。

欧洲国家是南非水果最大的市场，辐照水果即将运往欧洲国家的可能性，促使于 20 世纪 80 年代初期在水果种植区桑尼建立了一个辐照装置，辐照的目的是延长货架期。当欧盟最终决定不选择辐照时，该装置于 80 年代中期退役，随后于 1986 年在开普敦建立了海普罗角装置，再后来于 1989 年在德班建立了 Gamwave。

佩林达巴装置于 20 世纪 90 年代中期退役，2013 年重新投入使用，现在由 Gamwave 负责运营。

南非于 2016 年向美国出口了第一批空运荔枝。这是南非荔枝行业在经过长期的市场准入谈判后首次向美国市场供货。南非官员认为，这一成就是该国扩大出口市场计划的主要贡献之一，使南非成为世界上重要的出口国。美国农业部规定的条件包括以辐照消除某些害虫和昆虫。2015 年，美国消费者总共购买了 54t 南非荔枝。此外，还有 203t 柿子[6]。

（1）南非的辐照食品。截至 2015 年年底，在过去的 10 年中，四个装置向卫生部提供的数据汇总如图 20.1 所示。

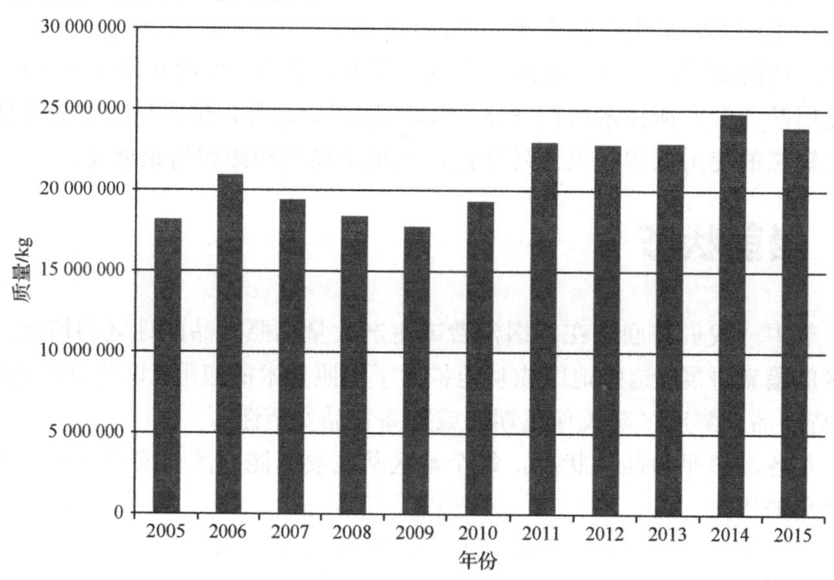

图 20.1　2005—2015 年南非的辐照食品量

图 20.2 显示，除蜂蜜外，其他所有食品种类的辐照量与香料量相比都相形见绌。2011 年立法变更导致了这一增长。

到目前为止，香料是辐照的最大食品类别（2014 年达到 19 000t）。它们是进口的或本地生产的，并且经过辐照以控制昆虫、酵母菌、霉菌和细菌。这些香料可以按原样出售，也可以作为腌料中使用的预包装出售。

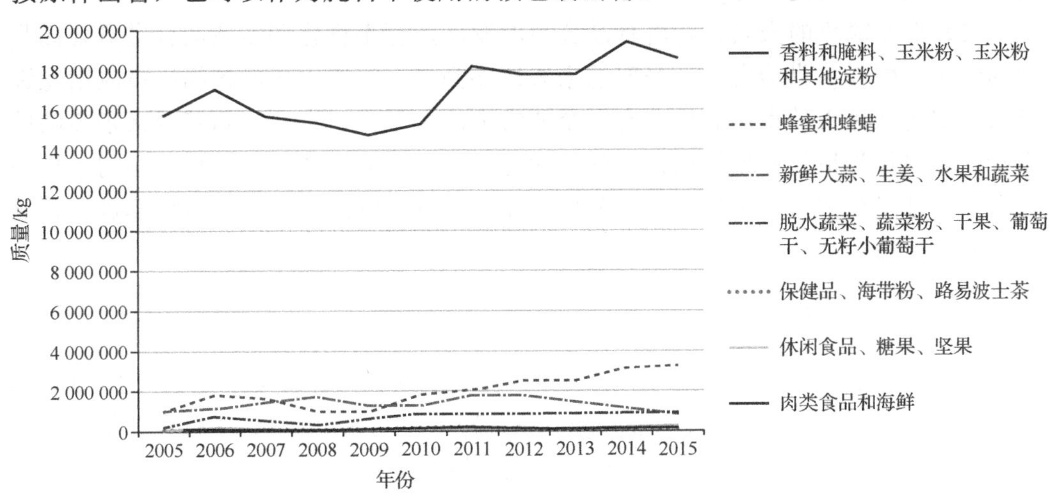

图 20.2　按食品类别分类的南非辐照食品

第二大类是蜂蜜，约 3 200t，是通过辐照来对抗美国污仔病（AFB，蜜蜂幼虫疫病）的。由于恶劣的干旱条件，蜂蜜的产量不足，大量的蜂蜜从世界各地进口，来作为当地蜂蜜的补充。蜂蜜中潜在的有害生物非常多，因此这是一个破坏性的国际问题。引起这种疾病的细菌杀死了蜂房里的幼蜂，最终导致蜂巢死亡。它是孢子形成物，只有辐照才能杀灭它。

蜜蜂对农作物授粉至关重要，在农业经济中，蜜蜂的工作对安全的食品供应至关重要。许多蜂农也把空蜂箱送去接受辐照。南非是世界上唯一一个通过辐照进口蜂蜜来控制 AFB 的国家。最近发生的疫情可追溯到进口的蜂蜜，但没有经过辐照。

新鲜大蒜经过辐照可防止发芽。当大蒜在采收过程中被起获时，会被低温贮存运输进口到南非。在大蒜生长周期的早期进行辐照，可以有效地防止发芽，同时还具有植物检疫措施的优势。

脱水蔬菜和蔬菜粉末经过辐照以控制细菌、酵母菌、霉菌和昆虫。这些产品用于制作速溶汤料。

干果通常用硫黄处理以防止霉菌生长。许多人对硫黄过敏，辐照是一个很好的替代品。这些水果主要用于制造糖果、酸奶和巧克力。

鸡蛋液在冷冻和液态下都要辐照，全蛋也是如此。鸡蛋液在受到辐照时会变得很稀，因此在冷冻状态下进行辐照，以供糖果商使用。当全蛋辐照时，它们主要是作为向生态敏感地区供应全蛋时的一种检疫控制机制。

自 20 世纪 80 年代在出口到澳大利亚的茶叶中发现沙门氏菌以来，路易波士茶就一直在进行辐照。澳大利亚和日本政府拒绝在他们国家生产辐照产品。另一种选择是寻求蒸汽灭菌，但那样会导致味道和颜色的损失。

为了控制细菌，肉类、肉类包装盒和海产品都要经过极少剂量的辐照，而且大多是在冷冻状态下进行的。坚果被低剂量辐照以控制昆虫。剂量非常低，因为坚果的脂质含量高，剂量高可导致感官变化。

（2）南非辐照的未来。随着食品公司的发展，更多样化和复杂的食谱需要高品质的无污染配料提供给客户。光明的未来即将到来。辐照水果的植物检疫应用允许进入目前无法进入的市场。南非有一个非常大的水果出口市场，随着越来越多的国家接受辐照作为植物检疫措施，将使该国能够向更多的市场提供各种各样的水果。与美国制订了框架对等工作计划。其他国家正在询问该过程，以及从南非进口辐照水果的可能性。

20.3.1.2 阿尔及利亚

俄罗斯国家原子能公司和阿尔及利亚人民民主共和国能源原子能机构于 2016 年 5 月签署了一份关于和平利用核能领域合作的谅解备忘录。这些合作将包括保健产品和食品辐照，这也是继续推动全球核能领域发展的一部分[6]。

20.3.1.3 加纳

加纳正在建立一个辐照计划，其主要目标是美国市场。茄子、秋葵和胡椒粉的辐照是进入美国市场的强制性先决条件。

20.3.1.4 赞比亚

赞比亚政府与俄罗斯国家原子能公司签署协议，为在赞比亚建设核电站奠定基础。一份新闻稿指出，除其他事项外，双方将制定一项战略，生产电力和用于诊断、癌症治疗和食品辐照的同位素[7]。

20.3.2 美洲

20.3.2.1 美国

美国拥有世界上最先进的商业食品辐照计划，美国辐照食品的消费量仅次于中国。

辐照食品的国际贸易量很大，这是由于美国消费者对辐照食品的接受程度，以及进入这一庞大而有利可图的市场所推动的。目前有十多个国家向美国零售商出口农产品。

2015 年，美国辐照或销售的食品包括约 6.8 万 t 香料、3 万 t 水果和蔬菜，以及约 1.25 万 t 肉、家禽和活牡蛎。估计还有 1 万 t 其他辐照食品。因此，美国每年大约消费 12.5 万 t 的辐照食品。与 2010 年相比，2015 年用于辐照杀虫的水果和蔬菜数量增加了 6 倍，包括牛肉馅在内的其他食品的数量也在逐步增加。2015 年的辐照产品总量包括来自夏威夷的约 6 000t（1 400 万磅）。美国消费的大量额外辐照产品是从与美国农业部签署贸易协定的国家进口的。对香料进行辐照以消除污染仍然是美国主要采取的食品辐照法，在美国消费的所有商业香料中，大约有 1/3 是经辐照的。

（1）美国进口。2015 年，美国从 7 个国家进口了近 3 万 t 辐照产品。除此之外，大约有 6 000t 来自夏威夷的产品需要辐照才能进入美国大陆。

印度在 2007 年开始出口辐照水果到美国。2008 年，印度向美国出口了 275t 水果。到 2016 年，数量已超过 600t。泰国从 2007 年开始向美国出口辐照水果（龙眼和芒果）；2010 年出口了四种辐照水果（山竹，330t；龙眼，595t；荔枝，18t；红毛丹，8t）；2015 年，泰国对美国出口山竹（466t）、龙眼（21.5t）、芒果（2t）。越南从 2008 年开始向美国出口经过辐照的火龙果，2011 年开始运输红毛丹。2015 年越南对美国的出口包括火龙果（1 928t）、荔枝（35t）、龙眼（383t）和红毛丹（超过 200t）。巴基斯坦已经进入美国市场，2015 年出口了 152t 芒果。2015 年，南非向美国出口荔枝和柿子超过 200t。越南、印度和泰国是最积极追求向美国出口的国家，而其他国家如马来西亚、老挝和菲律宾也有望在未来向美国出口辐照水果。

墨西哥从 2008 年开始向美国出口辐照番石榴。2008 年的总出口量为 257t，2009 年为 3 521t。2010 年，这些出口显著增加到 10 318t，包括番石榴（9 121t）、甜橙（600t）、芒果（239t）、葡萄柚（101t）和曼扎诺胡椒（257t）。2015 年，近 12 000t 墨西哥农产品越过美国边境。墨西哥出口的番石榴超过 9 700t，番石榴在美国的市场正在向民族市场以外扩展。墨西哥番石榴的主要零售商报告称，他们在 2016 年的采购量是 2015 年的 3 倍。由于两国之间明显的成本优势和快速的陆路运输，墨西哥已成为美国最大的辐照产品出口国[6]。

（2）辐照服务提供商。密西西比州格尔夫波特的盖特威美国公司已成为美国食品辐照的主要参与者，并日益扩大其国际业务。盖特威于 2012 年安装了 Gray Star Genesis Ⅱ辐照器，并于 2013 年开始提供商业辐照植物检疫服务。盖特威辐照多种食品，包括牛肉馅、牡蛎、水果、蔬菜和其他产品。

盖特威已经为主要供应商辐照了牛肉馅，目前正在与另外两个加工商进行讨论。2015 年，盖特威发起了新鲜牡蛎的辐照，并且数量在显著增加。盖特威为数家大型海鲜公司辐照新鲜的牡蛎。随着弧菌病例的增加，辐照就显得更有吸引力。

在国际舞台上，盖特威与包括秘鲁和格林纳达在内的多个国家密切合作，以通过与美国农业部及其动植物检验疫局达成的框架等效协议（FEWP），帮助他们获得美国市场准入。目前，盖特威正在帮助哥伦比亚在美国市场立足。墨西哥水果进口商也正在与盖特威展开合作，以扩大其快速增长的业务。

（3）框架等效协议。美国农业部及其动植物检疫局已与十几个国家达成协议。这些协议被称为框架等效工作计划，允许特定商品进口到美国，前提是伙伴国将允许类似的美国产品进入他们的国家。在许多情况下，辐照是强制性植物检疫干预措施。截至 2016 年，已有 13 个国家签署了该协议，包括澳大利亚、多米尼加共和国、圭亚那、印度、老挝、马来西亚、墨西哥、巴基斯坦、秘鲁、菲律宾、南非、泰国和越南，还有更多的国家正在等待。美国农业部及其动植物检疫局对辐照的支持和鼓励使用，对增加美国与签署国之间的贸易产生了积极影响。

20.3.2.2 玻利维亚

2015 年，玻利维亚政府与俄罗斯国家原子能公司达成了 3 亿美元的交易，建造研究综合体，为该国未来的民用核工业奠定技术基础[8]。

20.3.2.3 巴西

俄罗斯国家原子能公司的子公司联合创新公司（UIC）与巴西咨询公司 CK3 签署了谅解备忘录，以在 2015 年开发、建设和运营巴西的辐照中心。该协议建立了双方之间的合作关系，涉及协调各部门实施和运营巴西辐照中心的项目，使用基于电子加速器的技术对药品、化妆品和保健产品进行灭菌，以及包括食品辐照在内的其他应用[9]。

20.3.2.4 加拿大

当前，接受辐照的物品清单包括整块和磨碎的香料，以及脱水调味料。诺迪安是加拿大唯一的 γ 射线辐照食品加工厂。不列颠哥伦比亚省的电子束设备 Isotron 也对一些食品进行辐照，表 20.1 列出了加拿大当前的产量。表中显示辐照食品的数量稳步增加。尽管数量相对较少，但这种稳定的增长表明消费者对辐照食品的需求正在“升温”。自 1998 年以来，加拿大牛肉行业就敦促加拿大政府批准牛肉馅辐照，直到 2017 年年初，加拿大卫生部才最终批准了这一计划[10]。

表 20.1 加拿大魁北克拉瓦尔诺迪安的食品辐照产量（2010—2016 年）

年　份	总 车 数	总 件 数	总重量/kg
2010	3 172	69 696	951 600
2011	3 581	80 541	1 074 300
2012	3 470	78 609	1 041 000
2013	3 602	85 248	1 080 600
2014	3 768	81 772	1 130 400
2015	4 168	90 429	1 250 400
2016（截至 10 月 16 日）	4 308	97 716	1 292 400

20.3.2.5 多米尼加共和国

2016 年，美国农业动植物检疫局取消了对多米尼加共和国种植的一系列作物的进口限制，前提是这些作物符合包括辐照在内的某些害虫减少标准。清单上包括葡萄、葡萄柚、柠檬、荔枝、龙眼、人心果、柑橘、芒果、橙子、木瓜、胡椒、柚子、番茄和仙人掌果[6]。

20.3.2.6　圭亚那和格林纳达

圭亚那于 2016 年被列入美国农业部联邦环境工作计划合作国家名单。格林纳达将为进入美国市场而对 6 月的李子进行辐照[6]。

20.3.2.7　夏威夷

夏威夷是应用辐照植物检疫的先驱。20 世纪 70 年代初，夏威夷首次对热带水果进行植物检疫辐照。

1986 年，在美国食品药物监督管理局批准辐照控制产品中昆虫的许可后，颁发了木瓜从夏威夷一次性运到加州的许可证，以首次测试店内消费者对辐照食品的反应。

1995—2000 年，超过 300t 木瓜和 100t 其他水果从夏威夷运往美国大陆，在 16 个州进行分销。夏威夷第一大辐照出口作物是番薯。辐照番薯的数量从 2005 年的 1 780t（57%）增加到 2010 年的 5 370t（94%）。2015 年，在夏威夷辐照的 6 500t 产品中，番薯超过 90%。

夏威夷也有龙眼、红毛丹、甜罗勒、火龙果、木瓜、咖喱叶、香蕉和芒果（数量大致相同）。到目前为止，所有辐照的产品都已被送往美国大陆；但是，夏威夷很快就会把他们的第一批辐照木瓜运往新西兰。2015 年，辐照农产品超过 6 500t（约 1 500 万磅）。近年来，辐照量大幅度增长[11]。

夏威夷有两个辐照公司在运行：夏威夷帕伊纳（Pa’ina）和夏威夷普瑞德（Pride）。这两家夏威夷辐照公司每年辐照 6 500t（约 1 500 万磅）的产品。

辐照装置。自 2000 年以来，拥有商业 X 射线辐照装置的夏威夷普瑞德公司一直在使用辐照技术将木瓜和其他热带水果和蔬菜运往美国本土。2008 年，卡拉沃种植者公司收购了夏威夷普瑞德公司，辐照的焦点从番木瓜转移到番薯。夏威夷帕伊纳公司于 2012 年安装了 Gray Star Genesis Ⅱ辐照器，并于 2013 年 1 月 31 日开始提供商业辐照植物检疫服务。该装置目前正在使用低剂量辐照木瓜、冲绳紫薯、红薯和泰国罗勒、辣木叶和豆荚（鼓槌树叶）、生姜、哈密瓜、芋头叶、咖喱叶、龙眼、荔枝、山竹和红毛丹。较高剂量用于对用作化妆品成分的磨碎的澳洲坚果壳进行辐射灭菌。到目前为止，帕伊纳主要对夏威夷种植的产品进行辐照，但由于辐照是甲基溴熏蒸的替代品，预计会有一些从美国本土进口到夏威夷市场的产品。高风险有害生物商品也存在潜力，例如，太平洋岛屿地区的切花和树叶辐照除虫。计划利用夏威夷的帕伊纳装置，对运往美国本土的亚洲种植的农产品进行辐照[12]。

20.3.2.8　墨西哥

在墨西哥接受辐照的农产品数量显示出稳定的增长。墨西哥靠近美国的地理位置是这一戏剧性增长的关键因素。墨西哥是最早与美国制定框架等效工作计划的国家之一。

2008 年，墨西哥第一个接受辐照的产品是番石榴。在那一年，辐照产品有 265t。

这一数量每年增长约15%。2015—2016年，墨西哥向美国出口了约11 700t辐照农产品（见表20.2）。这比2014年增长了17%。其中83%的数量是番石榴，其次是智利曼扎诺（辣椒）为8.4%，芒果为6.7%。虽然在墨西哥辐照的产品主要是番石榴、芒果和智利曼扎诺，但其他水果还包括葡萄柚、柑橘、杨桃、石榴、无花果、火龙果、花梨、红毛丹。许多墨西哥零售商自豪地在他们的货架上放着辐照过的农产品。消费者的接受度非常高。

表20.2 墨西哥辐照水果出口到美国的历史回顾

产　　品	2010—2011年/t	2015—2016年/t
瓜瓦斯	5 345	9 709
芒果	213	781
智利曼扎诺（辣椒）	97	982
石榴	0	135
杨桃	0	27
火龙果	0	66
无花果	0	8
甜橙	0	5
总计	5 655	11 712

第一批经辐照的墨西哥新鲜无花果产品共257kg，于2016年运抵美国。这批无花果来自墨西哥的莫雷洛斯州和普埃布拉州。紧接着，第二批628kg新鲜无花果也运到了美国。2015年7月，墨西哥的无花果种植面积达200公顷（2万平方米），主要集中在莫雷洛斯、下加利福尼亚南部、普埃布拉和伊达尔戈。墨西哥目前的无花果产量估计超过6 000t，价值约300万美元。辐照是墨西哥无花果进入美国的一项强制性植物检疫要求，这显示出了巨大的增长机会[6]。

墨西哥联邦水果辐照中心是与美国农业部合作开展辐照计划的组织，位于圣路易斯波托西马蒂瓦拉的墨西哥第一个全部用于食品的辐照装置贝尼比昂，在实现墨西哥对美国水果出口方面发挥着重要作用[13]。

20.3.2.9 秘鲁

秘鲁辐照食品的数量仍然很小，主要是因为唯一可用的装置陷入了政府和私人投资者之间的行政和法律纠纷中。我们希望该国最近选出的新政府能够解决这一问题。这个私人投资者得到了澳大利亚投资者的支持，因此，他们在该国食品辐照方面起主导作用，具有一定的影响力。

2016年，美国农业部动植物检疫局确定，商业托运的新鲜无花果和新鲜石榴果实可以安全地从秘鲁进口到美国大陆。美国农业部动植物检疫局的科学家进行了有害生物风险评估，并确定了减轻植物有害生物的植物检疫措施。

这些缓解措施，如商业托运的新鲜无花果在抵达美国后需要进行辐照和检查，同时还需要秘鲁国家植物保护组织的植物检疫证书，确定有效保护美国免受高风险有害生物的入侵[6]。

食品辐照装置。总部位于澳大利亚悉尼的 ESA Accountant Pty Ltd.正在升级秘鲁的辐照基础设施，以期在 2017 年对利马工厂进行认证，将产品出口到美国。秘鲁的 Inmune SA 公司自 1995 年成立以来一直专注于国内业务，但由于它紧邻卡亚俄港和利马国际机场，因此在 2014 年获得机会并收购了该装置。

用于秘鲁国内市场辐照的有马铃薯、豆类、柑橘和菠萝，出口市场的新鲜芦笋、葡萄、芒果、鳄梨、柑橘、石榴、无花果、辣椒、蓝莓、豌豆、番荔枝、蔬菜和其他销往北美和欧洲市场的产品[6]。

20.3.3　亚洲

多多力等研究者将 2010 年的可用数据与五年前（2005 年）收集的信息进行了比较[14]。2010 年亚洲食品辐照的数据来自国际原子能机构和区域合作协定（RCA）项目 RAS/5/050 最后进度审查会议及 RAS/5/057 项目规划会议，该会议在 2012 年 3 月 26 日至 30 日在越南河内举行。欧盟 2010 年的数据来自欧盟委员会发表的一份报告。在大多数情况下，以 2015 年为基准。多多力的研究表明，2005 年至 2010 年，亚洲辐照的食品数量增加了约 100 000t[14]。2010 年，10 个受调查国家的食品辐照量为 285 200t，而 2005 年为 183 243t（见表 20.3）。

表 20.3　亚洲辐照食品的数量

国　家	数量/t			类　别
	2005 年	2010 年	2015—2016 年（预计）	
中国	146 000	>266 000	>600 000	大蒜、香料、谷物、肉、凤爪、保健食品、其他
印度	160	210	>700	芒果
印度尼西亚	4 011	6 923		可可、冷冻海鲜、香料和其他
日本	8 096	6 246	5 767	马铃薯
韩国	5 394	300	NA	蔬菜干
马来西亚	482	785		香料、药草和其他
巴基斯坦	0	940		豆类、香料和水果
菲律宾	326	445		香料、干菜
泰国	3 000	1 485		水果、其他
越南	14 200	66 000		冷冻海鲜、水果、其他
总计	183 243	285 223		

2005—2010 年，中国的辐照食品增加了 12 万 t，预计未来五年增加 33.4 万 t。中国的辐照食品量居世界前列，预计 2015 年辐照量达 60 万 t。2005—2010 年，越南的辐

照食品总体上增加了约 5 万 t。越南 2015 年的辐照食品总出口量尚不清楚，但对美国的出口量超过 2 500t，5 年前没有出口。2010 年，亚洲的辐照食品 70%来自中国，其次是越南，占 23%。2005 年，中国和越南的这一数字分别为 80%和 8%。继中国和越南之后为印度尼西亚（6 923t）和日本（6 246t），2010 年辐照量最大的是食品。

20.3.3.1 中国

世界上消费的辐照食品总量最大的是中国。据估计，2015 年中国共加工和消费了 60 万 t 辐照食品[15,16]（见表 20.4）。辐照食品包括大蒜、香料、谷物、熟肉、凤爪、保健食品和草药原料。辐照的腌凤爪占总量的一半以上。中国辐照的食品总量正以每年约 20%的速度增长。

表 20.4 中国辐照食品量的历史透视

年度	2006	2007	2008	2009	2010	2011	2015
数量/t	150 000	165 000	182 000	200 000	>266 000	>540 000	>600 000

在中国，约有 120 个 ^{60}Co 辐照装置和 20 个电子束装置对食品进行加工。2015 年，有 16 个设计容量大于 2 MCi（74 000TBq）的 ^{60}Co 辐照装置。

中国的食品辐照装置。位于北京市海淀区的中广核集团（CGN）核技术应用有限公司和江苏中广核达胜加速器技术有限公司是食品辐照的主要企业。中广核集团总部位于深圳，是中国领先的核能供应商，拥有 3 万名员工。在能源领域拥有广泛、多样化和不断增长的兴趣，拥有大量的资源。

20.3.3.2 印度

自 2006 年以来，所有在印度和美国之间运送的芒果都接受辐照处理。2016 年，辐照后出口美国的芒果超过 700t。用于美国出口植物检疫的芒果数量从 2007 年的 157t 大幅增加到 2008 年的 275t。2009 年降至 130t，2010 年降至 95t。美国农业部还批准将石榴从印度出口到美国。美国从印度进口芒果和石榴需要强制性的辐照[16]。

创新农业生物园生产的第一批 1.2t 芒果和石榴从印度出口到美国。这批货物中有 250 箱芒果和 50 箱石榴，商标是“FarmRus”。按照美国农业部的强制性要求，所有这些都进行了辐照[6]。

2016 年，印度获得了澳大利亚的反季节性的辐照协议准入，芒果可销往澳大利亚市场。在此之前，印度采用了一种替代性协议处理方法，这使出口商的质量控制变得复杂。出口商和种植者的经济损失很常见，部分原因是芒果的到货质量造成的不利影响。业界希望，新的辐照协议将是在满足澳大利亚市场对质量和成熟度的期望方面迈出的重要一步。

印度的食品辐照装置。目前，印度有 16 个辐射加工装置，2 个在公共部门、14 个在私营部门，其中只有五个专门用于食品辐照，其他的也会辐照医疗用品和宠物食品。特别是在食品方面，大多数此类装置都对香料、调味品和脱水蔬菜进行辐照，主要用于出口。

2016 年，印度和俄罗斯签署了一项协议，为易腐食品的辐照处理建立 25 个综合基础设施中心，以延长货架期和减少收获后损失。这项协议是由俄罗斯联合创新公司和印度农业合作有限公司在金砖国家商业论坛期间签署的。计划在马哈拉施特拉邦设立至少 7 个中心，第一个中心在舍尔第附近。从花卉到鱼类的易腐物品将在那里进行商业化加工。

使用这种辐照技术，可以使印度因发芽和储藏不足而变质的洋葱，平均每年少损失 42 000t，谷物每年少损失 15%～35%[8]。

芒果只在美国农业部批准的装置中进行辐照。分别是拉沙加昂的 Krushak 和孟买的马哈拉施特拉邦农业营销局。总部设在马哈拉施特拉州的 Kay-Bee 出口公司成为第一家向北美市场出口石榴的印度公司。全年供应新鲜的印度石榴，为 Kay-Bee 出口美国带来新的机遇。印度是世界上唯一一个能 365 天供应和收获新鲜石榴的国家。辐照是强制性的[6]。

20.3.3.3　孟加拉国

2010 年，孟加拉国原子能委员会研究所安装了一个 ^{60}Co γ 辐照装置，剂量为 30kCi（1110TBq），2010 年对 4t 香料进行了辐照。1993 年建造了一个商业工厂（85kCi，3145TBq），1994—1998 年加工了 120t 水果和干鱼[17]。

20.3.3.4　印度尼西亚

印度尼西亚的第一个食品辐照条例于 1987 年制定，1995 年更新，2009 年进一步修订。印度尼西亚的辐照食品数量每年都在增加。目前有 12 种食品获得批准，包括可可（80%）、冷冻食品（7%）、香料（5%），以及脱水蔬菜、海藻和蜂蜜等其他食品。在印度尼西亚，2010 年辐照食品 6 923t。这是在 1992 年安装的私营辐照装置（30kCi，1110TBq）上进行的。2009 年，该条例进行了修改，包括水果辐照（芒果和山竹 1kGy）、肉类灭菌（牛肉和鸡肉 7kGy）和预熟的食品灭菌（65kGy）。即食食品被批准的最小剂量为 45kGy[14,18]。

印度尼西亚在 2015 年批准了对 44 种澳大利亚新鲜农产品进行辐照[19]。根据新的协议，目前对澳大利亚产品进口商的限制，包括从澳大利亚葡萄产区获得辐照服务的物流成本，以及对一些柑橘品种的限制进口窗口。尽管后者不容易纠正，但澳大利亚领先的辐照服务提供商 Steritech 已制订战略计划，以增加在澳大利亚获得辐射加工服务的机会。

来自澳大利亚的辐照葡萄于 2016 年在印度尼西亚首次亮相[6]，预计未来会有更多的澳大利亚食品运抵印度尼西亚。

20.3.3.5　伊朗

伊朗辐照的历史可以追溯到 1985 年在德黑兰建立的 γ 辐照中心 IR-136。1998

年 1 月下旬，利用电子束技术建立了亚兹德辐射加工中心。这两个中心都隶属于伊朗原子能组织。这些中心进行食品辐照、医疗产品灭菌和某种程度上的聚合物改性，每年的总辐照量约 36 000m^3。

此外，还有两个辐照中心将于 2017 年投入使用。首个多功能 γ 辐照装置名为博纳工业辐照装置，年生产能力为 5 万 m^3。另一个装置是伊朗最大的多用途 γ 辐照装置，名为莎莉 • 科德多用途 γ 辐照装置，年生产能力为 10 万 m^3，将由 SPI 公司（私营股份公司）在伊朗腹地查哈默哈和巴赫蒂亚里省经济特区实施。这些多功能 γ 辐照装置的主要目标是保健产品的 γ 射线灭菌和食品辐照。通过这两个装置的运行，伊朗辐照产品的总吞吐量将达到每年 186 000m^3。辐照量最大的食品包括香料、干菜、香草、淀粉、谷类、葱、洋葱、米粉、茶、孜然、胡椒、蘑菇、芹菜、鲜花、生姜和汤料[20]。

20.3.3.6 日本

在北海道士幌町的辐照中心成功进行商业辐照约 40 年了。日本只允许辐照马铃薯。1975 年辐照马铃薯的最初数量超过 21 707t，到 2005 年减少到 8 096t。由于新的零售标签规定，到 2006 年进一步减少到 3 339t，但在企业的共同努力后，到 2010 年逐渐恢复到 6 246t。2015 年共辐照 5 766.6t 马铃薯以抑制发芽，尽管总量相对较小，但辐照量仍保持稳定，表明消费者对该产品的需求持续增长[14,21]。

20.3.3.7 马来西亚

2010 年，马来西亚辐照了 785t 香料和香草；产品包括咖喱粉、香菜和胡椒粉。1970 年，马来西亚核技术研究所的 ^{60}Co γ 辐照装置（SINAGAMMA）开始了商业辐照。自 2006 年以来，该工厂每年加工 80t。最近，与美国进行了有关为检疫目的对水果（杨桃、木瓜、红毛丹和菠萝蜜）进行灭虫的讨论。尽管马来西亚是一个相对开放的园艺贸易市场，几乎没有进口生物的安全要求，但澳大利亚芒果要接受辐照协议[14,22]。马来西亚是开放市场日益增长的一个例子，该市场的进口要求不断提高。积极主动地制定有效的协议，可以是一个重要的限制失去市场准入风险的工具。

20.3.3.8 巴基斯坦

巴基斯坦的一家私营企业在 2010 年发起了商业食品辐照。当年共加工豆类、香料和水果 940t。2010 年，批准开发三个新的食品辐照装置，并开始出口辐照芒果[14,23]。

20.3.3.9 菲律宾

2015 年，菲律宾核研究所的 ^{60}Co 辐照装置加工了 500t 香料、脱水蔬菜和肉类，以及草药产品。食品辐照在菲律宾尚处于半商业化阶段，但出口美国的水果辐照检疫处理有望在不久的将来进行。新建成的电子束装置于 2015 年竣工，将作为另一个加工食品的辐照装置[24]。

20.3.3.10　韩国

2010 年，韩国辐照食品总量仅为 30t 水合蔬菜。与 2005 年的 540t 相比，这一数字大幅下降，原因是政府出台了规定，要求对各种产品的成分进行标签。韩国没有关于辐照食品的最新数据。尽管韩国原子能研究所一直在调查针对过敏患者的辐照食品，以及针对适合军事人员和宇航员使用的食品的辐照，但目前仍不清楚韩国的辐照水平是否会恢复。目前，韩国有 7 个辐射加工装置，2 个在公共部门、5 个在私营部门。这 5 个私营装置获批准用于辐照供人类和宠物食用的食品。医疗和工业产品也在这些装置中进行辐照。由于自 2010 年起，所有的辐照食品包括成分都必须贴标签，食品行业对是否进行辐照一直犹豫不决。2015 年 12 月 2 日，韩国动植物检疫机构修订了《进出口植物检疫处理条例》，批准对部分新鲜水果和切花进行 γ 射线、电子束、X 射线的辐射加工，这是积极的一步[14,25]。辐照食品的全球贸易增长，有望使食品界和韩国消费者相信，辐照是一种安全可行的灭菌工艺。

20.3.3.11　斯里兰卡

斯里兰卡的食品辐照尚处于起步阶段。不过，2014 年斯里兰卡开设了一个用于辐射加工和食品辐照多用途辐照装置（30kCi；1 110TBq），目前一处商业装置正在运营[26]。

20.3.3.12　泰国

2010 年，共有 1 484t 农产品、草药、冷冻食品和加工食品在泰国核技术研究所的辐照中心和一个私营部门的辐照装置上进行辐照。虽然 2010 年的总产量与 2005 年加工的 3 000t 相比有所下降，但据推测，由于 2010 年私营部门的数据仅涉及水果，因此实际总产量仍在增加。2010 年泰国出口美国辐照水果 951t[14,27]。

20.3.3.13　越南

2016 年，美国农业部（USDA）和美国农业部动植物检疫局（APHIS）发布了一项提案，允许从越南向美国大陆进口新鲜芒果[6]。2015 年，越南向美国出口了以下数量的辐照产品：火龙果（1 928t）、龙眼（383t）、红毛丹（200t）和荔枝（36t）。荔枝是从 2015 年 5 月开始运往澳大利亚的第一批越南水果：2015 年年底，越南荔枝出口量达到 28t；芒果从 11 月就可以进入澳大利亚。2014 年，越南成为第一个向新西兰出口火龙果的国家，此前两国就确保安全要求的程序达成了一致，其中包括辐照。2015 年，越南出售了超过 200t 红毛丹、357t 荔枝、近 2 000t 火龙果，以及一些龙眼出口到美国。一年前，有 2.1t 荔枝从越南诺伊拜国际机场直接运到胡志明市进行辐照和检疫，然后出口到美国。未来，越南预计每年向美国出口约 3 000t 的辐照芒果[28]。

2015 年，越南与澳大利亚签署了一项协议，协议批准将橙子、柑橘和鲜食葡萄进口到越南。澳大利亚开始就越南新鲜火龙果进入澳大利亚进行市场准入工作。澳大利亚也在考虑其他越南水果。2015—2016 年，越南进口商空运了 800 托盘经过辐照的澳大利亚葡萄，以服务他们的高价值市场。行业数据显示，2015—2016 年澳大利亚出口到越南的葡萄总量不到 5 000t。这表明，越南出口到澳大利亚的葡萄中有超过 10%经过辐照和空运[16]。

业内人士指出，对越南—澳大利亚进口葡萄进行辐照的公路货运额外成本约占种植者总收益的 10%，这还不包括空运到越南的额外成本。越南的强劲需求证明，这种较新鲜的优质产品具有较高的价格优势。这有力地表明，如果能够更有效地获得辐照服务，则这两个国家之间的鲜食葡萄贸易将有可能增长。

美国动植物检疫局公布了一项规定，建议允许新鲜的越南芒果进入美国大陆。该规定提出，如果越南芒果满足几个条件，就可以安全地进口到美国大陆。根据这项提议，这种水果必须种植在一个经过虫害处理或无虫害认证的果园中。装运的货物也需要进行辐照[29]。

食品辐照装置。越南的食品辐照发展迅速，越南已成为辐照产品和其他食品的主要供应商。越南原子能研究所的胡志明市辐照中心和私营企业都辐照了大量的冷冻海鲜和水果。

20.3.4 欧洲

20.3.4.1 欧盟

欧洲议会和理事会关于建立电离辐射食品和食品成分共同体清单的指令 1999/3/EC，批准了在欧盟一级对干燥的芳香药草、香料和蔬菜调味料的辐照[30]。此外，有七个成员国已根据 1999/2/EC 指令第 4 条第（4）款向欧盟委员会通报，它们对某些食品和食品成分拥有国家授权。委员会已发布了国家授权清单。

任何包含一个或多个辐照食品成分的辐照食品必须标有“辐照”或“用电离辐射加工”字样。如果将辐照产品用作复合食品的成分，则在成分表中应加上相同的字样。如果是批量销售的产品，这些文字应与产品名称一起出现在陈列或通知的上方或容器旁边。

欧盟概况。表 20.5 总结了欧盟 14 个成员国批准的辐照装置中经过电离辐射加工的食品数量（以“t”计）。

欧盟委员会每年公布欧盟内商业食品辐照的统计数字[31]。表 20.5 显示了欧盟 2015 年辐照食品的数量，并提供了 2010 年的数据以供比较。10 个国家报告了商业辐照，2010 年辐照食品总量为 9 264t，2015 年为 5 686t。2015 年辐照食品超过 100t 的比利时（3 917t）、荷兰（629t）和法国（377t），其数据与 2010 年的数量相比，有下降的趋势，比利时减少了 33%的产量，荷兰减少了 60%的食品辐照水平，法国也减少了约 33%[31]。

表 20.5　欧盟 14 个成员国 2010 年和 2015 年的食品辐照量

成员国	核准食品辐照装置/个	辐照量/t（2010 年）	辐照量/t（2015 年）	辐照食品类型
比利时	1	5 840	3 917	蛙腿、家禽、草药和香料、脱水蔬菜、鱼类、贝类、肉、淀粉、蛋粉
保加利亚	1	0	0	—
克罗地亚	1	—	12	干香草、香料和蔬菜调味料
捷克共和国	1	27	6	香草、香料和蔬菜调味料（干）
爱沙尼亚	1	10	37	干香草、香料和蔬菜调味料
法国	5	1 024	377	家禽、阿拉伯树胶、香草、香料和蔬菜干、冷冻蛙腿
德国	4	127	211	干香草、香料和蔬菜调味料
匈牙利	1	151	103	香草、香料、脱水产品
意大利	1	0	0	—
荷兰	2	1 539	629	包括脱水蔬菜和水果、蛙腿、香草、香料、蛋清、家禽（冷冻）、虾（冷冻）和其他
波兰	2	160	46	干香料、干调味料、草药、蔬菜和根茎香料
罗马尼亚	1	17	0	干香草
西班牙	3	369	326	干香草、香料和蔬菜调味料
英国	1	0	0	—
欧盟成员国总数：	25	9 264	5 686	
挪威	1	8	4	
总计：	26	9 272	5 690	

20.3.4.2 比利时

在比利时，许多食品都经过商业辐照，2010 年共有 5 840t，其中蛙腿 3 572t，家禽 1 481t，草药和香料 285t，脱水蔬菜 178t，鱼类、贝类等（肉、菜、淀粉、蛋粉）101t。2015 年，辐照量下降至 3 917t。

20.3.4.3 捷克共和国、爱沙尼亚、德国、波兰和西班牙

在捷克共和国、爱沙尼亚、德国、波兰、罗马尼亚和西班牙，只有干燥的香草、香料和蔬菜调味料被辐照。捷克共和国的辐照食品量为 6t，爱沙尼亚为 37t，德国为 211t，波兰为 46t，西班牙为 326t。2005 年后，爱沙尼亚、罗马尼亚和西班牙才开始进行食品辐照。

20.3.4.4 法国

在法国，2010 年辐照的食品包括 474t 冷冻蛙腿、463t 家禽、85t 阿拉伯树胶和 2t 香草、香料和蔬菜干，共计 1 024t。2015 年，交易量下降至 377t。

20.3.4.5 匈牙利

2010 年辐照食品包括 143t 香草和香料，以及 8t 脱水蔬菜，共计 151t。

20.3.4.6 荷兰

在荷兰，有许多不同的辐照食品。2010 年，这些食品包括脱水蔬菜 482t、蛙腿 36t、香草和香料 30t、蛋清 160t、家禽（冷冻）137t、虾（冷冻）64t 等。2010 年辐照食品的总量为 1 539t，2015 年为 629t。主要辐照产品为蛙腿（54.75%）、香草和香料（16.10%），以及家禽（15.46%）。1998 年，欧盟出台了严格的辐照食品检验和标签规定，欧盟的商业食品辐照量迅速下降。1998 年，法国食品辐照的主要活动是超过 200t 香草和香料的消毒灭菌。相反，对冷冻蛙腿等特殊食品的辐照保持不变，即使辐照产品的标签是强制性的。蛙腿已成为欧盟的主要辐照产品。包括西班牙、爱沙尼亚和罗马尼亚在内的国家最近开始了食品辐照。此外，2010 年，保加利亚和爱沙尼亚批准了新的辐照装置。欧盟委员会还批准了第三国的食品辐照装置，这些国家包括南非、泰国、土耳其、瑞士和印度。

20.3.5 大洋洲

20.3.5.1 澳大利亚

澳大利亚对食品辐照的主要兴趣是植物检疫辐照，以确保不会将活的害虫与新鲜农产品一起出口。

1999 年，澳大利亚和新西兰建立了澳新食品标准局（FSANZ），这是制定食品标准的联合机构。此联合机构建立了 FSANZ 标准 1.5.3（食品辐照），以允许对食品辐照进行逐案申请和批准。该标准的通过确保了两国对以科学和公认的国际食品机构（食品法典委员会和国际植物保护委员会）的建议为基础的贸易规则的大力支持的一致性。2003 年，FSANZ 批准了 9 种热带水果，用于植物检疫目的，可辐照的剂量为 1kGy。当人们清楚地知道标签可以确保消费者选择是否购买时，最初对新西兰辐照食品的反对（1980—1990 年）大大减少了。自 2010 年以来，新西兰的辐照水果（尤其是芒果和番茄）供应量很大。美国辐照过的芒果在美国市场的开放是最近的一大亮点[32]。

最近，利用植物检疫辐照作为 100%不含化学和气体的替代方法，澳大利亚的新鲜水果和蔬菜贸易有了令人兴奋的增长。澳新食品标准局现在已批准 24 种不同的商品进行植物检疫辐照，另有一些商品正在考虑中，包括蓝莓和覆盆子。批准的商品包括番茄、辣椒、鲜食葡萄、樱桃、草莓、西葫芦、油桃、哈密瓜、蜜瓜、杏、苹果、桃、李子和热带水果（芒果、荔枝、木瓜），销往澳大利亚和新西兰市场[6]。

澳大利亚对跨越其各州和领土边界的新鲜农产品有严格的检疫规定。昆士兰果蝇是最重要的害虫，但还有许多其他的害虫。澳大利亚所有州和地区都已根据新的州际保证协议（ICA-55）批准将辐照作为市场准入待遇。这允许任何被批准的商品经辐照作为植物检疫，以获得市场准入。

这允许辐照可用于将经批准的产品运往澳大利亚的限制性市场，如塔斯马尼亚州、南澳大利亚州和西澳大利亚州。这样做，澳大利亚独特而多样的生产环境得到了保护，澳大利亚消费者也获得了更多不经过化学或气体处理的新鲜水果。

澳大利亚根据植物检疫辐照协议向其他六个国家出口新鲜农产品，即美国、新西兰、越南、马来西亚、印度尼西亚和库克群岛。泰国还批准了与澳大利亚的辐照出口工作计划，但正在等待行政审批。经过植物检疫辐照处理后运送到这些市场的产品现在每年超过 3 000t。近三年来，年交易量呈现出 50%的增长率。这个数量仍然只占澳大利亚总出口额中的很小比例，这表明随着新协议的开发，出口潜力很大（见表 20.6）。

2016 年 6 月，澳大利亚农业和水资源部首次举办了植物检疫辐照研讨会，来自文莱、柬埔寨、印度、印度尼西亚、马来西亚、缅甸、韩国和越南的代表参加了此次研讨会。这次活动的目的是分享和促进对植物检疫辐照的理解和应用。其中一些国家和地区的市场已经从澳大利亚进口辐照食品，而许多市场也在国内生产和消费自己的辐照食品。

在澳大利亚的种植者和出口者中，对植物检疫辐照的认识和理解继续扩大。除了将其视为市场准入工具，许多人现在还将其视为具有竞争优势的营销优势，有助于提供更高质量、更新鲜的水果，更快地满足优质市场的需求。该加工的一个关键优点是通过在加工过程中保持冷链的完整性来提高质量，而不像其他需要过度加热或冷却的过程。

表 20.6 澳大利亚按季节划分的辐照历史

商品/年度	2005/t	2005—2006/t	2006—2007/t	2007—2008/t	2008—2009/t	2009—2010/t	2010—2011/t	2011—2012/t	2012—2013/t	2013—2014/t	2014—2015/t
芒果（新西兰、美国、马来西亚）	19	129	201	346	585	1 095	620	918	1 018	866	1 480
番茄（新西兰）										413	430
辣椒（新西兰）										58	
荔枝（新西兰）		5	10	20	57	110	15	132	76	29	34
番木瓜（新西兰）			12	1							
李子（印度尼西亚）											2
鲜食葡萄（印度尼西亚）											28
总计	19	134	223	367	642	1 205	635	1 050	1 094	1 388	2 002

植物检疫辐照在重新打开优质空运窗口方面也发挥了重要作用，这种窗口在澳大利亚每个季节的开始和结束最常见。在多个市场，澳大利亚出口商只能通过冷灭虫协议发货，这通常需要两周到三周的时间才能完成，导致缩短产品的寿命并推迟上市时间。2015—2016 年的葡萄季节，澳大利亚在新的辐照协议下，通过空运向越南销售了近 1 000t 葡萄。选择空运确保澳大利亚出口计划可以为客户提供更高的质量和服务水平，与南半球其他主要增长地区形成差异。

澳大利亚的水果和蔬菜继续被世界各地的消费者视为最安全、品质最高的产品。植物检疫辐照是保护、维持和增强这种市场优势的战略手段。根据辐照协议，澳大利亚的水果和蔬菜现在可以在离开澳大利亚农场大门的 72 小时内到达多个亚洲市场，而无须进行化学或气体处理。零售商可以利用这一点，通过针对“新鲜”的消费者营销信息来区分其门店。

2016 年 9 月，第一批来自澳大利亚北领地的芒果抵达美国。这种水果在布里斯班装载，然后飞越太平洋。去年，澳大利亚向昆士兰州出口了约 100t 芒果，但现在有 3 位顶级农场主加入，预计贸易量将翻一番。最初，曼布洛公司将 240 箱“肯辛顿骄傲”品种的芒果送到在佛罗里达举行的农产品营销协会上[33]。

随着澳大利亚新鲜农产品出口量持续增长，植物检疫辐照的势头继续增强。品质、新鲜度、速度和灵活性的独特组合为消费者、零售商和种植者创造了价值，将其定位为一种对未来有效且高效的处理方式。预计将有新的和经过改进的采用植物检疫辐照的澳大利亚出口协议，将得到澳大利亚和国外市场行业的大力支持和关注。

20.3.5.2 新西兰

新西兰的两家主要连锁超市在辐照芒果上市的第一年并没有对其进行销售，但在较小的独立商店里看到了市场的反应。从那时起，辐照标签芒果在各大商店和独立商店都可以买到。前景十分乐观，新西兰现在是澳大利亚芒果最大的单一协议贸易出口市场。拥有 400 多万人口的新西兰，从澳大利亚进口的芒果数量大约相当于出口日本、韩国和中国的总和。这些主要的亚洲市场仅使用蒸汽热加工工艺来获得澳大利亚芒果，该工艺是一种缓慢的分批加热工艺，将芒果加热到大约 47℃（116 华氏度），通常会给水果带来压力，导致早熟。尽管在评估新西兰的进口量时还需要考虑其他因素，但它仍然有力地表明了辐照协议对全球芒果贸易的卓越运营效率和有效性[34]。

20.3.5.3 库克群岛

库克群岛是一个小型而独特的太平洋岛国，与世隔绝，没有果蝇。截至 2016 年 11 月，库克群岛对从澳大利亚进口的大多数新鲜水果实施了新的辐照协议[35]。当地经济依赖旅游业和海鲜出口，而用于农业生产的土地仍然供不应求。生产条件的有限变化，意味着当地的水果和蔬菜生产仅适用于有限数量的时令作物，要满足游客的就餐需求，就需要全年进口大部分新鲜水果和蔬菜。

致谢

感谢以下人员提供了各个国家和地区的食品辐照信息：日本国家食品研究组织食品安全部研究负责人藤本理子（Setsuko Todoriki），南非开普敦 HEPRO 董事总经理 Cherin Balt，加拿大诺迪安（Nordion）的艾米丽·克雷文（Emily Craven），澳大利亚灭菌技术公司的本杰明·赖利（Benjamin Reilly），中国北京的高美须（Meixu Gao），伊朗 SPI 公司国际交往部主管、辐照专家伊桑·埃夫特哈里·扎德（Ehsan Eftekhari-Zadeh），泰国辐照中心的 Ajaya Malakrong 女士，中国四川原子能研究院的陈浩（Chen Hao）博士和叶家伟（Ye Jiawei）博士，越南胡志明市辐照中心（VINAGAMMA）的 Tran Khac An 先生，菲律宾核研究机构的泽奈达·德古兹曼（Zenaida M. De Guzman）博士，墨西哥春谷水果的阿尔贝托-迪亚兹（Alberto Diaz），秘鲁的豪尔赫·切卡（Jorge Checa），印度尼西亚的伊拉·科纳里（Ira Koenari），韩国的钟浩权（Joong-HoKwon），FAO/IAEA 的卡尔·布莱克本（Carl M. Blackburn）博士，国际原子能机构区域协调员苏卡萨姆（Kesrat Sukasam）先生，以及 2012 年在河内举行的 IAEA / RCA 项目 RAS/5/050 和 RAS/5/057 项目会议的所有参与者。

本章作者 R. F. 尤斯蒂斯（Ronald F.Eustice）自 1997 年起担任明尼苏达州牛肉协会执行董事以来，一直从事辐照食品的商业推介。在过去的 20 年中，尤斯蒂斯收集了显示全世界辐照食品市场的增长和消费者接受度的统计数据。

参考文献

[1] Joint FAO/IAEA Div of Nuclear Techniques in Food and Agriculture, *Food Irradiat. Newsl.*, 1986, **10**.

[2] Joint FAO/IAEA Div of Nuclear Techniques in Food and Agriculture, *Food Irradiat. Newsl.*, 1987, **11**.

[3] Center for Infectious Disease Research and Policy, *CIDRAP Newsl.*, 2002.

[4] J. K. Willette, *PostBulletin*, 2002.

[5] B. Maherani, F. Hossain, P. Criado, Y. Ben-Fadhel, S. Salmieri and M. Lacroix, *Foods*, 2016, **5**.

[6] R. F. Eustice, *Foodirradiation.org*, 2016.

[7] Lusakatimes.com, *Lusakatimes.com*, 2016.

[8] World Nuclear News, *World Nucl. News*, 2016.

[9] World Nuclear News, *World Nucl. News*, 2016.

[10] The Canadian Press, *CBC NEWS*, 2017.

[11] P. A. Follett and M. M. Wall, 2012.

[12] R. F. Eustice, *Foodirradiation.org*, 2013.

[13] R. F. Eustice, *Foodirradiation.org*, 2016.

[14] T. Kume and S. Todoriki, *Repr. Radioisot.*, 2013, **62**.

[15] R. F. Eustice, *Foodirradiation.org*, 2016.

[16] R. F. Eustice, *Foodirradiation.org*, 2016.

[17] R. F. Eustice, *Foodirradiation.org*, 2016.

[18] R. F. Eustice, *Foodirradiation.org*, 2016.

[19] R. F. Eustice, *Foodirradiation.org*, 2015.

[20] Shar Parto Iranian Co., *Foodirradiation.org*, 2016.

[21] R. F. Eustice, *Foodirradiation.org*, 2016.

[22] R. F. Eustice, *Foodirradiation.org*, 2016.

[23] R. F. Eustice, *Foodirradiation.org*, 2016.

[24] R. F. Eustice, *Foodirradiation.org*, 2016.

[25] R. F. Eustice, *Foodirradiation.org*, 2016.

[26] R. F. Eustice, *Foodirradiation.org*, 2016.

[27] R. F. Eustice, *Foodirradiation.org*, 2016.

[28] R. F. Eustice, *Foodirradiation.org*, 2016.

[29] Animal and Plant Health Inspection Service, *Fed. Regist.*, 2016.

[30] European Commission, *Communication from the commission on foods and food ingredients authorised for treatment with ionising radiation in the community*, 2001.

[31] European Commission, Annu. *Rep. - Eur. Comm.*, 2015.

[32] R. F. Eustice, *Foodirradiation.org*, 2016.

[33] C. Curtain, *ABC NEWS*, 2016.

[34] R. F. Eustice, *Foodirradiation.org*, 2016.

[35] Steritech, http://steritech.com.au, 2017.

主题索引